炼化装置腐蚀检查与防护

杜晨阳　刘　畅　编著

中国石化出版社
HTTP://WWW.SINOPEC-PRESS.COM

内 容 提 要

本书将炼化装置腐蚀基础理论和腐蚀检查工程实例相结合，主要介绍炼化装置腐蚀的基本原理、检测监测方法和腐蚀检查案例。全书包括炼化装置的腐蚀与防护、炼化装置腐蚀检查方法、腐蚀检查案例、炼化装置腐蚀监测与控制手段等四大部分内容；腐蚀检查案例均为现场工作实例，涵盖了常减压装置、催化裂化装置、催化重整装置、加氢装置、焦化硫黄装置、乙烯装置、乙二醇装置、芳烃装置、苯酚装置、PTA 装置等多套炼化典型装置的腐蚀机理、腐蚀检查工作流程、重点设备腐蚀情况、腐蚀原因分析和相应的防腐措施及建议。

本书可供炼化装置生产管理、腐蚀防护等领域相关工程技术人员参考。

图书在版编目（CIP）数据

炼化装置腐蚀检查与防护 / 杜晨阳，刘畅编著 .
—北京：中国石化出版社，2022. 2
ISBN 978-7-5114-6536-8

Ⅰ. ①炼… Ⅱ. ①杜…②刘… Ⅲ. ①石油炼制-石油化工设备-防腐 Ⅳ. ①TE96

中国版本图书馆 CIP 数据核字（2022）第 024605 号

中国石化出版社出版发行
地址：北京市东城区安定门外大街 58 号
邮编：100011　电话：(010)57512500
发行部电话：(010)57512575
http://www. sinopec-press. com
E-mail：press@ sinopec. com
北京富泰印刷有限责任公司印刷
全国各地新华书店经销
*
787×1092 毫米 16 开本 19. 75 印张 367 千字
2022 年 2 月第 1 版　2022 年 2 月第 1 次印刷
定价：86. 00 元

前言

石油被称为“工业的血液”，是国家经济发展的能源保证，而安全可靠的石油炼化装置对于国民经济的稳定发展起到关键性的作用。近年来，国内各大炼化装置加工的原油呈现“劣质化”的趋势，装置的腐蚀问题日益突出。这一方面要求石化企业进行合理的选材及装置设计；另一方面要求在炼化装置服役过程中做科学规范的腐蚀检查并进行有效的腐蚀防护。腐蚀检查作为石化企业资产完整性管理的重要环节，是对炼化装置进行全面“体检”，掌握装置的腐蚀情况，分析腐蚀原因，查找安全隐患的一项重要工作。

本书共分 13 章。第 1 章介绍炼化装置腐蚀与防护基础知识和炼化装置在典型介质中的腐蚀问题；第 2 章介绍了针对炼化装置的腐蚀检查规范，对炼化装置的检查的全流程做了详细的介绍；第 3~12 章以近 5 年来对 60 多套炼化装置进行的腐蚀检查工作为基础，凝练出 10 套典型炼化装置的腐蚀机理和典型案例，包括常减压装置、催化裂化装置、催化重整装置、加氢装置、焦化硫黄装置、乙烯装置、乙二醇装置、芳烃装置、苯酚装置、PTA 装置；第 13 章首先介绍了炼化装置常用的腐蚀监测方法，包括表观检查、腐蚀探针、化学分析、无损监测四大类；其次介绍了炼化装置的腐蚀控制手段。

由于受工作和认识的局限，书中难免存在缺点和错误，希望读者批评指正。

目录

第1章

炼化装置腐蚀与防护基础

1.1 腐蚀防护的意义及腐蚀原理

1.1.1 腐蚀防护的重要性

(1) 腐蚀的危害

腐蚀在石油炼化设备及装置的服役过程中无处不在，且悄无声息的发生。以石油管道为例，腐蚀会使管道整体或局部壁厚减薄，承载能力下降、造成破裂。腐蚀也会造成危害性极大的裂纹，造成管道的裂穿泄漏，严重时会造成突然破裂或爆炸。

1971 年 5 月到 1986 年 2 月，四川天然气管线由于腐蚀导致爆炸和燃烧事故多达 83 起。1984 年 10 月 26 日，俄罗斯北部 Usinsk 地下输油管线多处部位发生腐蚀破裂，造成原油泄漏，引发严重的环境污染事故。1988 年 7 月 6 日 21 时 31 分，英国北海油田的帕尔波·阿尔法海洋平台的石油的天然气压缩间发生爆炸，事故发生非常急速，仅仅十几秒大火便吞噬了整个平台，20min 后发生第二次爆炸，彻底摧毁了阿尔法平台。由于腐蚀疲劳造成破坏，导致剧烈爆炸，造成 166 人死亡，直接经济损失 7000 万英镑。2000 年 8 月 9 日发生在新墨西哥州的天然气管腐蚀破裂事故造成 12 人死亡，EIPaso 天然气公司遭受 252 万美元的刑事处罚。2012 年对雅克天然气西气东输工程外输天然气管线进行检修，发现管线防腐层出现了连续约 5mm 宽的裂纹，聚乙烯层与管道基体发生剥离，并发生大面积脱落，露出了钢管本体，有锈生成，且阴极保护失效。2013 年某输油管道泄漏爆炸特别重大事故，在抢修过程中发生爆炸，造成 62 人死亡、136 人受伤，直接经济损失 7.5 亿元[图 1-1(a)]。通过现场勘测和分析后认定事故原因如下：该段输油管线周围的土壤盐碱度大，地下水含量高，加之靠海近，海水潮汐变化使得排水暗渠内倒灌海水，输油管道处于干湿交替和盐雾腐蚀的环境，进而导致管道产生腐蚀减薄直至破裂，造成原油泄漏，最终由于外界火花引发暗渠内油气爆炸。2014 年，某市发生的燃气爆炸事故，事故原因是管道老旧造成的接缝泄漏，或是雨水造成的管道腐蚀，从而造成燃气的泄漏，引起爆炸。2021 年 6 月 13 日 6 时 42 分许，某市集贸市场发生燃气爆炸事故，造成 26 人死亡，138 人受伤[图 1-1(b)]。经调查，事故直接原因是天然气中压钢管严重锈蚀破裂，泄漏的天然气在建筑物下方河道内密闭空间聚集，遇餐饮商户排油烟管道火星发生爆炸，该事故是一起重大生产安全责任事故。

设备因腐蚀泄漏造成除了可能造成人员伤亡外，还会导致生产装置非计划停产停工，每一次的非计划停工损失都在几百万至几千万元。1969 年，剑桥大学 Hoar 博士开始对 200 个企业进行腐蚀损失调查，结果表明，英国年腐蚀损失为 13.65 亿英镑，占英国 GNP

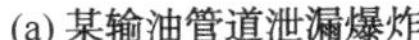
(a) 某输油管道泄漏爆炸

(b) 某集贸市场燃气爆炸事故

图 1-1　腐蚀引发的事故现场

的 3.5%。1919 年，美国麻省理工学院 Uhlig 教授在天然资源保护会上提出，美国每年腐蚀直接损失为 55 亿美元。1975 年，美国推算年腐蚀损失为 825 亿美元。1998 年，美国总腐蚀损失为 2760 亿美元，占其 GDP 的 3%以上，相当于每年每人约支出 1000 美元。中国工程院重大咨询项目“我国腐蚀状况及控制战略研究”成果表明，2014 年我国全行业腐蚀总成本约占国内生产总值(GDP)的 3.34%，达到 21278.2 亿元人民币，相当于每位公民承担 1555 多元的腐蚀成本。

(2) 腐蚀的特点

首先，腐蚀具有普遍性，自然界的所有物体，包括整个地球，以及地球上存在的各种设施、建筑，都会产生腐蚀；其次，腐蚀具有隐蔽性和渐进性，腐蚀一般是在不为人们知晓而悄悄发生的耗损过程，这种过程有的短、有的长，长达数年、数十年、数百年；最后，腐蚀具有破坏的突发性，当腐蚀进行到一定程度，就可能产生突发性的灾害，给人类带来巨大的经济损失和社会危害。千里之堤，毁于蚁穴，用在腐蚀破坏上，也是十分贴切的。

(3) 腐蚀防护的意义

世界上不管是发达国家还是发展中国家都遭受腐蚀之苦，只是程度不同而已。具体而言，一方面，腐蚀不仅造成各种危害，严重阻碍科学技术的发展；另一方面，对生命、设备及环境带来更多的危害。最终对国民经济的发展造成重大影响。因此，腐蚀与防护的研究对重要基础设施的建设有着重要的指导意义和作用。

1.1.2　腐蚀的定义及分类

工程上涉及的材料包括金属(或合金)、非金属材料。广义的材料腐蚀定义为：材料腐蚀是材料受环境介质的化学、电化学或物理作用而破坏的现象。而狭义的材料腐蚀定义为：金属与环境间的物理-化学的相互作用，造成金属性能的改变，导致金属、环境或由其构成的一部分技术体系功能的损坏。

材料腐蚀可以按照不同的标准进行分类：

(1)按腐蚀反应机理分类

按腐蚀反应的机理可分为化学腐蚀和电化学腐蚀，见表1-1。

表1-1 化学腐蚀与电化学腐蚀的对比

比较项目	腐蚀类型	
	化学腐蚀	电化学腐蚀
介质	干燥气体或非电解质溶液	电解质溶液
腐蚀过程的动力	化学位的不同	电位不同的导体间的电位差
腐蚀规律	化学反应动力学	电极过程动力学
能量转换	化学能与机械能和热能	化学能与电能
电子传递	反应物直接传递，测量不出电流	电子在导体、阴极、阳极流动，可测量出电流
反应区	在反应物的碰撞点上，瞬时完成	在相互独立的阳极、阴极区域里独立完成
产物	在碰撞点上直接生成产物	一次产物在电极表面、二次产物在一次产物相遇处
温度	大多是在高温条件产生	在低温下产生

(2)按腐蚀环境分类

按腐蚀的环境可分为大气腐蚀、水和蒸汽腐蚀、土壤腐蚀等。

大气腐蚀：由大气中的水、氧、酸性污染物等物质的作用而引起的腐蚀，称为大气腐蚀。一般地讲，钢材在大气条件下，遭受大气腐蚀有三种类型：干燥的大气腐蚀、潮湿的大气腐蚀和可见液膜下的大气腐蚀，腐蚀性气体的分类见表1-2。

表1-2 腐蚀性气体分类

气体类别	名称	浓度/(mg/m^3)	名称	浓度/(mg/m^3)
A	二氧化碳	~2000	氮的氧化物	<0.1
	二氧化硫	<0.5	氯	<0.1
	氟化氢	<0.05	氯化氢	<0.05
	硫化氢	<0.01	—	—
B	二氧化碳	>2000	氮的氧化物	0.1~5
	二氧化硫	0.5~10	氯	0.1~1
	氟化氢	0.05~5	硫化氢	0.01~5
	氯化氢	0.05~5	—	—
C	二氧化硫	11~200	氮的氧化物	5.1~25
	氟化氢	5.1~10	氯	1.1~5
	硫化氢	5.1~100	氯化氢	5.1~10
D	二氧化硫	201~1000	氮的氧化物	26~100
	氟化氢	11~100	氯	5.1~10
	硫化氢	>100	氯化氢	11~100

海水腐蚀：海水可认为是 0.5mol/L 的 NaCl 溶液（盐浓度约 3.5%），钢的腐蚀性比其他浓度更强烈。海水中氧含量始终是海水腐蚀因素中最重要的因素，通常氧含量愈高，腐蚀速率愈大，海水流速愈高，氧供应愈充分，金属腐蚀率也愈大。碳钢和低合金钢在全浸条件下的腐蚀形式主要表现钢铁表面产生腐蚀麻点、蚀斑、蚀坑，甚至出现单个较深较大的腐蚀溃疡坑。

土壤腐蚀：土壤腐蚀（氧化）是由浓差电池引起的，涉及土壤中的氧、水和各种化学物质。对于地下管道和罐底板，土壤腐蚀是个大问题。管道和罐底板上不完整的轧制铁鳞、细菌作用、防腐层中的针孔，以及不同金属配接使用都能够促成土壤腐蚀。如果管道直接铺在地上，土壤腐蚀也能发生在管道底部。假如任由杂草在管道下面或管道周围生长，管道上会长时间保持水分，使管道发生腐蚀。

（3）按腐蚀形态分类

按腐蚀形态可分为全面腐蚀和局部腐蚀。如图 1-2 所示，全面腐蚀是指发生在整个金属表面上的腐蚀，它可能是均匀的，也可能是不均匀的。均匀腐蚀的危害性相对比较小，因为我们在知道了腐蚀速度后，就能够估算出材料的使用寿命。而局部腐蚀是主要集中于金属表面某一区域的腐蚀。在局部腐蚀中，金属的某一区域腐蚀严重，而其他部分则几乎未被腐蚀，局部腐蚀主要有以下类型。如：电偶腐蚀、小孔腐蚀（点蚀）、晶间腐蚀、缝隙腐蚀、选择性腐蚀、应力腐蚀、疲劳腐蚀、磨损腐蚀（空泡腐蚀和湍流腐蚀）、氢损伤（氢鼓泡和氢脆）、沉积腐蚀（垢下腐蚀）、浓差电池腐蚀等也均属于局部腐蚀之列。两种腐蚀形态的对比如表 1-3 所示。

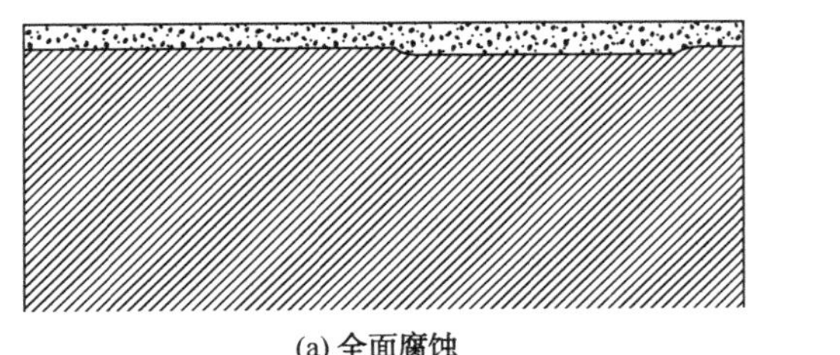

(a) 全面腐蚀　　(b) 局部腐蚀

图 1-2　全面腐蚀和局部腐蚀示意图

表 1-3　全面腐蚀和局部腐蚀的对比

项　　目	全 面 腐 蚀	局 部 腐 蚀
腐蚀形态	腐蚀分布在整个金属表面上	腐蚀集中在一定区域
腐蚀电池	阴/阳极在金属表面上变换不定，不可辨别	阴/阳极在金属表面上基本不变，可以辨别
电极面积	阴/阳极面积基本相等	阴极面积>阳极面积
电势	阳极电势=阴极电势=腐蚀电势	阳极电势<阴极电势
腐蚀产物	有的可能会对金属有保护作用	对金属没有保护作用

1.1.3 金属电化学腐蚀机理

金属材料表面的腐蚀是由于受到周围介质的作用而发生状态变化，从而使金属材料遭受破坏的现象。金属腐蚀的本质是金属原子失去电子被氧化。

（1）原电池

原电池是借助氧化还原反应的进行而得到电流的装置。或者是借助氧化还原反应而直接将化学能转换成电能的装置。在图 1-3 中的铜锌电池中，电流从铜板流向锌板，电子从锌板流向铜板，锌作为阳极，不断地失去电子并成为锌离子进入溶液，即锌不断地溶解；铜作为阴极，仅起传递电子的作用，使 H^+放电成为 H_2，从它的表面逸出，而铜本身无变化。在这个体系中，发生了如下反应：

阳极反应　　$Zn \longrightarrow Zn^{2+}+2e$

阴极反应　　$2H^++2e \longrightarrow H_2$

在整个原电池反应系统中，阳极失去电子，发生氧化反应的电极，电位较低的电极称为阳极；阴极得到电子，发生还原反应的电极。电位较高的电极称为阴极。随着反应的进行，负极(阳极)上的锌逐渐被消耗-腐蚀。

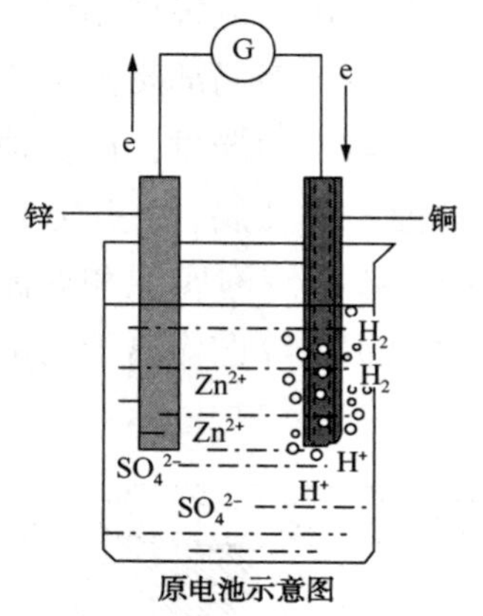

图 1-3　铜锌电池示意图

由此可见，金属在电解质溶液中的腐蚀是由于形成原电池所致。这样的电池叫作腐蚀原电池。即使是一块金属，放在电解质溶液中，也会产生与上述类似的腐蚀电池。这是因为在金属表面上分布着很多杂质，当它与电解质溶液接触时，每一颗杂质对于金属本身来说都会成为阴极或阳极，所以在整个表面就必然会有很多微小的阴极和阳极同时存在，形成很多微小的原电池，称为微电池。微电池与一般原电池的腐蚀作用本质上是一样的。

（2）电化学腐蚀的要素和过程

腐蚀原电池是指由发生氧化反应的电极系统与发生还原反应的电极系统所构成的一个回路体系，并伴随电流从阳极流向阴极的现象。其中，氧化反应是指失去电子或化合价升高的反应。发生氧化反应的物质称为还原剂，该电极称为阳极。因此，阳极即为发生氧化反应的系统。而还原反应是得到电子或化合价降低的反应。发生还原反应的物质称为氧化剂，该电极称为阴极。因此，阴极即为发生还原反应的系统。注意到，在氧化还原反应中，电子的失去与得到是完全相同的。

构成金属腐蚀的四大要素：阳极、阴极、电解质溶液和电路等。

金属腐蚀的基本过程：

① 阳极过程：金属被氧化或溶解，并以离子的形式进入到溶液中，把等电量的电

子留在金属表面上；

② 电子转移过程：留在阳极金属上的电子，通过电路转移到阴极上；

③ 阴极过程：溶液中的氧化剂与电路上转移过来的电子发生还原反应。

以上三个环节是相互联系的，缺一不可，如果其中一个环节停止，则整个腐蚀过程也就停止。从上面的讨论可知，金属电化学腐蚀的产生，是由于金属与电解质溶液接触时形成了腐蚀原电池所致。

(3) 宏观电池与微观电池

根据金属腐蚀时电极的大小，可将电极分为微观电池和宏观电池两种。

宏观电池：肉眼可观察到的电极所组成的腐蚀原电池。产生宏电池的原因：①不同金属与同一电解质相接触时就会产生肉眼能识别的腐蚀，例如轮船的船体是钢材、推进器是青铜，两者所产生腐蚀；②同一种金属与不同电解质接触时，或者同一金属与温度、浓度、气体压力、流速等条件不同的同一种电解质接触时所产生的腐蚀；③不同金属与不同电解质接触时所产生的腐蚀。

微观电池：由金属表面上微小电极所组成的腐蚀原电池。产生微电池的原因：①金属化学成分不均匀，在工业纯的金属内部都含有一定杂质，如碳化物以及其他物质；②金属组织不均匀；③金属物理状态不均匀；④金属表面膜不完整；⑤土壤微结构的差异。

1.1.4 金属腐蚀的类型

(1) 电偶腐蚀

电偶腐蚀又称接触腐蚀或双金属腐蚀，凡具有不同电极电位的金属互相接触，即当一种不太活泼的金属(阴极)和另一种比较活泼的金属(阳极)在同一环境中相接触时，组成电偶并引起电流的流动，从而造成电偶腐蚀。并在一定的介质中所发生的电化学腐蚀即属电偶腐蚀。发生电偶腐蚀的条件：①同时存在两种不同电位的金属或非金属导体；②有电解质溶液存在；③两种金属通过导线连接或直接接触。例如热交换器的不锈钢管和碳钢花板连接处，碳钢在水中作为阳极而被加速腐蚀。锌和铁金属在腐蚀介质中接触时，由于锌的电化学活性较大，锌的腐蚀被加速，如图 1-4 所示。

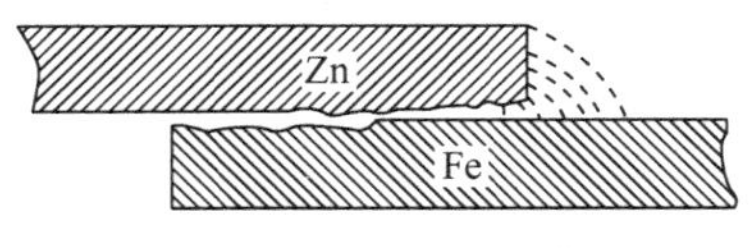

图 1-4 电偶腐蚀示意图

形成腐蚀电偶的两种金属面积相差较大时会形成两种极端情况：一是大阳极-小阴极；二是大阴极-小阳极。图 1-5 为面积比对铜和钢组成腐蚀电偶的影响。可以看到，钢板和铜铆钉组成的腐蚀电偶，铆钉周围的钢板发生腐蚀[图 1-5(a)]，而钢铆钉和铜板组成的腐蚀电偶，钢铆钉发生严重腐蚀[图 1-5(b)]。可以明显看到，图 1-5(a) 中钢铆钉腐蚀比图 1-5(b) 中的钢板严重，钢铆钉随时有断开的危险，因此，在实际应用中应避免大阴极小阳极的出现。

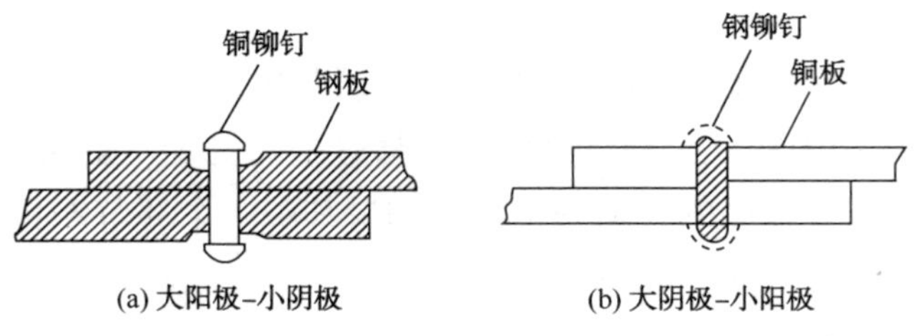

图 1-5　面积比对铜/钢电偶腐蚀的影响示意图

此外，两金属接触面上同时存在缝隙时，而缝隙中又存留有电解液，这时构件可能受到电偶腐蚀与缝隙腐蚀的联合作用。

（2）缝隙腐蚀

由于金属表面上存在异物或结构上的原因会形成 0.025~0.1mm 缝隙，这种在腐蚀环境中因金属部件与其他部件(金属或非金属)之间存在间隙，引起缝隙内金属加速腐蚀的现象称为缝隙腐蚀。

图 1-6 为以铆接金属在中性含氧海水中的腐蚀为例的缝隙腐蚀示意图。金属在海水中发生金属的阳极溶解和氧气的还原反应，随着缝隙内部腐蚀的进行，缝隙内部氧气得不到补充而缺氧，从而在缝隙内部和外部形成“氧浓差电池”。进而，缝隙外部主要发生氧的还原反应，而在缝隙内部主要发生金属的阳极溶解，由于缝隙内部金属离子过剩，缝隙外部氯离子向缝隙内部迁移，形成金属络合物，促进金属离子的水解，使得缝隙内部 pH 下降，进一步加速金属的溶解速度。相应地，缝隙外部的氧还原反应也加速。氧还原反应的加速进一步促进了缝隙内部的阳极溶解，从而形成缝隙腐蚀的自催化过程。

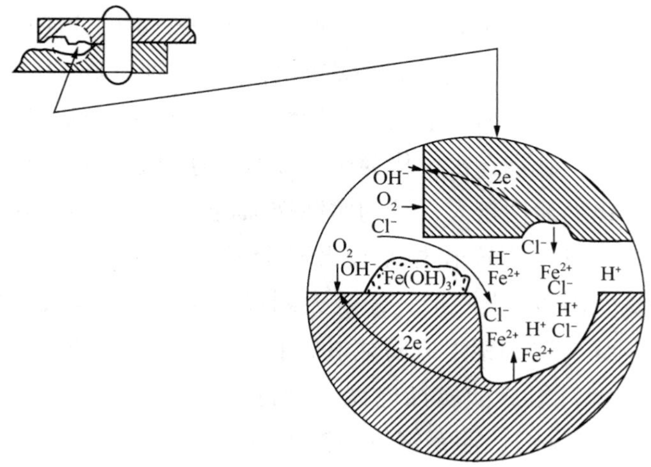

图 1-6　碳钢在中性海水中缝隙腐蚀示意图

缝隙腐蚀常发生在缝隙中有停滞溶液的地方，产生缝隙腐蚀两大类情况：①不同结构件的连接，如金属与金属之间的铆接、螺纹连接，以及各种法兰盘之间的衬垫等金属和非金属之间的接触等都可以引发缝隙腐蚀；②金属表面的沉积物、附着物、涂膜等，如灰尘、沙粒、沉积的腐蚀产物，也会引起缝隙腐蚀。

（3）小孔腐蚀

小孔腐蚀又称为点蚀或孔蚀。这种破坏主要集中在金属表面的某些活性点上，并向金属内部深处发展，通常其腐蚀深度大于其孔径，严重时可使设备穿孔。点蚀通常发生在易钝化金属或合金中，往往在有侵蚀性阴离子与氧化剂共存的条件下发生。如不锈钢和铝合金在含有氯离子的溶液中常呈现这种破坏形式。点蚀也会发生自催化过程。以18-8不锈钢在充气的NaCl溶液中点蚀微粒，如图1-7所示。当点蚀发生后，点蚀孔内发生金属的阳极溶解，由于阴极反应是吸氧反应。因而，随着反应的进行，点蚀孔内逐渐缺氧，点蚀孔内外形成“氧浓差电池”。点蚀孔内部腐蚀使得金属离子浓度升高，点蚀孔外部的氯离子在电迁移的作用下向孔内迁移，孔内氯离子浓度升高，促进金属离子水解，孔内溶液pH下降，进一步促进金属溶解，孔外部富氧，表面发生氧还原反应，溶液pH仍然为中性，表面保持钝化状态。最终，孔内外形成了活化-钝化腐蚀电池，使得点蚀以自催化的过程发展下去。只有点蚀的闭塞环境消失，点蚀孔内部重新钝化，点蚀才能停止发展。

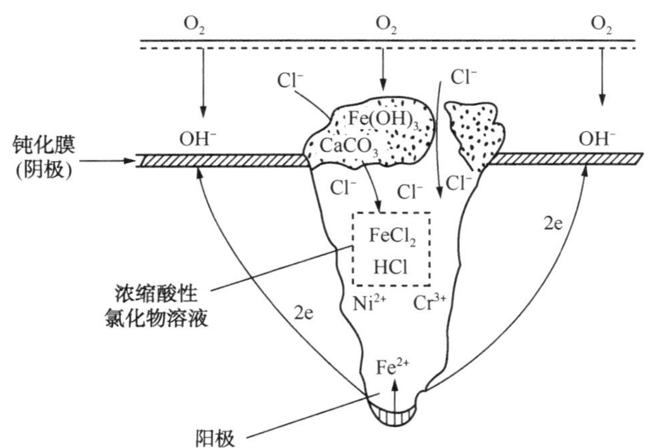

图1-7　18-8不锈钢在充气NaCl溶液中点蚀的闭塞电池示意图

（4）晶间腐蚀

金属材料在特定腐蚀介质中沿着材料的晶粒边界或晶界附近发生腐蚀，使晶粒之间丧失结合力的一种局部腐蚀破坏现象称为晶界腐蚀，这种腐蚀首先在晶粒边界上发生，并沿着晶界向纵深处发展。这时，虽然从金属外观看不出有明显的变化，但其机械性能却已大为降低了，严重时材料强度完全丧失，轻轻一击就碎。不锈钢焊件在其热影响区（敏化温度的范围内）容易引起对晶界腐蚀的敏化，如图1-8所示。除非经过稳定化处理或含碳量低者例外，奥氏体不锈钢暴露在450～850℃温度区间内足够时间后，对发生晶间腐蚀比较敏感。晶界腐蚀常常会转化为沿晶应力腐蚀开裂，而成为应力腐蚀裂纹的起源。通常晶间腐蚀出现于奥氏体不锈钢、铁素体不锈钢和铝合金的构件。

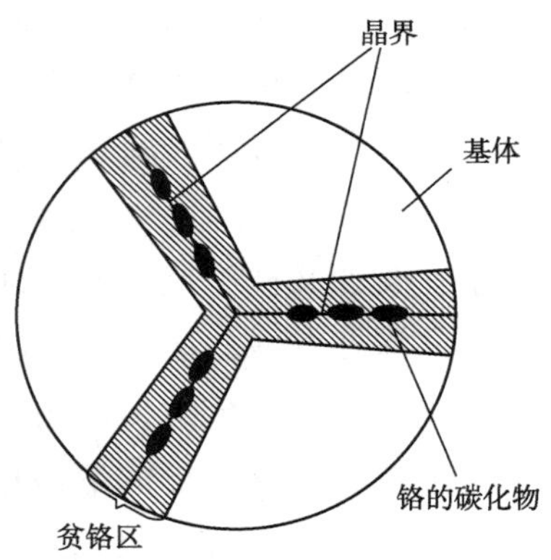

图1-8　敏化后奥氏体不锈钢的晶间腐蚀示意图

（5）选择性腐蚀

广义上讲，所有局部腐蚀都是选择性腐蚀，即腐蚀是在合金中的某一组分由于腐蚀优先地溶解到电解质溶液中去，从而造成另一组分富集于金属表面上。例如黄铜的脱锌现象即属这类腐蚀，如图1-9所示。由于锌的电化学活性较大，电极电位较低。因此，黄铜在电解质溶液中腐蚀时，富锌组分总是优先腐蚀，从而产生选择性腐蚀。

（6）应力腐蚀破裂

应力腐蚀破裂(SCC)是指受一定拉伸应力作用的金属材料在某些特定介质中，由于腐蚀介质和应力的协同作用而发生的脆性断裂现象。通常应力腐蚀包含三个阶段：膜破裂、溶解和断裂。图1-10为钝化金属在含氯介质中应力腐蚀裂纹溶解阶段的示意图。可以看到，裂纹外表面和裂纹壁保持钝化，而裂纹尖端保持较高活性。考虑到裂纹的特殊几何条件，在裂纹尖端自然形成一个闭塞原电池的自催化腐蚀，促进裂纹尖端快速溶解，同时在应力的作用下，一方面使裂纹张开，避免了腐蚀产物的堵塞；另一方面加速裂纹扩展。根据腐蚀介质性质和应力状态的不同，裂纹特征会有不同，在金相显微镜下，显微裂纹呈穿晶、晶界或两者混合形式。裂纹既有主干，也有分支，形似树枝状。裂纹横断面多为线状。裂纹走向与所受拉应力的方向垂直。

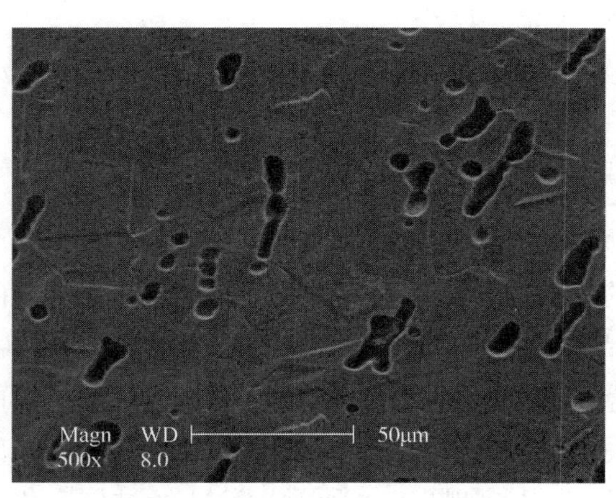

图1-9　黄铜的选择性腐蚀形态

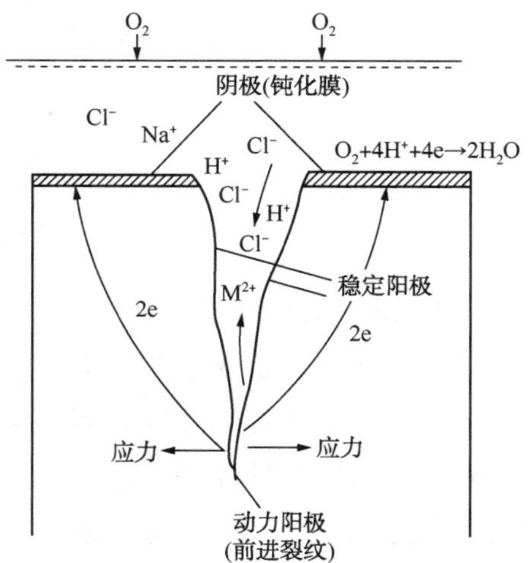

图1-10　钝化金属的应力腐蚀机理示意图

应力腐蚀开裂区别于其他腐蚀形态的特点在于：①通常在某种特定的腐蚀介质中，材料在不受应力时腐蚀甚微；②受到一定的拉应力时(可远低于材料的屈服强度)，经过一段时间后，即使是延展性很好的金属也会发生脆性断裂；③断裂事先没有明显的征兆，往往造成灾难性的后果。而一般认为发生应力腐蚀开裂需要同时具备如下三个条件：敏感材料、拉伸应力和特定的腐蚀介质。基于这三个条件，表 1-4 列出了易产生应力腐蚀材料和介质的组合。

表 1-4　易产生应力腐蚀的材料和介质的组合

金属和合金	腐 蚀 介 质
低碳钢	热硝酸盐溶液、(硅酸钠+硝酸钙)溶液、氢氧化钠、过氧化氢
碳钢和低合金钢	蒸馏水、湿大气、氯化物溶液、硫化氢
高强度钢	42% $MgCl_2$ 溶液、氢氰酸、海水、氢氧化钠、三氯化铁溶液
高铬钢	NaClO 溶液、海水、H_2S 水溶液
奥氏体不锈钢	氯化物溶液、高温高压含氧蒸馏水、海水、F^-、Br^-、$NaOH-H_2S$
钢和铜合金	氨蒸气、汞盐溶液、含 SO_2 大气、熔融氯化钠、含 Br^- 和 I^- 水溶液
镍和镍合金	NaOH 水溶液、高纯蒸汽
蒙乃尔	氢氟酸、氟硅酸溶液
钛及钛合金	含 Cl^-、Br^-、I^- 的水溶液，N_2O_4，甲醇，三氯乙烯，有机酸
铝合金	熔融 NaCl、NaCl 水溶液、海水、水蒸气、含 SO_2 大气
铅	$Pb(AC)_2$ 溶液
镁	海洋大气、蒸馏水、$KCl-K_2CrO_4$ 溶液

(7) 腐蚀疲劳

金属材料在循环应力(交变应力)和腐蚀介质共同作用下发生的严重腐蚀破坏叫作腐蚀疲劳。绝大多数金属或合金在交变应力下都可以发生，而且不要求特定的介质，只是在容易引起点蚀的介质中更容易发生。

腐蚀疲劳是疲劳开裂的一种形式，在循环负荷和腐蚀的联合作用下发生。通常发生在应力集中的部位，如表面的点蚀。可以起始于多个部位，所有的材料均受影响。

腐蚀疲劳断口与宏观断口有一定相似性，但断口上可见明显的腐蚀产物存在。裂纹越深、缺口效应越严重，尖端应力水平上升，腐蚀电位升高，腐蚀加剧等。在腐蚀环境中疲劳极限不存在，即在低应力下造成断裂的循环数仍与应力有关。为了便于对各种金属材料耐腐蚀疲劳性能进行比较，一般是规定一个循环次数(如 10^7)，从而得出名义的腐蚀疲劳极限，记为 σ_{-1c}。

应力腐蚀和腐蚀疲劳都是在应力和腐蚀介质同时作用下产生的材料破坏形式，但两种腐蚀形式的发生条件、材料、环境、电化学条件、腐蚀形貌均有很大差异，两者的异同点如表 1-5 所示。

表 1-5 应力腐蚀和疲劳腐蚀的异同点

项　目	应力腐蚀	腐蚀疲劳
应力条件	大于临界值的静拉应力或低交变速度的动应力	应力振幅大于临界值的交变应力(含压应力)，静应力下不产生(无明显载荷极限)
材料/环境	特定的组合，纯金属一般不产生	不需特定的组合，纯金属也能产生
电化学条件	钝态-活化态、钝态-过钝化态、非活化态-活化态等过渡电位区	在活化态、钝态都能发生
形貌	常有分枝	很多条、无分枝

（8）磨损腐蚀

由于介质的运动速度大或介质与金属构件相对运动速度大，导致构件局部表面遭受严重的腐蚀损坏，这类腐蚀称为磨损腐蚀，简称磨蚀。造成腐蚀损坏的流动介质可以是气体、液体或含有固体颗粒、气泡的液体等。磨蚀是高速流体对金属表面已经生成的腐蚀产物的机械冲刷作用和对新裸露金属表面的侵蚀作用的综合结果。由高速流体引起的磨蚀，其表现的特殊形式主要有湍流腐蚀和空泡腐蚀两种。

① 湍流腐蚀。湍流腐蚀是指在设备或部件的某些特定部位，介质流速急剧增大形成湍流，由湍流导致的磨蚀(图 1-11)。遭到湍流腐蚀的金属表面，常常呈现深谷或马蹄形的凹槽，一般按流体的流动方向切入金属表面层，蚀坑光滑且没有腐蚀产物积存。构成湍流腐蚀除流体速度较大外，构件形状的不规则性也是引起湍流的一个重要条件，如图 1-11(a)所示。在输送流体的管道内，流体按水平或垂直方向运动时，管壁的腐蚀是均匀减薄的，如图 1-11(b)所示。但当流体突然改向处，如弯管、U 形换热管等的拐弯部位，其管壁就要比其他部位的管壁迅速减薄甚至穿洞。

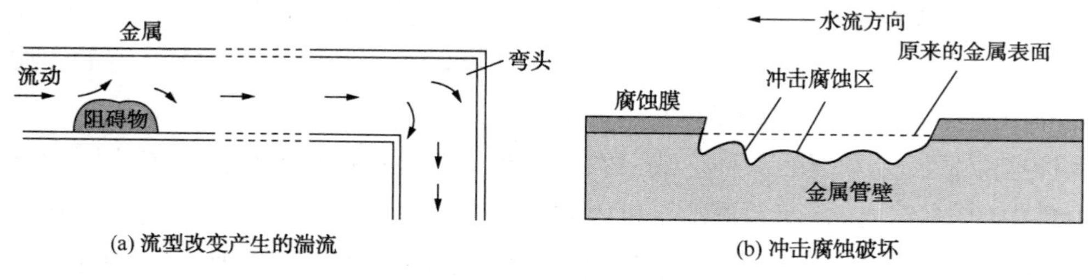

图 1-11 湍流腐蚀示意图

② 空泡腐蚀。流体与金属构件做高速相对运动，在金属表面局部地区产生涡流，伴随有气泡在金属表面迅速生成和破灭，呈现与点腐蚀类似的破坏特征。这种条件下发生的磨蚀称为空泡腐蚀，又称空穴腐蚀或汽蚀。

如图 1-12 所示，在空泡腐蚀过程中，首先在金属表面膜上生成气泡，随着气泡的破灭，表面膜破坏，进而金属基体暴露在腐蚀介质中，裸基体腐蚀并重新生成表面膜。其次，在同样的位点，极易形成新的气泡，从而再次发生表面膜的破裂和再生，如此循环往复，最终腐蚀叠加，形成严重的空泡腐蚀。

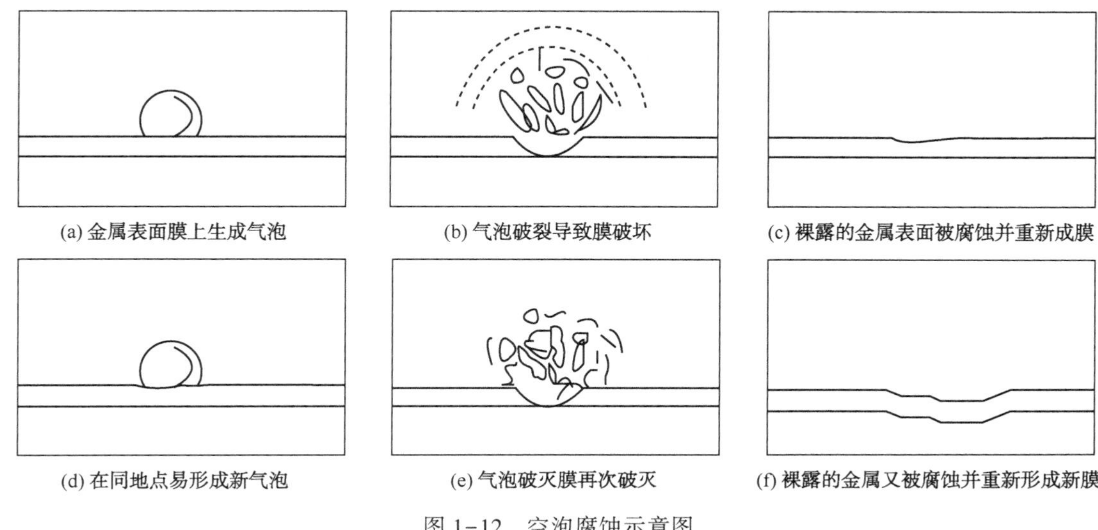

图 1-12　空泡腐蚀示意图

③ 冲刷腐蚀。冲刷是管道内的介质对管壁的长期冲刷，造成管壁壁厚的减薄，当管壁的厚度不能满足强度要求时，就会在管道冲刷部位产生冲刷磨损破坏。管道直径越小，造成介质流速加大、冲蚀严重，引起的局部磨损会成倍增加。严重磨损一般多发生在流速大，而且流动方向不断改变的区域，如回弯头、T 字形接头。冲刷是机械磨损。

冲刷腐蚀是磨损腐蚀的一种类型，介质流向突然发生改变，对金属及金属表面的钝化膜或腐蚀产物层产生机械冲刷破坏作用，同时又对不断露出的金属新鲜表面发生激烈的化学或电化学腐蚀，从而造成比其他部位更为严重的腐蚀损伤，故腐蚀速度较快。这种损伤是金属以其离子或腐蚀产物从金属表面脱离，而不是像纯粹的机械磨损那样以固体金属粉末脱落。如果流体中夹有气泡或固体悬浮物时，则最易发生磨损腐蚀，如图1-13所示。

（9）氢损伤

氢损伤是指在金属材料中由于氢的存在或氢与金属相互作用，造成材料力学性能下降的总称。在含硫化氢的油、气输送管线及炼油厂设备常发生这种腐蚀。一般而言，根据氢的来源不同，可分为内氢和外氢两种。内氢为材料使用前就已存在其内部的氢，是材料在冶炼、热处理、酸洗、电镀和焊接等过程中吸收的氢。外氢为材料在使用过程中与含氢的介质接触或进行电化学反应（如腐蚀、阴极保护）所吸收的氢。通常，氢损伤分为四种不同的类型：氢鼓泡、氢脆、脱碳和氢蚀。

① 氢鼓泡：是指在某些介质中，由于腐蚀或其他原因而产生的氢原子渗入金属内部而产生的，导致金属局部变形，甚至完全破坏。

② 氢脆：是由于氢渗透进入使金属内部引起的，导致韧性和抗拉强度下降变脆，并在应力的作用下发生脆裂。

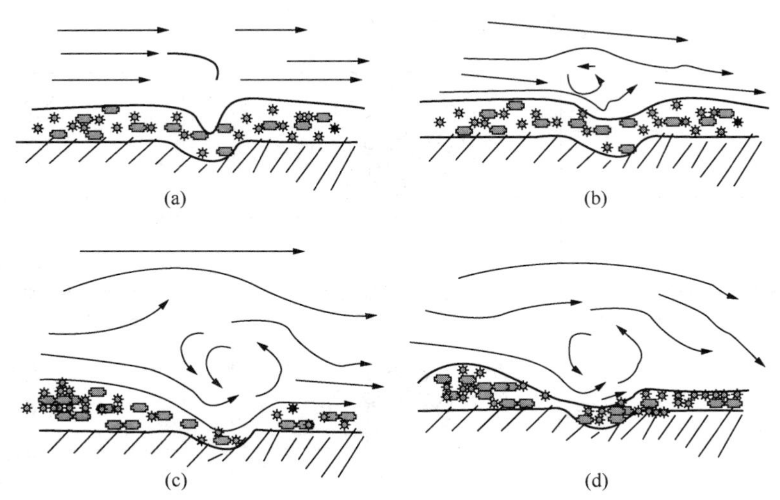

图 1-13 典型颗粒在管道中的运动造成冲刷腐蚀的过程

③ 脱碳：即从钢中脱出碳，常常是由于高温氢蚀所引起的，导致钢的抗拉强度下降。

④ 氢蚀：是由于高温下合金中组分与氢反应引起的。

1.1.5 非金属的腐蚀

(1) 有机非金属材料(高分子材料)的腐蚀

高分子材料具有优良的耐腐蚀性能。但在防腐蚀领域中应用时，由于腐蚀条件的多样与复杂，不一定总能抵抗介质的侵蚀。通常，在酸、碱和盐的水溶液中，多数塑料或其他高分子材料具有较好的耐腐蚀性，显得比金属优越，但在有机介质中却往往相反，很多高分子材料都不如金属耐蚀。有些塑料在无机酸、碱溶液中也会很快被腐蚀，例如尼龙只能耐较稀的酸、碱溶液，而在浓酸、浓碱中则会遭到腐蚀。

高分子材料腐蚀的主要形式有：溶胀和溶解腐蚀、腐蚀降解、老化、环境应力开裂、渗透腐蚀、选择性腐蚀、蠕变、疲劳腐蚀、差热腐蚀开裂、取代基反应。

(2) 无机非金属腐蚀

无机非金属材料作为管道材料主要有玻璃、陶瓷、石墨、铸石、水泥等材料，这些材料制成的管道主要在工业管道中使用，其腐蚀主要为化学腐蚀。由于与介质(或环境)中的某些成分发生化学反应，而造成材料的破坏。无机非金属材料在压力管道上，主要作为衬里材料(防腐蚀的衬里材料)。

1.2 炼化装置的腐蚀

从原油到石油产品的基本途径一般为：①将原油先按不同产品的沸点要求，分割成不同的直馏馏分油，然后按照产品的质量标准要求，除去这些馏分油中的非理想组分；

②通过化学反应转化，生成所需要的组分，进而得到一系列合格的石油产品。图 1-14 为典型的石油炼化加工流程图，常规的石油炼化主要包括以下几个流程：

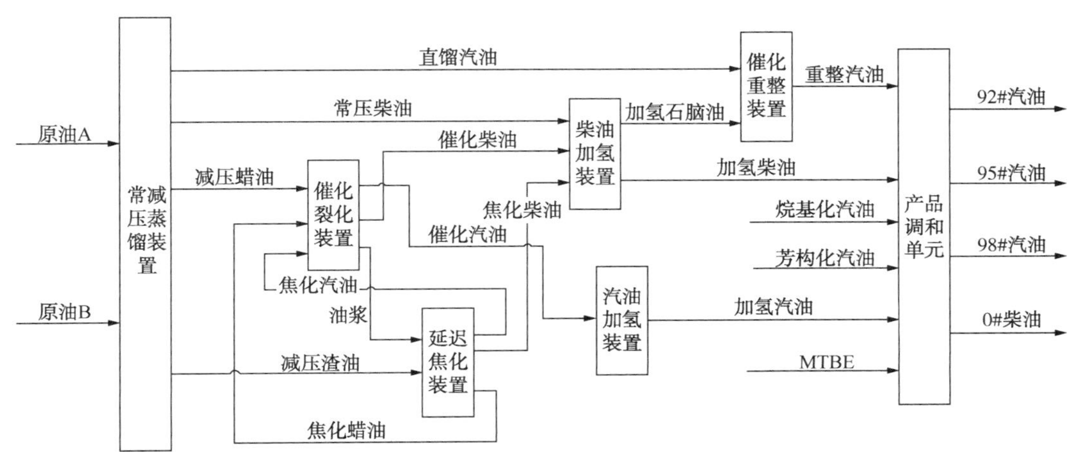

图 1-14 常规原油炼化加工过程

① 蒸馏过程：可分为常压蒸馏和减压蒸馏两部分，在蒸馏之前，首先需对原油进行脱盐处理，以减缓后续换热设备及蒸馏塔的腐蚀与结垢，原油经换热后先进入初馏塔，将已气化的轻质油蒸出，以降低加热炉负荷，然后进入常压蒸馏塔，在接近大气压下完成原油分馏，侧线得到石脑油、煤油、轻柴油、重柴油等产品，常压塔底产物再进入减压蒸馏塔进一步分离，得到蜡油、渣油等产品。

② 热加工过程：指单纯靠热作用使重质原料转化为气体、馏分油等产品的过程。其中延迟焦化是一种广泛使用的焦化方法，能够将重质油(包括减压渣油、油浆等)进行深度热裂化，该过程中原料经一系列换热后，通过加热炉加热至所需反应温度，然后迅速进入后续的焦炭塔，在绝热的情况下发生裂化和缩合反应。除延迟焦化之外，还有流化焦化、灵活焦化等焦化工艺过程。另一个热裂化过程则是减黏裂化，该过程是一种较温和的热加工过程，可将重质原料进行轻度热裂化以降低其黏度，还可副产一部分裂化汽油、柴油。

③ 催化过程：主要分为催化裂化和催化重整。催化裂化能够将重油转化为轻质产品(如汽油、喷气燃料、柴油)，以参与后续油品调和得到高附加值产品；而催化重整过程则通过将原料的分子结构进行重排以得到所需产品。

④ 加氢过程：炼厂中的加氢过程主要包括加氢处理和加氢裂化两种。加氢处理根据所处理的原料不同可以分为馏分油加氢处理和渣油加氢处理。馏分油进行加氢处理的目的主要是除去原料油中大部分的氮、硫、氧和金属，以避免这些组分影响催化剂、设备及最终产品质量。加氢裂化过程实质上就是将加氢和催化裂化过程进行结合，一般以中、重馏分油作为原料，在高温、高压下及临氢的条件下，重质油经催化剂的作用发生

催化裂化反应生成汽油、柴油等轻质油品，还可脱除原料油中的硫、氧、氮等杂质，并使烯烃饱和，因此具有轻收高，产品质量好的优点。

⑤ 产品调和：炼厂大多数产品都是经过调和得到的最终产品。调和的定义是将基础油，添加剂和其他组分混合以产生具有特定性质和所需特性的成品油的方法。常见的调和方法包括储罐调和和管道调和。储罐调和通过设置罐内搅拌器等方式使油品均匀调和；而管道调和则更为自动化，通过管道阀门控制，根据既定的调和比例直接在总管中完成油品调和。

从上述炼化流程可以看到，炼化装置在实际应用中会暴露在不同的腐蚀环境中，从而遭受不同形式的腐蚀损伤，装置的腐蚀失效形式主要包括：一是应力腐蚀、氢致开裂、腐蚀疲劳引发装置的脆性断裂和疲劳断裂；二是腐蚀穿孔导致的装置泄漏；三是腐蚀引起的装置表面损伤，主要表现为电化学腐蚀(均匀腐蚀、点腐蚀、缝隙腐蚀、晶间腐蚀、沉积物下腐蚀、溶解氧腐蚀、碱腐蚀、硫化物腐蚀、氯化物腐蚀、硝酸盐腐蚀等)、冲蚀和气蚀、高温氧化腐蚀、金属尘化或灾难性渗碳腐蚀、环烷酸腐蚀；五是装置用金属材料的敏化和氢致损伤(氢腐蚀、氢脆和堆叠层的氢致剥离等)引发的材料性能退化。后续章节将会对原油炼化过程中涉及的各个装置的腐蚀情况进行描述。

1.2.1 炼化装置常见腐蚀破坏形式

炼化装置在石油加工过程中具有典型代表性的腐蚀破坏形式主要包括：电偶腐蚀、垢下腐蚀和细菌腐蚀、点蚀、选择性腐蚀、磨损腐蚀、应力腐蚀破裂、氢鼓泡。

(1) 电偶腐蚀

电偶腐蚀又称接触腐蚀或异(双)金属腐蚀，在电解质溶液中，当两种金属或合金相接触(电导通)时，电位较负的金属腐蚀被加速，而电位较正的金属受到保护的腐蚀现象。因此，相互接触的两种金属的电偶序的间距决定了电偶腐蚀的难易程度，如表 1-6 所示。

在工程技术中，不同金属的组合是不可避免的，几乎所有机器、设备和金属结构件都是由不同的金属材料部件组合而成，电偶腐蚀非常普遍。图 1-15 为某炼化装置减压用常压塔的腐蚀形貌。由于塔顶人孔短节涂覆了不同材质的防腐内衬，而且在人孔法兰处进行了焊接。该常减压装置在经过 10 年的运行后，防腐内衬出现了明显的局部腐蚀现象。该装置常压塔所使用的材料在腐蚀电偶序中由低到高的排序依次为：普通碳钢→低合金钢→321/301 钢，腐蚀电位越低的金属材质电偶局部腐

图 1-15　常压塔顶人孔短节普通碳钢材质部分电偶腐蚀形貌

蚀越严重，如表 1-7 所示。

表 1-6　常见金属的电偶序

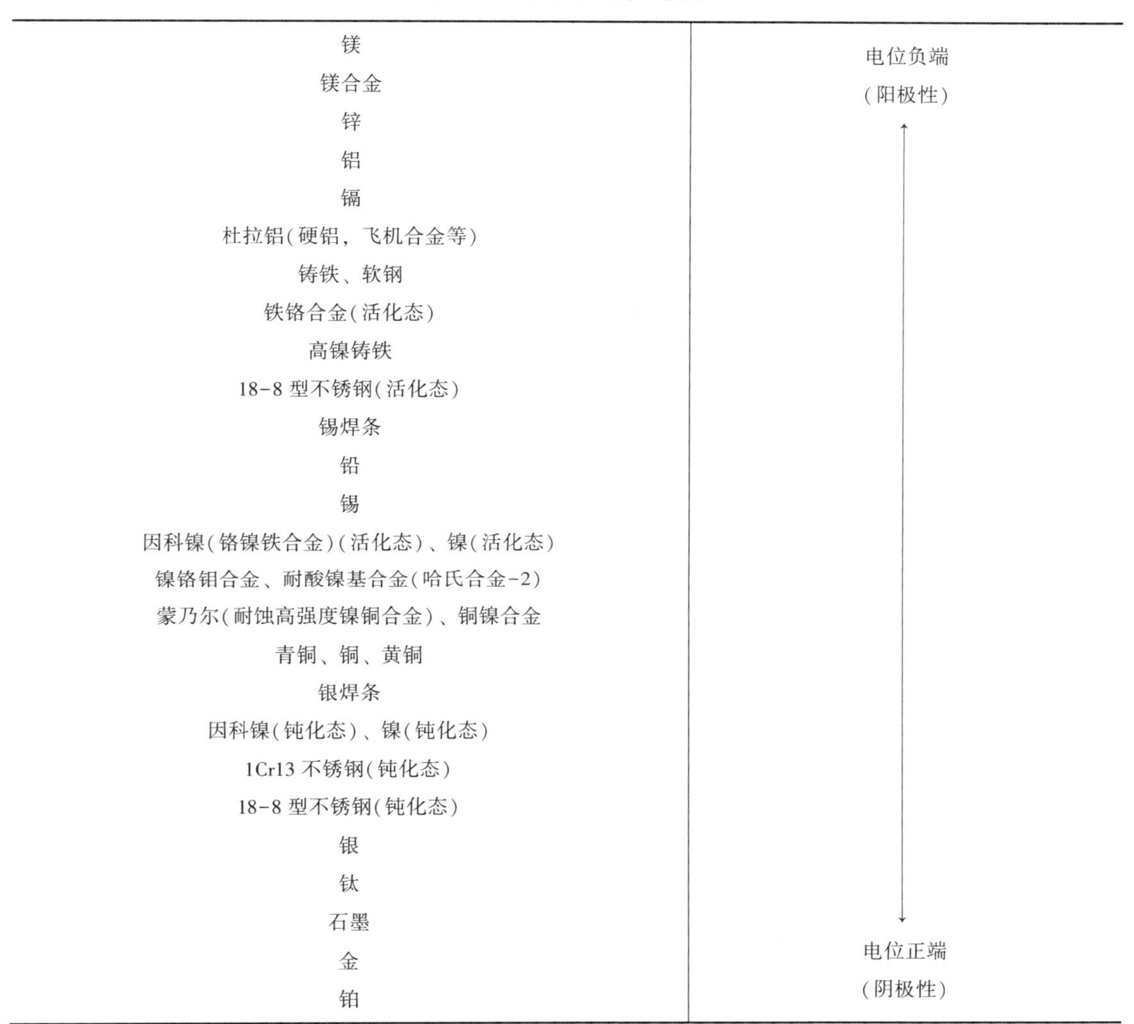

镁	电位负端
镁合金	（阳极性）
锌	↑
铝	
镉	
杜拉铝（硬铝，飞机合金等）	
铸铁、软钢	
铁铬合金（活化态）	
高镍铸铁	
18-8 型不锈钢（活化态）	
锡焊条	
铅	
锡	
因科镍（铬镍铁合金）（活化态）、镍（活化态）	
镍铬钼合金、耐酸镍基合金（哈氏合金-2）	
蒙乃尔（耐蚀高强度镍铜合金）、铜镍合金	
青铜、铜、黄铜	
银焊条	
因科镍（钝化态）、镍（钝化态）	
1Cr13 不锈钢（钝化态）	
18-8 型不锈钢（钝化态）	
银	
钛	
石墨	↓
金	电位正端
铂	（阴极性）

表 1-7　常压塔不同等级材质对焊电偶腐蚀程度

部　　位	对 焊 材 质	腐 蚀 程 度	备　　注
塔顶 8 人孔	301 材质与普通碳钢材质对焊	普通碳钢腐蚀较严重	减薄最深约 5mm
塔顶 7 人孔	321 材质与普通碳钢材质对焊	普通碳钢腐蚀较严重	减薄最深约 3mm
塔顶 6 人孔	普通碳钢材质对焊	轻微整体腐蚀	局部最深约 1.5mm
塔顶 1 人孔	低合金钢材质与普通碳钢材质对焊	普通碳钢腐蚀较轻	局部最深约 2mm

（2）垢下腐蚀和细菌腐蚀

在炼化装置中，未经冷却塔隔离的油通过循环水泵再次进入系统循环，在低流速处沉积，由于堆积在管束内的包块中仍存活大量的硫还原菌及铁细菌，因此包块的内表面仍在腐蚀引起垢下腐蚀和细菌腐蚀。

垢下腐蚀是炼化领域中循环水换热器的常见腐蚀形式，而且循环水换热器也是炼化公司最常用的设备之一，通常用于冷却各种工艺介质，如混氢、氨气等。某公司酸性水汽提装置二级冷凝冷却器经工艺分析发现存在内漏情况，经工艺处置合格后，对其进行检修。通过对换热器进行拆卸、抽芯、清洗、查漏。发现循环水进出口管线内部均布有约 2mm 的黄色结垢；小浮头内有大量泥沙，小浮头端管板上部附有垢物；管箱内有泥沙、黑色污泥，清理后有较严重腐蚀。该装置在工况条件下，由于流速减小，水流经换热器时水中的钙镁离子及污物容易在换热面上沉积下来形成水垢。由于换热器的腐蚀主要是由于吸氧腐蚀造成的，从而在多孔垢层塞积的金属与周围金属形成了小阳极-大阴极的氧浓差电池导致金属局部腐蚀，最终造成腐蚀泄漏，恶化水质。

细菌腐蚀常见于原油管道腐蚀，可造成管道腐蚀穿孔进而引发的泄漏污染环境。某公司原油管线投用 30 多年的时间内先后发生了 8 次腐蚀穿孔事故，造成严重的经济损失和环境危害。在后续的腐蚀穿孔原因分析中发现，细菌腐蚀是其中一个重要的诱发因素。对管线周围的土壤检测发现每克土壤中包含 450~2500000 个土壤铁细菌、7.0~4500 个硫酸盐还原菌、4.5~650 个石油沥青降解菌。此外，管线防腐层破损后，细菌逐渐扩散到金属基体表面，由于氧含量较低，首先发生铁细菌引发的细菌腐蚀，随着氧被耗尽，接力发生硫酸盐还原菌的腐蚀。在细菌腐蚀和点蚀的共同破坏下，最终导致管线的腐蚀穿孔。

（3）点蚀

点蚀是在金属表面产生小孔的一种极为局部的腐蚀形态。主要原因是水中难溶性盐类或黏泥在金属表面产生沉积，沉积物覆盖的金属表面区形成浓差电池。点蚀是潜伏性和破坏性最大的一种局部腐蚀。点蚀都是小阳极-大阴极具有自催化特性的氧浓差电池。孔越小，阴、阳极面积比越大，穿孔越快。

某炼化公司常压储罐检查中发现罐壁内表面底部第一层罐壁与第二层罐壁的环焊缝附近附着有呈现暗红色的覆盖层，泡内有大量铁锈，破损范围基本覆盖整圈。打磨后，发现许多腐蚀坑，深度为 0.5~1mm，直径在 3~8mm。该储罐为内浮顶罐，储存介质为石脑油。该罐罐顶透光孔全部打开，闲置 1 个月，期间有过降雨，清罐后未进行其他作业。图 1-16 是罐壁涂层破损形貌和打磨后的点蚀形貌。该公司的石脑油为直馏石脑油，其中含有氯元素和硫元素。在电脱盐的工序中，会水解生成 HCl 溶解于直馏石脑油的微量水中。此外，硫化物在原油直馏加工过程中受热会转化分解出硫化氢，溶于水后发生电离，使水呈酸性。最终在 HCl 和 H_2S 的共同作用下，罐体极易发生点蚀直至穿孔。此外，硫甚至可以与铁产生阳极反应形成硫化亚铁，其是一种有缺陷的结构，易脱落，易氧化，且电位较低，会持续进行电化学腐蚀。更严重的是，硫化亚铁在一定条件下，与空气接触还会发生自燃。

(a) 罐体涂层的腐蚀形貌

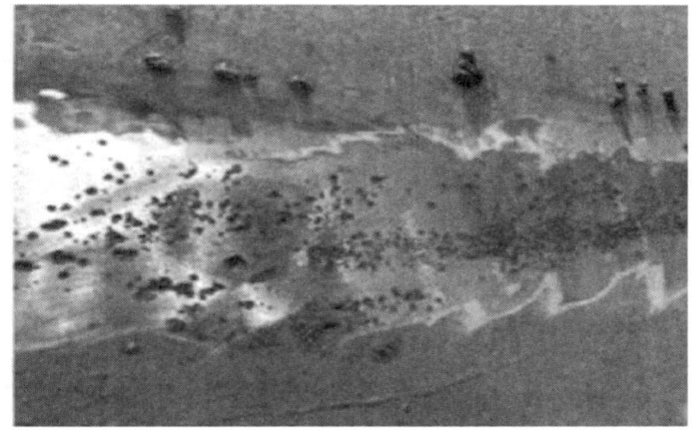
(b) 罐体打磨后的腐蚀形貌

图 1-16　罐体涂层打磨前后的形貌

(4) 磨损腐蚀和冲蚀

催化裂化装置中的滑阀和阀杆，磺酸盐装置中的内磺酸盐输送泵是易受到严重磨损与腐蚀的部件。某炼化公司磺酸盐装置内磺酸盐输送泵在运行中经常发生泵体有异响、断齿、卡停、轴承磨损等故障。对内磺酸盐输送泵故障分析发现，因为原料馏分油在磺化过程中由于过磺化结焦因而产生大量酸渣，泵腔内结焦物、结晶盐、酸渣等沉淀、黏附在泵主轴承(圆柱滚子轴承 NU320)上，导致主轴承磨损抱死烧坏，并造成该泵其他零部件轴、内外齿、销轴、轴套、密封圈等部件损坏，设备停运，导致停工。

某硫酸法烷基化装置处理段注碱线出现穿孔泄漏现象，注碱线另一个重要设备是混合器，其壳体和内部元件材质均为 Alloy20(20 合金)。壳体入口处焊缝因局部腐蚀穿孔泄漏，最长冲蚀凹坑长约 80mm，宽约 10mm，深约 4mm。处理段主管是含浓硫酸的反应流出物介质管线，支管是注碱液管线。腐蚀穿孔部位在两管的结合部位，两种介质混合处形成了一道明显的腐蚀边界，边界的一边基本完好，而另一边冲刷腐蚀非常严重。混合器壳体规格为 ϕ168mm×7mm，壳体两端由法兰焊接而成，内部元件嵌入壳体管内并焊接固定。冲刷部位位于焊缝周边，介质进入内构件后改变方向，形成湍流区域，产生冲击腐蚀。冲击腐蚀是流体的湍流和冲击与腐蚀介质同时作用的结果，介质含酸烃成分，腐蚀性较强 E53，虽然选用了抵抗硫酸腐蚀能力很强的合金材料 20 合金，但在湍流的环境下还是产生较强的冲击腐蚀。

(5) 应力腐蚀破裂

某厂炼制的原油中硫含量达 1.9%~2.6%，含盐量高达 77~230mg/L，甚至 HCl 和 H_2S 的含量均较高，当处于潮湿环境中时，奥氏体不锈钢出现了应力腐蚀开裂。其中常减压装置常压塔顶浮阀在冲压浮阀的阀腿切口和阀腿弯曲的应力集中处起裂，在阀顶可以观察到龟纹裂纹走向垂直于冷弯变形的应力线，应力腐蚀裂纹大部是穿晶断裂，少数腐蚀裂纹是沿晶断裂。钢质的柴油加氢反应器采样管与高温含硫介质相互作用生成硫化铁停工时与水和空气接触，转化为连多硫酸($H_2S_xO_6$)腐蚀。应力腐蚀裂纹起源于管内沿圆周分布的点蚀孔，沿着管厚度方向成树枝状的穿晶断裂。

1.2.2 炼化装置在石油加工典型腐蚀介质中的腐蚀

石油化工是我国国民经济的支柱产业，在国民经济的发展中占据着重要地位。然而在石油加工过程中存在着一系列严重的腐蚀问题，它直接影响着企业的安全生产和运转周期，生产设备因腐蚀所造成的事故及装置的被迫停工，则使企业在经济上蒙受巨大的损失。炼化装置主要接触介质是原油，原油主要组成是各种烷烃、环烷烃和芳香烃。常含杂质，如无机盐、硫化物、氮化合物、有机酸、氧、二氧化碳和水分等。此外在原油炼制中加入的水分、氢气及酸碱化学药品也会形成腐蚀介质。从腐蚀和防护角度考虑，可从原油性质的下列四个指标来初步判定原油腐蚀性的强弱：盐含量、硫含量、酸值、含氯量。

(1) 氯化物

乳化液悬浮在原油中，这些水分都含有盐类。主要有氯化钠、氯化镁和氯化钙。此外也可能含有少量的硫酸盐。氯化镁和氯化钙受热水解的反应式为

$$MgCl_2+2H_2O \longrightarrow Mg(OH)_2+2HCl(120℃)$$

$$CaCl_2+2H_2O \longrightarrow Ca(OH)_2+2HCl(175℃)$$

(2) 含硫化合物

硫化物的腐蚀作用与温度有直接的关系。硫化物对设备的腐蚀与温度之间具体存在以下关系：

① $T<120℃$，硫化物未分解，在无水情况下对设备无腐蚀，但当含水时，形成炼厂各装置中 H_2S-H_2O 型腐蚀。

② $120℃<T<240℃$，原油中的硫化物未分解，对设备无腐蚀。

③ $240℃<T<340℃$，硫化物开始分解，生成 H_2S，开始对设备腐蚀，并且随着温度的升高腐蚀加重。

④ $340℃<T<400℃$，H_2S 开始分解为 H_2和 S，此时对设备腐蚀的反应式为

$$H_2S \longrightarrow H_2+S$$

$$Fe+S \longrightarrow FeS$$

$$R-SH(\text{硫醇}) \longrightarrow FeS+\text{不饱和烃}$$

⑤ $426<T<430℃$，高温硫时设备腐蚀最快。

⑥ $T>480℃$，硫化氢接近于完全分解，腐蚀率下降。

⑦ $T>500℃$，不是硫化物的腐蚀范围，此时为高温氧化腐蚀。

硫化合物的腐蚀作用程度，由强到弱可按依次排列为：元素硫及多硫化物、硫醇、硫化氢、脂肪族硫化合物、二硫化物。除了上述有机硫化物外，原油还含有 SO_2、SO_3，

甚至连多硫酸都有不同程度的腐蚀作用。

（3）氮化合物

石油中的含氮化合物主要有吡啶、吡咯及其衍生物。原油中所有这些氮化合物在常减压装置中很少分解，但在深度加工，如热裂化、催化裂化及焦化装置中，由于温度较高，或者催化剂的作用，则分解成了可挥发的氨和氰化物。结果造成二次加工装置分馏塔顶及其冷凝冷却系统 $H_2S-HCN-NH_3-H_2O$ 型的低温电化学腐蚀和氢脆腐蚀。

（4）有机酸

主要是指环烷酸及少量的低分子脂肪酸，而后者主要是在常减压塔顶及其冷凝冷却设备中产生的电化学腐蚀。原油中的环烷酸是各种酸的混合物，通常以原油酸值的大小来判断环烷酸的腐蚀性，原油酸值在0.5mgKOH/g以上即能引起显著的环烷酸腐蚀。在220℃以下环烷酸不发生腐蚀，随温度上升腐蚀逐渐增加，270～280℃腐蚀速度最大。环烷酸腐蚀在高流速部位特别显著，如加热炉出口附近都可能发生环烷酸腐蚀。

（5）氧、二氧化碳和水

原油中还含有少量游离的氧、二氧化碳和水。原油进入常减压装置时，上述杂质均因受热而逸出，在常减压装置的冷凝冷却系统形成了氢去极化腐蚀和氧去极化腐蚀。在原油深度加工的高温部位，由于含氧化合物的热分解，也会产生氧、二氧化碳和水蒸气，在这些高温部位，金属和气体的反应速度很快，因而也存在着氧及二氧化碳的高温氧化腐蚀。

① 水分。石油加工过程中要引入大量的水分，因此水分给炼油设备造成了各种腐蚀环境。水是造成各种类型电化学腐蚀的必要条件。如常减压塔顶冷凝系统设备中受到氯化氢-硫化氢-水的严重电化学腐蚀等。如果上述系统中没有水分存在，单纯的氯化氢及硫化氢气体所造成的化学腐蚀是极轻微的。

② 氢。石油的二次加工过程中，一般都有加氢和析氢的反应过程。加入氢的反应过程都是处于高温高压的操作条件下，因而氢的存在会引起设备的高温氢损伤。常见的氢损伤有氢鼓泡、氢脆、表面脱碳、氢腐蚀(内部脱碳)。

③ 酸、碱化学药剂。在石油加工过程中需要加入各种酸碱物质，主要包括以下几种情况：a. 硫酸在石油加工中主要用于电精制、烷基化等装置；b. 油品碱洗要用大量的烧碱；c. 氨用作冷冻剂和设备防腐的中和剂。所有这些在石油加工中引入的化学药剂在一定的工艺条件下，也会对设备造成腐蚀。

④ 有机溶剂。气体脱硫、润滑油精制均要使用有机溶剂，如乙醇胺、糠醛等。在生产过程中，一些溶剂会发生降解、聚合、氧化等作用，或者与过程中的有机物作用，而生成某些腐蚀金属设备的物质。此外，炼油厂加热炉和蒸汽锅炉的大量烟道气，尤其是含硫较高的燃料油烟气，对炉管和烟道都有较为严重的腐蚀。总之，石油加工过程中的腐蚀影响因素是多种多样的，从原油进厂到产品运出，从设备的表面到内部，从低温

部位到高温部位，几乎无处不存在着各种腐蚀问题。

石油加工中的腐蚀环境是比较复杂的，主要取决于所加工的原油性质、加工过程产物、温度、压力、加工工艺以及设备部位等因素。通常可以从环境温度和腐蚀介质角度出发对腐蚀环境进行分类，这种分类方法总体上将腐蚀环境分为低温型、高温型两大类。

所谓低温型腐蚀环境，在炼油厂通常是指温度低于230℃且有液体水存在的部位，而高温型则是指腐蚀环境温度在240~500℃的部位。这两大类腐蚀环境又因具体的腐蚀介质不同，还可进行如表1-8所示的分类。

表1-8 石油加工中的低温型和高温型腐蚀

低温(低于230℃) 轻油 H_2S-H_2O 型 (低温湿硫化氢硫腐蚀)	$HCl-H_2S-H_2O$ 型 $HCN-H_2S-H_2O$ 型 $HCN-CO_2-H_2S-H_2O$ 型 RNH_2(乙醇胺)$-CO_2-H_2S-H_2O$ 型 SO_2、SO_3-H_2O 型
高温(240~500℃) 重油 H_2S 型 (高温硫腐蚀)	$S-H_2S-RSH$(硫醇)型 $S-H_2S-RSH-RCOOH$(环烷酸)型 H_2-H_2S 型

表1-8中不同的腐蚀环境存在于炼油装置的不同设备中，表现出不同的腐蚀形态，具有不同的腐蚀机理。总的来说，低温型环境下的腐蚀属电化学腐蚀，而高温型环境下的腐蚀属化学腐蚀。从以上的腐蚀环境可以看出，硫化物是炼油设备腐蚀的主要介质。

1.2.2.1 低温(<230℃)环境中炼油设备的腐蚀

(1) 低温 $HCl-H_2S-H_2O$ 型腐蚀

腐蚀部位：此腐蚀环境主要存在于常减压装置的初馏塔和常、减压塔的顶部(顶部五层塔盘以上部位)及其塔顶冷凝冷却器系统。在无任何工艺防腐措施情况下，腐蚀十分严重，具体腐蚀情况：①常压塔顶及塔内构件，碳钢腐蚀率高达2mm/a；0Cr13材料作衬里，浮阀则出现点蚀，用18-8型奥氏体不锈钢作衬里则出现应力腐蚀开裂；②冷凝冷却器是腐蚀严重的部位，碳钢腐蚀率可高达2mm/a；空冷器更为严重，碳钢的腐蚀率可高达4mm/a；③后冷器、油水分离器及放水管的腐蚀一般较前项为轻；④减压塔顶冷凝冷却器是减顶系统腐蚀主要几种的设备，碳钢腐蚀率可高达5mm/a。

腐蚀形态：对碳钢为均匀减薄，对Cr13钢为点蚀，对1Cr18Ni9Ti钢则为氯化物应力腐蚀开裂。

腐蚀机理：原油中所有的成酸无机盐如 $MgCl_2$、$CaCl_2$ 等，在一定的温度及有水的条件下可发生强烈的水解反应，生成腐蚀性介质HCl。在蒸馏过程中HCl和硫化物加热分

解生成的 H_2S 随同原油中的轻组分挥发进入分馏塔顶部及冷凝冷却系统。当在冷凝区出现液体水时，HCl 即溶于水中成盐酸。由于初凝区水量极少，盐酸浓度可达 1%～2%，形成一个腐蚀性十分强烈的“稀盐酸腐蚀环境”。若有 H_2S 存在，可加速该部位的腐蚀。

目前对此环境造成的腐蚀破坏机理尚无统一认识，但较为大多数人接受的观点是：原油对冷凝系统的腐蚀是由于 HCl 和 H_2S 相互促进构成的循环腐蚀而引起。具体腐蚀反应如下：

$$Fe+2HCl \longrightarrow FeCl_2+H_2\uparrow$$

$$FeCl_2+H_2S \longrightarrow FeS\downarrow+HCl$$

$$Fe+H_2S \longrightarrow FeS+H_2\uparrow$$

$$FeS+2HCl \longrightarrow FeCl_2+H_2S\uparrow$$

冷凝系统不同部位腐蚀的机理是有所区别的。在最先冷凝的区域，尤其是气液两相转变的“露点”部位，剧烈的腐蚀是由于低 pH 值的盐酸引起的，因为最初凝结的水量较少但却饱和了较多的氯化氢。其反应式如下：

$$Fe+2H^+ \longrightarrow Fe^{2+}+H_2\uparrow$$

$$FeS+2H^+ \longrightarrow Fe^{2+}+H_2S\uparrow$$

随着冷凝过程的进行，冷凝水量不断增加，HCl 水溶液逐渐被稀释，pH 值提高，腐蚀按理应有所缓和。但在这一过程中，由于 H_2S 溶解度迅速增加，提供了更多的 H^+，因而又促进了氢去极化腐蚀反应。

$$Fe^{2+}+H_2S \longrightarrow FeS\downarrow+2H^+$$

【案例】 加氢精制车间 3#柴油加氢装置热低分气冷却器出口管线，规格 *DN*89×6，20#，相继发生了 3 次穿孔泄漏(图 1-17)。

(2) 低温 $HCN-H_2S-H_2O$ 型腐蚀

腐蚀部位：主要存在于催化裂化装置吸收解吸系统。

腐蚀形态：对碳钢为均匀腐蚀、氢鼓泡、硫化物应力腐蚀开裂；对奥氏体不锈钢为硫化物应力腐蚀开裂。除设备厚度减薄或局部腐蚀穿孔外，还极易引起鼓泡、开裂等形式的氢脆化。其中，以设备厚度减薄和腐蚀穿孔最为常见。

图 1-17　柴油加氢装置热低分气冷却器出口管线穿孔腐蚀

腐蚀机理：在 $HCN-H_2S-H_2O$ 腐蚀环境中。主要通过以下列电化学过程使设备损坏。硫化氢在水中发生离解：

$$H_2S \rightleftharpoons H^+ + HS^-$$
$$\quad \longrightarrow H^+ + S^{2-}$$

钢在 H_2S 的水溶液中发生电化学反应：

阳极反应 $Fe \longrightarrow Fe^{2+} + 2e$

$$Fe^{2+} + HS^- \longrightarrow FeS + H^+$$

阴极反应 $2H^+ + 2e \longrightarrow 2H \longrightarrow H_2 \uparrow$

二次过程 $Fe^{2+} + S^{2-} \longrightarrow FeS$（渗透）

钢铁在 $HCN-H_2S-H_2O$ 腐蚀环境中，腐蚀形式主要包括以下三种情况：

① 一般腐蚀的加重。H_2S 和铁生成的硫化物或硫化亚铁，在 pH 值大于 6 时，钢的表面为 FeS 所覆盖，有较好的保护性能，腐蚀率也有所下降。但当有 CN^-存在，它溶解 FeS 保护膜，产生络合离子 $Fe(CN)_6{}^{4-}$，加速了腐蚀反应的进行：

$$FeS + 6CN^- \longrightarrow [Fe(CN)6]^{4-} + S^{2-}$$

络合离子 $Fe(CN)_6{}^{4-}$继续与 Fe^{2+}反应生成亚铁氰化亚铁 $Fe_2[Fe(CN)_6]$：

$$[Fe(CN)_6]^{4-} + 2Fe^{2+} \longrightarrow Fe_2[Fe(CN)6] \downarrow$$

停工时在有空气和水存在的条件下再氧化生成最终腐蚀产物 $Fe_4[Fe(CN)_6]_3$：

$$6Fe_2[Fe(CN)_6]（白色）+ 6H_2O + 3O_2 \longrightarrow 2Fe_4[Fe(CN)_6]_3（蓝色）\downarrow + 4Fe(OH)_3$$

这种腐蚀情况常存在于吸收解吸塔顶部及底部，稳定塔顶部及中部，再吸收塔顶部及中部。上述部位呈均匀点蚀和坑蚀直至穿孔，腐蚀率为 0.1～1mm/a。

② 氢渗透。原子氢进入钢的晶格，并在钢材内部缺陷处（夹渣、气孔、分层等）聚集，结合成氢分子。若在一狭小的闭塞空间里积聚大量氢分子，势必产生很大的压力（可达 $190kgf/cm^2$），造成鼓泡或鼓泡开裂。这种腐蚀情况主要存在于解吸塔顶和解吸气空冷器至后冷器的管线弯头（*DN*200）和解吸塔后冷器壳体等部位。一般鼓泡直径为 5～120mm，鼓泡开裂裂缝宽度为 2.5mm。

③ 应力腐蚀开裂。造成应力腐蚀开裂的原因为拉应力、H_2S-H_2O 腐蚀环境及敏感材料。奥氏体不锈钢焊缝及其热影响区对硫化物应力腐蚀开裂最为敏感，腐蚀形态为焊缝开裂。

【案例】 某炼油厂吸收解吸塔解吸段（A3 材质）在运行 4 年后发现氢鼓包开裂情况（图 1-18），图（b）为图（a）的剖面图，从中可以看出钢板的分层处正好在钢板厚度的 1/2处。

（3）低温 $CO_2-H_2S-H_2O$ 型腐蚀

腐蚀部位：主要存在于脱硫再生塔塔顶冷凝冷却系统（馏出管线、冷凝冷却器及回流罐）。

腐蚀形态：对碳钢为氢鼓泡及焊缝开裂，对 Cr5Mo、1Cr13 及低合金钢而使用不锈

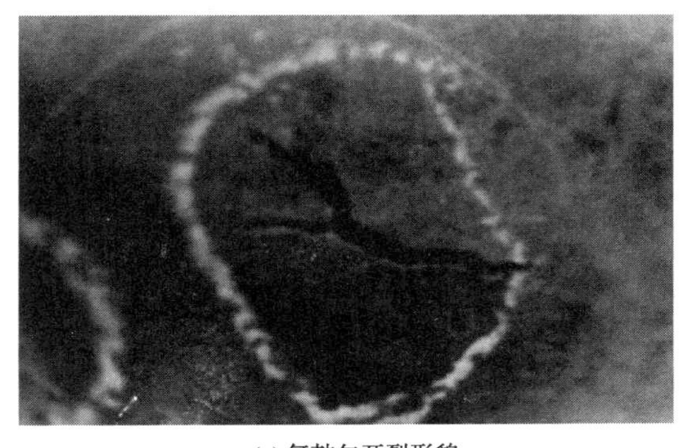

(a) 氢鼓包开裂形貌

(b)氢鼓泡剖面

图 1-18　吸收解吸塔塔壁氢鼓泡开裂

钢焊条则为焊缝处的硫化物应力腐蚀开裂。

腐蚀机理：为 H_2S-H_2O 型的腐蚀及开裂。此部位的主要影响因素是 H_2S-H_2O。在某些炼油厂，由于原料气含有 HCN，而形成 $HCN-CO_2-H_2S-H_2O$ 的腐蚀介质。由于 HCN 的存在也加速了 H_2S-H_2O 的均匀腐蚀及应力腐蚀开裂。

H_2S 为弱酸，在水中发生电离，电离式为

$$H_2S = H^+ + HS^-$$

$$HS^- = H^+ + S^{2-}$$

在 H_2S-H_2O 溶液中含有 H^+、HS^-、S^{2-} 和 H_2S 分子，对金属腐蚀为氢去极化作用。其反应式为

阳极反应

$$Fe \longrightarrow Fe^{2+} + 2e$$

$$Fe^{2+} + S^{2-} \longrightarrow FeS$$

$$Fe^{2+} + HS^- \longrightarrow FeS + H^+$$

阴极反应

$$2H^+ + 2e \longrightarrow 2H \longrightarrow H_2 \uparrow$$

钢铁在 H_2S 的水溶液中，不只是由于阳极反应生成 FeS 而引起一般的腐蚀，而且阴极反应生成的氢还能向钢中渗透并扩散，引起钢的氢脆、氢鼓泡。同时也是发生硫化物应力腐蚀的主要原因。具体腐蚀情况如下：

① 一般均匀腐蚀。含水硫化氢对钢的腐蚀，一般说来，温度提高则腐蚀增加。在 80℃时腐蚀率最高，在 110～120℃时腐蚀率最低。在 H_2S-H_2O 溶液中，碳钢和普通低合金钢的腐蚀率开始很快，最初几天可达到 10mm/a 以上。但随时间增长腐蚀迅速下降。到 1500～2000h 后，腐蚀速度趋于 0.3mm/a。故装置经常开停工会加速设备的腐蚀。硫化氢和生成的硫化铁和硫化亚铁在 pH 大于 6 时，钢的表面为硫化铁所覆，有一定的保护性能，腐蚀率会逐渐下降。但是当有 CN^- 存在时，氰化物将溶解此保护膜，产生有利于氢渗入的表面和增加腐蚀速度。

② 氢鼓泡和氢脆。H_2S 的腐蚀为氢去极化腐蚀。吸附在钢铁表面上的 HS^- 促使阴极放氢加速，当氢原子遇到裂缝、空隙、晶格层间错断、夹杂或其他缺陷时，原子氢在这些地方结合成分子氢，体积膨胀约 20 倍。在钢材内产生极大的内应力，致使强度较低的碳钢发生氢鼓泡，而强度高的钢材不允许有较大的塑性变形，在钢材内部发生微裂纹致使钢材变脆，产生氢脆。

③ 应力腐蚀开裂。当钢材有残余应力（或承受外拉应力）和钢材内部的氢致裂纹同时存在时，则发生应力腐蚀开裂。在低 pH 值下，迅速开裂；pH 为 4.2 时最严重；pH 值为 5~6 时，不易破裂；pH 值大于等于 7 时，不发生鼓裂。含有 HCN，形成了 $HCN-CO_2-H_2S-H_2O$ 的腐蚀介质，即使 pH 值大于 7，也将会对硫化物应力腐蚀开裂产生促进作用，同时 HCN 的存在也会加速 H_2S-H_2O 的均匀腐蚀。

【案例】 某厂制氢装置管线减薄爆裂[图 1-19(a)]。某炼油厂脱硫溶剂再生塔酸性气体冷却器内浮头盖（材质为 12AlMoV 钢，法兰圈材质为 1Cr13，焊条 Cr25Ni13 型），使用后在 $CO_2-H_2S-H_2O$ 一侧，浮头盖与法兰圈的焊缝熔合线处发生断裂，并延伸至母材[图 1-19(b)]。

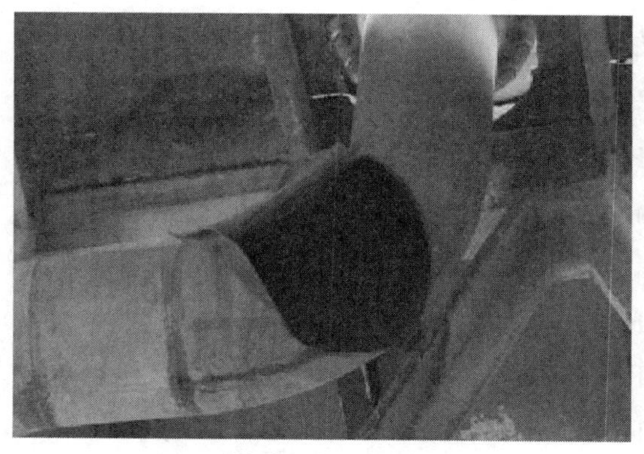
(a) 制氢装置管线减薄爆裂

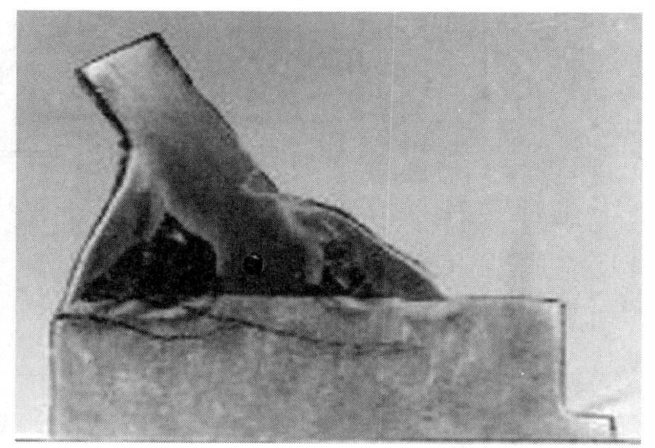
(b) 浮头盖与法兰圈的焊缝熔合线处发生断裂

图 1-19 制氢装置管线减薄爆裂形貌图

（4）低温 RNH_2（乙醇胺）$-CO_2-H_2S-H_2O$ 型腐蚀

腐蚀部位：主要存在于干气及液化石油气脱硫的再生塔、富液管线、再生塔底重沸器及复活釜等部位。

腐蚀形态：在碱性介质（pH≥8）由 CO_2 及胺导致的应力腐蚀开裂和均匀减薄。

腐蚀机理：主要由二氧化碳引起的，腐蚀随原料气中 CO_2 含量的增加而增加。游离的或化合的 CO_2 均能引起腐蚀，严重的腐蚀发生在有水及温度较高部位（90℃以上）。当 CO_2 浓度为 20%~30%时，腐蚀相当严重，碳钢腐蚀率可达 0.76mm/a。二氧化碳的腐蚀反应为

$$Fe+2CO_2+H_2O \longrightarrow Fe(HCO_3)_2+H_2\uparrow$$

$$Fe(HCO_3)_2 \longrightarrow FeCO_3+CO_2\uparrow+H_2O$$

局部 CO_2 与游离水生成碳酸，而生成的碳酸则可直接腐蚀设备，高温下尤甚，其反应为

$$Fe+H_2CO_3 \longrightarrow FeCO_3+H_2\uparrow$$

生成的碳酸铁还可能水解成酸式碳酸铁或氢氧化铁。最多的则是与腐蚀环境中 H_2S 作用生成硫化铁沉淀。

硫化氢也同样腐蚀设备，生成不溶性的硫化亚铁，并于金属表面成膜。但是在此腐蚀环境中由于硫化氢浓度较高，同时 pH 值也较大，故形成的是保护作用不大的多硫化铁膜（如 Fe_9S_8）

乙醇胺在长时间循环脱硫的使用过程中，会有一部分氧化降解而转化为不适宜作酸气吸收剂的物质，如常用的脱硫剂单乙醇胺的主要氧化降解产物是甲酸，而甲酸本身则具有较强的腐蚀作用，使金属，尤其是金属的传热部位，受到强烈的腐蚀。

此外，溶液中的污染物对钢材与二氧化碳的反应起着显著的促进作用。在循环胺液中，腐蚀性污染物主要有胺降解产物、热稳定性盐类、烃类物质、氧以及腐蚀的固体产物。

【案例】 某炼油厂气体脱硫溶剂再生塔底重沸器内部溢流管（碳钢）腐油减薄及穿孔，管已折断（图 1-20）。

（5）SO_2、SO_3-H_2O 型腐蚀

腐蚀部位：主要存在于蒸汽锅炉和加热炉的空气预热器、省煤器、废热锅炉、主水管、烟道等部位，在这些部位碳钢腐蚀速度可达 2~3mm/a。

腐蚀形态：腐蚀产物堵塞后局部腐蚀穿孔。

腐蚀机理：含硫烟气的“硫酸露点”腐蚀。燃料重油中通常含有 2%~3%的硫及硫化物，燃烧中绝大部分形成二氧化碳。二氧化硫中约有 1%~5%在一定条件下与氧形成三氧化硫。干式三氧化硫与烟气中水蒸气（5%~18%）结合形成硫酸蒸汽时，却大幅度提高了烟气的露点。当接触烟气的装置表面温度低于露点时，即发生酸液的凝结并强烈地腐蚀金属。反应方程式如下：

$$S+O_2 \longrightarrow SO_2$$

$$SO_2+1/2O_2 \longrightarrow SO_3\text{（高温或氧化）}$$

$$SO_3+H_2O \longrightarrow H_2SO_4\text{（600℃以下）}$$

【案例】 某套蒸馏加热炉烟气余热回收装置（图 1-21），在应用水热媒技术之前，加热炉对流段软化水管和冷进料管经常会出现露点腐蚀穿孔，应用之后这一问题得到解决，但是，系统投用后不久，冷烟道的不锈钢膨胀节就出现穿孔。SO_2、SO_3-H_2O 型腐蚀主要发生在加热炉对流段和烟道部位，腐蚀介质来自燃料中含有的硫化物成分，燃料油和瓦斯因为原料性质变差含硫量也越来越高，烟气露点温度随之升高，水热媒技术有

比较好的防露点腐蚀作用，但是烟道中的薄弱环节却无法抵抗腐蚀出现严重破坏。

图 1-20 碳钢溢流管腐油减薄及穿孔

图 1-21 冷烟道的不锈钢膨胀节腐蚀穿孔

1.2.2.2 高温(240~500℃)环境中炼油设备的腐蚀

(1) 高温 $S-H_2S-RSH$(硫醇)型腐蚀

腐蚀部位：主要存在于焦化装置、减压装置、催化裂化装置加热炉、分馏塔底及相应的底部管线、泵、换热器等设备。

腐蚀形态：腐蚀形态为均匀减薄及局部穿孔

腐蚀机理：在设备的高温部位(240℃以上)会出现高温硫的均匀腐蚀。腐蚀从240℃开始随着温度的升高而迅速加剧，到480℃左右达到最高点，以后又逐渐减弱。首先是有机硫化物转化为硫化氢和元素硫，接着才是它们与碳钢表面直接作用产生腐蚀，在370~425℃的高温环境中，主要按下式进行：

$$Fe+H_2S \longrightarrow FeS+H_2\uparrow$$

硫化氢在350~400℃时能按下式分解：

$$H_2S \longrightarrow S+H_2\uparrow$$

分解出来的元素硫比硫化氢有更强的活性，因此腐蚀也就更为激烈。

【案例】 某炼油厂 T1008A 顶部接管碳钢与 1Cr5Mo 腐蚀对比照片如图 1-22 所示，从现场检查的情况看，减压渣油减黏装置的 1Cr5Mo 腐蚀轻微，而碳钢材质腐蚀严重，这与 1Cr5Mo 材质不耐高温环烷酸腐蚀，而抑制高温硫腐蚀性能良好的理论是吻合的。另外，严重腐蚀减薄的塔体和筒体接管，其表面均较光滑，没见明显的沟槽(环烷酸腐蚀的典型特征)。这些均说明减压渣油减粘装置的腐蚀以高温硫腐蚀为主。

图 1-22 T1008A 顶部接管碳钢与 1Cr5Mo 腐蚀对比图

（2）高温 S-H_2S-RSH-RCOOH（环烷酸）型腐蚀

腐蚀部位：腐蚀部位基本同于高温 S-H_2S-RSH（硫醇）型。在常减压装置主要存在于常（减）压炉（出口）、常（减）压转油线、常（减）压塔进料段塔壁、减压二线等部位；在催化和焦化装置主要存在于重油管线、加热炉管、分馏塔及其内件以及相应的管线换热器等部位。

腐蚀形态：环烷酸具有接近于轻油馏分的沸点，因其油溶性不易形成锈层。腐蚀部位一般光滑无垢，腐蚀形态为带有锐角边的蚀坑和蚀槽，其特点是受温度及流体速度的影响较大。

环烷酸的腐蚀机理及过程如下：

首先，环烷酸与铁直接作用，生成可溶于油的环烷酸铁，反应为

$$2RCOOH+Fe \longrightarrow Fe(RCOO)_2+H_2\uparrow$$

同时，环烷酸还能与高温硫腐蚀的产物硫化亚铁反应，也生成可溶于油的环烷酸铁：

$$2RCOOH+FeS \longrightarrow Fe(RCOO)_2+H_2S\uparrow$$

【案例】 图 1-23 为某蒸馏装置转油线腐蚀形貌图，其材质为 Cr9Mo，操作温度为 350℃，1995 年投入运行。检验发现，2008 年以前平均减薄速率约为 0.2mm/a；2009 年后所加工原油中酸值由原来的 0.3mgKOH/g 上升到 1.2mgKOH/g（硫含量保持 0.3%不变）；2010 年检验发现，管线腐蚀速率达到 0.5mm/a。2008 年 5 月，4 号常减压装置检修时对减底线测厚发现减薄严重，后割下一个泵出口弯头剖开，见到该弯头已严重腐蚀，最薄点为 1.4mm[图 1-23(b)]。

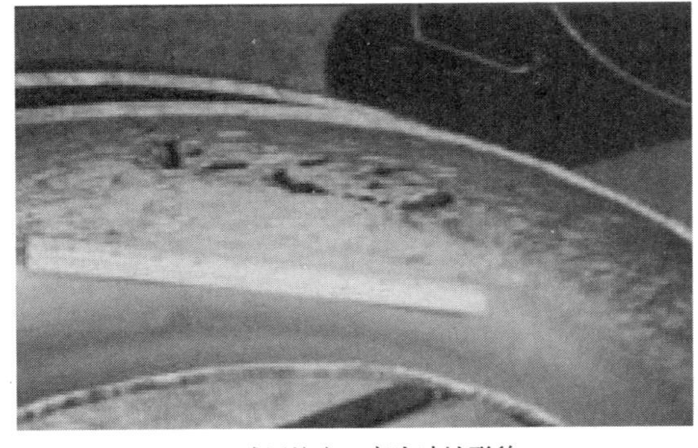

(a) 减压炉出口弯头冲蚀形貌

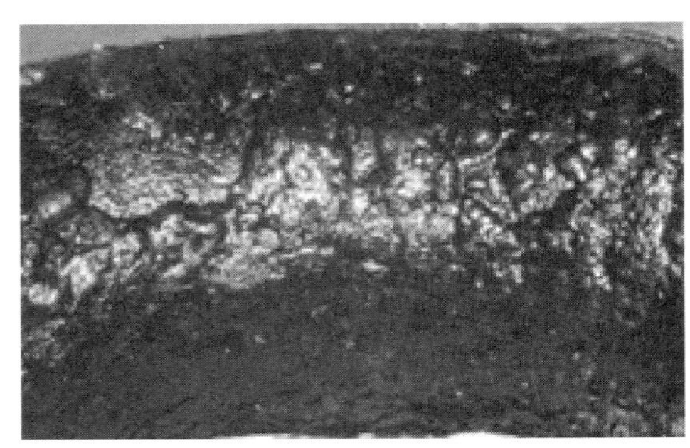

(b) 泵出口弯头剖面腐蚀形貌

图 1-23　某蒸馏装置转油线腐蚀形貌图

（3）高温 H_2+H_2S 型腐蚀

腐蚀部位：主要发生在加氢装置的加氢反应器、反应产物换热器及相应的管线。

腐蚀形态：为均匀腐蚀、氢脆及氨腐蚀。对 1Cr18Ni9Ti 不锈钢管束尚有各种类型的应力腐蚀开裂（连多硫酸、二硫化碳及氢化物）。

在高温下硫化氢对钢的腐蚀机理如下：

$$Fe+H_2S = FeS+H_2$$

腐蚀过程一般是认为氢原子渗入锈中与铁的不稳定碳化物作用生成甲烷：

$$Fe_3C+4H_2 \longrightarrow 3Fe+4CH_4$$

纯铁素体中固溶的碳与钢中溶解的氢也能生成甲烷：

$$C+4(H) \longrightarrow CH_4$$

同时引起渗碳体的分解：

$$Fe_3C \longrightarrow 3Fe+C$$

【案例】 图 1-24 为加氢装置进料线腐蚀减薄穿孔的情况。

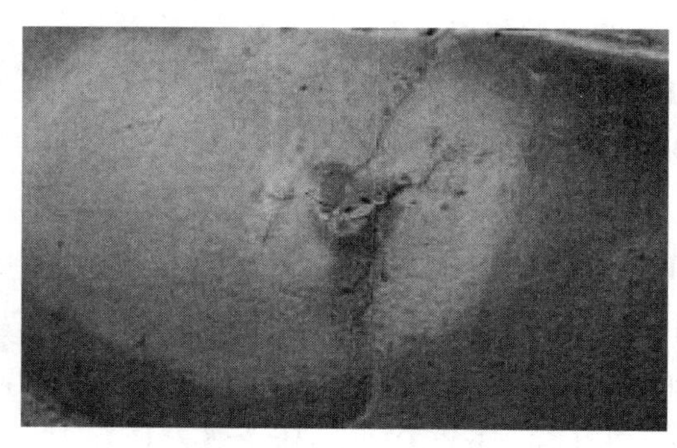

图 1-24 加氢装置进料线腐蚀减薄穿孔

（4）高温氧化、催化剂腐蚀

腐蚀部位：该腐蚀环境主要存在于催化裂化装置的反应器和再生器系统中。高温氧化严重的部位有：再生器外溢流管和内送流管、检修平台及旋风分离器拉筋、反应器粗旋风分离器外部、旋风分离器料腿拉杆等。高流速催化剂磨蚀较严重的部位有：再生器分布管(板)、旋风分离器灰斗及翼阀、大烟道双动滑阀及烟道挡板、反应器分布管、旋风分离器灰斗及翼阀等。

腐蚀形态：均匀减薄，坑蚀或局部穿孔。

腐蚀机理：在高温条件下，O_2与钢表面的 Fe 发生化学反应生成 Fe_3O_4和 Fe_2O_3。这两种化合物，组织致密，附着力强，阻碍了氧原子进一步向钢中扩散，对钢起到保护作用。随着温度的升高，氧的扩散能力增强，Fe_3O_4和 Fe_2O_3膜的阻隔能力相对下降，扩散到钢内的氧原子相对增多。这些氧原子与铁生成另一种形式的氧化物——FeO。FeO 的结构疏松，附着力很弱，对氧原子几乎无阻隔作用，因而 FeO 层越来越厚，极易脱落，从而使 Fe_3O_4和 Fe_2O_3层也附着不牢，使钢暴露出新的表面，又开始新一轮的氧化反应，直至全部氧化完为止。

此外，在再生烟气条件下，钢中的碳被氧化后生成二氧化碳和一氧化碳离开金属表面，使钢铁表面的固溶碳减少，造成脱碳，影响了钢铁的机械强度，降低了钢的疲劳极限和表面硬度。脱碳反应通常是按以下方程进行的：在此腐蚀环境中，催化剂的磨蚀则是催化剂固体颗粒对设备高速冲刷和腐蚀介质共同作用的结果。随反应油气和再生烟气流动的催化剂，不断冲刷着构件的表面，使构件大面积减薄，甚至局部穿孔。最近几年，由于广泛采用新型催化剂，其高温强度显著提高，同时，再生温度的提高以及流速的加快，使催化剂的磨蚀和冲蚀更加剧烈。

1.2.2.3　其他环境中炼油设备的腐蚀

(1) 冷却水腐蚀

腐蚀部位：主要在冷却器上。水浸式冷却器的腐蚀部位主要在盘管的上下侧，浮头列管式和套管式冷却器的腐蚀一般高温部位比低温部位严重。冷却器的焊接及胀口部位和较活泼金属构件是腐蚀的重点。

腐蚀形态：一般为不均匀腐蚀，通常表现为大面积的蚀刻、一定面积的斑状腐蚀和漏斗状的孔腐蚀。

腐蚀机理：冷却水的腐蚀是与结垢密切相关的，水质的优劣对设备的腐蚀有直接影响。目前虽然各炼油厂的冷却水经过了一定的处理，但仍然存在着程度不同的腐蚀问题，其中比较突出的是碳钢冷却器的垢下腐蚀和不锈钢冷却器应力腐蚀破裂。

(2) 催化重整装置的“氯腐蚀”

腐蚀部位：主要存在于预加氢和重整后的部分设备，如预加氢产物冷却器等。

腐蚀形态：对碳钢为均匀减薄；对奥氏体不锈钢为氯化物应力腐蚀开型和点蚀。

腐蚀机理：HCl 在干燥状态下对金属无腐蚀性，温度一旦降至露点，水冷凝形成稀盐酸对钢铁产生腐蚀。原料油中的硫化物与氢反应生成 H_2S，由于 H_2S 存在会加速腐蚀反应的进行，H_2S 和 HCl 相互促进使腐蚀加剧。

(3) 制氢装置脱碳系统的腐蚀

腐蚀部位：二氧化碳冷凝水溶液腐蚀的主要部位有再生塔的上部内构件、再生器管线空冷器及冷凝液流经的管线、设备等；热碳酸钾溶液腐蚀的主要部位有再生塔重沸器管壁、轴套、泵壳、阀件、吸收塔底部等。

腐蚀形态：均匀减薄、坑蚀、冲蚀及局部穿孔；同时还存在应力腐蚀开裂(奥氏体不锈钢的“氯脆”和碳钢的“碱脆”)。

腐蚀机理：基于不同腐蚀机理的脱碳系统腐蚀类型可分为：二氧化碳冷凝液腐蚀、空泡腐蚀、冲蚀、缝隙腐蚀、重沸器的爆沸(活化腐蚀)、应力腐蚀开裂(氯脆和碱脆)。

(4) 硫黄回收尾气加氢脱硫装置的腐蚀

腐蚀部位：高温腐蚀的部位主要是在线燃烧炉的内构件，如热电偶、蒸汽喷头、瓦斯喷头等；低温部位的电化学腐蚀主要存在于脱硫再生塔顶冷凝冷却系统(流出管线、冷凝冷却器、回流罐及酸性水回流泵等)、再生塔进料段和下段塔体、再生塔底重沸器、贫富液换热器、尾气焚烧炉烟囱、硫黄尾气线等部位等；应力腐蚀的主要部位是再生塔顶酸性气冷却系统的设备和管线以及酸性水返回双塔气提的管线。

腐蚀形态：高温硫化、不均匀减薄、坑蚀、冲蚀、局部穿孔、氢脆及氢鼓泡以及应力腐蚀开裂等。

腐蚀机理：该装置基于不同腐蚀机理存在的腐蚀类型较多，其主要腐蚀类型有高温硫化腐蚀、露点腐蚀、$R_2NH[R-N(R_2)]-CO_3-H_2S-H_2O$ 的腐蚀、氢鼓泡和氢脆、氢鼓泡和氢脆应力腐蚀开裂。

【案例】 换热器作为一种热量传递和交换设备，其能够实现将热流体部分的热量传递给冷流体，是原油炼制过程中不可缺少的设备。某炼油厂换热器在检修过程中发现浮头端外头盖短节相比设计壁厚严重减薄，如图 1-25(a)所示。拆除后宏观检查发现外头盖短节内表面遍布深度为 1mm，直径为 5mm 的腐蚀坑，同时存在两处直径为 60mm 且凸起 5mm 的鼓包，经超声检查发现是由制造过程中材料分层缺陷引起的。对鼓包处进行磁粉探伤，发现五条阶梯状裂纹，最长达到 47mm，如图 1-25(b)所示。

(a) 浮头端外头盖

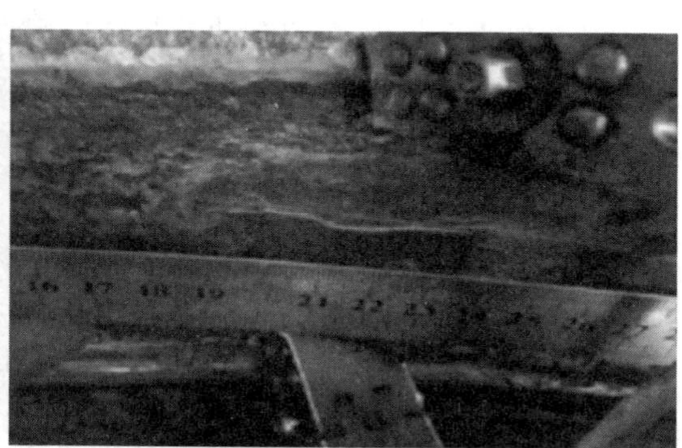

(b) 氢鼓包的磁粉探伤

图 1-25 换热器的氢致开裂

1.2.3 炼化装置在大气、土壤、淡水和海水中的腐蚀

1.2.3.1 大气腐蚀

ISO 9223《大气腐蚀性分类标准》按测定金属标准试样腐蚀速率进行分类，将大气腐蚀类型分为 C1、C2、C3、C4、C5，即腐蚀性很低、低、中、高、很高 5 类，如表 1-9 所示。

表 1-9 大气腐蚀性分类标准

腐蚀类型	金属的腐蚀速率				
	单位	碳钢	锌	铜	铝
C1(很低)	$g/(m^2 \cdot a)$	<10	<0.7	<0.9	—
	μm/a	<1.3	<0.1	<0.2	<0.2
C2(低)	$g/(m^2 \cdot a)$	100~200	0.7~5	0.9~5	—
	μm/a	1.3~25	0.1~0.7	0.1~0.6	—
C3(中)	$g/(m^2 \cdot a)$	200~400	5~15	5~12	—
	μm/a	25~50	0.7~1.2	0.6~1.3	0.6~1.3
C4(高)	$g/(m^2 \cdot a)$	400~600	15~30	12~25	—
	μm/a	50~80	2.1~4.2	1.3~2.8	—
C5(很高)	$g/(m^2 \cdot a)$	650~1500	30~60	25~50	—
	μm/a	80~200	4.2~8.4	2.8~5.6	—

ISO 9223《大气腐蚀性分类标准》按测定大气环境中 SO_2或氯离子的浓度及试样表面潮湿时间进行分类，分别划分污染大气环境为 P0、P1、P2、P3 和 S0、S1、S2、S3 类型，如表 1-10 所示。

表 1-10　以氯化物表示的含盐空气污染的分类

分类	氯化物沉积速率 $S/[mg/(m^2 \cdot d)]$	分类	氯化物沉积速率 $S/[mg/(m^2 \cdot d)]$
S0	$S \leqslant 3$	S2	$60 < S \leqslant 300$
S1	$3 < S \leqslant 60$	S3	$300 < S \leqslant 1500$

1.2.3.2　土壤腐蚀

（1）土壤腐蚀的环境特点

① 土壤的多相性。土壤是一个固、液、气三相组成的多相体。水有地下水和雨水等；土壤有砂土、黏土等。决定了土壤腐蚀的复杂性。

② 土壤的不均一性。土壤性质和结构的不均一性是土壤电解质的最显著特征。不同土壤的理化性质各异，电化学性质也随之不同，导致土壤的腐蚀性差异。

③ 土壤的多孔性。微孔成为土壤中气液两相的载体。水使土壤成为腐蚀性电解质，土壤的孔隙度和含水量，又影响着土壤的透气性和导电率的大小。

④ 土壤的相对稳定性。土壤的固体部分对于埋设在地下土壤中的管道，可以认为是固定不动的，仅有土壤中的气相和液相做有限的运动。如：土壤孔隙中气体的扩散和地下水的移动等。

（2）土壤腐蚀性的评价

土壤腐蚀性的评价见表 1-11～表 1-13。

表 1-11　一般地区土壤腐蚀性分级标准

腐蚀性等级	强	中	弱
土壤电阻率/Ω·m	<20	20～50	>50

表 1-12　土壤腐蚀性评价指标

指　　标	级　　别				
	极轻	较轻	轻	中	强
电流密度/($\mu A/cm^2$)(原位极化法)	<0.1	0.1～3	3～6	6～9	>9
平均腐蚀速率/[$g/(dm^2 \cdot a)$]	<1	1～3	3～5	5～7	>7

表 1-13　土壤细菌腐蚀性评价指标

腐 蚀 级 别	强	较强	中	小
氧化还原电位/mV	<100	100～200	200～400	>400

(3) 土壤腐蚀分类

土壤腐蚀根据引发金属腐蚀的原因，可以分为以下几类：

① 金属电极不同引起的腐蚀。当两种不同金属相接触，如两者在电动序中相距很远，它们之间产生相当大的电位差，腐蚀也相当快。如果两者在电动序中紧挨着，其间产生的电位差很小，有时该电位差小得不足以产生一股电流，因而也就不会发生腐蚀。作为一条准则，电动序中相距甚远的两种金属不宜连接在一起。

另一类常见的原电池(图 1-26)，是由于管子金属表面的条件差异而产生的。管子埋地后，表面的伤痕或刮痕很快成为活泼的阳极区而被腐蚀。在已有的管线上刮、凿，使其露出光亮的金属表面，也会发生类似的腐蚀。

图 1-26　金属表面条件差异而产生的腐蚀(膜破裂处为阳极)

如图 1-27 所示，发生在新管表面加工期间嵌入管子表面上的轧制氧化皮起着不同于管材的异金属作用。铁对氧化皮来说为阳极，腐蚀电池中的电流从管子(即阳极)流出，经由土壤中的水分到达轧制的氧化皮区，再回到管子金属中去，在阳极区形成蚀坑。

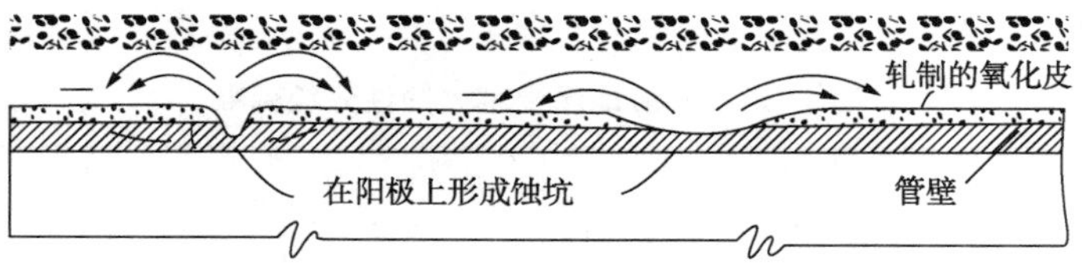

图 1-27　轧制氧化皮引起的点蚀

② 异种土壤形成的差异腐蚀。在某些情况下，金属表面的各部位可能都均匀一致。因此，其本身不存在阳极区或阴极区(尽管这种情况极少见)，然而，与金属接触的电解质不同时也会引起腐蚀。沿管线发生的这类电偶腐蚀通常是由土壤种类差异或土壤条件不同引起的。在同一个位置存在两类完全不同的土壤，如图 1-28 所示。

由于一种金属的自然腐蚀电位是随不同电解质环境而变化的，管线在土壤 A 中的电位与土壤 B 中略有不同，这导致了图中所示的电位差，满足了腐蚀电池的必要条件，导致处于阳极区的那部分管子被腐蚀，而处于阴极区的那部分管子被保护。

图 1-28 中，土壤 A 中的管线是阳极，电流从中流出而发生腐蚀。当我们开挖一根

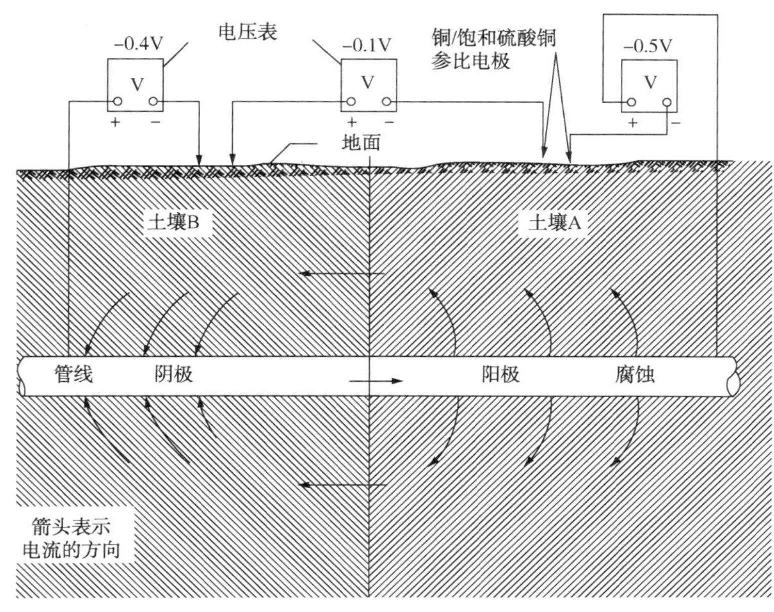

图 1-28　异种土壤形成的差异腐蚀电池示意图

旧的裸管线时，这种现象有时是非常明显的，有的部位处于很好的状态，而一些仅仅几英尺远的部位(阳极区)却腐蚀得非常严重。图上中间的电压表就可以测出不同土壤中管线的电位差，管线调查时，就使用这种测量方法。如果阻碍电流从阳极经土壤到达阴极的电阻很高，腐蚀速度就很慢。相反，土壤电阻很低，腐蚀速度就很快。

③ 含氧浓度不同引起的腐蚀。电极周围的含氧浓度对腐蚀影响极大。含氧浓度较低的那一部分为阳极区。图 1-28 是一种腐蚀电池形式，沿全管道管沟的深度和土壤类型都是相同的。但管子座在黏性、潮湿和未被扰动过的坚实沟底土层上，而管子四周与比较干燥的回填土相接触。这样管子底部与周围有很大差别，构成极危险的条件，底部的电极电位低，是腐蚀电池的阳极区而遭受腐蚀，有时会产生严重的点蚀。因此，管沟底部回填一定厚度的细土有利于减轻管道下部腐蚀。

④ 温度不同引起的腐蚀。如果构筑物某一部分的温度不同于另一部分的温度。温度较高的那部分对于温度较低的那部分为阳极区。

⑤ 电解质移动情况不同引起的腐蚀。如果一个构筑物受到不同速度移动的电解质的影响，如图 1-29 所示，受到移动速度较高电解质影响的那部分为阳极区。

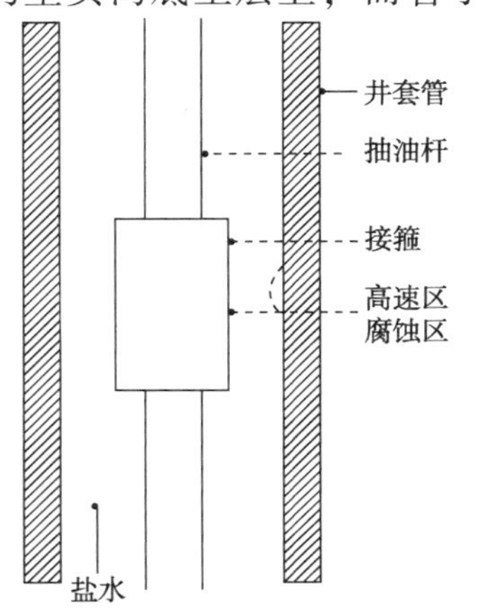

图 1-29　在液流速度较高部位的金属为阳极

1.2.3.3 淡水腐蚀

淡水中铁的电化学腐蚀通常受淡水中溶解氧的去极化作用所控制。影响淡水腐蚀的主要因素有：pH 值、温度、溶解氧的浓度、水流的速度、微生物。某采油厂地处长江、淮河两河之间，洪泽湖下游的淮河入江水道有七个产油区块，21 座计量平台，191 座单井平台，位于淮河入江水道的泄洪区内。由于所处的特殊地理位置及所处的相对空气湿度大，在湖区的平台比在陆上的腐蚀情况相对要严重。据统计 1998~2002 年全厂埋地管线不到大修期就因为大面积腐蚀或多处腐蚀穿孔而不得不报废，进而更新管道 200 多千米。仅 2002 年全厂用于管线改造上的费用就高达 1164 万元。深入分析后发现，在汛期和枯水期水体的含盐度相差不大，pH 值接近 8，氯离子含量较低，但含氧量较高。考虑到淡水电导率较小，腐蚀主要以微电池腐蚀为主，淡水中平台的腐蚀以氧还原反应为控制步骤。

1.2.3.4 海水腐蚀

由于海水中含有腐蚀性很强的天然电解质，从而为电化学腐蚀创造良好的条件，金属材料在海水环境下很容易遭受腐蚀而失效破坏。无论是海水采油平台还是海底输油管线，或是海运油轮都经历了显著的海洋腐蚀。影响海水腐蚀的因素包括化学、物理、生物三大类，包括盐含量、溶解氧、温度、pH 值、流速和海洋生物等(表 1-14)。

表 1-14 海水环境中的腐蚀影响因素

化学因素	物理因素	生物因素
溶解的气体	流速	生物类
O_2	空气泡	硬壳类
CO_2	悬浮泥沙	非硬壳类
化学平衡	温度	游动和半游动类
盐度	压力	植物生活
pH 值		氧的产生
碳酸盐溶解度		二氧化碳的消耗
		动物生活
		氧的消耗
		二氧化碳的产生

根据炼化装置与海水的接触程度，可以将海洋腐蚀的环境大致分为滩涂区、海洋大气区、飞溅区和全浸区四个区域。

① 滩涂区。滩涂区是指在潮汐影响下，干湿交变的海边土壤区(包括沼泽)。滩涂区土壤是一种由固、液、气三相组成的极为复杂的不均匀腐蚀介质，由于海水的浸泡，该土壤与一般陆地土壤相比，其含水量和含盐量高，电阻率小，腐蚀性大。

② 海洋大气区。海洋大气夹带着海盐粒子沉积在金属表面后，在金属表面形成一层导电性良好的薄薄的液膜，导致了电化学腐蚀。海洋大气比内陆大气对钢铁的腐蚀程

度要高 4~5 倍。挂片试验表明，碳钢的腐蚀速率为 0.04mm/a。渤海海上平台实测腐蚀速率超过 0.1mm/a，有的达到 0.2~0.3mm/a。

③ 飞溅区。飞溅区是指由于潮汐、风和波浪的影响，结构干湿交替的部分。碳钢表面经常与充气良好的海水接触，使紧贴金属构件表面上的液膜长期保存，而且这层液膜薄，供氧充分，氧浓差极化最小，形成了发生氧去极化腐蚀的有利条件。另外，飞溅区涂层在风浪作用下，容易剥落。以上所述因素使飞溅区的腐蚀速率在所有海洋区域中是最大的。不少资料都指出，碳钢在飞溅区的腐蚀速率达到甚至超过 0.5mm/a。渤海湾使用近 10 年的钢质平台，飞溅区的腐蚀速率约为 0.45mm/a，个别地方的腐蚀速率超过 1mm/a。

④ 全浸区。全浸区是指在飞溅区以下海水和海泥中的部分。海水是丰富的天然电解质，除了含有大量盐类外，海水中还含有溶解氧、海洋生物和腐败的有机物。海底泥下区，由于氧气缺乏、电阻率较大等原因，腐蚀速率一般是各种环境中最小的。但是对于有污染物质和大量有机物沉积的软泥区，由于微生物存在和硫酸盐还原菌繁殖等原因，其腐蚀量也可能达到海水的 2~3 倍。

第2章

炼化装置腐蚀检查方法

2.1 腐蚀检查背景

石油化工产业在我国国民经济中占据着重要地位，至今为止，石油化工产业已经发展成为一个庞大、复杂的体系，尤其随着现代工业化发展的步伐加快，对石油资源的类型进行了更为细致的划分，这在客观上造成炼油化工装置满负荷或超负荷的生产负担；同时，随着世界石油资源的过度开采，伴随而来的是石油品质的不断下降(硫含量与重金属元素的增加)，使炼油装置中的腐蚀问题更加频繁与复杂。

腐蚀存在于化工生产的各个部门，特别是在石油开采、石油化工和有机化工等生产链中，腐蚀问题更是无处不在。在用化工设备的损坏约有60%是由于腐蚀引起的。

腐蚀不仅仅造成了宝贵资源的浪费，还会使生产停顿、物料流失，造成环境污染，甚至引起火灾、爆炸等灾难性事故，给生产带来严重损失和重大的安全隐患。因此为了实现装置安全生产，提高设备的使用效率，保证产品质量，求得最大经济效益，必须做到有计划地对装置进行定期停工检修。

停工腐蚀检查是在装置停工检维修期间，按照损伤机理，采用宏观检查和对应损伤机理的无损检测手段，针对各类设备、管道腐蚀状况进行的有针对性的腐蚀检查工作。停工腐蚀检查与传统的定期检验不同，有着高度的针对性与灵活性，能够结合装置的腐蚀机理与类似装置的腐蚀情况有效地对检查装置的腐蚀问题进行把握与分析，这也使得近年来其在化工装置检测行业中的地位逐年增大，得到了石化行业的广泛认可。

但是停工检查时需要在有限的工期内对复杂的工种与工序进行高质量的检查，这就要求检修人员应当经过专业的培训，并具有足够的工艺流程、材料、腐蚀、检验等知识背景和实践经验。此外，在检查的过程中，检查人员要真实完整地记录设备的实际腐蚀状况，科学地分析设备的腐蚀原因，并提出合理的防腐蚀措施建议。

2.2 腐蚀检查通用流程

炼化装置中使用的常减压、催化裂化、催化重整等炼油装置和乙烯、芳烃、等化工装置种类繁多，规格不一，不同设备的腐蚀位置和腐蚀现象也存在着多样性和复杂性。如果没有一个标准有针对性地对装置进行检查，就会存在在检查过程中某些腐蚀情况被漏掉，从而造成严重后果的情况。因此，建立一种适用于绝大多数装置的腐蚀检查通用流程就显得尤为重要。

标准化的腐蚀检查工作应当基于损伤模式和失效模式进行，对于装置而言就是要按照腐蚀回路进行腐蚀检查的方案制定。以石油化工装置为例，针对该类装置在停工检修期间各类设备、管道腐蚀状况，提出了一种专业性腐蚀检查工作流程，主要包括：资料收集、腐蚀机理分析、制定腐蚀检查方案、现场实施及状况评价、腐蚀回路及腐蚀原因分析、防腐措施建议六个步骤。其中，资料收集、腐蚀机理分析、制定腐蚀检查方案、现场实施及状况评价又被称为基础性腐蚀检查通用流程。其他成套装置的腐蚀检查工作也可参考本流程使用(图 2-1)。

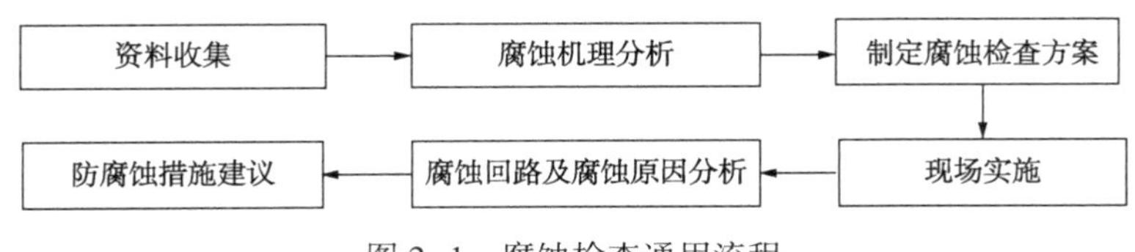

图 2-1　腐蚀检查通用流程

(1) 资料收集

在对石油化工装置进行腐蚀检查时，首先要对被检测的装置进行相关技术及工艺资料的收集与整理，资料主要包括：装置的设计制造及安装改造资料、腐蚀介质及其含量以及工艺条件、装置本周期检维修记录以及防腐蚀检查情况的记录和装置的在线腐蚀监测数据等。此外，还要收集国内外同类装置腐蚀事故资料及防腐蚀经验，方便在后续的检测过程中进行对比分析。

(2) 腐蚀机理分析

在对技术资料和工艺资料的初步分析后，接下来就是对装置中存在腐蚀机理和受影响的设备和管道进行分析。要结合装置的材质情况，分析可能存在的腐蚀类型，并判定各种腐蚀机理主要发生在容器及管道的哪些部位。

例如在某公司连续重整装置和加氢精制装置组成的联合装置中，连续重整装置中涉及多种腐蚀机理，如在预加氢系统中的预加氢反应器、反应产物换热器可能出现高温硫化氢/氢腐蚀；同时上述这些设备及重整反应系统的反应器可能出现高温氢损伤；在预加氢系统中反应器和重整反应系统的脱戊烷塔及其进料换热器可能出现高温硫腐蚀；预加氢产物分离罐、蒸发塔回流罐、拔头油汽提塔回流罐、蒸发塔进料换热器等可能同时存在酸性水腐蚀和湿 H_2S 腐蚀；重整装置中注氯化物，也导致了脱戊烷塔及其相连腐蚀回路的设备可能存在盐酸腐蚀。

(3) 制定腐蚀检查方案

在经过资料收集与腐蚀机理分析后，就需要针对石油化工装置可能存在的腐蚀现象，制定出切实可行的检查方案。在腐蚀检查方案中，至少要包括装置损伤机理描述，装置中需重点检查的设备，每一台设备的检查部位和检查方法，人员分工、质量及安全保障措施等内容。

(4) 现场实施

按照腐蚀检查方案实施现场检查，主要通过宏观检查和测厚等手段，对装置中设备和管道的腐蚀状况进行检查。对于典型的腐蚀形貌及设备中发现的问题进行拍照记录。此外要按照要求填写各台设备的腐蚀状况检查及评价表。

(5) 腐蚀回路及腐蚀原因分析

将现场检查后发现的装置腐蚀现象进行分类，结合材质情况确定装置的腐蚀回路。

腐蚀回路是指在一个系统中，具有相同材料类别、相似操作条件和相同损伤机理的一组设备回路。对装置中的不同腐蚀回路进行分析，找出每个腐蚀回路上的腐蚀薄弱点，然后筛选出整个装置的主要腐蚀部位。

对于腐蚀检查过程中观察到明显腐蚀产物且生成机理不清的，要收集腐蚀产物并对其进行取样分析，初步确定腐蚀原因。对于材质不明的设备或装置进行改造后需要复核材质成分的设备要进行光谱检测。

（6）防腐措施建议

通过停工期间的腐蚀检查工作和对设备腐蚀原因的分析，结合装置的生产工艺特点，从工艺防腐和材料防腐两个方面提出切实可行的防腐蚀措施建议，并对设备检修、更新、改造给出建议。

（7）失效分析及合于使用评价

腐蚀检查中发现如下情况，腐蚀检查机构应向使用单位建议进行详细的失效分析：①局部壁厚减薄超过30%的设备；②腐蚀速率超过1mm/a的设备；③含有明显裂纹的设备；④设备管理人员认为有必要进行失效分析的设备。

对于腐蚀检查中发现缺陷的设备，必要时，可以选择采用合于使用评价的手段对缺陷进行处理。进行了失效分析或合于使用评价工作的，要在其报告中给出腐蚀成分的设防值和设备允许运行参数。

2.3 腐蚀检查报告

炼化装置对安全功能的需求十分高，因此要定期做好全面的停工腐蚀检查，并在检查过后及时填写腐蚀检查报告。腐蚀检查报告上应当以文字、图片、测厚数据及单项无损检测报告的形式完整地记录设备的实际腐蚀状况，对于检测出来的腐蚀现象要作出综合的分析，并对设备材质升级、设备更新、下周期重点检修项目、工艺及材料防腐措施提出建议。

此外，设备使用单位可以对腐蚀检查报告中的数据进行信息化管理，建立腐蚀一体化管理系统，方便信息查询和同类装置间的比对，掌握设备腐蚀数据，更好地发挥腐蚀检查工作的效用，保障装置的长周期安全运行。

依据上述腐蚀检查通用流程，提供了一种腐蚀检查报告模板，如表2-1所示。

2.4 腐蚀检查推荐表

按照腐蚀检查标准流程，笔者开展了大量的腐蚀检查工作，根据实际案例总结了包括乙烯裂解装置、加氢裂化装置、柴油加氢装置等11套典型石化装置的腐蚀检查工作表（表2-2～表2-12），可供在腐蚀检查过程中参考。

表 2-1 腐蚀检查报告模板

××装置腐蚀检查报告
1 装置概况
包括装置的工艺、设备、操作等基本情况以及上一周期工艺运行情况，并着重说明变更情况(包括装置基本信息和上周期工艺运行情况、原料变化情况)。
2 损伤机理分析
简要描述装置内存在的腐蚀机理。
3 腐蚀回路划分(只限专业性腐蚀检查)
按流程进行详细损伤机理分析及腐蚀回路划分。
4 腐蚀检查情况汇总
简要描述腐蚀检查的基本情况，包括设备开罐情况统计、设备存在的主要问题、设备更换等信息。
先罗列实际情况，再进行分析；腐蚀变化情况在此节进行说明。
5 装置总体腐蚀与防护状况评价
描述装置整体的腐蚀状况，对目前采取的相关防腐措施有效性作出评价，并列举腐蚀检查中发现的主要问题。
6 设备腐蚀状况描述及腐蚀机理分析(只限专业性腐蚀检查)
按照腐蚀回路，逐一对每一个腐蚀回路内设备的腐蚀状况进行描述，并分析其相应的腐蚀机理。
7 防腐蚀措施建议(只限专业性腐蚀检查)
通过停工期间的腐蚀检查工作和对设备腐蚀原因的分析，结合装置的生产工艺特点，从工艺防腐和材料防腐两个方面提出切实可行的防腐蚀措施建议，对腐蚀检查中涉及设备材质的耐蚀性做出评价，对于不满足要求的设备，给出材质升级的具体建议。并对设备更新、日常维护、下周期重点检修项目等给出建议。
8 结论
给出本次腐蚀检查项目的结论。
报告后以附件的形式附上每台设备的“设备腐蚀状况检查与评价表”

表 2-2　乙烯裂解装置腐蚀检查表

工段	单　元	流程说明	损伤模式	失效形式	检查方式
裂解	进料	裂解原料与稀释蒸汽混合点至裂解炉对流段入口	高温硫化物腐蚀(无氢气环境)	减薄	目视+测厚
	裂解炉	对流段炉管	高温硫化物腐蚀(无氢气环境)	减薄	目视+测厚
			氧化腐蚀、燃灰腐蚀	减薄	目视+测厚
			敏化-晶间腐蚀	脆性断裂	金相
		辐射段炉管	渗碳、σ 相脆化	脆性断裂	金相
			蠕变	韧性断裂或塑性失稳	目视+金相
			热疲劳	脆性断裂	目视+表面 NDT
			氧化腐蚀、燃灰腐蚀	减薄	目视+测厚
			过热	脆断或韧断	目视+金相
			结焦	—	目视
急冷	急冷锅炉	集箱与换热管连接处	热疲劳	脆性断裂	目视+表面 NDT
		急冷锅炉换热管内	渗碳+结焦	脆性断裂	目视+金相
		急冷锅炉的管程出口-急冷器-汽油分馏塔进料及流程相连管道	高温硫化物腐蚀(有氢环境)+冲蚀	减薄	目视+测厚
		急冷锅炉蒸汽发生系统	锅炉水腐蚀	减薄	目视+测厚
	减黏塔	减黏塔塔顶至汽油分馏塔入口流程	高温硫化物腐蚀(有氢气环境)	减薄	目视+测厚
		减黏塔釜及塔釜裂解燃料油出口管道	高温硫化物腐蚀(无氢气环境)+冲蚀	减薄	目视+测厚
	急冷水塔	急冷水塔塔顶裂解气至压缩工段裂解气压缩机入口流程	酸性水腐蚀(酸性酸水)+湿硫化氢破坏	减薄、脆性断裂	目视+测厚+表面 NDT
		急冷水塔釜工艺水部分回流、部分去工艺水汽提塔流程段	湿硫化氢破坏	脆性断裂	目视+表面 NDT
		急冷水塔釜急冷水回流流程	碱应力腐蚀开裂	脆性断裂	目视+表面 NDT

续表

工段	单元	流程说明	损伤模式	失效形式	检查方式
急冷	工艺水汽提塔	工艺水汽提塔塔顶酸性气及轻烃返回急冷水塔流程	湿硫化氢破坏+碱应力腐蚀开裂	脆性断裂	目视+表面 NDT
		工艺水汽提塔塔釜工艺水部分回流、部分去稀释蒸汽发生系统流程	碱应力腐蚀开裂	脆性断裂	目视+表面 NDT
	高压/超高压蒸汽系统	管道	氧化腐蚀	减薄	目视+测厚
压缩工段	裂解气压缩机1~4段分离罐	分离罐顶部、换热器壳程、碱洗塔进料及相连管道、底部冷凝的裂解汽油至汽油汽提塔流程、底部冷凝的冷凝水至急冷水塔流程	酸性水腐蚀（酸性酸水）+湿硫化氢破坏	减薄、脆性断裂	目视+测厚+表面 NDT
	汽油汽提塔	汽油汽提塔顶轻烃返回压缩机入口流程、汽油汽提塔釜裂解汽油部分回流，部分送出界区流程	酸性水腐蚀（酸性酸水）+湿硫化氢破坏	减薄、脆性断裂	目视+测厚+表面 NDT
	碱洗塔	碱洗塔釜及塔釜碱液循环管道、塔釜废碱排出管道	碳酸盐应力腐蚀开裂	脆性断裂	目视+表面 NDT
	—	注碱管道、碱洗塔三段碱洗段	碱腐蚀	减薄	目视+测厚
	裂解气压缩机4~5段间分离罐	罐底部	冷却水腐蚀	减薄	目视+测厚
	裂解气干燥器	—	热疲劳（再生工况）	脆性断裂	目视+表面 NDT
分离	深冷	干燥器再生气加热器管程、甲烷化进料加热器管程	氧化腐蚀	减薄	目视+测厚
		甲烷化反应器进出料温度高于220℃的流程	高温氢侵蚀+回火脆化	脆性断裂	目视+金相
		氢气干燥器	热疲劳（再生工况）	脆性断裂	目视+表面 NDT
		脱甲烷塔进料各级分离罐、脱甲烷塔、塔顶回流罐、中间换热器管壳程以及流程相连管道	脆性断裂	脆性断裂	目视

续表

工段	单　元	流程说明	损伤模式	失效形式	检查方式
分离	碳二	乙烯精馏塔顶、塔顶回流罐、中间换热器管壳程、乙烯球罐以及流程相连管道	脆性断裂	脆性断裂	目视
		乙烯、丙烯等带保冷层的低温管道	层下腐蚀	减薄	目视+测厚
		乙炔加氢反应器	过热(再生工况)	脆断或韧断	目视+金相
	碳三	丙炔/丙二烯加氢反应器单元：丙炔/丙二烯加氢反应器	过热(再生工况)	脆断或韧断	目视+金相
		丙烯等带保冷层的低温管道	层下腐蚀	减薄	目视+测厚

表 2-3　加氢裂化装置腐蚀检查表

工段	单　元	流程说明	损伤模式	失效形式	检查方法
反应	循环氢	循环氢换热器之前流程	酸性水(碱性)腐蚀+湿硫化氢破坏+氨盐腐蚀(局部浓缩)	减薄+脆性断裂	目视+测厚+表面 NDT
		原料油/循环氢换热器循环氢侧高温区域、循环氢加热炉炉管及相连管道	高温硫化物腐蚀(有氢气环境)	减薄	目视+测厚
	进料	原料油自界区至反应馏出物/原料油换热器之前流程	N/A	N/A	N/A
		在循环氢加氢点以前温度高于 200℃的反应器进料系统	高温硫化物腐蚀(无氢气环境)+高温氢腐蚀	减薄+脆性断裂	目视+金相
		在循环氢加氢点以后温度高于 200℃的反应器进料系统	高温硫化物腐蚀(有氢气环境)	减薄	目视+测厚
		进料加热炉炉管	高温硫化物腐蚀(有氢气环境)+蠕变+过热	减薄+韧性断裂或塑性失稳	目视+测厚+金相
	加氢精制和加氢裂化反应器	—	高温硫化物腐蚀(有氢气环境)+高温氢腐蚀+回火脆+过热(反应床层)	减薄+脆性断裂或韧性断裂或塑性失稳	目视+测厚+金相

续表

工段	单元	流程说明	损伤模式	失效形式	检查方法
反应	加氢精制和加氢裂化反应器	—	堆焊层氢致剥离+堆焊层连多硫酸应力腐蚀开裂(停工期间)	脆性断裂	目视+表面NDT
		原料油/反应产物换热器的换热管及加氢反应器的进出口管道(不锈钢材质或衬里或堆焊层)	连多硫酸应力腐蚀开裂(限于不锈钢材质停工期间)	脆性断裂	目视+表面NDT
	反应馏出物	反应器进出料换热器的馏出物侧高温区域、反应器馏出物与分馏塔进料换热器的馏出物侧高温区域及相连管道	高温硫化物腐蚀(有氢气环境)+高温氢腐蚀+回火脆(限铬钼钢材质)	减薄+脆性断裂	目视+测厚+金相
		从反应馏出物或循环氢换热器出口至热高压分离器流程	N/A	N/A	N/A
		热高压分离器	高温硫化物腐蚀(有氢气环境)+高温氢腐蚀+回火脆(限铬钼钢材质)	减薄+脆性断裂	目视+测厚+金相
		反应器馏出物/汽提塔进料换热器管束(不锈钢材质)	氯化物应力腐蚀开裂	脆性断裂	目视+表面NDT
		高压空冷器及空冷器上游(从水注入点开始)的管道和下游的管道	酸性水(碱性)腐蚀+湿硫化氢破坏	减薄+脆性断裂	目视+测厚+表面NDT
		冷高/低压分离器	湿硫化氢破坏	脆性断裂	目视+表面NDT
		冷高压分离器底排污水管道	冲蚀	减薄	目视+测厚
		低压分离器的出口管道	酸性水(碱性)腐蚀+湿硫化氢破坏	减薄+脆性断裂	目视+测厚+表面NDT
		在热高压分离器至冷高压分离器流程、中间经换热器和空冷器冷却的流程	酸性水(碱性)腐蚀+湿硫化氢破坏+氨盐腐蚀(垢下腐蚀和堵塞)	减薄+脆性断裂	目视+测厚+表面NDT

续表

工段	单元	流程说明	损伤模式	失效形式	检查方法
分馏	脱丁烷塔(稳定塔)	脱丁烷塔塔顶、回流罐及冷却器、空冷器及相连管道	酸性水(碱性)腐蚀+湿硫化氢破坏	减薄+脆性断裂	目视+测厚+表面 NDT
		稳定塔进料管道、稳定塔塔釜及塔釜油出口管道	高温硫化物腐蚀(无氢气环境)	减薄	目视+测厚
	汽提塔	汽提塔进料管道、汽提塔塔釜及塔釜油出口管道	高温硫化物腐蚀(无氢气环境)	减薄	目视+测厚
		汽提塔进料管道(不锈钢类)	氯化物应力腐蚀开裂	脆性断裂	目视+表面 NDT
	产品分馏塔	分馏塔塔顶石脑油轻烃系统	酸性水(碱性)腐蚀+湿硫化氢破坏	减薄+脆性断裂	目视+测厚+表面 NDT
		分馏塔侧线航煤、柴油及塔釜尾油	N/A	N/A	N/A
	石脑油分馏塔	石脑油分馏塔顶、回流罐及冷却器、空冷器及相连管道	酸性水(碱性)腐蚀+湿硫化氢破坏	减薄+脆性断裂	目视+测厚+表面 NDT
脱硫	—	贫胺液进料、干气脱硫塔、液化气脱硫塔以及相连管道	湿硫化氢破坏+胺脆	脆性断裂	目视+表面 NDT
	—	富胺液管道	胺腐蚀	减薄	目视+测厚

表 2-4 柴油加氢装置腐蚀检查表

工段	单元	流程说明	损伤模式	失效形式	检查方法
反应	循环氢	循环氢从高压分离器顶部经循环氢压缩机至反应产物/混合进料换热器之前流程	酸性水(碱性)腐蚀+湿硫化氢破坏+氨盐腐蚀(局部浓缩)	减薄+脆性断裂	目视+测厚+表面 NDT，对内部的设备和管道进行超声波检查或射线检测
		反应产物/混合进料换热器混合料侧(管程或壳程)高温区域、反应产物进料加热炉炉管及相连管道	高温硫化物腐蚀(有氢气环境)+连多硫酸应力腐蚀开裂(停工期间)	减薄+脆性断裂	目视+测厚+表面 NDT，对内部的设备和管道进行超声波探伤或射线检测
	进料	新氢进装置至与混合氢连接点、原料油自界区至反应产物/混合进料换热器	N/A	N/A	N/A

续表

工段	单元	流程说明	损伤模式	失效形式	检查方法
反应	加氢精制反应器	—	高温硫化物腐蚀(有氢气环境)+高温氢腐蚀+回火脆+过热(反应床层)	减薄+脆性断裂	目视+测厚+金相+对挂片进行冲击试验
			堆焊层氢致剥离+堆焊层连多硫酸应力腐蚀开裂(停工期间)	脆性断裂	目视+表面NDT+外壁超声波直探头扫查
	反应馏出物	反应产物/混合进料换热器的反应产物侧高温区域、反应器流出物/低分油换热器的流出物侧高温区域及相连管道	高温硫化物腐蚀(有氢气环境)+高温氢腐蚀+回火脆(限铬钼钢材质)+连多硫酸应力腐蚀开裂	减薄+脆性断裂	目视+测厚+金相+表面NDT+管道射线探伤
		从反应器流出物/低分油换热器至高压分离器到低压分离器及低压分离器出口管道	酸性水(碱性)腐蚀+湿硫化氢破坏+氨盐腐蚀(垢下腐蚀和堵塞)	减薄+脆性断裂	目视+测厚+表面NDT+射线探伤(管道)
		反应产物/混合进料换热器管束(不锈钢材质)	氯化物应力腐蚀开裂、点蚀、铵盐腐蚀	泄漏+脆性断裂	目视(内窥镜)+表面NDT(涡流)
		高压分离器及低压分离器底部排污水管道	冲蚀+湿硫化氢破坏	减薄+脆性开裂	目视+测厚+表面NDT
		低压分离器的出口管道	酸性水(碱性)腐蚀+湿硫化氢破坏	减薄+脆性断裂	目视+测厚+表面NDT
分馏	汽提塔	脱 H_2S 汽提塔进料管道、汽提塔(不锈钢衬里)及塔釜油出口管道、分馏塔进料管道	N/A	N/A	N/A
		脱硫化氢汽提塔顶空冷器至脱硫化氢汽提塔回流罐返回汽提塔管线+脱硫化氢汽提塔顶回流罐至脱硫部分管线	酸性水(酸性)腐蚀+湿硫化氢破坏	减薄+脆性断裂	目视+表面NDT+射线检测(管道)
	产品分馏塔	产品分馏塔、分馏塔底出口管线、产品分馏塔底重沸炉炉管及回流线等	高温硫腐蚀(无氢气环境)	减薄	目视+测厚
		分馏塔顶空冷器至分馏塔顶回流罐及出装置石脑油管道	湿硫化氢破坏	脆性断裂	目视+表面NDT+射线检测(管道)

续表

工段	单　　元	流程说明	损伤模式	失效形式	检查方法
脱硫	干气脱硫塔进料部分	低分气、脱 H_2S 气提塔塔顶气管道至干气脱硫塔中间所有设备和管道	酸性水（酸性）腐蚀+湿硫化氢破坏	减薄+脆性断裂	目视+测厚+表面 NDT+射线检测(管道)
	—	干气脱硫塔以及相连管道	湿硫化氢破坏+胺脆	脆性断裂	目视+表面 NDT
	—	富胺液管道	胺腐蚀	减薄	目视+测厚
—	—	贫液管道	胺脆	脆性断裂	目视+表面 NDT+射线探伤(管道)
溶剂再生	溶剂再生塔	塔顶液及塔顶至再生塔顶空冷器管道	晶间腐蚀	脆性断裂	目视+表面 NDT
		塔底、塔底贫液至干气脱硫部分设备管线、再生塔底加热部分贫液侧	不锈钢碱脆	脆性断裂	目视+表面 NDT
	富液进料	富液从干气脱硫塔至溶剂再生塔	胺腐蚀	减薄	目视+测厚
	酸性气出装置部分	从再生塔顶空冷器至酸性气出装置	酸性水(酸性)腐蚀+湿 H2S 破坏	减薄+脆性断裂	目视+测厚+表面 NDT
公用工程	—	循环水、新鲜水	水腐蚀	减薄	目视+测厚
	—	蒸汽	冲蚀	减薄	目视+测厚
	—	燃料气	冲蚀+湿 H_2S 破坏	减薄+脆性断裂	目视+测厚+表面 NDT

表 2-5　航煤加氢精制装置腐蚀检查表

工段	单　　元	流程说明	损伤模式	失效形式	检查方法
反应	循环氢	循环氢从循环氢分液罐顶部经循环氢压缩机至进入航煤脱硫醇反应器之前流程	酸性水（碱性）腐蚀+湿硫化氢破坏	减薄+脆性断裂	目视+测厚+表面 NDT
		气液分离罐、循环氢分液罐及相连管道	高温硫化物腐蚀(有氢气环境)	减薄	目视+测厚
	进料	直馏航煤自一、二、三、四蒸馏至原料与反应产物换热器之前流程	N/A	N/A	N/A
		循环氢加氢点以前温度高于 200℃的反应器进料系统，即反应器进出料换热器的进料侧(管程或壳程)高温区域及进反应器前的相连管道	高温硫化物腐蚀（无氢气环境）+高温氢腐蚀	减薄+脆性断裂	目视+金相

续表

工段	单元	流程说明	损伤模式	失效形式	检查方法
反应	进料	循环氢加氢点以前温度高于200℃的反应器进料系统，即反应器进出料换热器的进料侧(管程或壳程)高温区域及进反应器前的相连管道	高温硫化物腐蚀(有氢气环境)	减薄	目视+测厚
		进料加热炉炉管	高温硫化物腐蚀(有氢气环境)+蠕变+过热	减薄+韧性断裂或塑性失稳	目视+测厚+金相
			连多硫酸应力腐蚀开裂(限于不锈钢材质停工期间)	脆性断裂	目视+表面 NDT
	航煤脱硫醇反应器	—	高温硫化物腐蚀(有氢气环境)+高温氢腐蚀+回火脆+过热(反应床层)	减薄+脆性断裂或韧性断裂或塑性失稳	目视+测厚+金相
			堆焊层氢致剥离+堆焊层连多硫酸应力腐蚀开裂(停工期间)	脆性断裂	目视+表面 NDT
		原料与反应产物换热器的换热管、航煤脱硫醇反应器的进出口管道(不锈钢材质或衬里或堆焊层)	连多硫酸应力腐蚀开裂(限于不锈钢材质停工期间)	脆性断裂	目视+表面 NDT
	反应馏出物	反应器进出料换热器的馏出物侧高温区域、反应器馏出物与分馏塔进料换热器的馏出物侧高温区域及相连管道	高温硫化物腐蚀(有氢气环境)+高温氢腐蚀+回火脆(限铬钼钢材质)	减薄+脆性断裂	目视+测厚+金相
		从原料反应产物换热器出口至反应产物后冷器流程	N/A	N/A	N/A
		原料与反应产物换热器管程及管束(不锈钢材质)	氯化物应力腐蚀开裂	脆性断裂	目视+表面 NDT

续表

工段	单　元	流程说明	损伤模式	失效形式	检查方法
分馏	分馏塔	分馏塔塔顶、回流罐及塔顶空冷器、塔顶后冷器及相连管道	酸性水（碱性）腐蚀+湿硫化氢破坏	减薄+脆性断裂	目视+测厚+表面 NDT
		分馏塔侧管线	湿硫化氢破坏	减薄	目视+测厚
		再沸炉炉管	高温硫化物腐蚀（有氢气环境）+蠕变+过热	减薄+韧性断裂或塑性失稳	目视+测厚+金相
			连多硫酸应力腐蚀开裂（限于不锈钢材质停工期间）	脆性断裂	目视+表面 NDT
精脱硫	—	航煤产品从分馏塔底抽出分别经产品空冷器、后冷器至新增脱硫罐流程	湿硫化氢破坏	减薄+脆性断裂	目视+测厚+表面 NDT
	—	冷却后的航煤产品经脱水过滤及加入抗氧剂后送至罐区流程	N/A	N/A	N/A

表 2-6　催化裂化装置腐蚀检查表

工段	单　元	流程说明	损伤模式	失效形式	检查方法
反应-再生	原料油	原料进料、混合、缓冲至换热器入口	冲刷腐蚀、低温硫腐蚀	减薄	目视+测厚
		原料油换热后至提升管入口（200~275℃）	环烷酸腐蚀、高温硫化物腐蚀（无氢气环境）	减薄	目视+测厚
	反应沉降	提升管出入口、本体及各喷嘴（催化剂700~750℃）	隔热耐磨衬里磨损、剥落	衬里失效	目视
			催化剂引起的磨蚀与冲刷	减薄	目视+测厚
			热应力致焊缝开裂	机械损伤	目视+表面 NDT
		沉降器沉降段、汽提段；沉降器旋风分离器、料腿及待生斜管；油气集气室及油气管线	催化剂引起的磨蚀与冲刷	减薄	目视+测厚
			隔热耐磨衬里磨损、剥落	衬里失效	目视
			热应力致焊缝开裂	机械损伤	目视+表面 NDT

续表

工段	单元	流程说明	损伤模式	失效形式	检查方法
反应-再生	催化剂再生	辅助燃烧室；再生器稀相段、密相段；再生器旋风分离器、料腿及再生斜管；烟气集气室及烟气管线	高温气体腐蚀、烟气露点腐蚀	减薄	目视+测厚
			隔热耐磨衬里磨损、剥落	衬里失效	目视
			硝酸盐应力腐蚀开裂	环境开裂	目视+表面 NDT
			热应力致焊缝开裂	机械损伤	目视+表面 NDT
	外取热	外取热器	高温气体腐蚀、烟气露点腐蚀	减薄	目视+测厚
			隔热耐磨衬里磨损、剥落	衬里失效	目视
分馏	反应油气进料	油气管线至分馏塔	隔热耐磨衬里磨损、剥落	衬里失效	目视
	分馏塔底油浆	分馏塔底、油浆循环、换热器及工艺管线	冲刷、高温硫化物腐蚀(无氢气环境)	减薄	目视+测厚
		油浆出装置	冲刷、低温硫腐蚀	减薄	目视+测厚
		油浆回炼	冲刷、低温硫腐蚀	减薄	目视+测厚+表面 NDT
	中段油	一中段、二中段及循环回流管线	冲刷、高温硫化物腐蚀(无氢气环境)	减薄	目视+测厚
	轻柴油	轻柴油分馏、汽提、换热及工艺管线	冲刷、高温硫化物腐蚀(无氢气环境)	减薄	目视+测厚
	分馏塔顶循环	顶循油抽出管线、换热、回流及工艺管线	冲刷、CO_2腐蚀、硫氢化铵腐蚀(碱式酸性水)、氯化铵腐蚀、湿硫化氢破坏、碳酸盐应力腐蚀开裂	减薄、环境开裂	目视+测厚+表面 NDT
	分馏塔顶油气	塔顶油气管线、空冷器、水冷换热器、气液分离罐及工艺管线	冲刷、CO_2腐蚀、硫氢化铵腐蚀(碱式酸性水)、氯化铵腐蚀、湿硫化氢破坏、碳酸盐应力腐蚀开裂	减薄、环境开裂	目视+测厚+表面 NDT
		富气管线、压缩机、气液分离器、空冷器、水冷器、油气分离器及工艺管线、粗汽油抽出、换热器及工艺管线	冲刷、CO_2腐蚀、湿硫化氢破坏	减薄、环境开裂	目视+测厚+表面 NDT
		含硫污水(酸性水)液包、缓冲罐(闪蒸罐)及工艺管线	硫氢化铵腐蚀(碱式酸性水)、氯化铵腐蚀、湿硫化氢破坏、碳酸盐应力腐蚀开裂	减薄、环境开裂	目视+测厚+表面 NDT

续表

工段	单　元	流程说明	损伤模式	失效形式	检查方法
吸收稳定	吸收	吸收塔顶工艺管线至再吸收塔入口、一中段回流管线及换热器、二中段回流管线及换热器	冲刷、CO_2腐蚀、湿硫化氢破坏	减薄、环境开裂	目视+测厚+表面 NDT
		吸收塔	冲刷、CO_2腐蚀、氯离子腐蚀（400系列不锈钢衬里）	减薄	目视+测厚
	再吸收	再吸收塔顶干气分液罐及工艺管线、塔底柴油换热器及工艺管线	冲刷、CO_2腐蚀、湿硫化氢破坏	减薄、环境开裂	目视+测厚+表面 NDT
		再吸收塔	冲刷、CO_2腐蚀、氯离子腐蚀（400系列不锈钢衬里）	减薄、环境开裂	目视+测厚+表面 NDT
	解析	凝缩油管线及换热器进解析塔入口；解析塔顶工艺管线、冷却冷凝器、塔底再沸器及工艺管线、塔底油进稳定塔换热器及工艺管线	冲刷、CO_2腐蚀、湿硫化氢破坏	减薄、环境开裂	目视+测厚+表面 NDT
		解析塔	冲刷、CO_2腐蚀、氯离子腐蚀（400系列不锈钢衬里）	减薄、环境开裂	目视+测厚
	稳定	稳定塔上段、塔顶管线、空冷器及出入口管线、水冷器及出入口管线、塔顶回流罐及回流工艺管线	冲刷、CO_2腐蚀、湿硫化氢破坏	减薄、环境开裂	目视+测厚+表面 NDT
		稳定塔下段、重沸器及工艺管线、塔底稳定汽油换热器及工艺管线	冲刷、高温硫化物腐蚀（无氢气环境）	减薄	目视+测厚
	污油	污油罐及管线	CO_2腐蚀、湿硫化氢破坏	减薄、环境开裂	目视+测厚+表面 NDT
脱硫	汽油脱硫醇	汽油碱液混合器、预碱洗管线、预碱洗沉降罐、脱硫醇抽提塔及管线至反应器入口	碱腐蚀、低温硫腐蚀、碱致应力腐蚀开裂	减薄、环境开裂	目视+测厚+表面 NDT
		碱液罐、减渣罐及碱液管线；脱硫醇反应器、反应器出口管线；沉降罐及出口管线；砂滤塔、砂滤塔出口管线	碱腐蚀、碱致应力腐蚀开裂	减薄、环境开裂	目视+测厚+表面 NDT

续表

工段	单元	流程说明	损伤模式	失效形式	检查方法
脱硫	液化气脱硫	脱前液化石油气管线、缓冲罐及进出口管线至脱硫塔入口	CO_2腐蚀、湿硫化氢破坏	减薄、环境开裂	目视+测厚+表面 NDT
		液化气脱硫塔	胺腐蚀、胺应力腐蚀开裂（无衬里）；氯离子腐蚀、冲刷（有衬里）	减薄、环境开裂	目视+测厚+表面 NDT
		液化气脱硫塔顶出口脱后液化气管线	冲刷、胺腐蚀	减薄	目视+测厚
		液化气脱硫塔底富液管线、换热器、富液闪蒸罐、富液管线至溶剂再生塔入口	胺腐蚀、胺应力腐蚀开裂	减薄、环境开裂	目视+测厚+表面 NDT
	干气脱硫	脱前干气管线、冷凝器（冷却器）、分液罐至干气脱硫塔入口	CO_2腐蚀、湿硫化氢破坏	减薄、环境开裂	目视+测厚+表面 NDT
		干气脱硫塔	胺腐蚀、胺应力腐蚀开裂（无衬里）；氯离子腐蚀、冲刷（有衬里）	减薄、环境开裂	目视+测厚+表面 NDT
		干气脱硫塔顶脱后干气分液罐、干气管线	冲刷、胺腐蚀	减薄	目视+测厚
		干气脱塔底富液管线、换热器、富液闪蒸罐、富液管线至溶剂再生塔塔入口	胺腐蚀、胺应力腐蚀开裂	减薄、环境开裂	目视+测厚+表面 NDT
	溶剂再生	溶剂再生塔	氯离子腐蚀、冲刷（有衬里）	减薄	目视
		溶剂再生塔顶酸性气管线、冷凝冷却器、分液罐及酸性气、酸性水管线	CO_2腐蚀、胺腐蚀、湿硫化氢破坏	减薄、环境开裂	目视+测厚+表面 NDT
		半贫液重沸器及管线；塔底贫液管线、贫富液换热器、贫液冷却器、缓冲罐及贫液管线至脱硫塔入口；溶剂过滤器、缓冲罐、地下溶剂罐及溶剂管线	胺腐蚀、胺应力腐蚀开裂	减薄、环境开裂	目视+测厚+表面 NDT

续表

工段	单　元	流程说明	损伤模式	失效形式	检查方法
再生烟气能量回收	烟机	烟气管线、旋风分离器及烟机	隔热耐磨衬里磨损、剥落	衬里失效	目视
			高温气体腐蚀、烟气露点腐蚀、冲刷腐蚀	减薄	目视+测厚
			热应力腐蚀开裂	机械损伤	目视+表面 NDT
	余热锅炉	烟气管线及余热锅炉过热器、蒸发器和省煤器	高温气体腐蚀、烟气露点腐蚀、冲刷腐蚀	减薄	目视+测厚

表 2-7　延迟焦化装置腐蚀检查表

工段	单　元	流程说明	损伤模式	失效形式	检查方法
焦化部分	进料	进料预热换热器的管道和设备、泵、管道以及加热炉入口管道	高温硫腐蚀、环烷酸腐蚀	减薄	目视+测厚
	加热炉	加热炉炉管	蠕变及应力破裂	韧性断裂或塑性失稳	目视+金相
			热疲劳	脆性断裂	目视+表面 NDT
			渗碳	脆性断裂	金相
			氧化腐蚀	减薄	目视+测厚
	焦炭塔	焦炭塔	低频热疲劳开裂	断裂	目视+表面 NDT
			高温硫腐蚀	减薄	目视+测厚
			层下腐蚀	减薄	目视+测厚
			湿硫化氢破坏	脆性断裂	表面 NDT
			球化/石墨化	—	硬度+金相
			鼓凸与偏斜	—	目视+仪器测量
	分馏塔	分馏塔，分馏塔底重油线、蜡油线、塔顶挥发线及换热设备	高温硫腐蚀	减薄	目视+测厚
			酸性水腐蚀	减薄	目视+测厚
			氯化物应力腐蚀开裂	脆性断裂	目视+表面 NDT

续表

工段	单元	流程说明	损伤模式	失效形式	检查方法
吸收稳定部分	吸收	吸收塔、吸收塔顶、塔中管线及换热设备	冲刷、湿硫化氢破坏	减薄、环境开裂	目视+测厚+表面 NDT
	再吸收	再吸收塔顶干气分液罐及工艺管线	冲刷、湿硫化氢破坏	减薄、环境开裂	目视+测厚+表面 NDT
	稳定	稳定塔、塔顶管线、空冷器及出入口管线、塔顶回流罐及回流工艺管线	冲刷、湿硫化氢破坏	减薄、环境开裂	目视+测厚+表面 NDT

表 2-8 常减压装置腐蚀检查表

工段	单元	流程说明	损伤模式	失效形式	检查方法
脱盐、换热	原油低于 220℃部分	原油经缓冲罐、换热器、电脱盐、换热器换热到 220℃部分	冲刷腐蚀、低温硫腐蚀	减薄	目视+测厚
	原油高于 220℃部分	原油经换热器换热达到 220℃以上部分	高温硫、环烷酸腐蚀	减薄	目视+测厚
初馏	进料	原油管线进初馏塔	高温硫、环烷酸腐蚀	减薄	目视+测厚
	初馏塔顶	初馏塔塔顶封头、塔壁及上层塔盘及塔顶冷凝冷却系统(塔顶油气管线、换热器、分液罐及回流工艺管线)	$HCl-H_2S-H_2O$ 腐蚀	减薄(碳钢)、点蚀(0Cr13)、点蚀和应力腐蚀开裂(不锈钢)	目视+测厚+表面 NDT
	初馏塔	初馏塔 220℃以上的塔壁和塔内件、塔底工艺管线	高温硫、环烷酸腐蚀	减薄	目视+测厚
常压	常压炉	常压炉炉管	高温硫、环烷酸腐蚀、冲刷腐蚀	减薄	目视+测厚
			高温氧化	减薄	目视+测厚
			燃灰腐蚀	减薄	目视+测厚
			蠕变	韧性断裂或塑性失稳	目视+金相
		常压炉炉体	烟气露点腐蚀	减薄	目视+测厚
	常压塔顶	常压塔塔顶(封头、塔壁及上层塔盘)、塔顶循系统(塔顶循工艺管线、换热器等)、塔顶冷凝冷却系统(塔顶油气管线、空冷器、水冷换热器、分液罐及回流工艺管线)	$HCl-H_2S-H_2O$ 腐蚀	减薄(碳钢)、点蚀(0Cr13)、点蚀和应力腐蚀开裂(不锈钢)	目视+测厚+表面 NDT

续表

工段	单　元	流程说明	损伤模式	失效形式	检查方法
常压	常压塔	常压塔进料转油线、常压塔220℃以上的塔壁和塔内件、塔底工艺管线及220℃高温抽出侧线和部分回流的工艺管道、换热器等	高温硫、环烷酸腐蚀	减薄	目视+测厚
减压	减压炉	减压炉炉管	高温硫、环烷酸腐蚀、冲刷腐蚀	减薄	目视+测厚
			高温氧化	减薄	目视+测厚
			燃灰腐蚀	减薄	目视+测厚
			蠕变	韧性断裂或塑性失稳	目视+金相
		减压炉炉体	烟气露点腐蚀	减薄	目视+测厚
	减压塔顶	减压塔塔顶(封头、塔壁及上层塔盘)、塔顶循系统(塔顶循工艺管线、换热器等)、塔顶冷凝冷却系统(塔顶油气管线、空冷器、水冷换热器、分液罐及回流工艺管线)	$HCl-H_2S-H_2O$ 腐蚀	减薄(碳钢)、点蚀(0Cr13)、点蚀和应力腐蚀开裂(不锈钢)	目视+测厚+表面NDT
	减压塔	减压塔进料转油线、减压塔220℃以上的塔壁和塔内件、塔底工艺管线及220℃高温抽出侧线和部分回流的工艺管道、换热器等	高温硫、环烷酸腐蚀	减薄	目视+测厚

表 2-9　重整装置腐蚀检查表

工段	单　元	流程说明	损伤模式	失效形式	检查方法
原料预处理	预加氢反应进料部分	预加氢反应原料进料换热器、管道等	高温硫化氢/氢气腐蚀	减薄	目视+测厚
			高温硫化氢/氢气腐蚀	减薄	目视+测厚
		加热炉	短期过热-应力破裂	鼓包和破裂	目视
			烟气露点腐蚀	减薄	目视+测厚

续表

工段	单元	流程说明	损伤模式	失效形式	检查方法
原料预处理	预加氢反应部分	预加氢反应器和反应产物换热器	高温硫化氢/氢气腐蚀	减薄	目视+测厚
			氢脆	开裂	目视+表面 NDT
			高温氢损伤	脱碳+开裂	金相+表面 NDT
			奥氏体不锈钢堆焊层的氢致剥离（仅对反应器和反应产物换热器）	剥离	表面 NDT
			回火脆化	脆性开裂	目视+表面 NDT
		预加氢反应部分管道	高温硫化氢/氢气腐蚀	减薄	目视+测厚
	预分馏部分	分馏塔顶部、回流罐及相连管道	酸性水（硫氢化铵）腐蚀	减薄	目视+测厚
			湿硫化氢破坏	环境开裂	目视+表面 NDT
			Cl 离子应力腐蚀开裂	环境开裂	目视+测厚
		分离器、反应物流换热器以及反应产物冷凝冷却系统的空冷管束、换热器管束、空冷器管箱、空冷器进出口管道、换热器进出口管道	氯化铵腐蚀	脆性断裂	目视+测厚
			湿硫化氢破坏	环境开裂	目视+表面 NDT
			Cl 离子应力腐蚀开裂	环境开裂	目视+表面 NDT
重整反应	反应器及其连接设备和管道	加热炉炉管	球化	脆性断裂	目视+表面 NDT
			石墨化	脆性断裂	金相
			渗碳	脆性断裂	金相
			脱碳	减薄	目视+测厚
			金属粉化	减薄	目视+测厚
			回火脆化	脆性断裂	金相
			热疲劳	脆性断裂	目视+表面 NDT
			蠕变	韧性断裂或塑性失稳	目视+金相
			烟气露点腐蚀	减薄	目视+测厚

续表

工段	单　元	流程说明	损伤模式	失效形式	检查方法
重整反应	反应器及其连接设备和管道	重整反应器、重整反应产物换热器	高温硫化氢/氢气腐蚀	减薄	目视+测厚
			氢脆	开裂	目视+表面 NDT
			高温氢损伤	脱碳+开裂	金相+表面 NDT
		反应器和加热炉相连管道、反应器和反应产物换热器相连管道	高温硫化氢/氢气腐蚀	减薄	目视+测厚
	反应产物分馏部分	反应产物(经换热后温度降低)进空冷入口之后所经过的管道和设备(不锈钢材质)	氯化物应力腐蚀开裂	脆性断裂	目视+表面 NDT
		脱丁烷塔塔顶、回流罐及冷却器、空冷器及相连管道	酸性水(碱性)腐蚀+湿硫化氢破坏	减薄+脆性断裂	目视+测厚+表面 NDT
		脱丁烷塔进料管道(中间换热器换热升温到 200℃以后)、脱丁烷塔塔釜及塔釜油出口管道(包括回流及至分馏塔进料管道)	高温硫化物腐蚀(无氢气环境)	减薄	目视+测厚
催化剂再生	再生器系统	再生器器壁+内件、再生器换热器、再生器料斗及其相连管道	金属粉化	减薄	目视+测厚
			球化	脆性断裂	目视+表面 NDT
			石墨化	脆性断裂	金相
		再生水冷器管束	碳酸盐应力腐蚀开裂+CO_2腐蚀	减薄+脆性断裂	目视+测厚+表面 NDT
	循环气碱洗塔	碱洗塔釜及塔釜碱液循环管道、塔釜废碱排出管道	碳酸盐应力腐蚀开裂+CO_2腐蚀	减薄+脆性断裂	目视+测厚+表面 NDT
		注碱管道、碱洗塔三段碱洗段	碱腐蚀	减薄	目视+测厚
芳烃抽提	—	汽提塔、回收塔及再生塔中上部及塔顶系统(冷换、回流罐、管线等)和塔底再沸器	有机酸腐蚀	减薄	目视+测厚

表 2-10 PTA 装置腐蚀检查表

工段	单元	流程说明	损伤模式	失效形式	检查方法
TA 单元	进料	进料至反应器前	Cl 离子、Br 离子点蚀	减薄(局部)	目视+PT
			氯化物(溴化物)应力腐蚀开裂	脆性断裂	目视+PT
	反应	反应器至出料冷凝器	敏化-晶间腐蚀(高温 TA 腐蚀)	晶间腐蚀	PT+金相
			Cl 离子、Br 离子点蚀	减薄(局部)	目视+PT
			氯化物(溴化物)应力腐蚀开裂	脆性断裂	目视+PT
			大气腐蚀(有隔热层)	层下脆性断裂	目视+PT
			汽蚀	桨叶减薄	目视+测厚
			冲刷	减薄	目视+测厚
	TA 结晶过滤	冷凝器后至干燥机	Cl 离子、Br 离子点蚀	减薄(局部)	目视+PT
			氯化物(溴化物)应力腐蚀开裂	脆性断裂	目视+PT
			大气腐蚀(有隔热层)	层下脆性断裂	目视+PT
			汽蚀	桨叶减薄	目视+测厚
			冲刷	减薄	目视+测厚
PTA	进料	进料至进料预热器	Cl 离子、Br 离子点蚀	减薄(局部)	目视+PT
			氯化物(溴化物)应力腐蚀开裂	脆性断裂	目视+PT
			大气腐蚀(有隔热层)	层下脆性断裂	目视+PT
			汽蚀	桨叶减薄	目视+测厚
			冲刷	减薄	目视+测厚
			蒸汽冷凝水腐蚀	减薄	目视+测厚
	反应	反应器至第一结晶器	Cl 离子、Br 离子点蚀	减薄(局部)	目视+PT
			氯化物(溴化物)应力腐蚀开裂	脆性断裂	目视+PT
			热冲击	脆性断裂	目视+PT
			汽蚀	桨叶减薄	目视+测厚
			冲刷	减薄	目视+测厚
			蒸汽冷凝水腐蚀	减薄	目视+测厚
			钛氢化	脆性断裂	目视+PT

续表

工段	单　元	流程说明	损伤模式	失效形式	检查方法
PTA	结晶	第一结晶器至第五结晶器	Cl 离子、Br 离子点蚀	减薄(局部)	目视+PT
			氯化物(溴化物)应力腐蚀开裂	脆性断裂	目视+PT
			汽蚀	桨叶减薄	目视+测厚
			冲刷	减薄	目视+测厚
			蒸汽冷凝水腐蚀	减薄	目视+测厚
	过滤及回收	结晶器后至干燥机	Cl 离子、Br 离子点蚀	减薄(局部)	目视+PT
			氯化物(溴化物)应力腐蚀开裂	脆性断裂	目视+PT
			汽蚀	桨叶减薄	目视+测厚
			冲刷	减薄	目视+测厚
			碱应力腐蚀开裂	脆性断裂	目视+PT

表 2-11　丁苯装置腐蚀检查表

工段	单　元	流程说明	损伤模式	失效形式	检查方法
聚合	进料	进料至反应器前	Cl 离子点蚀	减薄(局部)	目视+PT
			有机酸腐蚀	减薄	目视+测厚
			氯化物应力腐蚀开裂	脆性断裂	目视+PT
	反应	反应器至 PS 出料	有机酸腐蚀	减薄	目视+测厚
溶剂回收与苯乙烯精制	湿溶剂	进料至湿溶剂系统	有机酸腐蚀	减薄	目视+测厚
	干溶剂	干溶剂系统	有机酸腐蚀	减薄	目视+测厚
成品	成品	胶粒成型、输送	冲刷	减薄(局部)	目视+测厚

表 2-12　管网系统腐蚀检查表

工段	单元	流程说明	损伤模式	失效形式	检查方法
公用工程	蒸汽	高压、中压、低压蒸汽及冷凝水	锅炉冷凝水腐蚀	减薄(局部)	目视+测厚/导波
			大气腐蚀(有隔热层)	减薄	目视/红外+测厚/导波
			应变失效	脆性断裂	硬度测定+金相
			碱应力腐蚀开裂	脆性断裂	MT+UT/RT
	空气	湿气系统	CO_2腐蚀	减薄	测厚/导波
油品	原油	原油、渣油、润滑油等	酸类腐蚀	减薄	测厚/导波
	石脑油	LPG、$C_5 \sim C_9$	酸类腐蚀	减薄	测厚/导波
			湿硫化氢破坏	鼓包或脆性断裂	目视+MT+UT
碱	碱	碱及强碱性盐	碱应力腐蚀开裂	鼓包或脆性断裂	目视+MT+UT
酸	酸	有机酸及无机酸	酸致腐蚀	减薄	测厚/导波

第3章

常减压装置腐蚀机理及检查案例

3.1 常减压装置概况

常减压装置是常压蒸馏和减压蒸馏两个装置的总称，因为两个装置通常在一起，故称为常减压装置。主要包括三个工序：原油的脱盐、脱水；常压蒸馏；减压蒸馏。从油田送往炼油厂的原油往往含盐(主要是氧化物)带水(溶于油或呈乳化状态)，可导致设备的腐蚀，在设备内壁结垢和影响成品油的组成，需在加工前脱除。为了脱掉原油中的盐分，要注入一定数量的新鲜水，使原油中的盐充分溶解于水中，形成石油与水的乳化液。在强弱电场与破乳剂的作用下，破坏了乳化液的保护膜，使水滴由小变大，不断聚合形成较大的水滴，借助于重力与电场的作用沉降下来与油分离，因为盐溶于水，所以脱水的过程也就是脱盐的过程。常压蒸馏和减压蒸馏都属物理过程，经脱盐、脱水的混合原料油加热后在蒸馏塔里，根据其沸点的不同，从塔顶到塔底分成沸点不同的油品，即为馏分，这些馏分油有的经调和、加添加剂后以产品形式出厂，绝大多数是作为二次加工装置的原料，因此，常减压蒸馏又称为原油的一次加工，常减压装置如图 3-1 所示。

常压蒸馏原理：精馏又称分馏，它是在精馏塔内同时进行的液体多次部分汽化和气体多次部分冷凝的过程。原油之所以能够利用分馏的方法进行分离，其根本原因在于原油内部各组分的沸点不同。在原油加工过程中，把原油加热到 360~370℃左右进入常压分馏塔，在汽化段进行部分汽化，其中汽油、煤油、轻柴油、重柴油这些较低沸点的馏分优先汽化成为气体，而蜡油、渣油仍为液体。

减压蒸馏原理：液体沸腾必要条件是蒸气压必须等于外界压力。降低外界压力就等效于降低液体的沸点。压力愈小，沸点降的愈低。如果蒸馏过程的压力低于大气压以下进行，这种过程称为减压蒸馏。

常减压装置的主要设备为塔和炉。塔是整个装置工艺过程的核心，原油在分馏塔中通过传质传热实现分馏作用，最终将原油分离成不同组分的产品。最常见的常减压装置流程为三段汽化流程或称为“两炉三塔流程”，常减压中的塔包括：初馏塔或闪蒸塔、常压塔、减压塔。

(1) 蒸馏塔的结构

塔体：塔体为直圆柱形桶体，高度在 35~40m 左右，材质一般为 Q235R 和/或 Q345R 或 16MnR，对于处理高含硫原油的装置，塔内壁还有不锈钢衬里。

塔体封头：一般为椭圆形或半圆形。

塔底支座：塔底支座要求有一定高度，以保证塔底泵有足够的灌注压头。

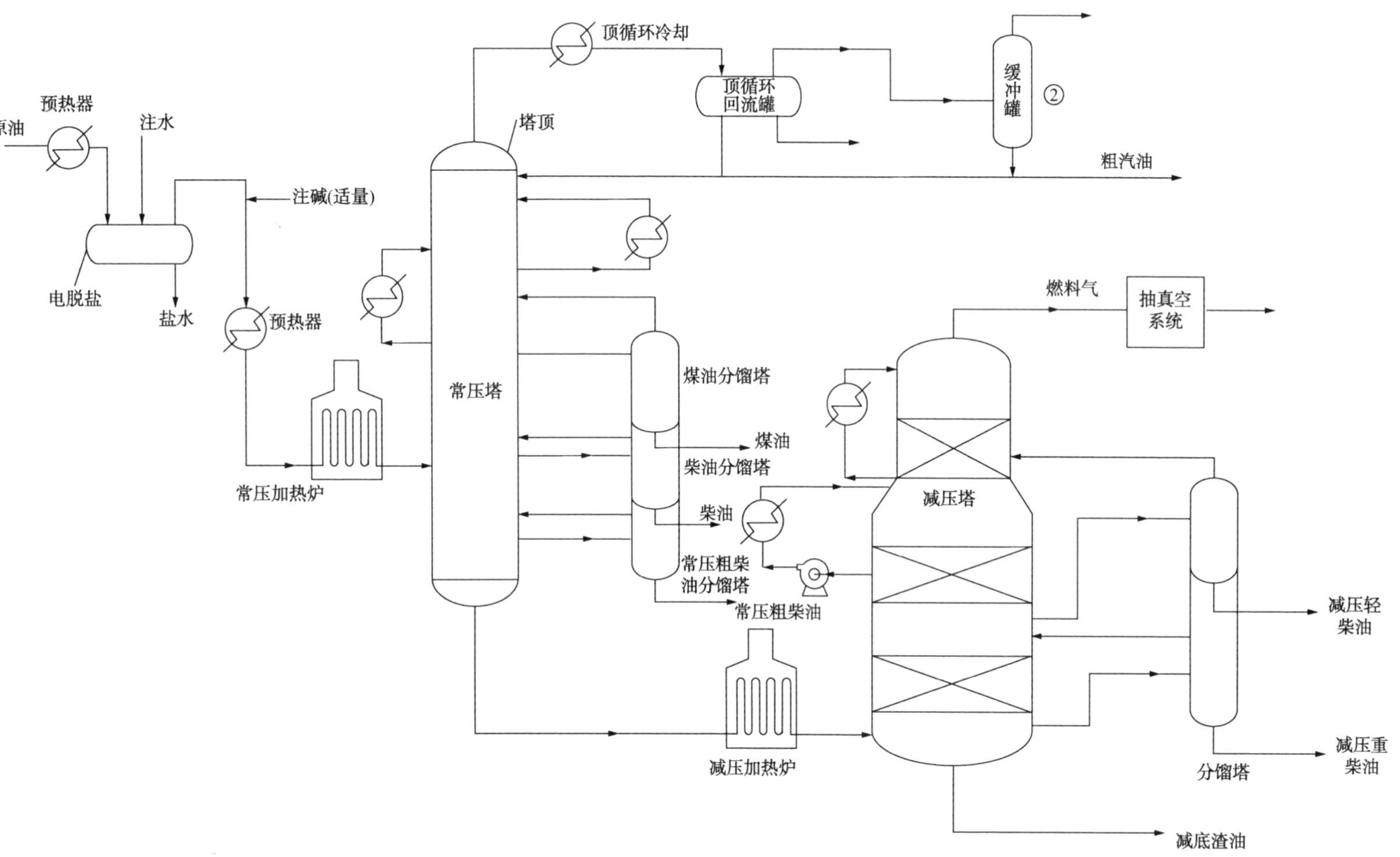
原油
预热器
注水
电脱盐
盐水
注碱(适量)
预热器
常压加热炉
塔顶
常压塔
顶循环冷却
顶循环回流罐
缓冲罐
②
粗汽油
煤油分馏塔
煤油
柴油分馏塔
柴油
常压粗柴油分馏塔
常压粗柴油
燃料气
抽真空系统
减压塔
减压加热炉
减压轻柴油
减压重柴油
分馏塔
减底渣油

图3-1 常减压蒸馏装置

塔板或填料：是塔内介质接触的载体，传质过程的三大要素之一。

开口及管嘴：是将塔体和其他部件连接起来的部件，一般由不同口径的无缝钢管加上法兰和塔体焊接而成。

人孔：是进入塔内安装检修和检查塔内设备状况装置，一般为直径在450~500mm的圆形或椭圆形孔。

进料口：进料处一般有较大的空间，以利于气液充分分离。由于进料气速高，流体的冲刷很大，进料口可以减小塔体内所受损伤，同时起到使气、液均匀分布和缓冲的作用。

液体分布器：使回流液体在填料上方均匀分布，常减压装置应用较多的是管孔式液体分布器和喷淋型液体分布器。

气体分布器：气体分布器一般应用在汽提蒸汽入塔处，目的是使蒸汽均匀分布。

破沫网：在减压塔进料上方，一般都装有破沫网，破沫网由丝网或其他材料组成，当带液滴的气体经过破沫网时，液滴与破沫网相撞，附着在破沫网上的液滴不断积聚，达到一定体积时下落。

集油箱：主要作用是收集液体供抽出或再分配。集油箱将填料分成若干个气相连续液相分开的简单塔，它靠外部打入液体建立塔的回流。

塔底防漏器：为防止塔底液体流出时，产生旋涡将油气卷入，使泵抽空。塔底装有防漏器。它还可以阻挡塔内杂质，防止其阻塞管线和进入泵体内。

外部保温层：一般用集温砖砌成，并用螺丝固定，外包薄铁皮或铝皮，保温层起隔热和保温作用。

（2）加热炉的结构

一般为管式加热炉，其作用是利用燃料在炉膛内燃烧时产生的高温火焰与烟气作为热源，加热炉中高速流动的物料，使其达到后续工艺过程所要求的温度。管式加热炉一般由辐射室、对流室、余热回收系统、燃烧及通风系统五部分组成。通常包括钢结构、炉管、炉墙、燃烧器、孔类配件等。

辐射室：辐射室是加热炉进行热交换的主要场所，其热负荷占全炉的70%~80%。辐射室内的炉管，通过火焰或高温烟气进行传热，以辐射为主，故又称辐射管。它直接受火焰辐射冲刷，温度高，所以其材料要具有足够的高温强度和高温化学稳定性。

对流室：对流室是利用辐射室排出的高温烟气进行对流传热来加热物料。烟气以较高的速度冲刷炉管管壁，进行有效的对流传热，其热负荷占全炉的20%~30%。对流室一般布置在辐射室之上，有的单独放在地面。为了提高传热效果，多采用钉头管和翅片管。

余热回收系统：空气预热方式是回收利用加热炉的排烟余热；废热锅炉方式是以靠预热燃烧空气来回收，使回收的热量再次返回到炉中。

燃烧及通风系统：通风系统的作用是把燃烧用空气导入燃烧器，将废烟气引出炉子。它分为自然通风和强制通风两种方式。前者依靠烟囱本身的抽力，后者使用风机。过去，绝大多数炉子都采用自然通风方式，烟囱安装在炉顶。随着炉子的结构复杂化，炉内烟气侧阻力增大，加之提高加热炉热效率的需要，强制通风方式被广为采用。

3.2 常减压装置腐蚀机理分析

以对某联合车间的常减压蒸馏装置与常减压的配套装置电脱盐装置进行腐蚀检查为例。常减压蒸馏为燃料型装置设计，采用三段汽化流程，目前初馏塔顶和常压塔顶合并生产重整原料，常压塔有三个侧线，分别生产航煤、分子筛脱蜡料和柴油馏分，减压塔为干式减压，采用浮舌塔盘，也有三个侧线，生产催化裂化原料油（VGO）。常压炉和减压炉均为立管立式炉，设有烟气余热回收系统，两炉均采用热管空气预热器，以保障加热炉的高效运行。2005 年 7 月完成了装置的扩能改造，目前常压蒸馏单元具备 800×10^4t/a 加工能力。电脱盐装置采用二级电脱盐工艺，三组并联运行。采用汽提净化后的含硫污水作为二级电脱盐的注水，实现了脱盐用水的最大节约。二级电脱盐排水作为一级电脱盐的注水，一级排出的含盐污水进含油污水处理设施。原油脱后含盐小于 3mg/L NaCl、含水小于 0.03%。常减压蒸馏装置是炼油生产中应用广泛的设备类型，现阶段我国大部分炼油厂都采用了常减压蒸馏生产模式作为第一道加工工序，由于该设备的特殊性，导致其生产过程中经常会出现常顶换热器腐蚀问题，影响了生产的效率与安全性。尽管针对常减压蒸馏装置采取必要的防护手段，可以一定程度减缓腐蚀的影响，但是并不能根本上解决表面腐蚀问题，严重影响了生产的效益水平。常减压装置及其附属装置中涉及多种腐蚀机理，如脱盐、换热工段冲刷腐蚀、低温硫腐蚀；初馏工段、常压与减压工段都涉及高温硫腐蚀、环烷酸腐蚀和冲刷腐蚀等；常压炉与减压炉的高温氧化腐蚀；湿硫化氢破坏与盐酸腐蚀也有可能在常、减压工段发生。

（1）硫酸腐蚀

硫酸腐蚀是金属与硫酸接触时发生的腐蚀。稀硫酸引起的金属腐蚀多为均匀腐蚀或点蚀，若腐蚀速率高且流速快，不会形成锈皮，碳钢焊缝热影响区会发生快速腐蚀，在焊接接头部位形成沟槽。

在常减压装置中，硫酸腐蚀易发生工段为原油经换热器换热温度超过 220℃ 部分；原油管线进初馏塔；初馏塔 220℃ 以上的塔壁和塔内件、塔底工艺管线；常压炉炉管；常压塔进料转油线、常压塔 220℃ 以上的塔壁和塔内件、塔底工艺管线及 220℃ 高温抽出侧线和部分回流的工艺管道、换热器等；减压炉炉管；减压塔进料转油线、减压塔 220℃ 以上的塔壁和塔内件、塔底工艺管线及 220℃ 高温抽出侧线和部分回流的工艺管道、换热器等。

(2) 冲刷腐蚀

冲刷腐蚀是固体、液体、气体及其混合物的运动或相对运动造成的表面材料机械损耗，是腐蚀与力学共同作用下形成的一种金属损伤类型。由于介质流速过大，金属在高速流体的冲击下，保护膜被破坏，破口处裸露金属加速腐蚀。因此容易在流体改变方向的部位形成冲刷腐蚀，典型情况有腐蚀坑、沟、锐槽、蚀孔和波纹状形貌，且具有一定的方向性。

在常减压装置中，冲刷腐蚀易发生工段为原油经缓冲罐、换热器、电脱盐、换热器换热到220℃部分；常压炉炉管；减压炉炉管。

(3) 环烷酸腐蚀

在常减压蒸馏装置呈现出的诸多类型腐蚀性损伤中，高温环烷酸腐蚀现象的发生率较高，出现如此高频率损伤的直接因素就是，温度数据的或增或减、酸碱数据的或增或减、油料流速的或快或慢和酸钠含量增减等。原油所含环烷酸是导致高温环烷酸腐蚀现象的直接因素，通过专业性研讨总结出，在一般条件下，环烷酸不会对金属材质设备产生损伤。然而，倘若在环境或设备温度达到指定临界值的条件下，环烷酸就必然会与铁元素发生化学反应，其间会产生环烷酸盐。这种环烷酸盐是油溶性腐蚀产物，所以能够随着油流转移，这可能使得新金属物质接触到环烷酸盐而出现腐蚀性损伤。腐蚀介质在高流速区可形成局部腐蚀，如孔蚀、带锐缘的沟槽；低流速凝结区，碳钢、低合金钢和铁素体不锈钢的腐蚀表现为均匀腐蚀或孔蚀。

在常减压装置中，环烷酸腐蚀易发生工段为原油经换热器换热温度超过220℃部分；原油管线进初馏塔；初馏塔220℃以上的塔壁和塔内件、塔底工艺管线；常压炉炉管；常压塔进料转油线、常压塔220℃以上的塔壁和塔内件、塔底工艺管线及220℃高温抽出侧线和部分回流的工艺管道、换热器等；减压炉炉管；减压塔进料转油线、减压塔220℃以上的塔壁和塔内件、塔底工艺管线及220℃高温抽出侧线和部分回流的工艺管道、换热器等。

(4) 高温氧化腐蚀

高温氧化腐蚀是金属在高于氧化温度和氧化物质的作用下生成金属氧化物的过程。碳钢在超过482℃，合金钢在更高的温度下会发生高温氧化腐蚀。

在常减压装置中，高温氧化腐蚀易发生工段为常压炉炉管、减压炉炉管。

(5) 烟气露点腐蚀

在烟气露点腐蚀的概念中，腐蚀的发生主要是亚硫酸腐蚀、硫酸腐蚀和盐酸腐蚀中某种腐蚀或几种腐蚀共同作用的综合结果，燃料燃烧时燃料中的硫和氯类物质形成二氧化硫、三氧化硫和氯化氢，低温(露点及以下)遇水蒸气形成酸从而对金属造成的腐蚀。其直接因素如下：含氧量的变化、硫含量的变化、排烟温度的反应以及雾化蒸汽量的变化等。在炼油过程中，石油燃料中的硫是产生硫化物类型腐蚀现象的主要来源。腐蚀的程度越高，燃料中的硫含量就越高。常减压蒸馏装置在被腐蚀的过程中，主要部位体现在了加热炉的预热器烟道当中。而被硫化物腐蚀的状态为均匀性腐蚀或者是点状和面状腐蚀。发生在省煤器的碳钢或低合金钢部件的烟气露点腐蚀表现为大面积的宽浅蚀坑，形态取决于硫燃烧后凝结时形成的酸性产物。

在常减压装置中，烟气露点腐蚀易发生工段为常压炉炉体；减压炉炉体。

(6) 湿硫化氢破坏

氢和湿硫化氢对碳钢设备的腐蚀，随温度的升高而加剧，在温度 80℃时腐蚀速率最高。其反应过程为

$$H_2S \longrightarrow H^+ + HS^-$$

$$Fe^{2+} + HS^- \longrightarrow FeS + H^+$$

硫化氢在水溶液中电离出氢离子，从钢材表面得到电子后还原成氢原子。氢原子之间有较大的亲和力，容易结合成氢分子排出。然而，介质中的硫化物等削弱了这种亲和力，部分抑制了氢分子的形成，原子半径极小的氢原子很容易渗入钢材内部。在含水和硫化氢环境中碳钢和低合金钢所发生的损伤过程，包括氢鼓泡、氢致开裂、应力导向氢致开裂和硫化物应力腐蚀开裂四种形式。

在常减压装置中，湿硫化氢破坏易发生工段为初馏塔塔顶封头、塔壁及上层塔盘及塔顶冷凝冷却系统(塔顶油气管线、换热器、分液罐及回流工艺管线)；常压塔塔顶(封头、塔壁及上层塔盘)、塔顶循系统(塔顶循工艺管线、换热器等)、塔顶冷凝冷却系统(塔顶油气管线、空冷器、水冷换热器、分液罐及回流工艺管线)；减压塔塔顶(封头、塔壁及上层塔盘)、塔顶循系统(塔顶循工艺管线、换热器等)、塔顶冷凝冷却系统(塔顶油气管线、空冷器、水冷换热器、分液罐及回流工艺管线)。

(7) 盐酸腐蚀

盐酸腐蚀有以下几种情况：金属与盐酸接触时发生全面腐蚀/局部腐蚀；碳钢和低合金钢盐酸腐蚀时可表现为均匀减薄；介质局部浓缩或露点腐蚀时表现为局部腐蚀或沉积物下腐蚀；奥氏体不锈钢和铁素体不锈钢发生盐酸腐蚀时可表现为点状腐蚀，形成直径为毫米级的蚀坑，甚至可发展为穿透性蚀孔。

在常减压装置中，盐酸腐蚀易发生工段为初馏塔塔顶封头、塔壁及上层塔盘及塔顶冷凝冷却系统(塔顶油气管线、换热器、分液罐及回流工艺管线)；常压塔塔顶(封头、塔壁及上层塔盘)、塔顶循系统(塔顶循工艺管线、换热器等)、塔顶冷凝冷却系统(塔顶油气管线、空冷器、水冷换热器、分液罐及回流工艺管线)；减压塔塔顶(封头、塔壁及上层塔盘)、塔顶循系统(塔顶循工艺管线、换热器等)、塔顶冷凝冷却系统(塔顶油气管线、空冷器、水冷换热器、分液罐及回流工艺管线)。

(8) 大气腐蚀

未敷设保温层等覆盖层的金属在大气中会发生腐蚀。碳钢和低合金钢遭受腐蚀时主

要表现为均匀减薄或局部减薄；奥氏体不锈钢遭受腐蚀时可能发生表面应力腐蚀，主要因大气中含有的氯离子引起；铝、镁和钛等金属因新鲜金属与大气接触后可在表面生成一层氧化膜，并失去表面金属光泽。

敷设保温层等覆盖层的金属会在覆盖层下发生腐蚀。保温层下腐蚀是容易被忽视的低温腐蚀，该腐蚀主要出现于150℃以下的环境当中。常减压装置保温层下腐蚀一般集中于-10~120℃的系统当中，工艺泄漏是导致出现环境湿度变化的主要原因。另外，设备脆性较大以及裂纹等情况也会由保温层腐蚀引起。一般来说，出现常减压装置保温层下腐蚀，主要还是保温层的多孔结构与保温材料的硫化物、氯化物有害成分所导致的结果。碳钢和低合金钢遭受腐蚀时主要表现为覆盖层下局部减薄；奥氏体不锈钢遭受腐蚀时可能发生覆盖层下金属表面应力腐蚀，因覆盖层与材料表面间容易在覆盖层破损部位渗水，随着水汽蒸发，雨水中氯化物会凝聚下来，有些覆盖层本身含有的氯化物也可能溶解到渗水中，在残余应力作用下(如焊缝和冷弯部位)，容易产生应力腐蚀开裂；铝、镁和钛等金属发生层下腐蚀后可在表面生成一层氧化膜，并失去表面金属光泽。

(9) 低温硫腐蚀

低温硫腐蚀通常指低于240℃的硫腐蚀燃料中的硫燃烧生成二氧化硫，二氧化硫在催化剂的作用下进一步氧化生成三氧化硫，三氧化硫会与烟气中的水蒸气生成硫酸蒸汽。硫酸蒸汽的存在使烟气的露点显著升高。由于空预器中空气的温度较低，预热器区段的烟气温度不高，壁温常低于烟气露点，这样硫酸蒸汽就会凝结在空预器受热面上，造成硫酸腐蚀。

在常减压装置中，低温硫腐蚀易发生工段为原油经缓冲罐、换热器、电脱盐、换热器换热到220℃部分。

(10) 高温硫腐蚀

高温硫腐蚀通常指超过240℃的硫腐蚀，在这一温度下，腐蚀的主要为$S-H_2S-RSH$类型。其中，主要的腐蚀原因是因为介质流速的变化、温度的变化以及硫含量的变化等。其实原油硫化物往往都会产生大量的$S-H_2S-RSH$，而且其中也会存在较大比例多硫化物类型的化学元素。如果在常减压蒸馏装置温度提高到240℃以上的条件下，就容易使其中成分构造得到分解，进而则可能会反应出强性元素硫、硫化氢以及硫醇等。如此多的化学元素，往往都会在与金属相接触时产生高度的黏性，其间容易对金属带来非常严重的腐蚀性损伤。对于$S-H_2S-RSH$的腐蚀现象来说，其更多时候都会出现于金属设备的内壁及其附属构件区位，并且这种腐蚀现象多呈现对称性。另外，如果常减压蒸馏装置温度提高到425℃，$S-H_2S-RSH$的腐蚀现象则容易达到最为严重的状态。

在常减压装置中，高温硫腐蚀易发生工段为原油经换热器换热达到220℃以上部分；原油管线进初馏塔；初馏塔220℃以上的塔壁和塔内件、塔底工艺管线；常压炉炉管；常压塔进料转油线、常压塔220℃以上的塔壁和塔内件、塔底工艺管线及220℃高温抽出侧线和部分回流的工艺管道、换热器等；减压炉炉管；减压塔进料转油线、减压塔220℃以上的塔壁和塔内件、塔底工艺管线及220℃高温抽出侧线和部分回流的工艺管道、换热器等。

（11）燃灰腐蚀

燃灰腐蚀通常指高温燃灰在金属表面沉积和熔化，致使材料损耗的过程。材料在高温下会加速损伤，燃料中的杂质（主要为S、Na、K、V）在加热炉、锅炉和燃气涡轮的金属表面沉积和熔化，生成的熔渣熔解了表面的氧化物膜，使膜下新鲜金属能和氧气反应生成氧化物，不断损坏管壁或部件。在常减压装置中，燃灰腐蚀易发生工段为常压炉炉管和减压炉炉管。

3.3　常减压装置腐蚀检查案例

以对155台加氢装置设备进行的腐蚀检查为例，其中塔器5座，容器储罐34台，换热器112台，加热炉4台，腐蚀检查汇总情况如表3-1所示。

表3-1　常减压装置腐蚀检查情况统计表

序　号	容器名称	主要问题
1	常压炉	耐火层轻微破损，表面存在轻微裂纹
2	减压炉	炉膛衬里轻微破损
3	闪蒸炉	耐火层破损
4	初馏塔	塔盘腐蚀减薄较严重
5	减压分馏塔	塔盘腐蚀减薄较严重，外保温轻微破损
6	高压瓦斯分液罐	外防腐层轻微破损
7	水力旋流器	外防腐层轻微破损
8	电精制罐	外防腐层轻微破损
9	碱罐	外防腐层破损
10	原油-初顶油气换热器	近法兰端处大量轻微腐蚀坑
11	原油-常顶循Ⅱ换热器	壳体内部有多处机械划痕与表面损伤凹坑
12	原油-减渣Ⅳ换热器	管束轻微形变
13	原油-常一线换热器	折流板轻微形变
14	减三线油Ⅱ换热器	折流板轻微形变
15	原油-减二中及二线Ⅰ换热器	折流板轻微形变
16	原油-减三中及三线Ⅱ换热器	管束变形
17	压缩机不凝气冷却器	管箱内表面锈蚀严重，分隔板见多处轻微腐蚀坑
18	常一线-除氧水换热器	折流板轻微形变
19	减一线及一中冷却器	壳体内表面存在多处轻微腐蚀坑

3.3.1 加热炉腐蚀状况

常减压装置中加热炉是重要设备，加热炉的炉壁、烟道以及预热回收系统等多部位会出现露点腐蚀现象，在连接处受热面，则会发生低温硫酸腐蚀。硫酸蒸汽凝结在烟道中也容易黏附岩气中的灰尘，从而导致烟气通道的堵塞，影响整个设备的正常工作，带来安全隐患。但是如果二氧化硫与水蒸气化合物生成亚硫酸气，因亚硫酸气的露点温度低所以无法在加热炉内部凝结，由此可以分析出硫酸漏点腐蚀最主要的原因是三氧化硫的产生。加热炉内部三氧化硫的产生与空气含量以及含硫量有很大的关系，含硫量越高，装置内部空气越多，所形成三氧化硫含量就越高。加热炉中的硫酸蒸汽在水蒸气接触到装置表面冷面时凝结所产生的硫酸浓度更大，随着烟气在加热炉内的烟道中向前流动，所形成的露点腐蚀范围则变得更大，但因流动过程中的硫酸蒸汽逐渐减少，所形成的露点腐蚀会逐渐减轻。对装置检查得到加热炉腐蚀状况，如图3-2 所示。可以看到整体结构完好，腐蚀轻微，炉子加热管未见明显蠕变与裂纹，敲击未发现异常。

(a) 常压炉炉管

(b) 减压炉炉管

图 3-2 加热炉腐蚀

常压炉加热管未见明显蠕变与裂纹，敲击未发现异常，但内部耐火层受高温轻微破损，表面存在轻微裂纹，如图 3-3 所示，建议修复耐火层。对部分炉管进行了金相检验，如图 3-3(b)所示，结果显示所检炉管组织结构均正常。

对减压炉进行检查，炉子加热管未见明显蠕变与裂纹，敲击未发现异常，但内部耐火层受高温轻微破损，如图 3-4(a)所示，建议修复耐火层。对部分炉管进行了金相检验，如图 3-4(b)所示，结果显示所检炉管组织结构均正常。

闪蒸炉加热管未见明显蠕变与裂纹，敲击未发现异常，但内部耐火层受高温轻微破损，如图 3-5(a)所示，建议修复耐火层。对部分炉管进行了金相检验，如图 3-5(b)所示，结果显示所检炉管组织结构均正常。

(a) 常压炉内部耐火层破损

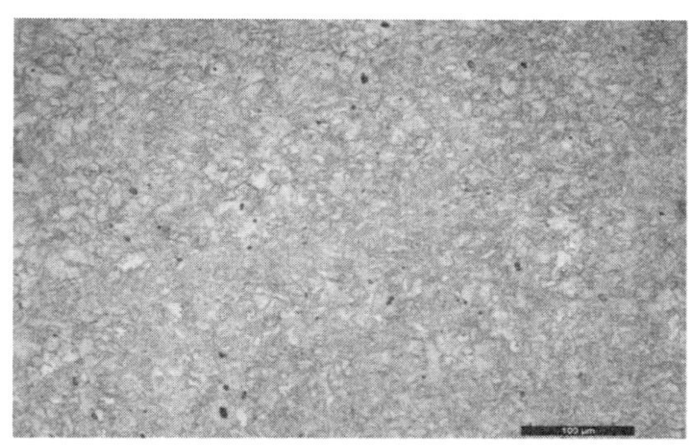

(b) 常压炉炉管金相图

图 3-3　常压炉腐蚀形貌

(a) 减压炉内部耐火层破损

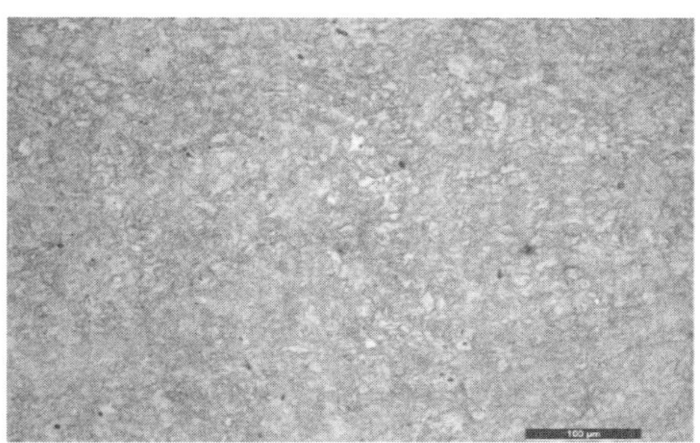

(b) 减压炉炉管金相图

图 3-4　减压炉腐蚀形貌

(a) 闪蒸炉内部耐火层破损

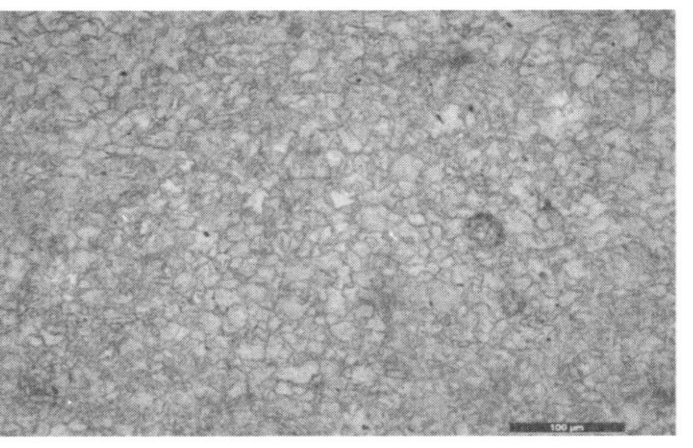

(b) 闪蒸炉炉管金相图

图 3-5　闪蒸炉腐蚀形貌

3.3.2　塔器腐蚀状况

预处理后的原油换热至 230~240℃，然后进入初馏塔，从初馏塔塔顶分出轻汽油或催化重整原料油，其中一部分返回初馏塔塔顶作为塔顶回流。初馏塔侧线不出产品，但

图 3-6 初馏塔塔器腐蚀形貌

是可以抽出组成与重汽油馏分相似的馏分，经过换热后，一部分打入常压塔中段回流入口处(即常压塔侧一线与侧二线之间)，这样可以减轻常压炉和常压塔的负荷；另一部分则送回初馏塔作塔内循环回流。初馏塔塔底油一般称作“拔头原油”或“初底油”，初底油在经过一系列换热后，经过常压炉加热至 360~370℃，然后进入常压塔，即原油的主分馏塔。初馏塔的主体材质为A3R，操作温度为 226℃，压力为 0.17MPa，通过介质为原油和蒸汽，投用时间为 1984 年。腐蚀检测发现，设备由上至下第三人孔内塔盘受介质腐蚀减薄较严重(图 3-6)，最小厚度为 3.6mm，设备上部人孔内表面锈蚀严重，但整体未见局部腐蚀与明显裂纹。

减压分馏塔的主体材质为 16MnR 与 0Cr13，操作温度为 130/400℃，压力为 10mmHg，通过介质为常渣和蒸汽。减压塔一般会在酸性环境下遭到严重的腐蚀。酸性环境越强，其腐蚀性就越强。根据现实生活中的腐蚀情况，减压塔在原油加工环境中的平均酸性腐蚀值为 1.22mgKOH/g，酸性环境中的平均含硫量为 1.04%(质量分数)。减压塔一般在典型高温环烷酸的腐蚀环境下会加速腐蚀。减压塔的腐蚀机理是铁在高温环境下与环烷酸发生化学反应，导致一系列的化学作用产生。其反应式如下：

$$Fe+2RCOOH \longrightarrow Fe(RCOO)_2+H_2\uparrow$$

$$Fe+H_2S \longrightarrow FeS\downarrow+H_2\uparrow$$

$$Fe+S \longrightarrow FeS\downarrow$$

$$FeS+2RCOOH \longrightarrow Fe(RCOO)_2+H_2S\uparrow$$

随着化学反应的产生会生成大量的氢气，这是在酸性环境下会产生的副产品。生成的 $Fe(RCOO)_2$是油溶性化合物，若材质耐蚀性差，腐蚀将会进行得很快。若材质中含有足够的 Cr、Ni、Ti，在金属表面形成一定的氧化物，则能阻止金属铁离子的扩散，使金属免遭进一步的腐蚀。影响高温环烷酸及硫腐蚀的主要因素为酸值、硫含量、温度、流动状态、材质耐蚀性。在原油加工生产中通常采用选用耐蚀材质、高酸值原油与低酸值原油混炼、调整流动状态等方法来抑制高温环烷酸及硫腐蚀的发生。其中提高材质耐蚀等级是减缓高温环烷酸及硫腐蚀最有效的方法。腐蚀检测发现，设备上部人孔内表面锈蚀严重，但整体未见局部腐蚀与明显裂纹，设备塔盘受介质腐蚀减薄较严重，且外保温存在破损，如图 3-7 所示。

3.3.3 容器腐蚀状况

常减压蒸馏装置是炼油厂的龙头装置，而电脱盐是常减压蒸馏的第一道工序。原油经过换热后，与水、破乳剂混合，进入电脱盐装置，水溶解原油中所含盐后，在高压电

(a) 塔盘腐蚀形貌

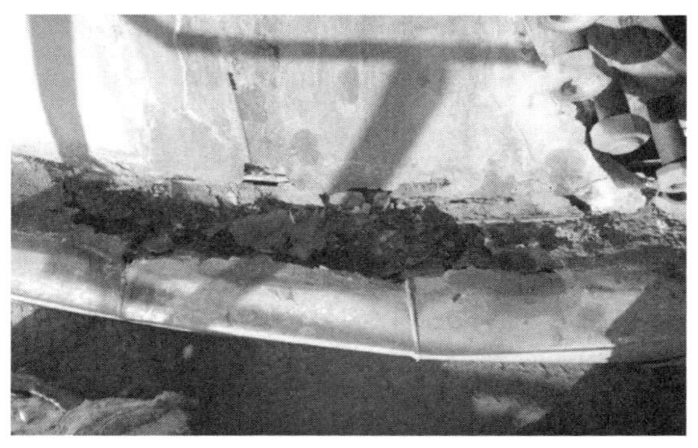

(b) 外保温层腐蚀形貌

图 3-7 减压分馏塔腐蚀形貌

场作用下，原油中所含水发生极化、碰撞，形成大水滴，由于原油与水的密度不同，水滴向下运动，汇聚在罐底，经排水管排出电脱盐装置，同时也将原油中所含盐分脱除。腐蚀检测发现，电脱盐罐整体腐蚀较轻，内部多为锈蚀，结构完好，未见明显减薄与裂纹，高压瓦斯分液罐、水力旋流器、电精制罐与碱罐外防腐层存在破损；电脱盐罐内部分区域表面物料附着严重，料下基体平整，部分区域表面发生均匀腐蚀，如图 3-8(a)所示；常顶回流产品罐及瓦斯分液罐内表面均锈蚀严重，但气压机入口气液分液罐内表面只是出现轻微浮锈，如图 3-8(b)~(d)所示。

(a) 电脱盐罐内表面

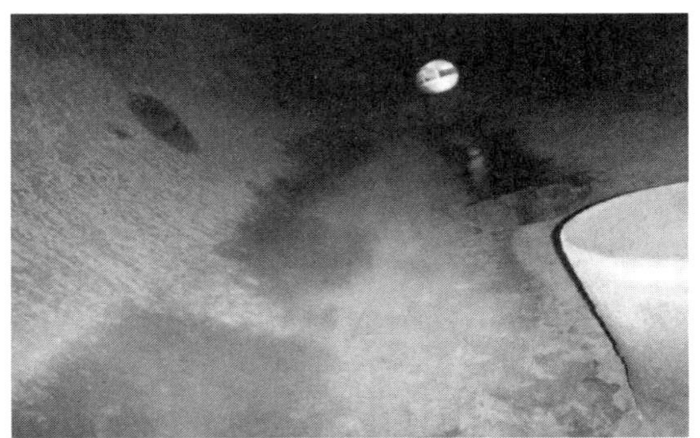

(b) 常顶回流产品罐内表面

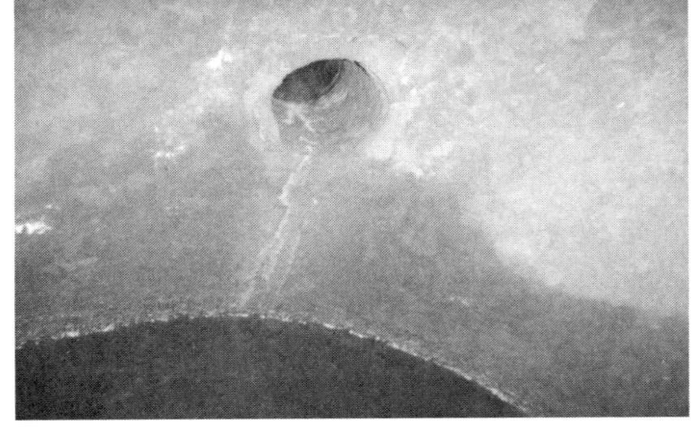

(c) 瓦斯分液罐内表面

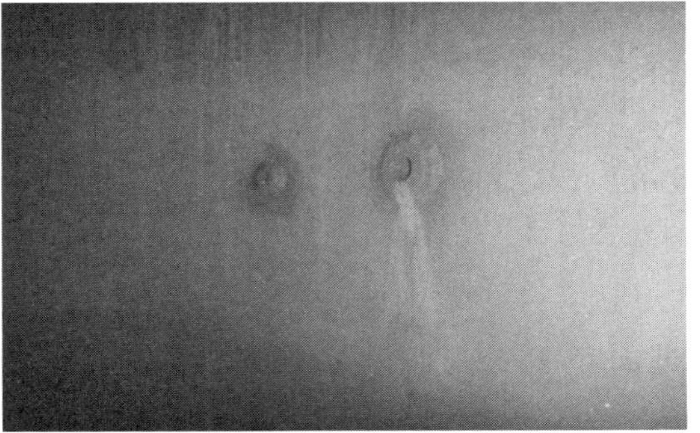

(d) 气压机入口气液分液罐内表面

图 3-8 容器内部腐蚀形貌

高压瓦斯分液罐、水力旋流器、电精制罐与碱罐外防腐层均存在破损情况如图 3-9 所示。

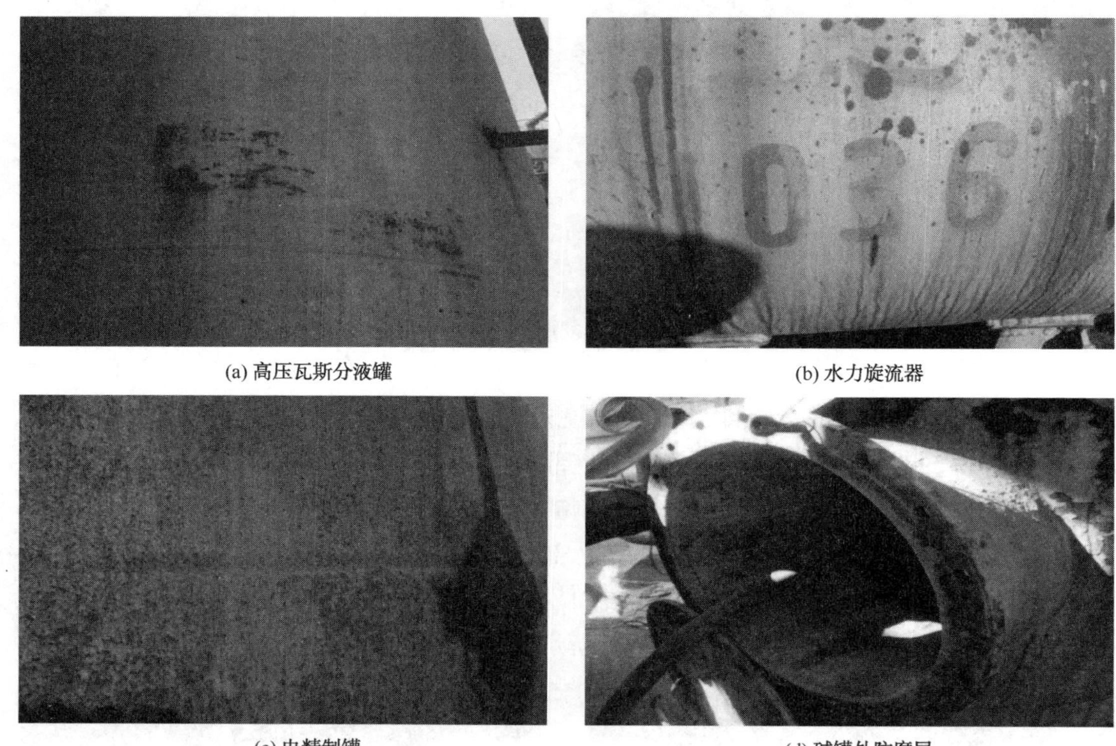

(a) 高压瓦斯分液罐　(b) 水力旋流器　(c) 电精制罐　(d) 碱罐外防腐层

图 3-9　容器外防腐层腐蚀形貌

3.3.4　换热器腐蚀状况

原油中存在氯化物和硫化物是常减压装置塔顶系统腐蚀的根本原因。常顶腐蚀性物流如图 3-10 所示，原油进入装置后经过脱盐、注剂和换热，大部分氯化物和硫化物都将在常压单元分解，生成氯化氢和硫化氢。因此介质中存在氯化氢和硫化氢的常压塔顶部位的腐蚀问题尤为突出。另外原油中的有机氮化物单独存在时不发生腐蚀，但在加工过程中会反应生成可挥发性的氨(NH_3)，塔顶防腐蚀注入的含 NH_3 助剂，它们在中和 HCl 和 H_2S 后会生成 NH_4Cl 和 NH_4HS。当铵盐浓度较高时会结晶析出而沉淀下来。铵盐沉积在金属表面，阻碍气体或液体的流动和热传递，也会堵塞输送管道和设备，这些铵盐容易在分馏塔内上部塔盘、工艺管道及管件、换热器管束及内表面等沉积，容易发生冲刷腐蚀和垢下腐蚀。进行设备检查发现原油-初顶油气换热器管板表面浮锈；原油-常顶油气换热器换热管内结垢严重；原油-初顶循Ⅱ换热器壳体内表面轻微浮锈，物料附着；原油-常三四线Ⅲ换热器管箱内表面均匀浮锈，油污附着；原油-常一中Ⅱ换热器壳体内表面未见腐蚀；原油-减二中及二线Ⅱ换热器封头内部浮锈；一级排水-

二级注水换热器管箱内表面浮锈；原油-常二线换热器管板均匀浮锈；原油-常二中换热器壳体内部轻微浮锈，部分换热器腐蚀形貌如图 3-11 所示。

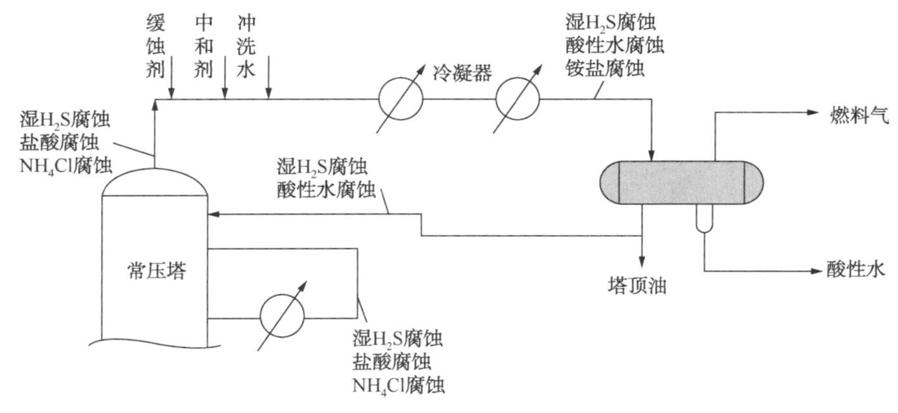

图 3-10　常顶腐蚀性物流示意图

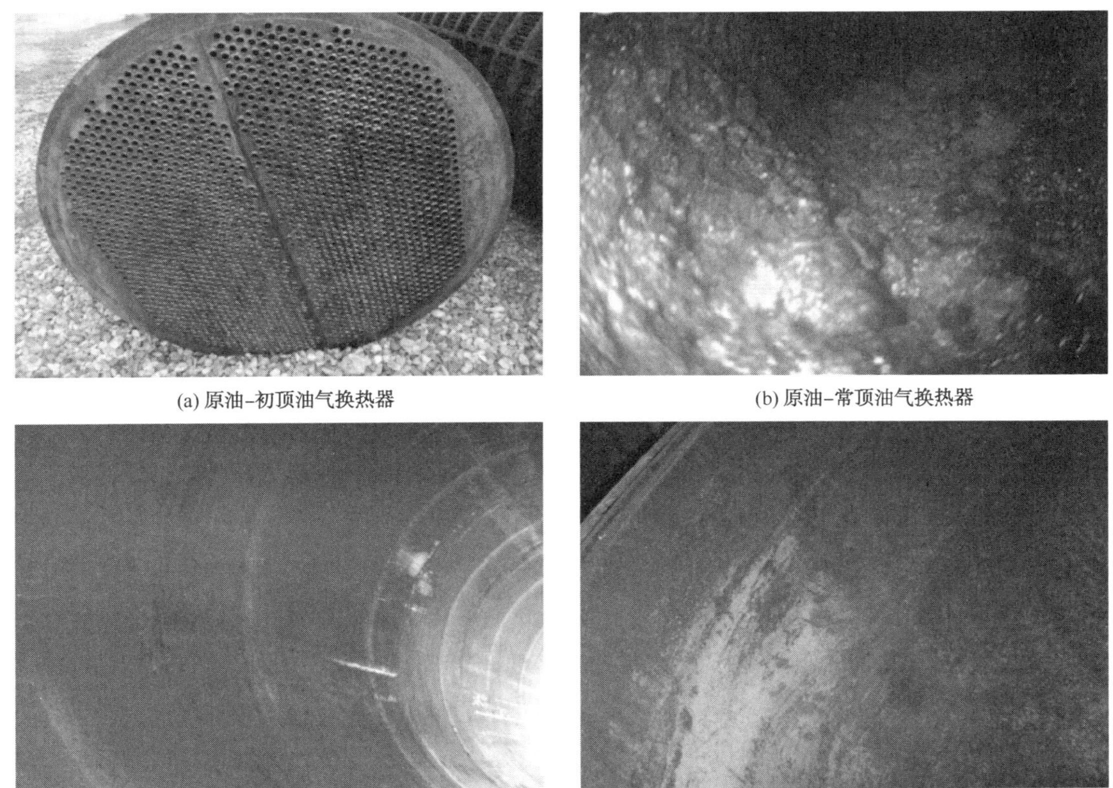

(a) 原油-初顶油气换热器　(b) 原油-常顶油气换热器

(c) 原油-初顶循Ⅱ换热器　(d) 原油-减二中及二线Ⅱ换热器

图 3-11　换热器腐蚀形貌

检查换热器管束腐蚀状况发现，原油-减渣Ⅳ换热器、原油-常一线换热器、减三线油Ⅱ换热器、原油-减二中及二线Ⅰ换热器与原油-减三中及三线Ⅱ换热器管束轻微形变，如图 3-12 所示。

(a) 原油-减渣Ⅳ换热器换热管形变

(b) 原油-减二中及二线Ⅰ换热器折流板形变

图 3-12　换热器管束腐蚀形貌

腐蚀检测发现，原油-初顶油气换热器设备壳体近法兰端处存在大量轻微腐蚀坑，如图 3-13 所示，壳程介质为原油，近法兰端处物料于内表面结垢，造成垢下腐蚀，建议打磨消除。

(a) 壳体内表面均匀腐蚀

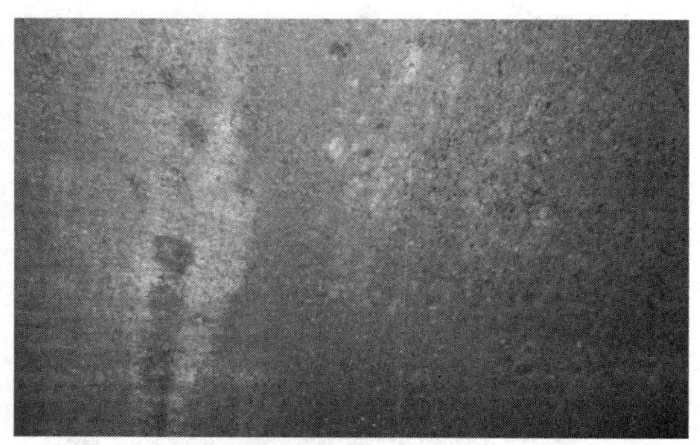

(b) 近法兰端轻微腐蚀坑

图 3-13　原油-初顶油气换热器腐蚀形貌

调查发现，原油-常顶循Ⅱ换热器设备壳体内部有多处机械划痕与表面损伤凹坑，深度小于 1mm，如图 3-14 所示，壳程介质为原油，内表面轻微损伤造成腐蚀介质在表面损伤处聚集，加速腐蚀速率，造成内表面腐蚀凹坑，建议打磨消除。

检查压缩机不凝气冷却器发现，设备管箱内表面锈蚀严重，管程介质为循环水，水中离子对管箱造成腐蚀，导致分隔板表面存在多处轻微腐蚀坑，如图 3-15 所示，建议打磨消除。

腐蚀检测减一线及一中冷却器发现，设备壳体内表面存在多处轻微腐蚀坑，如图 3-16 所示，壳程介质为减一中及一线，物料于内表面附着，造成轻微结构，垢下发生轻微腐蚀，建议打磨消除。

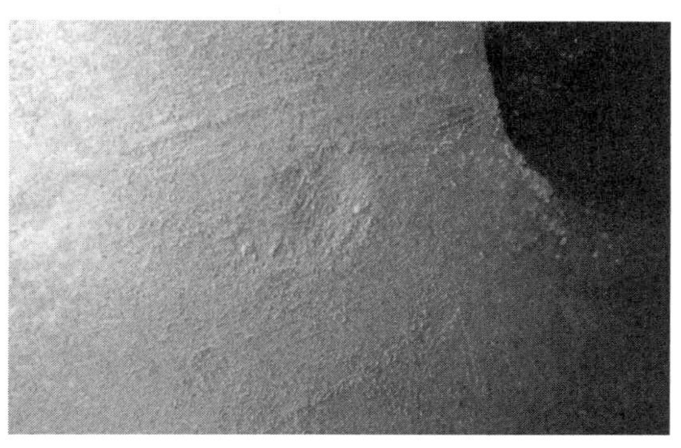

图 3-14　原油-常顶循Ⅱ换热器壳体内部腐蚀形貌

(a) 管箱内表面锈蚀

(b) 管箱内分隔板腐蚀坑

图 3-15　压缩机不凝气冷却器腐蚀形貌

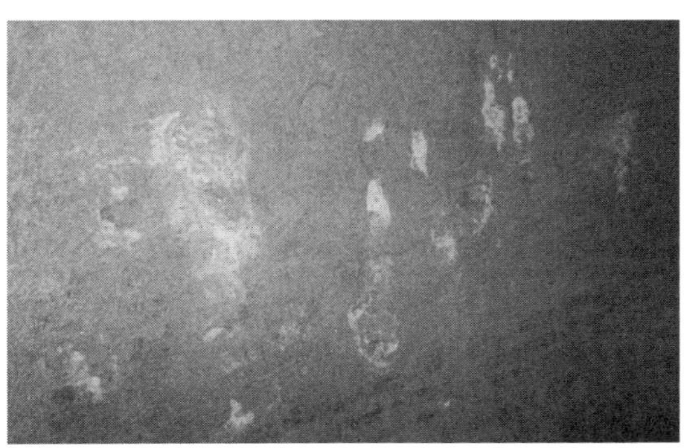

图 3-16　减一线及一中冷却器管腐蚀形貌

3.4　常减压装置防腐措施及建议

对常减压装置进行腐蚀检查，调查发现装置的整体腐蚀程度较轻，绝大多数设备情况良好，说明目前的工艺及设备防腐措施比较得当，但通过本次腐蚀检查也发现了一些问题，针对装置中设备的腐蚀情况及对其腐蚀机理的分析，从工艺、设备、在线监测等角度提出以下几条防腐措施建议。

① 初馏塔与减压分馏塔塔盘受介质腐蚀减薄较严重，塔器内表面以锈蚀为主，结构完好，未见局部腐蚀与表面裂纹，整体腐蚀较轻，建议对介质流速较大或为多相流介质，其具有冲刷腐蚀倾向的设备，降低流速或优化设备结构，避免冲刷腐蚀。在操作工艺上，控制高温环烷酸-硫腐蚀过程中，对原油进行调和，通过对高硫与高酸原油的控制，使其尽可能与低硫与底酸原油混合提炼，这对控制原料硫含量以及酸值有促进作用。在实践过程中，针对过高酸值的原油，还可以通过注碱的方法控制有机酸，以达到控制腐蚀情况出现的目的。

② 换热结构完好，腐蚀多见锈蚀，内部物料附着，但部分换热器存在问题，原油-初顶油气换热器壳体近法兰端处和减一线及一中冷却器壳体内表面物料表面附着，造成垢下腐蚀，结垢的原因可能为局部循环水流速偏低或循环水未经过滤等工艺处理所导致；压缩机不凝气冷却器管箱内受循环水腐蚀，造成分隔板表面存在轻微腐蚀坑，原油-常顶循Ⅱ换热器壳体内表面存在表面损伤；部分换热器管束形变，换热器整体腐蚀较轻，未见明显裂纹与减薄。建议装置加强循环水水质管理，并采用牺牲阳极+涂料联合保护措施，此外循环水水质管理应严格遵守工业水管理制度，循环水冷却器管程流速控制在 0.5m/s 以内，避免循环水腐蚀。针对处于高温环烷酸-硫腐蚀环境中的管线及设备，在设计环节中，需要做好结构设计，使其避免形成旋涡或是冲击类型的结构；且在安装管线或是设备时，需要做好焊缝的抹平处理，减少涡流产生。另外，在管线与设备材料选择上，要以高铬、高钼的合金材料为主，同时，为了能够更好地加工原油，一些设备的材质需要进行强化升级，由基础类型升级为 316L 或 317L 等材质。而在电偶腐蚀防护上，在设计过程中，需要做好正电位金属面电极的设计，要尽可能把电极电位的金属面积增加；同时，在操作中，还要尽可能采用相接触的金属电绝缘，使其介质电阻能加强；要做好防护层的保护措施，通过外加电流阴极保护法做好电位保护，另外，在材料的选择上，需要重视电极电位的指标，要满足实际的规定要求。对于部分设备存在外防腐层破损的问题，如高压瓦斯分液罐与水力旋流器，要加强设备外防腐层管理，对外防腐层出现破损的设备及时进行修复，避免设备因外防腐层破损造成的腐蚀破坏。

③ 当前，在石油炼油厂生产系统上，对于常顶系统的在线监测技术主要以电阻法与电感法为主，它的目的主要是在设备运转时，能够实时对腐蚀与破坏因素进行动态监控，在实践过程中，相关研究人员通过监测冷凝水的 pH 值与 Cl^- 和 H_2S 的质量浓度、水中铁离子的含硫以及油品来间接检测装置内部结构的腐蚀情况。此外，还通过在线技术定期对可能出现腐蚀情况的位置进行检测，以预防腐蚀情况加深带来的安全隐患问题。以目前装置采用的腐蚀控制措施及设定的控制指标制定常顶腐蚀控制流程，如图 3-17 所示。

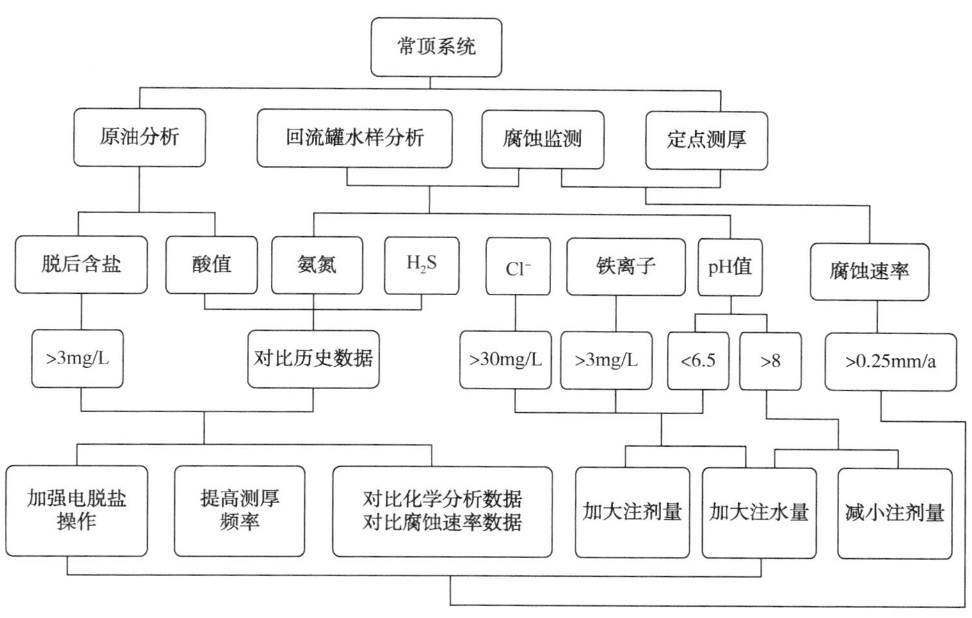

图 3-17 常顶腐蚀控制流程

第4章

催化裂化装置腐蚀机理及检查案例

4.1 催化裂化装置概况

催化裂化技术由法国 E. J. 胡德利研究成功，于 1936 年由美国索康尼真空油公司和太阳石油公司合作实现工业化，当时采用固定床反应器，反应和催化剂再生交替进行。由于高压缩比的汽油发动机需要较高辛烷值汽油，催化裂化向移动床(反应和催化剂再生在移动床反应器中进行)和流化床(反应和催化剂再生在流化床反应器中进行)两个方向发展。移动床催化裂化因设备复杂逐渐被淘汰；流化床催化裂化设备较简单、处理能力大、较易操作，得到较大发展。20 世纪 60 年代，出现分子筛催化剂，因其活性高，裂化反应改在一个管式反应器(提升管反应器)中进行，称为提升管催化裂化。我国于 1958 年在兰州建成移动床催化裂化装置，1965 年在抚顺建成流化床催化裂化装置，1974 年在玉门建成提升管催化裂化装置。在全世界催化裂化装置的总加工能力中，提升管催石油化工是近代发达国家的重要基干工业。由石油和天然气出发，生产出一系列中间体、塑料、合成纤维、合成橡胶、合成洗涤剂、溶剂、涂料、农药、染料、医药等与国计民生密切相关的重要产品。

石油炼制生产的汽油、煤油、柴油、重油以及天然气是当前能源的主要供应者。目前，全世界石油和天然气消费量约占总能耗量 60%；我国因煤炭使用量大，石油的消费量不到 20%。石油化工提供的能源主要作为汽车、拖拉机、飞机、轮船、锅炉的燃料，少量用作民用燃料。能源是制约我国国民经济发展的一个因素，石油化工约消耗总能源的 8.5%，应不断降低能源消费量。我国石油资源中，原油大部分偏重，轻质油品含量低，这就决定了炼油工业必须走深加工的路线。由于催化裂化投资和操作费用低，原料适应性强，转化率高，自 1942 年第一套工业化流化催化裂化装置运转以来，已发展成为炼油厂中的核心加工工艺，是重油轻质化的主要手段之一。

催化裂化是石油炼制过程中的一个重要环节，催化裂化的技术是炼油厂的核心技术，它是在催化剂的作用下，重质油发生裂化反应，生成液化气、汽油、柴油的过程，也是炼厂获取经济效益的一种重要方法。催化裂化的工艺流程有三个关键步骤：原料油催化裂化、催化剂再生、产物分离(图 4-1)。催化裂化核心的装置一般由三部分组成，即反应—再生系统、分馏系统和吸收稳定系统。现以提升管催化裂化为例，对三大系统简述如下：

(1) 反应-再生系统

反应-再生系统是催化裂化装置的核心部分，不同类型的催化裂化装置，主要区别就在于它们反应-再生部分的型式不同。新鲜原料(减压馏分油)经换热后与回炼油混合，进

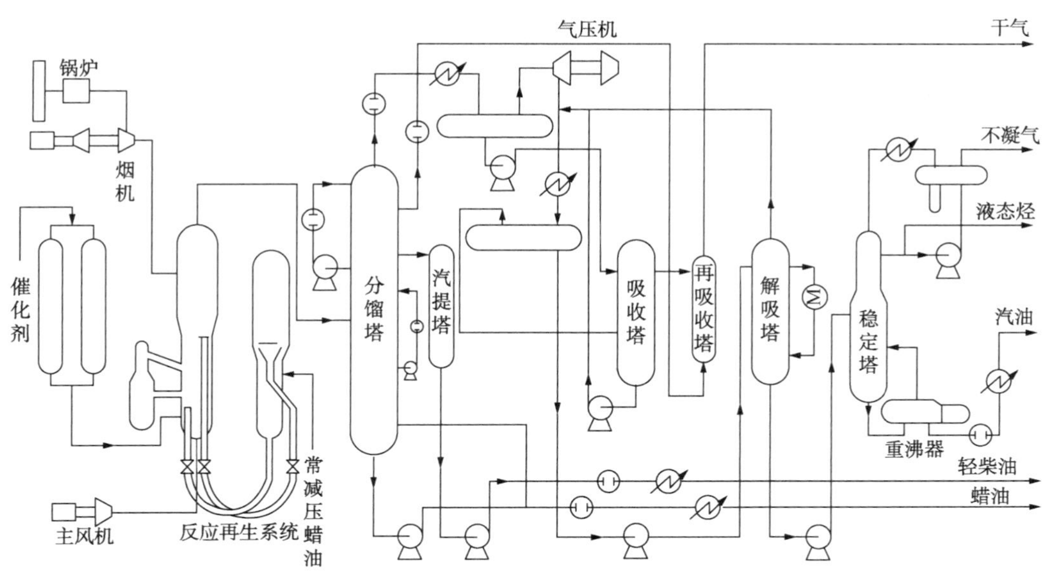

图 4-1　催化裂化装置流程图

入加热炉预热至300~380°C(温度过高会发生热裂解)，借助于雾化水蒸气，由原料油喷嘴以雾化状态喷入提升管反应器下部(回炼油浆不经加热直接进入提升管)，与来自再生器的高温催化剂(650~700°C)接触并立即汽化，油气与雾化蒸气及预提升水蒸气一起以7~8m/s的线速度携带催化剂沿提升管向上流动，边流动边进行化学反应，在470~510°C的温度下，停留3~4s，以13~20m/s的高线速度通过提升管出口，经过快速分离器，大部分催化剂被分出落入沉降器下部。气体(油气和蒸气)携带少量催化剂经两级旋风分高器分出夹带的催化剂后进入集气室，通过沉降器顶部出口进入分馏系统。

积有焦炭的催化剂(待生剂)自沉降器下部落入汽提段，用过热水蒸气汽提吸附在催化剂表面的油气。经汽提后的待生剂通过待生斜管、待生单动滑阀以切线方向进入再生器，与来自再生器底部的空气(由主风机提供)接触形成流化床层，进行再生反应同时放出大量燃烧热，以维持再生器足够高的床层温度。再生器密相段温度为650~700℃，顶部压力维持在0.15~0.25MPa(表)。床层线速为0.7~2.0m/s。再生后的催化剂(再生剂)含碳量小于0.2%，经淹流管、再生斜管及再生单动滑阀进入提升管反应器，构成催化剂的循环。

烧焦产生的再生烟气，经再生器稀相段进入旋风分离器，经两级旋风分离器分出携带的大部分催化剂，烟气通过集气室和双动滑阀排入烟囱(或去能量回收系统)。回收的催化剂经旋风分离器的料腿返回床层。

在生产过程中，由于少量催化剂细粉随烟气排入大气和进入分馏系统随油浆排出，造成催化剂的损失。因此，需要定期向系统内补充新鲜催化剂，以维持系统内的催化剂藏量。即使是催化剂损失很低的装置由于催化剂老化减活或受重金属污染，也需要放出一些废催化剂，补充一些新鲜催化剂以维持系统内平衡催化剂的活性。为此，装置内通常设有两个催化剂储罐，一个是供加料用的新鲜催化剂储罐，另一个是供卸料用的热平衡催化剂储罐。保证催化剂在两器间按正常流向循环以及再生器有良好的流化状况是催化裂化装置的技术关键。为此，反应-再生系统主要设有以下控制手段：

① 由吸收稳定系统的气压机入口压力调节汽轮机转速控制富气流量，以维持沉降器顶部压力恒定。

② 以两器压差(通常为0.02~0.04MPa)作为调节信号，由双动滑阀控制再生器顶部压力。

③ 由提升管反应器出口温度控制再生滑阀开度来调节催化剂循环量，根据系统压力平衡要求由待生滑阀开度控制汽提段料位高度。

④ 根据再生器稀密相温差调节主风放空量(称为微调放窜)，以控制烟气中的氧含量(通常要求小于0.5%)，防止发生二次燃烧。

⑤ 一套比较复杂的自保系统主要有：反应器进料低流量自保；主风机出口低流量自保；主风机出口压力下限自保；两器差压自保；双动滑阀安全自停保护等。自保系统的作用是当发生流化失常时立即自动采取某些措施以免发生事故。以反应器进料低流量自保系统为例：当进料量低于某个下限值时，在提升管内就不能形成足够低的密度，正常的两器压力平衡被破坏，催化剂不能按规定的路线进行循环，而且还会发生催化剂倒流并使油气大量带入再生器而引起事故。此时，进料低流量自保就自动进行以下动作：切断反应器进料并使进料返回原料油罐(或中间罐)，向提升管通入事故水蒸气以维持催化剂的流化和循环。

(2) 分馏系统

分馏系统由沉降器顶部出来的高温反应油气进入催化分馏塔下部，经装有挡板的脱过热段后进入分馏段，经分馏得到富气、粗汽油、轻柴油、重柴油(也可以不出)、回炼油和油浆。塔顶的富气和粗汽油去吸收稳定系统；轻、重柴油分别经汽提、换热、冷却后出装置，轻柴油有一部分经冷却后送至再吸收塔作为吸收剂(贫吸收油)，吸收了C_3、C_4组分的轻柴油(富吸收油)再返回分馏塔；回炼油返回提升管反应器进行回炼；塔底抽出的油浆即为带有催化剂细粉的渣油，一部分可送去回炼，另一部分作为塔底循环回流经换热后返回分馏塔脱过热段上方(也可将其中一部分冷却后送出装置)。为了消除分馏塔的过剩热量以使塔内气、液负荷分布均匀，在塔的不同位置分别设有4个循环回沉：顶循环回流、一中段回流、二中段回流和油浆循环回流。

(3) 吸收稳定系统

吸收稳定系统的目的在于将来自分馏部分的催化富气中C_2以下组分(干气)与C_3、C_4组分(液化气)分离以便分别利用，同时将混入汽油中的少量气体烃分出，以降低汽油的蒸气压，保证其符合商品规格。由分馏系统油气分离器出来的富气经气体压缩机升压后，冷却并分出凝缩油，压缩富气进入吸收塔底部，粗汽油和稳定汽油作为吸收剂由塔顶进入，吸收了 C_3、C_4 及部分 C_2 的富吸收油由塔底抽出送至解吸塔顶部。吸收塔设有一个中段回流以维持塔内较低的温度。吸收塔顶出来的贫气中尚夹带少量汽油，经再吸收塔用轻柴油回收其中的汽油组分后成为干气送至燃料气管网。吸收了汽油的轻柴油由再吸收塔底抽出返回分馏塔。解吸塔的作用是通过加热将富吸收油中 C_2 组分解吸出来，由塔顶引出进入中间平衡罐，塔底为脱乙烷汽油被送至稳定塔。稳定塔的目的是将汽油中 C_4 以下的轻烃脱除，在塔顶得到液化石油气(简称液化气)，塔顶得到合格的汽油-稳定汽油。

吸收解吸系统有两种流程，上面介绍的是吸收塔和解吸塔分开的所谓双塔流程；还有一种单塔流程，即一个塔同时完成吸收和解吸的任务。双塔流程优于单塔流程，它能同时满足高吸收率和高解吸率的要求。

除以上三大系统外，现代催化装置(尤其是大型装置)大都设有烟气能量回收系统，目的是最大限度地回收能量，降低装置能耗。

4.2　催化裂化装置腐蚀机理分析

以对某催化裂化装置腐蚀检查为例，涉及高低并列式提升管催化裂化装置和同轴式催化裂化装置，具体包括塔器、反应器、容器储罐、换热器、加热炉，调查发现催化装置整体腐蚀较轻，设备内部腐蚀多见锈蚀，部分设备存在问题(图 4-2)。

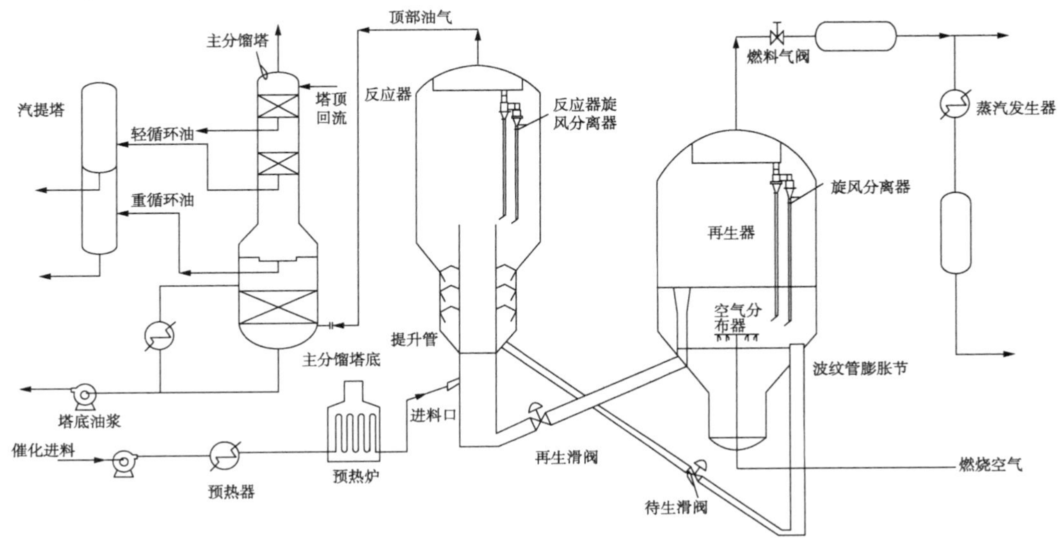

图 4-2　高低并列式提升管催化裂化装置

高低并列式催化装置反应部分由提升管反应器(包括预提升段、进料段、油气分离设备)和沉降器等组成，再生部分主要是由再生器和外取热器等组成，为单段常规贫氧再生。气体脱硫是一催化装置的配套装置。包括液态烃、催化干气和加氢干气三部分。用*N*-甲基二乙醇胺溶液进行吸收脱 H_2S，共用一个再生塔进行溶剂再生，控制脱后干气中 H_2S 含量不大于 $20mg/m^3$，脱后液态烃中 H_2S 不大于 $20mg/m^3$。催化汽油脱硫醇将汽油与含有磺化钛菁钴催化剂的碱液、空气混合反应，将硫醇转化为二硫化物，并实现碱液的再生；采用该集成工艺，简化了工艺流程。反应尾气进入吸收塔，用催化裂化柴油做吸收剂，回收烃类组分，减少油品损失，净化了大气环境。

同轴式单器单段逆流烧焦再生重油催化裂化装置，可实现完全再生和不完全再生两种操作方式，以满足不同生产方案的需要(图 4-3)。

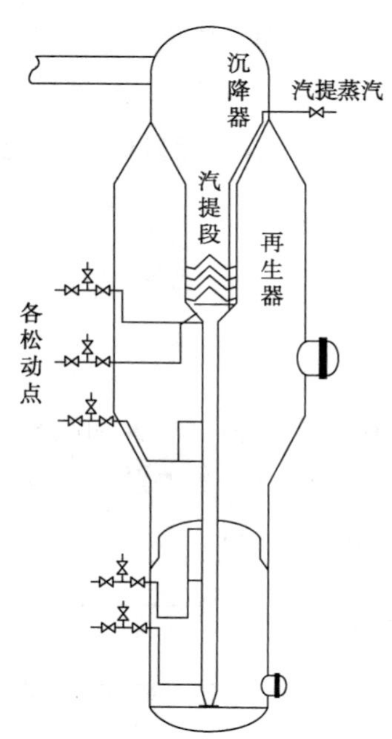

图 4-3　同轴式催化裂化装置

由于恶劣的工况环境导致催化装置及附属装置中涉及多种腐蚀机理，如在催化裂化装置中反应-再生阶段所涉及的高温硫化物腐蚀、热应力致焊缝开裂与高温气体腐蚀等，分馏段的冲刷、低/高温硫腐蚀、CO_2腐蚀与硫氢化铵腐蚀等，脱硫阶段的碱腐蚀与碱致应力腐蚀开裂等腐蚀机理，而双脱装置中再吸收塔的臭氧腐蚀，烟气中的酸性气体腐蚀等。

(1) 高温硫化物腐蚀-无氢气环境

即无氢气环境中碳钢或低合金钢等与硫化物反应发生的腐蚀。高温硫化物腐蚀(无氢气环境)多为均匀减薄，有时表现为局部腐蚀，高流速时局部腐蚀明显；腐蚀发生后部件表面多覆盖硫化物膜，膜厚度跟材料、介质腐蚀性、流速和杂质浓度有关。在催化裂化装置中，高温硫化腐蚀易发生工段为在原料油换热后至提升管入口(200～275℃)；分馏塔底、油浆循环、换热器及工艺管线；分馏阶段中的一中段、二中段及循环回流管线；轻柴油分馏、汽提、换热及工艺管线；稳定塔下段、重沸器及工艺管线、塔底稳定汽油换热器及工艺管线。

(2) 冲刷腐蚀

同第 3.2 节常减压装置冲刷腐蚀机理一致。

在催化裂化装置中，冲刷腐蚀易发生工段为原料进料、混合、缓冲至换热器入口；烟气管线、旋风分离器及烟机；烟气管线及余热锅炉过热器、蒸发器和省煤器(≤250℃)。反应-再生阶段的反应沉降单元提升管出入口、本体及各喷嘴(催化剂 700～750℃)；沉降器沉降段、汽提段；沉降器旋风分离器、料腿及待生斜管；油气集气室及油气管线；催化剂再生单元辅助燃烧室；再生器稀相段、密相段；再生器旋风分离器、料腿及再生斜管；烟气集气室及烟气管线的内表面隔热耐磨衬里受催化剂颗粒磨损、冲刷反应-再生阶段的外取热器。

（3）烟气露点腐蚀

同第3.2节常减压装置烟气露点腐蚀机理一致。

在催化裂化装置中，烟气露点腐蚀易发生工段为反应-再生阶段辅助燃烧室，再生器稀相段、密相段，再生器旋风分离器、料腿及再生斜管，烟气集气室及烟气管线，外取热器；烟气管线、旋风分离器及烟机；烟气管线及余热锅炉过热器、蒸发器和省煤器（≤250℃）。

（4）环烷酸腐蚀

即在204~400℃温度范围内，环烷酸对金属材料的腐蚀。腐蚀介质在高流速区可形成局部腐蚀，如孔蚀、带锐缘的沟槽；低流速凝结区，碳钢、低合金钢和铁素体不锈钢的腐蚀表现为均匀腐蚀或孔蚀。在催化裂化装置中，环烷酸腐蚀易发生工段为原料油换热后至提升管入口（200~275℃）。

（5）CO_2腐蚀

即金属在潮湿的二氧化碳环境（碳酸）中遭受的腐蚀。腐蚀多发生于气液相界面和液相系统内，以及可能产生冷凝液的气相系统冷凝液部位；腐蚀区域壁厚局部减薄，可能形成蚀坑或蚀孔；介质流动冲刷或冲击作用的部位可能形成腐蚀沟槽，典型腐蚀部位为焊缝根部。

在催化裂化装置中，CO_2腐蚀易发生工段为顶循油抽出管线、换热、回流及工艺管线；塔顶油气管线、空冷器、水冷换热器、气液分离罐及工艺管线；富气管线、压缩机、气液分离器、空冷器、水冷器、油气分离器及工艺管线；粗汽油抽出、换热器及工艺管线；粗汽油抽出、换热器及工艺管线；吸收塔顶工艺管线至再吸收塔入口；吸收塔；吸收塔一中段回流管线及换热器、二中段回流管线及换热器；再吸收塔顶干气分液罐及工艺管线及再吸收塔；再吸收塔底柴油换热器及工艺管线等。

（6）酸性水腐蚀（碱式酸性水）

即金属材料在存在硫氢化铵（NH_4HS）的碱式酸性水中遭受的腐蚀，腐蚀介质流动方向发生改变的部位，或浓度超过2%（质量分数）的紊流区易形成严重局部腐蚀；介质注水不足的低流速区可能发生局部垢下腐蚀，对于换热器管束可能发生严重积垢并堵塞。在催化裂化装置中，酸性水腐蚀-碱式酸性水易发生工段为顶循油抽出管线、换热、回流及工艺管线；塔顶油气管线、空冷器、水冷换热器、气液分离罐及工艺管线；含硫污水（酸性水）液包、缓冲罐（闪蒸罐）及工艺管线。

（7）湿硫化氢破坏

即在含水和硫化氢环境中碳钢和低合金钢所发生的损伤过程，包括氢鼓泡、氢致开裂、应力导向氢致开裂和硫化物应力腐蚀开裂四种形式。在催化裂化装置中，湿硫化氢破坏易发生工段为顶循油抽出管线、换热、回流及工艺管线；塔顶油气管线、空冷器水冷换热器、气液分离罐及工艺管线；粗汽油抽出、换热器及工艺管线；吸收塔顶工艺管线至再吸收塔入口；再吸收塔顶干气分液罐及工艺管线等。

（8）硝酸盐应力腐蚀开裂

即碳钢和低合金钢在含有硝酸盐、硫化氢及 NO_x 的物料系统中，焊接接头区域存在拉伸应力作用的部位发生开裂的过程。硝酸盐应力腐蚀开裂常出现在焊接接头的焊缝金属和热影响区；热影响区的裂纹多为纵向，焊缝金属上的裂纹则以横向为主；裂纹主要为晶间型，裂纹内一般会充满氧化物。在催化裂化装置中，硝酸盐应力腐蚀开裂易发生工段为反应-再生阶段辅助燃烧室，再生器稀相段、密相段，再生器旋风分离器、料腿及再生斜管，烟气集气室及烟气管线。

（9）碳酸盐应力腐蚀开裂

在碳酸盐溶液和拉应力共同作用下，碳钢和低合金钢焊接接头附近发生的表面开裂，是碱应力腐蚀开裂的另一种特殊情况。碳酸盐应力腐蚀开裂常见于焊接接头附近的母材，裂纹平行于焊缝扩展，有时也发生在焊缝金属和热影响区；易在焊接接头的缺陷位置形成开裂，裂纹细小并呈蜘蛛网状；裂纹主要为晶间型，裂纹内一般会充满氧化物。在催化裂化装置中，碳酸盐应力腐蚀开裂易发生工段为顶循油抽出管线、换热、回流及工艺管线；塔顶油气管线、空冷器、水冷换热器、气液分离罐及工艺管线；含硫污水（酸性水）液包、缓冲罐（闪蒸罐）及工艺管线。

（10）碱致应力腐蚀开裂

即暴露于碱溶液中的设备和管道表面发生的应力腐蚀开裂，多数情况下出现在未经消除应力热处理的焊缝附近，它可在几小时或几天内穿透整个设备或管线壁厚。碱应力腐蚀开裂通常发生在靠近焊缝的母材上，也可能发生在焊缝和热影响区；碱应力腐蚀开裂形成的裂纹一般呈蜘蛛网状的小裂纹，开裂常常起始于引起局部应力集中的焊接缺陷处；碳钢和低合金钢上的裂纹主要是晶间型的，裂纹细小并组成网状，内部常充满氧化物；奥氏体不锈钢的开裂主要是穿晶型的，和氯化物开裂裂纹形貌相似，难以区分。

在催化裂化装置中，碱致应力腐蚀开裂易发生工段为汽油碱液混合器、预碱洗管线、预碱洗沉降罐、脱硫醇抽提塔及管线至反应器入口；碱液罐、减渣罐及碱液管线；脱硫醇反应器；反应器出口管线、沉降罐及出口管线、砂滤塔；砂滤塔出口管线。

（11）大气腐蚀

同第 3.2 节常减压装置大气腐蚀机理一致。

（12）热应力腐蚀开裂

即金属材料受到急剧的加热或冷却时，其内部将产生较大温差，引起材料的热应力，造成对焊缝、板材的破坏，属于热应力开裂。在催化裂化装置中，热应力腐蚀开裂易发生工段为提升管出入口、本体及各喷嘴(催化剂 700~750℃)；沉降器沉降段、汽提段；沉降器旋风分离器、料腿及待生斜管；油气集气室及油气管线；辅助燃烧室；再生器稀相段、密相段；再生器旋风分离器、料腿及再生斜管；烟气集气室及烟气管线；烟气管线、旋风分离器及烟机。

(13) 高温气体腐蚀

即含有腐蚀性介质的水蒸气在高温下对金属材料的腐蚀破坏。在催化裂化装置中，高温气体腐蚀易发生工段为辅助燃烧室；再生器稀相段、密相段；再生器旋风分离器、料腿及再生斜管；烟气集气室及烟气管线；外取热器；烟气管线、旋风分离器及烟机；烟气管线及余热锅炉过热器、蒸发器和省煤器(≤250℃)。

(14) 氯化铵腐蚀

即氯化铵在一定温度下结晶成垢，垢层吸湿潮解或垢下水解均可能形成低 pH 值环境，对金属造成的腐蚀。腐蚀部位多存在白色、绿色或灰色盐状沉积物，若停车时进行水洗或吹扫，会除去这些沉积物，其后目视检测时沉积物可能会不明显；垢层下腐蚀通常为局部腐蚀，易形成蚀坑或蚀孔。在催化裂化装置中，氯化铵腐蚀易发生工段为顶循油抽出管线、换热、回流及工艺管线；塔顶油气管线、空冷器、水冷换热器、气液分离罐及工艺管线；含硫污水(酸性水)液包、缓冲罐(闪蒸罐)及工艺管线。

(15) 氯离子腐蚀

即金属与介质中氯离子接触时发生的全面腐蚀或局部腐蚀。如奥氏体不锈钢和铁素体不锈钢发生盐酸腐蚀时可表现为点状腐蚀，形成直径为毫米级的蚀坑，甚至可发展为穿透性蚀孔。在催化裂化装置中，氯离子腐蚀易发生工段为吸收塔、再吸收塔、解析塔、液化气脱硫塔、干气脱硫塔、溶剂再生塔。

(16) 碱腐蚀

即高浓度的苛性碱或碱性盐，或因蒸发及高传热导致的局部浓缩引起的金属腐蚀。局部浓缩致碱腐蚀表现为局部腐蚀；垢下局部腐蚀在垢层的遮掩下一般不太明显，使用带尖锐前端的设备轻击垢层可有助于观察到局部腐蚀情况；水汽界面的介质浓缩区域在腐蚀后形成局部沟槽，立管可形成一个环形槽，水平或倾斜管可在管道顶端或在管道相对两边形成纵向槽；温度高于 79℃ 的高强度碱液可导致碳钢的均匀腐蚀，温度升高至 95℃时腐蚀加剧。

在催化裂化装置中，碱腐蚀易发生工段为汽油碱液混合器、预碱洗管线、预碱洗沉降罐、脱硫醇抽提塔及管线至反应器入口、碱液罐、减渣罐及碱液管线、脱硫醇反应器、砂滤塔出口管线、反应器出口管线、沉降罐及出口管线、砂滤塔等。

(17) 低温硫腐蚀

同第 3.2 节常减压装置低温硫腐蚀机理一致。在催化裂化装置中，低温硫腐蚀易发生工段为原料进料、混合、缓冲至换热器入口；油浆出装置；油浆回炼；汽油碱液混合器、预碱洗管线、预碱洗沉降罐、脱硫醇抽提塔及管线至反应器入口。

（18）臭氧腐蚀

臭氧具有很强的氧化性，除了金和铂外，臭氧化空气几乎对所有的金属都有腐蚀作用。铝、锌、铅与臭氧接触会被强烈氧化，但含铬铁合金基本上不受臭氧腐蚀。在催化裂化装置中，臭氧腐蚀易发生工段为冷却吸收塔喷嘴。

（19）胺腐蚀

胺腐蚀并非直接由胺本身造成，而是胺液中溶解的酸性气体(二氧化碳和硫化氢)、胺降解产物、耐热胺盐和其他腐蚀性杂质引起的金属腐蚀。

在催化裂化装置中，胺腐蚀易发生工段为液化气脱硫塔；液化气脱硫塔顶出口脱后液化气管线；液化气脱硫塔底富液管线、换热器、富液闪蒸罐、富液管线至溶剂再生塔入口；干气脱硫塔；干气脱硫塔顶脱后干气分液罐、干气管线；干气脱塔底富液管线、换热器、富液闪蒸罐、富液管线至溶剂再生塔入口；溶剂再生塔顶酸性气管线、冷凝冷却器、分液罐及酸性气、酸性水管线；半贫液重沸器及管线；塔底贫液管线、贫富液换热器、贫液冷却器、缓冲罐及贫液管线至脱硫塔入口；溶剂过滤器、缓冲罐、地下溶剂罐及溶剂管线。

（20）胺应力腐蚀开裂

无水液氨对钢只产生很轻微的均匀腐蚀，而液氨储罐在充装、排料及检修过程中，容易受空气的污染，空气中的氧和二氧化碳促进氨对钢的腐蚀，反应中的氨基甲酸铵对碳钢有强烈的腐蚀作用，焊缝处残余应力较高，使钢材表面开裂。

在催化裂化装置中，胺应力腐蚀开裂易发生工段为液化气脱硫塔(无衬里)；液化气脱硫塔底富液管线、换热器、富液闪蒸罐、富液管线至溶剂再生塔入口；干气脱硫塔(无衬里)；干气脱塔底富液管线、换热器、富液闪蒸罐、富液管线至溶剂再生塔入口；半贫液重沸器及管线；塔底贫液管线、贫富液换热器、贫液冷却器、缓冲罐及贫液管线至脱硫塔入口；溶剂过滤器、缓冲罐、地下溶剂罐及溶剂管线。

（21）水腐蚀

在水中溶解氧存在的条件下，以铁素体的阳极发生反应，可促使形成腐蚀电池，造成严重的垢下腐蚀；污垢覆盖下的贫氧区与裸露的富氧区之间也能形成氧浓度差电池，使金属造成局部腐蚀，反之，腐蚀也必然改变金属的表面性状，使结垢加剧。在催化裂化装置中，水腐蚀易发生工段为循环水设备与部分含氧量较高的酸性介质设备。

（22）高温蠕变

即在低于屈服应力的载荷作用下，高温设备或设备高温部分金属材料随时间推移缓慢发生塑性变形的过程，可分为沿晶蠕变与穿晶蠕变。在催化裂化装置中，高温蠕变易发生工段为反应-再生阶段的反应沉降单元提升管出入口、本体及各喷嘴(催化剂700~750℃)等相连高温管件。

（23）高温渗碳脆化断裂

即高温下金属材料与碳含量丰富的材料或渗碳环境接触时，碳元素向金属材料内部扩散，导致材料含碳量增加而变脆的过程，材料表面形成具有一定深度的渗碳层。在催化裂化装置中，高温渗碳脆化断裂易发生工段为在反应-再生阶段的反应沉降单元提升管出入口、本体及各喷嘴等相连高温管件；加热炉炉管、蒸汽转化炉炉管。

（24）连多硫酸应力腐蚀

即在停工期间设备表面的硫化物腐蚀产物，与空气和水反应生成连多硫酸，在奥氏体不锈钢的敏化区域，如焊接接头部位，引起的开裂过程，一般为晶间型开裂。这种开裂与奥氏体不锈钢在经历高温阶段时碳化铬在晶界析出，晶界附近的铬浓度减少，形成局部贫铬区有关。在催化裂化装置中，连多硫酸应力腐蚀易发生工段为反应-再生阶段的再生器的不锈钢旋风分离等。

（25）σ 相脆化

奥氏体不锈钢和其他 Cr 含量超过 17%（质量分数）的不锈钢材料，长期暴露于 538~816℃温度范围内时，析出金属间化合物（σ 相）而导致材料变脆的过程。在催化裂化装置中，σ 相脆化易发生工段为再生器的不锈钢旋风分离器、不锈钢管道系统及不锈钢阀门。

4.3　催化裂化装置腐蚀检查案例

对两套催化裂化装置 108 台设备进行的腐蚀检查，其中塔器 9 座，反应器 3 台，容器储罐 40 台，换热器 55 台，加热炉 2 台，双脱 7 台，腐蚀检查具体情况如表 4-1 所示。

表 4-1　催化装置腐蚀检查情况统计表

序　号	容 器 名 称	主 要 问 题
1	液态烃脱硫塔	塔体内表面锈蚀严重，见密集锈蚀坑
2	回炼油罐	筒体内表面存在机械损伤
3	钝化剂罐	壁厚减薄严重
4	蒸汽水分离器	外防腐层轻微破损，防腐层部分区域剥离容器表面
5	再生器	外表面防腐层破损，剥离基体表面，内表面耐火层破损
6	沉降器	耐火层破损严重
7	原料油-油浆换热器	管束轻微形变与划伤
8	解吸塔底重沸器	一根换热管断裂，已堵
9	稳定塔底重沸器	管束外表面锈层剥离，层下结构完好
10	分馏塔顶后冷器	管箱，浮头存在多处轻微腐蚀坑

续表

序 号	容器名称	主要问题
11	再吸收油水冷器	壳体近法兰端锈蚀严重，壳体环缝内侧减薄60%以上，外表面层下腐蚀，且端口轻微结垢
12	稳定汽油水冷器	管箱见多处轻微腐蚀坑
13	辅助燃烧室	耐火层破损，层下结构受高温损坏、变形
14	吸收塔	塔体内表面底部密布轻微点蚀坑
15	解吸塔	人孔口内壁鼓胀严重，人孔内表面有轻微蚀坑
16	同轴式沉降-再生器	筒体外表面防腐层剥离，有片状锈皮，上部沉降器内表面物料附着，物料下耐火层基本完好，下部再生器上人孔处耐火层见裂纹
22	浮头式冷凝器	管箱内壁锈蚀严重，分隔板多处轻微腐蚀坑
23	浮头式换热器(气压机中间冷却器)	管箱内部锈蚀严重
24	浮头式折流杆冷凝器	壳体内部见多处轻微腐蚀坑
25	稳定塔顶冷凝器	浮头内部锈蚀严重，见多处轻微腐蚀坑
26	冷却吸收塔	内部喷嘴腐蚀严重，喷嘴口扩大，部分接近于断裂

4.3.1 塔器腐蚀状况

通过对9台塔器进行的腐蚀检查发现(图4-4为部分塔器内部腐蚀形貌)，其中液态烃脱硫塔塔体内表面锈蚀严重，底部见密集锈蚀坑，其余塔器内部以锈蚀为主，结构完好，未见局部腐蚀与表面裂纹，整体腐蚀较轻。

(a) 轻柴油汽提塔内部

(b) 干气脱硫塔浮阀

图4-4 部分塔器内部腐蚀形貌

液态烃脱硫塔的主体材质为SM41B，操作温度为45℃，压力为1.2MPa，介质为液态烃。图4-5为底部密集锈蚀坑形貌。腐蚀检测发现液态烃脱硫塔体内表面锈蚀严重，底部见密集锈蚀坑，分析原因为锈层下氯离子腐蚀，造成底部密集锈蚀坑，建议打磨消除底部锈蚀坑。

(a) 内部锈蚀

(b) 底部内表面

图 4-5　液态烃脱硫塔底部密集锈蚀坑形貌

吸收塔的主体材质为 16MnR 与 405 不锈钢，操作温度为 46℃，压力为 1.4MPa，介质为汽油和油气。图 4-6 是吸收塔腐蚀形貌。腐蚀检测发现塔体内表面底部密布轻微点蚀坑，出现垢下腐蚀，分析原因设备底部结垢，氯离子垢下浓缩，造成垢下腐蚀坑，建议打磨消除垢下腐蚀。

解析塔的主体材质为 16MnR 与 405 不锈钢，操作温度为 61～171℃，压力为 1.5MPa，介质为汽油和油气。图 4-7 是解析塔内腐蚀形貌。腐蚀检测发现，第二人孔口内壁鼓胀严重，底部人孔内表面油垢下见轻微腐蚀蚀坑，分析原因结垢部位氯离子浓缩，造成垢下腐蚀坑，建议打磨消除垢下腐蚀。

图 4-6　吸收塔腐蚀形貌

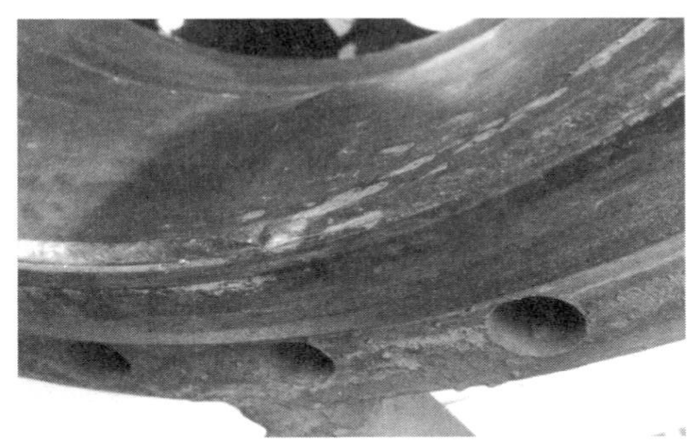

图 4-7　解析塔内腐蚀形貌

4.3.2　反应器腐蚀状况

对再生器、反应器与沉降器共 9 台反应器进行了腐蚀检查，发现再生器外表面防腐层破损，剥离基体表面，内表面耐火层破损，且发现反应器近顶部东北侧减薄，最小测厚值为 23.5mm；反应器与沉降器内部耐火层破损严重，且反应器外保温层破损。

反应器 1 的主体材质为封头—SM41B、筒体—SM41B 与 SM53B，操作温度为

720℃，压力为0.18MPa，介质为油气和催化剂。图4-8为反应器表面破损形貌。腐蚀检测发现，设备外表面防腐层破损，剥离基体表面，内表面耐火层受高温破损，且发现反应器近顶部东北侧减薄，最小测厚值为23.5mm，按强度校核公式核算最小壁厚为10.43mm，最小壁厚满足要求；建议修复内部耐火层与外防腐层。

反应器2的主体材质为封头—SM41B、筒体—SM41B与SM53B，操作温度为530℃，压力为0.16MPa，介质为油气和催化剂。图4-9为内部耐火层外保温层破损形貌。腐蚀检测发现，设备内部耐火层受高温破损严重，且外保温层破损，建议修复外保温层与内部耐火层。

图4-8 反应器表面破损形貌

图4-9 反应器2耐火层受高温破损形貌

同轴式沉降再生器的主体材质为16MnR，操作温度为300℃，压力为0.1~0.2MPa，介质为油气和催化剂。图4-10是再生器部分位置的腐蚀形貌。腐蚀检测发现，筒体外表面防腐层剥离，见片状锈皮，上部沉降器内表面物料附着，物料下耐火层基本完好，下部再生器上人孔处耐火层受高温破损，表面见裂纹，内部结构完好，下人孔处内部耐火层受高温破损，表面见裂纹，沉降器内构件物料附着严重，再生器上人孔内构件未见腐蚀，下人孔内构件受高温破损，且部分表面耐火层破损，建议修复反应器内部耐火层与内构件。

(a) 外防腐层剥离下部

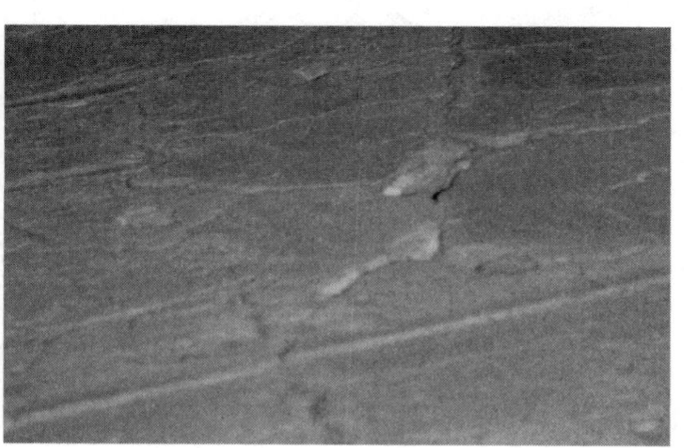

(b) 再生器上人孔处耐火层裂纹

图4-10 再生器部分位置的腐蚀形貌

4.3.3　容器腐蚀状况

共对40台容器进行腐蚀检查，其中20台容器未打开。图4-11为部分容器腐蚀形貌。热催化剂罐、废催化剂罐、气压机区净化风罐、装置非净化风、罐装置净化风罐、油气分离罐、凝液罐、溶剂配剂罐、蒸汽水分离器、三旋分离器与润滑油储罐外防腐层破损，回炼油罐筒体内表面存在机械损伤，钝化剂罐壁厚减薄严重，原为油浆汽提塔使用，现作为钝化剂罐使用；其余腐蚀检查容器整体腐蚀较轻，内部多为锈蚀，结构完好，未见明显裂纹。

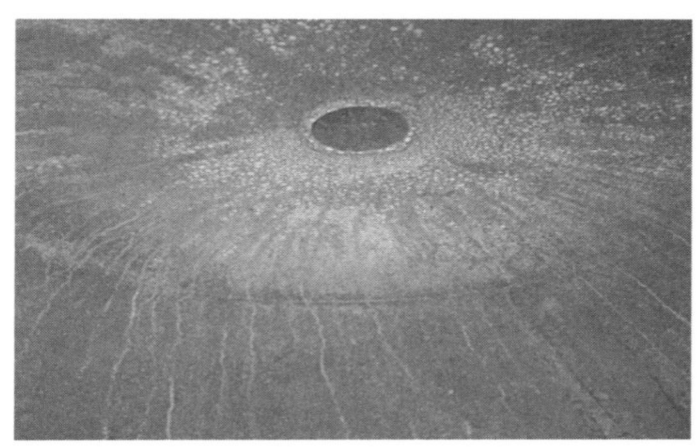

(a) 干气分液罐

(b) 加氢干气一级分液罐

图4-11　部分容器腐蚀形貌

图4-12为废催化剂罐防腐层破损形貌。调查发现，热催化剂罐、废催化剂罐、气压机区净化风罐、装置非净化风、罐装置净化风罐、油气分离罐、凝液罐、溶剂配剂罐、蒸汽水分离器、三旋分离器与润滑油储罐外防腐层破损，建议对防腐破损严重的设备重新添加外防腐层。

回炼油罐的主体材质为A3R，操作温度为350℃，压力为0.2MPa，介质为回炼油。图4-13机械凹坑与划痕形貌。调查发现，设备筒体内表面存在机械损伤，见机械凹坑与划痕。

图4-12　废催化剂罐防腐层破损形貌

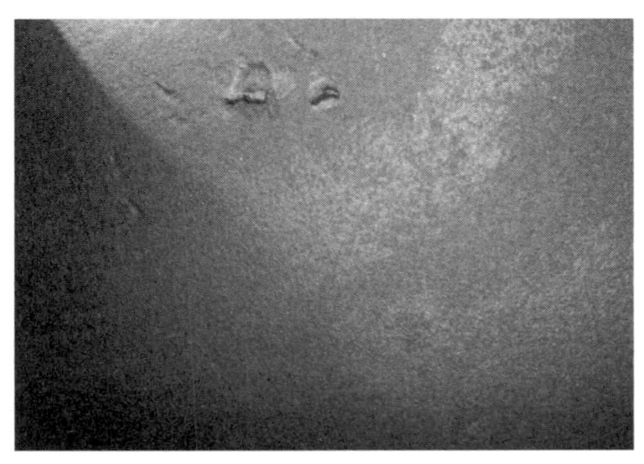

图4-13　回炼油罐的机械凹坑与划痕形貌

钝化剂罐的主体材质为SM41，操作温度为35℃，压力为0.12MPa，介质为钝化剂。图 4-14 为钝化剂内部锈蚀形貌。腐蚀检测发现，设备内部锈蚀严重，壁厚减薄 50%，原为油浆汽提塔使用，现作为常压容器钝化剂罐使用，更换使用后壁厚未见明显减薄，可以继续使用。

蒸汽扩容器的主体材质为 Q235B，操作温度为 151℃，压力为 0.4MPa，介质为水和蒸汽。图 4-15 为蒸汽扩容器腐蚀形貌。设备上封头并未完全移开，筒体内表面整体腐蚀样貌未见，腐蚀检测发现，设备上封头外表面层下腐蚀，筒体内表面近封头法兰处锈蚀严重，层下平整，但内构件边缘破损，分析原因为受外力破损，建议进行修复。

图 4-14 钝化剂内部锈蚀形貌

图 4-15 蒸汽扩容器腐蚀形貌

富液闪蒸罐的主体材质为 16MnR，操作温度为 98℃，压力为 0.4MPa，介质为富液。图 4-16 为富液闪蒸罐腐蚀形貌。腐蚀检测发现，设备筒体内表面锈蚀严重，部分锈层剥离基体表面，层下基体平整，顶部进料口处内构件破损严重，设备状态均匀腐蚀，分析内部腐蚀原因为胺腐蚀，内构件受均匀腐蚀减薄后，部分脱落，建议修复进液口内构件。

液化石油气汽化器的主体材质为 20g，操作温度为 60℃，压力为 1.1MPa，介质为液化气。图 4-17 位汽化器腐蚀形貌。腐蚀检测发现，设备内表面锈蚀严重，锈层下基体平整，未发现局部腐蚀，但上封头外表面发生层下腐蚀，表面凹凸不平，且上封头泄放管断裂，分析原因为设备在停车期间，内表面介质水附着，发生水腐蚀，液化气内存在酸性离子，加剧内表面腐蚀程度，建议工艺方面降低开车后设备内表面附着水量，或者更换材料，添加缓蚀剂，并采用牺牲阳离子+涂料联合保护措施，修复上封头处泄放管。

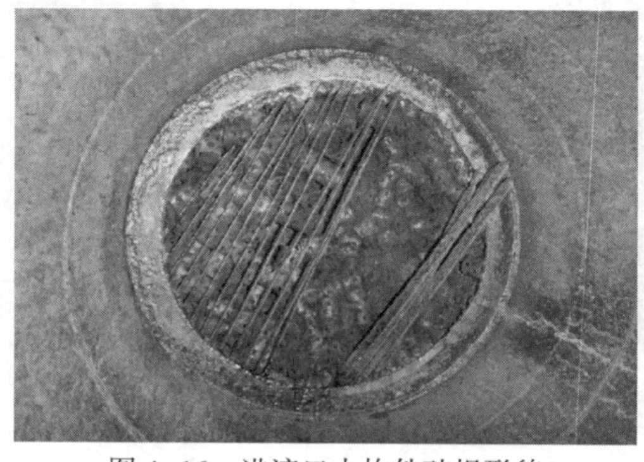

图 4-16 进液口内构件破损形貌

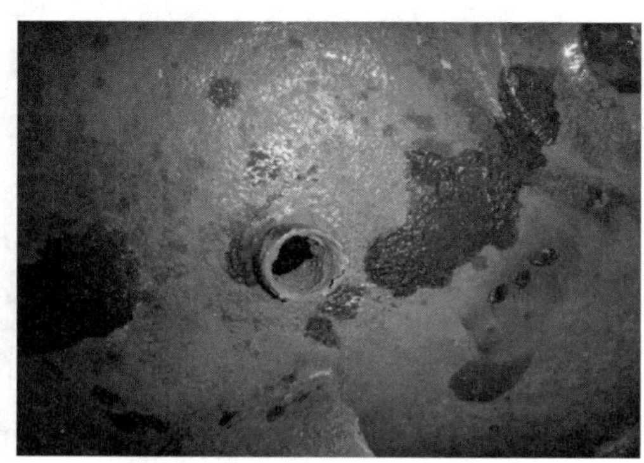

图 4-17 上封头处卸放管断裂形貌

4.3.4 换热器腐蚀状况

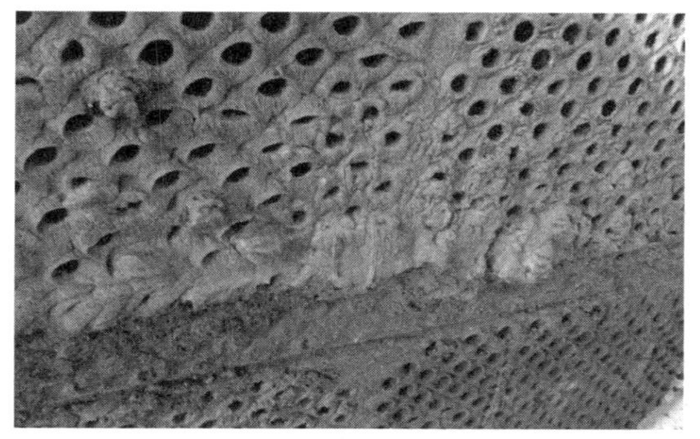
图 4-18 油浆蒸汽发生器管束管口部分腐蚀形貌

共对 55 台换热器进行了腐蚀检查，图 4-18 为油浆蒸汽发生器管束管口腐蚀形貌。其原料油-油浆换热器管束存在轻微形变与划伤，解吸塔底重沸器管束中一根换热管断裂，已堵分馏塔顶后冷器管箱，浮头存在多处轻微腐蚀坑，再吸收油水冷器壳体近法兰端锈蚀严重，壳体南侧第一道环缝内侧减薄 60%以上，外表面层下腐蚀，且近端口轻微结垢，稳定汽油水冷器管箱内表面存在多处轻微腐蚀坑；稳定塔底重沸器管束外表面锈层剥离，层下结构完好；其余腐蚀检查换热器整体腐蚀较轻，结构完好，未见明显裂纹。

图 4-19 为换热管断裂形貌。腐蚀检测发现，原料油-油浆换热器管束存在受外力导致轻微形变与划伤，解吸塔底重沸器管束中一根换热管断裂，已堵。

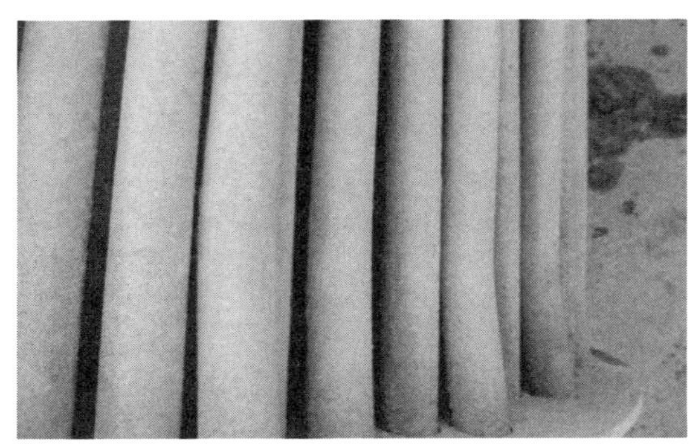
(a) 管束轻微形变

(b) 换热管断裂

图 4-19 换热管断裂形貌

图 4-20 为浮头轻微腐蚀坑形貌。腐蚀检测发现，分馏塔顶后冷器管箱，浮头存在多处轻微腐蚀坑，管程介质为循环水，管箱内表面受设备循环水腐蚀，造成轻微腐蚀坑，建议打磨消除。

图 4-21 为再吸收油水冷器壳体近法兰端锈蚀形貌。腐蚀检测发现，再吸收油水冷器近法兰端锈蚀严重，壳体南侧第一道环缝内侧减薄 60%以上，外表面层下腐蚀，且近端口轻微结垢，壳程介质为稳定汽油，近法兰端南侧第一道环缝内侧发生高温硫化物腐蚀(无氢环境)，造成局部腐蚀严重，建议更换设备或更换减薄部位板材。

图 4-22 为浮头式折流杆冷凝器内部支撑件腐蚀形貌。腐蚀检测发现，浮头式折流杆冷凝器内支撑件淤堵且破损，壳程介质为油气，近法兰端处内部结垢，堵塞支撑件，

且发生垢下腐蚀，对近法兰处支撑件造成破损，建议修复内部支撑。

(a) 管箱内表面腐蚀

(b) 浮头内表面腐蚀

图 4-20 浮头轻微腐蚀坑形貌

(a) 再吸收油水冷器厚度减薄处

(b) 近法兰端锈蚀严重

图 4-21 再吸收油水冷器壳体近法兰端锈蚀形貌

腐蚀检测发现，稳定汽油水冷器管设备箱内表面存在多处轻微腐蚀坑，管程介质为循环水，管箱内表面受循环水腐蚀，造成轻微腐蚀坑，建议打磨消除。图 4-23 为稳定汽油水冷器管箱内表面多处轻微腐蚀坑形貌。

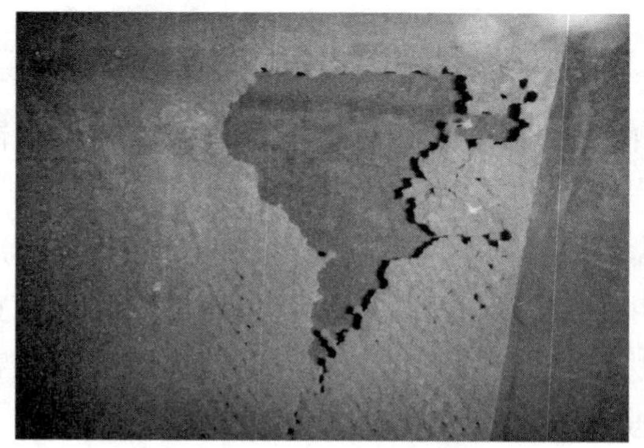

图 4-22 浮头式折流杆冷凝器内部支撑件腐蚀形貌

图 4-23 稳定汽油水冷器管箱内表面多处轻微腐蚀坑形貌

腐蚀检测发现，管束外表面锈层剥离，层下结构完好，壳程内部介质为稳定汽油，管束外表面受高温硫化物腐蚀，均匀锈蚀，不影响使用。图 4-24 为管束外表面锈层形貌。

为了进一步确定管束外表面腐蚀产物的物相组成，收集对应位置的腐蚀产物进行分析，管束外表面分析成分主要为：$FeSO_4 \cdot 4H_2O$(16%)、Fe_3O_4(30%)、FeS_2(40%)、FeO(OH)(6%)(针铁矿型)、FeS(8%)，腐蚀产物以硫铁化合物为主，管束外表面受高温硫化物腐蚀(无氢环境)，均匀锈蚀，不影响使用。

4.3.5　加热炉腐蚀状况

图 4-25 是加热炉耐火层腐蚀形貌。2 台加热炉辅助燃烧室都存在内部耐火层破损问题，层下结构受炉内高温损坏、变形，建议修复内部耐火层与层下结构。

图 4-24　管束外表面锈层形貌

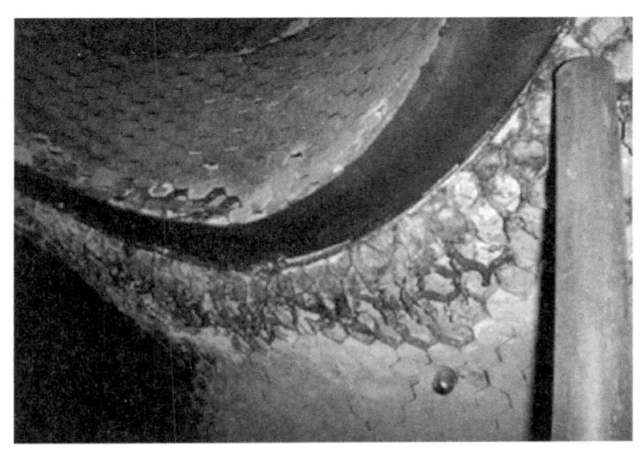

图 4-25　加热炉耐火层腐蚀形貌

4.4　催化裂化装置防腐措施及建议

对催化装置进行腐蚀检查发现，装置的整体腐蚀程度较轻，绝大多数设备情况良好，说明目前的工艺及设备防腐措施比较得当，但通过腐蚀检查也发现了一些问题，针对装置中设备的腐蚀情况及对其腐蚀机理的分析，从工艺、设备、在线监测等角度提出以下几条防腐措施建议。

① 有对于存在氯离子腐蚀的设备，可以在腐蚀易发生部位采用耐蚀合金，降低进料中的水和含氧物资或采用加装含特殊吸附剂的脱氯设备。

② 部分换热器内表面结垢，结垢的原因可能为局部循环水流速偏低或循环水未经过滤等工艺处理所导致，建议装置加强循环水水质管理，并采用牺牲阳极+涂料联合保护措施，此外循环水水质管理应严格遵守工业水管理制度，循环水冷却器管程流速控制在 0.5m/s 以上，避免发生循环水腐蚀。

③ 加强对设备内表面耐火层的防护，建议下次检修时对破损严重耐火层下基体进行金相检测。

④ 加强对设备外防腐层的保护与监管，降低设备的腐蚀速率。

⑤ 设备内表面存在机械损伤，致使表面存在凹坑，建议打磨消除表面损伤，避免腐蚀介质于凹坑处聚集，造成内表面局部腐蚀破坏。

⑥ 无氢、高温环境下，发生高温硫化物腐蚀的设备，可以对设备材料进行升级，提高材料中铬的含量，也可对低合金钢中渗铝。

⑦ 采用涂层和阴极保护联合防腐措施。采用化学稳定性高且有较高防腐蚀、耐温、耐油性能的非晶态 Ni-P 化学镀层，可提高设备的耐 Cl^- 腐蚀性能。但是无论采用涂料还是化学镀层防护都不可避免产生针孔，从而形成大阴极小阳极，反而可能使孔蚀现象增加，因此有必要采用涂镀层和阴极保护联合防腐措施。

⑧ 采用水洗加注缓蚀剂。采用水洗加注缓蚀剂既可防止催化分馏塔结盐，又可控制顶循环换热器的腐蚀。生产实践证明，这也是一个非常经济和有效的防腐措施。

⑨ 确保平稳操作。工艺操作的波动会引发应力腐蚀开裂或者露点腐蚀等，因而在实际操作过程中要避免装置操作压力和温度出现较大波动。开停工和日常操作应控制好升降温的速度，若升降温度和压力太快，管道中的焊缝及热影响区残存的应力会导致焊缝开裂，甚至产生新的裂纹。另外，还应控制好反应-再生系统、烟气系统等易发生露点腐蚀及应力开裂部位的工艺操作温度，并通过保温或者涂料等措施将设备、管道的表面温度提高到露点温度以上，避免露点腐蚀。

⑩ 强化水质控制。为了避免冷却水腐蚀，应加强蒸汽、热水以及循环冷却水的水质监测，定期进行水质分析，控制水质中 Cl^-、O_2的含量。为了减缓垢下腐蚀，还可以通过定期流速监测等及时调整流速，或采用超声波在线除垢等技术。

⑪ 加强药剂管理。目前在工艺防腐蚀及防腐蚀药剂应用方面，使用的药剂牌号杂乱，应建立统一的筛选评定方法，在药剂应用前对防腐效果进行评价并确定最佳添加量，以确保工艺防腐最优效果。

⑫ 为防止波纹膨胀节腐蚀开裂，可在工艺上采取以下措施：尽量减少开停工次数，这样既可减少停机期间波纹管处产生 $H_2S_xO_6$的可能，又可避免因热疲劳造成的损伤；停机期间对波纹管进行通 N_2保护，防止 $H_2S_xO_6$的生成，或用碱液进行局部涂刷清洗，将波纹管表面生成的 $H_2S_xO_6$中和掉(使 pH 值大于 5)；波纹管在役过程中停注冷却蒸汽。从波纹管的腐蚀类型来说，各种腐蚀均属电化学腐性，停注冷却蒸汽，对防止波纹管的穿孔和开裂均有好处。

⑬ 选择合适的耐蚀材料。对于因 Cl^-造成的点蚀或应力腐蚀开裂，可用抗点蚀或应力腐蚀的钢种，如 0Cr18Ni12Mo2Ti、0Cr18Ni12Mo2、0Cr18Ni12Mo3Ti、0Cr18Ni12Mo3 等，对于因 $H_2S_xO_6$引起的应力腐蚀开裂，可选用 316L 或 321 作为抗连多硫酸的材料。

⑭ 设备在经过一段时间的使用之后，会出现表皮退化的情况，一些表层也有可能附着各种各样的灰尘和产品原料，进而产生腐蚀层或氧化皮。这些生产过程产生的物质附着在装置表面，会使得装置的腐蚀程度进一步加大。这些物质本身就表现为阴极，如果不及时清理，那么设备的腐蚀程度会越来越大。针对这一情况，设备管理人员就需要定时定期进行设备的清洁工作。在进行实际清洁操作时，可以通过使用碱性溶液对设备存在的酸性物质进行中和，避免造成对设备的腐蚀性加强。而一些高流系统的设备在使用之前则需要使用水对表面的复合硫化氢物质进行清洗，避免在使用期间出现自然性的伤害。每一个设备在使用结束之后都需要进行退油处理，否则设备的预警过程会遭受污染物的侵袭。

⑮ 防腐保护层的作用可以对加氢裂化装置的表面以及内部起到保护作用，可有效杜绝氧气或空气中的物质与装置发生直接的化学反应，同时也可以对腐蚀的程度进行严格的控制。一般情况下，系统内防腐保护采用化工注剂方式，在不同的部位注入相应的阻垢剂、缓蚀剂、缓蚀阻垢剂，起到溶解结垢物质和形成防腐保护膜的作用。外部防腐保护层的喷涂选择机油或者瓦瓷等非金属材料，当然，除了使用这些非金属材料之外，通过电镀的方法将防腐物质喷涂在设备的表面，也可以对设备起到防腐的作用。常见的喷涂材料主要有锌硒铬等。这类金属物质发生氧化作用之后，就会形成一层氧化薄膜，而氧化薄膜则能够有效抵挡水和空气对装置产生的腐蚀作用。

⑯ 对于氢损伤类腐蚀要严格控制相关工艺参数，尤其是在装置紧急降温降压及停工降温降压过程中，一定要根据钢材性质和系统压力制定合理的控制方案，严格控制降温降压速度，保证有足够的氢释放时间。另外尽量避免“飞温”工况和紧急停工、异常降温等特殊情况的发生，减少氢损伤对设备的破坏。

第5章

催化重整装置腐蚀机理及检查案例

5.1 催化重整装置概况

催化重整是现代炼油化工工业的主要工艺装置之一。其工艺过程是在一定温度、压力、临氢和催化剂存在的条件下，将石脑油馏分中的烃类分子结构进行重新排列，转变成富含芳烃的重整生成油，同时副产低成本氢气。依照炼油化工总流程中的安排，重整生成油可以直接(或经苯抽提后)作为车用汽油高辛烷值调和组分；也可以经过芳烃抽提或抽提蒸馏工艺生产苯、甲苯、混合二甲苯(含乙苯)和 C_9、C_{10}芳烃；经过转化、分离，主要用于生产对二甲苯(PX)，同时也可以生产临二甲苯(OX)、间二甲苯(MX)；重整副产氢气是炼油加氢装置的主要来源之一。

催化重整作为现代炼油工业的主要加工工艺之一，是在一定温度和压力条件以及催化剂作用下，将石脑油转化为芳烃和高辛烷值汽油并副产大量氢气的过程。世界上第一套以 MoO_3/Al_2O_3为催化剂的工业催化重整装置诞生于 1940 年的美国得克萨斯州。由于催化剂活性的限制，该工艺生产的重整汽油辛烷值低，催化剂积炭明显，反应周期短，加工能力小，生产成本高。1949 年，美国环球油品公司(UOP)研制出含铂重整催化剂，并以此为基础，建成投产了世界上首套铂催化重整装置。相较于此前的重整催化剂，$Pt/\gamma-Al_2O_3$催化剂的活性、稳定性、选择性和再生能力均有明显增强，铂重整装置的连续生产周期也延长到了半年到两年。

铂重整催化剂的出现打破了催化剂性能对催化重整工艺技术发展的限制，在此后的 20 年间，固定床循环重整和半再生重整工艺相继诞生。1967 年，雪佛龙研究公司开发出 $Pt-Re/\gamma-Al_2O_3$双金属重整催化剂，并投入工业应用。铂铼催化剂的容碳能力和稳定性较铂催化剂又有了进一步的提升，可在更高的反应苛刻度下保持较好的活性，从而提高重整汽油辛烷值和芳烃产率。1971 年，美国环球油品公司(UOP)连续重整工艺的工业化应用标志着催化重整的又一突破性发展。该工艺中四台移动床反应器采用重叠排布，待再生催化剂实现连续再生，使催化剂能够长时间维持在稳定较高的活性水平。两年后，法国石油研究院(IFP)开发出 Octanizing 连续重整工艺，四台移动床反应器采用并列排布，技术指标与美国环球油品公司的连续重整工艺相近。这两种工艺发展到今天，已经成为世界上技术水平最高、应用最为广泛的连续重整工艺。

催化重整主要包括原料预处理和重整两个工序：

(1) 原料的预处理

催化重整原料的预处理包括预分馏、预加氢和蒸馏脱水等工艺过程。目的是将来自常减压装置的直馏汽油，切割成符合重整要求的馏分和脱除对重整催化剂有害的杂质及水分。预处理原料在由常减压装置进储罐前先进脱砷罐进行预脱砷，预脱砷的过程就是原料油的砷化物被吸附在脱砷剂上的过程。

① 预分馏。预分馏是根据重整生产目的要求切割一定的馏分范围，预分馏的过程中也同时脱除原料油中的部分水分。催化重整适宜的馏分范围是 80~180℃。原料油的终馏点由常减压装置控制。预分馏则从塔顶拔出轻组分，并保证初馏点在规定的范围，塔底油进行加氢精制。

② 原料的加氢精制。加氢精制是净化重整原料的最好方法。预加氢作用是除去原料油中的杂质以保护重整催化剂。预加氢的过程是在催化剂和氢气的作用下，使原料中的硫、氮、氧等化合物进行加氢分解，生成易于除去的 H_2S、NH_3 和 H_2O，然后经高压分离器、蒸馏脱水塔除去；原料中的烯烃则加氢生成饱和烃，原料中的砷、铜、铅等金属被吸附在催化剂上而除去。

③ 原料的蒸馏脱水。由预加氢反应器出来的油-气混合物经冷却后在高压分离器中进行气液分离，由于相平衡的原理，分离出的预加氢生成油中溶解有 H_2S、NH_3 和 H_2O 等杂质。为了保护重整催化剂，必须除去这些杂质。分离出气体后的预加氢生成油换热后至蒸馏脱水塔的中上部。塔底油强制循环，并由重沸炉将循环油加热至全部汽化返回塔内，塔底吹入蒸馏脱水氢气。脱水塔在一定压力(以工艺卡为准)下操作。塔顶产物是水和油的轻组分，经冷凝冷却后在回流罐中分成油和水两相，油相全部作塔顶回流，以保证塔顶的适宜温度和顺利蒸出水，水层则排出。当预加氢生成油含水很低时，在回流罐中不分层，水以气态从罐项随气相排出，塔底则得到各杂质含量符合要求的重整进料。

(2) 重整

经过预处理后的原料进入重整工段，与循环氢混合并加热至 490~525℃后，在 1~2MPa 下进入反应器。反应器由 3~4 个串联，其间设有加热炉，以补偿反应所吸收的热量。离开反应器的物料进入分离器分离出富氢循环气(多余部分排出)，所得液体由稳定塔脱去轻组分后作为重整汽油，是高辛烷值汽油组分(研究法辛烷值 90 以上)，或送往芳烃抽提装置生产芳烃(图 5-1)。

5.2 催化重整装置腐蚀机理分析

连续催化重整装置中涉及多种腐蚀机理，如在预加氢系统中预加氢反应器、反应产物换热器可能出现高温硫化氢/氢腐蚀；同时上述这些设备及重整反应系统中的反应器可能出现高温氢损伤；在预加氢系统中反应器和重整反应系统中脱戊烷塔及其进料换热器可能出现高温硫腐蚀；预加氢产物分离罐、蒸发塔回流罐、拔头油汽提塔回流罐、蒸发塔进料换热器等可能同时存在酸性水腐蚀和湿 H_2S 腐蚀；重整装置中注氯化物，也

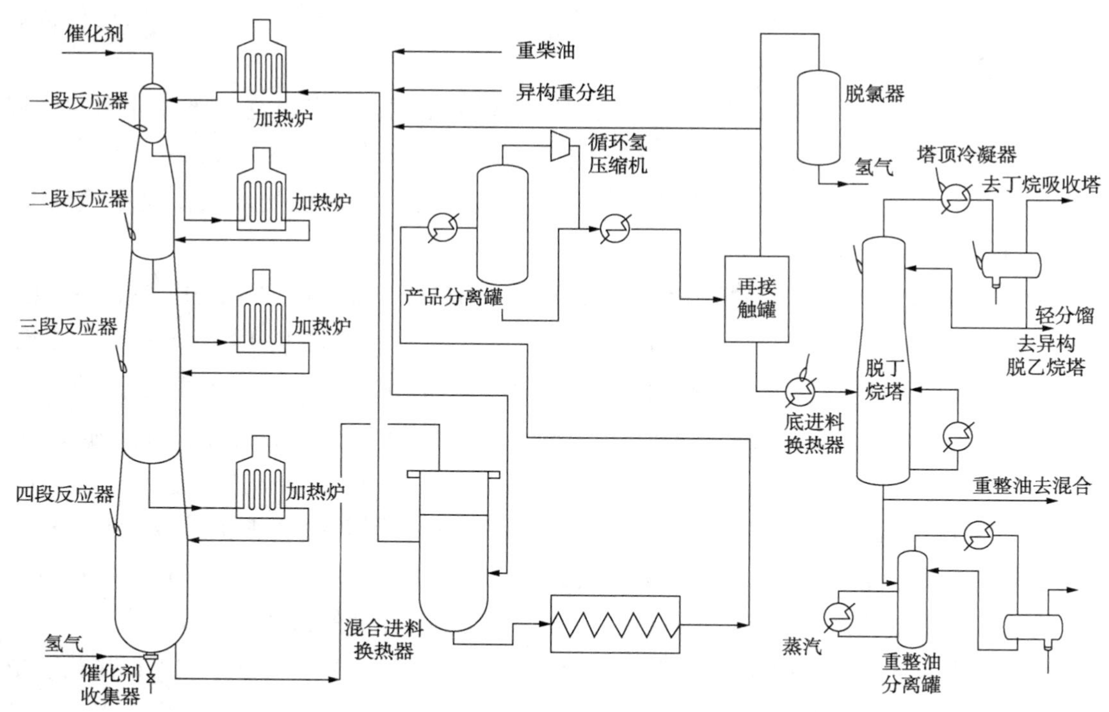

图 5-1 连续催化重整装置

导致了脱戊烷塔及其相连腐蚀回路的设备可能存在盐酸腐蚀。

（1）高温硫化物腐蚀

碳钢或低合金钢等在高温下与硫化物反应所发生的腐蚀叫作高温硫化物腐蚀。根据材料所处环境中氢气有无的不同，高温硫化物腐蚀的表现形式也不尽相同。

在无氢气环境中，高温硫化物腐蚀多为均匀减薄，有时表现为局部腐蚀，高流速时局部腐蚀明显；腐蚀发生后部件表面多覆盖硫化物膜，膜厚度跟材料、介质腐蚀性、流速和杂质浓度有关。在这种情况下，高温硫化物腐蚀易发生在反应物分馏段脱丁烷塔进料管道（中间换热器换热升温到200℃以后）、脱丁烷塔塔釜及塔釜油出口管道（包括回流及至分馏塔进料管道）等部位。

在氢气环境中，高温硫化物腐蚀通常表现为均匀减薄，同时生成 FeS 保护膜，膜层大约是被腐蚀掉金属体积的 5 倍，并可能形成多层膜；金属表面保护膜因结合牢固且有灰色光泽，易被误认为是没有发生腐蚀的金属。在这种情况下，高温硫化物腐蚀易发生在预加氢反应原料进料换热器、管道；反应进料端加热炉；预加氢反应器和反应产物换热器；预加氢反应部分管道；重整反应器、重整反应产物换热器；重整反应段反应器和加热炉相连管道、反应器和反应产物换热器相连管道等部位。

（2）高温氢腐蚀

在高温（>260℃）临氢环境中，碳钢或合金钢中的碳会与氢发生反应生成甲烷气体，从而使材料出现脱碳现象，严重时可形成鼓泡或开裂。这种条件下出现的腐蚀现象就是高温氢腐蚀。高温下氢原子可以向钢材内进行扩散，如果介质中的氢气分压越高，氢原子扩散越快。氢原子渗透到钢的内部在高温下将与钢中的碳发生化学反应而生成 CH_4，致使钢材脱碳，这即为高温氢腐蚀。脱碳使钢的高温强度下降，CH_4在内部空穴中聚集可引起材料局部破裂，因此当介质中含有氢分子且是高温高压的环境时，要特别注意调装置材质的选择，以确定装置使用的稳定性和寿命。

在催化重整装置中，高温氢腐蚀易发生工段为预加氢反应原料进料的换热器、管道；反应进料端加热炉；预加氢反应器和反应产物换热器；预加氢反应部分管道；重整反应器、重整反应产物换热器；重整反应段反应器和加热炉相连管道、反应器和反应产物换热器相连管道。

（3）湿硫化氢破坏

湿硫化氢破坏是指在含水和硫化氢环境中碳钢和低合金钢所发生的损伤过程，包括氢鼓泡、氢致开裂、应力导向氢致开裂和硫化物应力腐蚀开裂四种形式。

氢鼓泡是指在湿硫化氢环境中，金属发生硫化氢应力腐蚀开裂或氢诱发开裂，裂纹平行于轧制的板面，进入钢中的氢原子通过扩散到达缺陷处，并析出成氢分子，氢分子积聚产生很高的压力，接近表面的形成鼓泡称为氢鼓泡。随着 H_2S 酸性水溶液的 pH 值降低，裂纹的发生率增大；随着 H_2S 浓度增大，出现裂纹的倾向性增大；Cl^-的存在，促进氢的渗透；氢鼓泡主要在室温下出现，提高或降低温度可以减少开裂的倾向。

氢致开裂是材料中部分过饱和氢在晶界、孔隙或其他缺陷处析出，结合成氢分子，氢在应力梯度作用下向高的三向拉应力区富集，使这些部位造成较大的内压力，降低了裂纹扩展所需的内外应力，当偏聚的氢浓度达到临界值时，便会在应力场的联合作用下发生氢致开裂。

硫化物应力腐蚀是指受拉伸应力作用的金属材料在硫化物介质中，由于介质与应力的耦合作用而发生的脆性断裂现象。硫化物应力腐蚀是在外加应力和腐蚀环境双重作用下发生的破坏，其产生有 3 个必要条件：敏感的材料、酸性环境和拉伸应力。石油、天然气长输管道发生硫化物应力腐蚀后具有以下特点：管道在比预测低得多的工作压力下断裂；材料经短暂暴露后就出现破坏，以 1 周到 3 个月的情况最为多见；管材呈脆断状态，断口平整；管道断口上明显地覆盖着 H_2S 腐蚀产物；起裂位置通常位于薄弱部位，包括应力集中点、机械伤痕、蚀孔、蚀坑、焊缝缺陷、焊接热影响区等；裂纹较粗，无分支或分支少，多为穿晶型，也有晶间型或混合型；管材的强度和硬度对硫化物应力腐蚀影响较大，高强度、高硬度的材料对硫化物应力腐蚀十分敏感；硫化物应力腐蚀的发生一般很难预测，事故往往是突发性的。

在催化重整装置中，高温氢腐蚀易发生工段为预分馏部分的分馏塔顶部、回流罐及相连管道；分离器、反应物流换热器以及反应产物冷凝冷却系统的空冷管束、换热器管束、空冷器管箱、空冷器进出口管道、换热器进出口管道；反应物分馏部分脱丁烷塔塔顶、回流罐及冷却器、空冷器及相连管道。

(4) 酸性水腐蚀(碱性酸性水)

同第4.2节催化裂化装置酸性水腐蚀-碱性酸性水机理一致。在催化重整装置中，酸性水腐蚀-碱式酸性水易发生工段为反应物分馏部分脱丁烷塔塔顶、回流罐及冷却器、空冷器及相连管道。

(5) 氯化物应力腐蚀开裂

氯化物应力腐蚀开裂是指处于氯化物水溶热环境中的300系列不锈钢或部分镍基合金在拉应力、温度和氯化物水溶液的共同作用下时产生起源于表面的裂纹，且无明显的腐蚀减薄现象。这种情况下产生的裂纹多呈树枝状，有分叉，一般情况下裂纹穿晶扩展，但发生敏化的300系列不锈钢腐蚀断口也可能呈沿晶特征。300系列不锈钢焊缝组织通常会含有一些铁素体，形成双相组织结构，出现氯化物应力腐蚀开裂的可能性通常会小一些。

在催化重整装置中，氯化物应力腐蚀开裂易发生工段为反应产物(经换热后温度降低)进空冷入口之后所经过的管道和设备(不锈钢材质)；分馏塔顶部、回流罐及相连管道；分离器、反应物流换热器以及反应产物冷凝冷却系统的空冷管束、换热器管束、空冷器管箱、空冷器进出口管道、换热器进出口管道等部位。

(6) 氢脆

氢脆是原子氢渗入高强度钢造成材料韧性降低，发生脆性断裂的过程。氢脆存在如下几个显著特征：

① 恶化力学性能，特别是会显著降低断后伸长率和断面收缩率；

② 改变断裂机制，形成不同的断口形貌，主要表现为随材料中氢浓度的提高，断裂模式由延性韧窝断裂向脆性解理或沿晶断裂转变；

③ 断裂发生突然，无明显征兆，因而往往引起严重后果。

在催化重整装置中，易发生工段为预加氢反应器和反应产物换热器、重整反应器、重整反应产物换热器等部位。

(7) CO_2腐蚀

CO_2溶入水后对金属材料有极强的腐蚀性，在相同的pH值下，由于二氧化碳的总酸度比盐酸高，因此，它对钢铁的腐蚀比盐酸还严重。CO_2在水介质中能引起钢铁迅速的全面腐蚀和严重的局部腐蚀，CO_2腐蚀典型的特征是呈现局部点蚀、癣状腐蚀和台面状腐蚀，台面状腐蚀是最严重的一种情况，它使管道和设备发生腐蚀失效，并造成严重的经济损失和社会后果。

在装置中形成液相的部位会发生腐蚀，二氧化碳从气相中冷凝出来的部位容易发生腐蚀，腐蚀区域壁厚减薄，可能形成蚀坑与蚀孔，在紊流区，碳钢发生腐蚀时可能形成较深的点蚀坑与沟槽。在催化重整装置中，CO_2腐蚀易发生工段为再生水冷器管束；碱洗塔釜及塔釜碱液循环管道、塔釜废碱排出管道等部位。

(8) 外部腐蚀

无保温的设备发生外部腐蚀时，不同材料的腐蚀现象也不相同。碳钢和低合金钢主要表现为均匀减薄或局部减薄；奥氏体不锈钢可能发生表面应力腐蚀，这主要是因大气中含有的氯离子所引起；铝、镁和钛等金属因新鲜金属与大气接触后可在表面生成一层氧化膜，并失去表面金属光泽。

有保温的设备上发生的外部腐蚀又被称为层下腐蚀。碳钢和低合金钢遭受腐蚀时主要表现为覆盖层下局部减薄；奥氏体不锈钢遭受腐蚀时可能发生覆盖层下金属表面应力腐蚀，因覆盖层与材料表面间容易在覆盖层破损部位渗水，随着水汽蒸发，雨水中的氯化物会凝聚下来，有些覆盖层本身含有的氯化物也可能溶解到渗水中，在残余应力作用下(如焊缝和冷弯部位)，容易产生应力腐蚀开裂；铝、镁和钛等金属发生层下腐蚀后可在表面生成一层氧化膜，并失去表面金属光泽。

(9) 过热

设备在运行过程中，由于冷却条件恶化等因素，壁温在短时间内快速上升，使钢材的屈服强度急剧下降，在相对较低的应力作用下发生永久形变或断裂，这种腐蚀现象叫作过热。在催化重整装置中，过热易发生工段为预加氢反应进料部分加热炉。

(10) 烟气露点腐蚀

同第3.2节常减压装置烟气露点腐蚀机理一致。在催化重整装置中，烟气露点腐蚀易发生工段为预加氢反应进料部分加热炉，反应器及其连接设备和管道加热炉炉管等部位。

(11) 回火脆化

低合金钢长期在343~593℃范围内使用时，操作温度下材料韧性没有明显降低，但材料组织微观结构已变化，降低温度后(如停工检修期间)发生脆性开裂，这种现象称之为回火脆化。在催化重整装置中，回火脆化易发生工段为预加氢反应器和反应产物换热器；重整反应工段加热炉炉管。

(12) 氯化铵腐蚀

氯化铵在一定温度下结晶成垢，垢层吸湿潮解或垢下水解均可能形成低pH值环境，对金属造成腐蚀，这种腐蚀现象称为氯化铵腐蚀。当流体温度低至盐沉积点以下时，固态的氯化铵盐就从有NH_3和HCl的流体中析出，呈现出白色、绿色或褐色的外观。且该盐具有吸湿性，很容易从气态流体中吸取水分。氯化铵盐被看作是一种酸性盐，这是因为它由强酸(HCl)和弱碱(NH_3)形成。一定浓度的氯化铵盐溶液的腐蚀性与HCl水溶液相当。湿氯化铵盐或者是氯化铵水溶液的腐蚀类型体现为局部腐蚀，其对碳钢可产生每年数十毫米的腐蚀速率。抗点蚀较强的合金具有较强的抗氯化铵盐能力，但即使是抗腐蚀性最强的镍基合金和钛合金也可能遭遇点蚀。所有常用材料都较敏感，按抗腐蚀性增加的顺序为：碳钢、低合金钢、300 系列不锈钢、合金 400、双相不锈钢、合金 800 和 825、合金 625 和 C276 以及钛。

发生氯化铵腐蚀的部位多存在白色、绿色或灰色盐状沉积物，若停车时进行水洗或吹扫，会除去这些沉积物，其后目视检测时沉积物可能会不明显；垢层下腐蚀通常为局部腐蚀，易形成蚀坑或蚀孔。在催化重整装置中，氯化铵腐蚀易发生工段为分离器、反应物流换热器以及反应产物冷凝冷却系统的空冷管束、换热器管束、空冷器管箱、空冷器进出口管道、换热器进出口管道等位置。

(13) 氯离子腐蚀

金属与介质中氯离子接触时发生的全面腐蚀或局部腐蚀叫作氯离子腐蚀。由于氯离子容易吸附在钝化膜上，把氧原子挤掉，然后和钝化膜中的阳离子结合形成可溶性氯化物，从而在露出来的机体金属上腐蚀了一个小坑。这些小坑被称为点蚀坑。这些氯化物容易水解，使点蚀坑内溶液 pH 值下降成酸性，溶解了一部分氧化膜，生成多余的金属离子。为了平衡点蚀坑内的电中性，外部的氯离子不断向点蚀坑内迁移，使坑内金属又进一步水解。如此循环，奥氏体不锈钢不断受到腐蚀，越来越快，并且向孔的深度方向发展，直至形成穿孔。在碳钢与低合金钢中氯离子腐蚀一般表现为均匀腐蚀，存在介质局部浓缩或露点腐蚀时也可表现为局部腐蚀或沉积物下腐蚀。

在催化重整装置中，氯离子腐蚀易发生工段为反应产物(经换热后温度降低)进空冷入口之后所经过的管道和设备(不锈钢材质)；分馏塔顶部、回流罐及相连管道；分离器、反应物流换热器以及反应产物冷凝冷却系统的空冷管束、换热器管束、空冷器管箱、空冷器进出口管道、换热器进出口管道等部位。

(14) 碳酸盐应力腐蚀开裂

同第 4.2 节催化裂化装置碳酸盐应力腐蚀机理一致。在催化重整装置中，碳酸盐应力腐蚀开裂易发生工段为再生水冷器管束；碱洗塔釜及塔釜碱液循环管道、塔釜废碱排出管道。

(15) 碱腐蚀

同第 4.2 节催化裂化装置碱腐蚀机理一致。在催化重整装置中碱腐蚀易发生工段为注碱管道、碱洗塔三段碱洗段。

(16) 有机酸腐蚀

即金属与低分子有机酸(如甲酸、乙酸、乙二酸等)接触时会发生的均匀腐蚀或局部腐蚀。碳钢、低合金钢发生甲酸腐蚀时可表现为均匀减薄，介质局部浓缩或露点腐蚀时表现为局部腐蚀或沉积物下腐蚀。介质含溴离子时，在醋酸介质中，溴离子活性较大，会加速对金属材料的腐蚀。有机酸腐蚀易发生在催化重整装置中汽提塔、回收塔及再生塔中上部及塔顶系统(冷换、回流罐、管线等)和塔底再沸器。

(17) 水腐蚀

同第 4.2 节催化裂化装置水腐蚀机理一致。在催化重整装置中水腐蚀易发生工段为循环水设备与部分含氧量较高的酸性介质设备。

5.3 连续催化重整装置腐蚀检查案例

以对某企业连续重整装置进行的腐蚀检查为例，该装置是引进法国石油科学研究院(IFP)的专利技术，催化剂连续再生；2005 年 7 月完成了再生工艺的国产化改造，同时增上了一台反应器，实现了四级高强度反应，生产出了满足化纤生产需要的高芳含重整生成油(辛烷值为 100)，重整反应单元的生产能力已达 70×10^4t/a。原料油预加氢单元设有循环氢压缩机，氢气自身循环，不足部分由重整补充，预加氢反应器为热壁式，采用国产钴钼型催化剂，原料处理能力为 80×10^4t/a；重整催化剂采用石科院研制的 PS-VI 型催化剂；装置设置有配套的高压吸收氢提纯设施，可为柴油加氢等生产装置提供高纯氢气。该装置 2001 年在进行技术改造中增上了丁烷精馏塔，可生产出脱沥青用丁烷溶剂和车用液化气调和组分。

在调研过程中检查设备 70 台，实际检查 64 台，6 台容器取消，其中反应器 7 台，塔器 3 座，容器储罐 13 台，换热器 33 台，加热炉 8 座，腐蚀检查具体情况如表 5-1 所示。

表 5-1　连续催化重整装置腐蚀检查情况统计表

序号	容器名称	主要问题
1	预加氢进料换热器	管箱外表面层下腐蚀，管束轻微变形
2	预加氢产物水冷器	管箱内分隔板表面有凹坑，近乎穿透，管束变形严重，浮头内表面有多处腐蚀凹坑
3	汽提塔进料/塔底换热器	管箱外表面层下腐蚀
4	汽提塔顶冷却器	管箱内部锈蚀严重，多处腐蚀坑，分隔板凹坑近乎穿透
5	脱丁烷塔水冷却器	管箱内部轻微腐蚀坑
6	预分馏塔顶水冷器	壳体中部轻微锈蚀，近浮头侧凹凸不平，浮头盖表面凹凸不平、锈蚀严重，管箱内表面见多轻微腐蚀坑
7	重沸器	管箱层下腐蚀
8	再生器换热器	上封头连接法兰内部存在大量微观裂纹
9	还原氢气换热器	上封头外部连接件破损
10	淘析气冷却器	管箱外表面层下腐蚀
11	第二进料换热器	壳体近法兰处见局部腐蚀，多处见较轻腐蚀坑
12	重整气液分离罐	罐顶构件破损
13	入口分液罐	内构件破损

续表

序号	容器名称	主要问题
14	预分馏塔回流罐	内部腐蚀，焊缝附近测厚值偏差值较大，且设备内部有腐蚀凹坑，内部凹凸不平
15	预加氢气液分离罐	人孔口处布满防腐层鼓包，且部分鼓包表皮破裂
16	循环氢压缩机入口分液罐	外表面防腐破损
17	汽提塔重沸炉	部分防火砖破损
18	脱戊烷塔重沸炉	部分防火砖破损
19	重整一反加热炉	部分防火砖破损

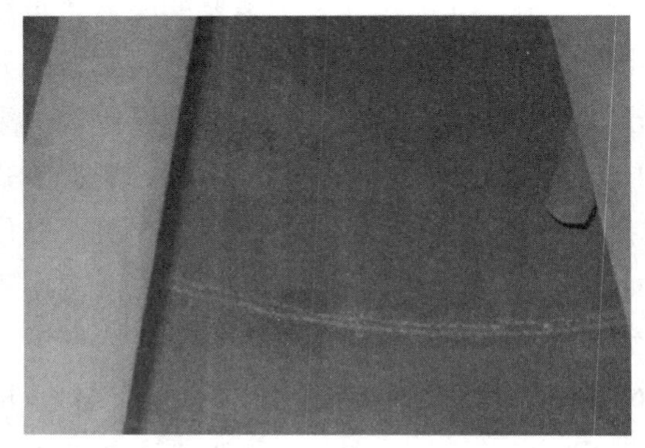

图 5-2　第一重整反应器内部腐蚀形貌

5.3.1　反应器腐蚀状况

进行腐蚀检查的 7 台反应器，其内表面较干净、内构件完好、堆焊层焊缝或复层均匀，成型良好，未见剥离和明显裂纹，总体腐蚀较轻，腐蚀多见轻微锈蚀。图 5-2 为典型反应器腐蚀形貌。

5.3.2　塔器腐蚀状况

对预分馏塔、汽提塔与脱戊烷塔共 3 台塔器进行了腐蚀检查。其中汽提塔外保温破损，所调查塔器内表面较干净、腐蚀多见锈蚀，未见局部腐蚀、内构件完好、塔盘完好且表面浮锈，未见明显裂纹；脱戊烷塔内表面呈现均匀浮锈，总体腐蚀较轻。图 5-3 为部分塔器腐蚀形貌。

5.3.3　容器腐蚀状况

对 13 台容器进行了腐蚀检查，其中重整气液分离罐与入口分液罐存在内构件破损问题；高压吸收罐内部均匀锈蚀，部分锈皮脱落，锈层下基体平整；预分馏塔回流罐内部腐蚀严重，中部南侧焊缝附近测厚值偏差值较大，最小值为 4.8mm，且设备内部见有腐蚀凹坑，内部凹凸不平，建议更换设备；预加氢气液分离罐人孔口处布满小鼓包，直径为 5~10mm，且部分鼓包表皮破裂，图 5-4 为部分容器腐蚀形貌。

重整气液分离罐的主体材质为 20R，操作温度为 120℃，压力为 0.7MPa，通过介质为氢气和油气。腐蚀检测发现，设备内表面均匀锈蚀，部分锈层剥离基体表面，层下平整，内构件外表面锈蚀严重，罐顶构件受腐蚀介质中的酸性离子(S^{2-})等腐蚀，造成轻微破损，图 5-5 为罐顶内构件腐蚀情况。

入口分液罐的主体材质为 20g，操作温度为 40℃，压力为 0.794MPa，通过罐体的介质为汽油和 H_2。腐蚀检测发现，设备筒体内表面轻微浮锈，白色垢状物附着基体表面，罐顶内构件受腐蚀介质中的酸性离子腐蚀，造成轻微破损(图 5-6)。

(a) 汽提塔表面轻微锈蚀

(b) 预分馏塔塔盘锈蚀严重

(c) 汽提塔外保温破损

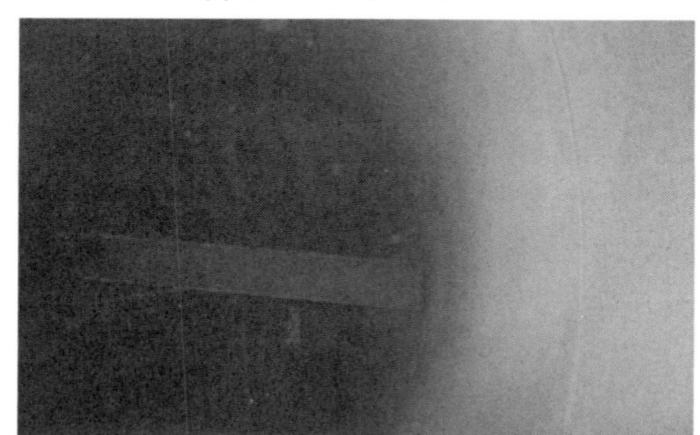
(d) 脱戊烷塔内表面均匀浮锈

图 5-3 部分塔器腐蚀形貌

(a) 高压吸收罐均匀锈蚀,层下基体平整

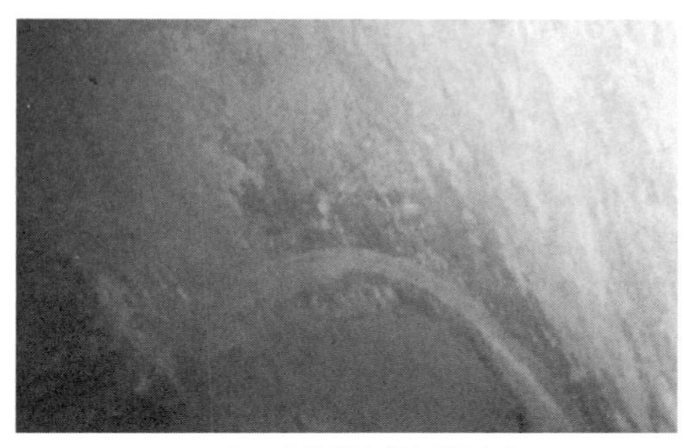
(b) 入口分液罐内部锈蚀严重

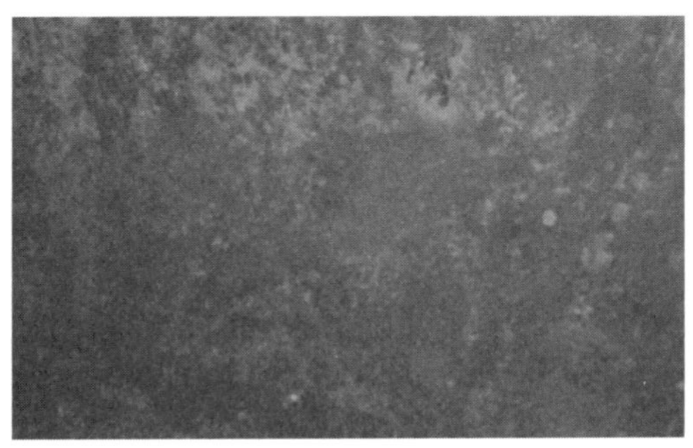
(c) 预分馏塔回流罐内部腐蚀情况

(d) 预加氢气液分离罐人孔口

图 5-4 部分容器腐蚀形貌

预分馏塔回流罐的主体材质为16MnR，操作温度为80℃，压力为0.6MPa，通过介质为轻石脑油。腐蚀检测发现，设备筒体内部腐蚀严重，中部南侧焊缝附近测厚值偏差值较大，最小值为4.8mm，且设备内部见有腐蚀凹坑，内部凹凸不平(图5-7)。

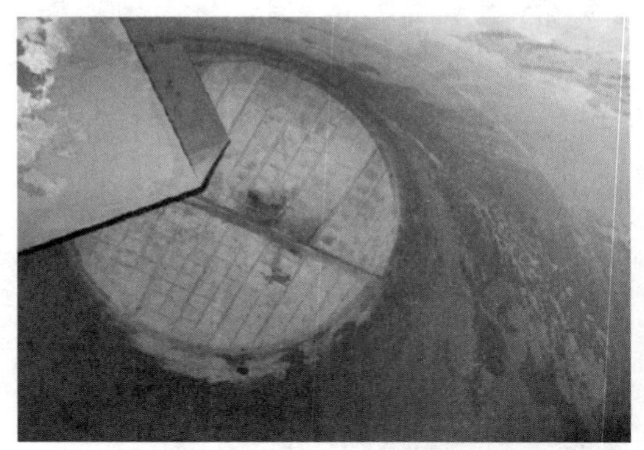

图5-5　重整气液分离罐罐顶内构件腐蚀情况

图5-6　入口分液罐罐顶内构件腐蚀情况

(a) 内表面腐蚀严重,局部腐蚀

(b) 内表面腐蚀严重,大块锈层剥离

图5-7　预分馏塔回流罐腐蚀形貌

为了进一步确定内壁腐蚀产物的物相组成，收集对应位置的腐蚀产物进行分析。经过对产物的物相分析及能谱分析，发现预分馏塔回流罐内壁中腐蚀产物主要为铁的硫化物与碳酸化合物，另外有一部分的钙、铝、硅氧化物，这表明设备材料内部发生了碱式酸性水腐蚀与轻微的CO_2腐蚀，且伴随有油气中矿物元素的结垢现象。

预加氢气液分离罐的主体材质为20g，操作温度为50℃，压力为2.01MPa，通过罐体介质为H_2、H_2S和汽油。腐蚀检测发现，设备筒体内表面浮锈，但人孔口处布满防腐层小鼓包，直径为5~10mm，且部分鼓包表皮破裂(图5-8)，露出基体平整，轻微锈蚀。

循环氢压缩机入口分液罐的主体材质为20g，操作温度为40℃，压力为1.97MPa，通过的介质为H_2、H_2S和汽油。设备未打开，外表面防腐，建议加强外防腐层(图5-9)。

图 5-8　预加氢气液分离罐人孔处鼓包

图 5-9　循环氢压缩机入口分液罐外防腐层破损

5.3.4　换热器腐蚀状况

通过对 33 台换热器进行的腐蚀检查发现，其中预加氢进料换热器、汽提塔进料/塔底换热器、脱丁烷塔进料换热器、重沸器、蒸汽冷凝器与淘析气冷却器管箱外表面层下腐蚀，未见明显减薄，管束轻微形变；预加氢产物水冷器管箱与浮头、管箱与浮头、脱丁烷塔水冷却器管箱与浮头与汽提塔顶冷却器管箱内表面见局部腐蚀坑，提塔顶冷却器管箱内分隔板的腐蚀严重，见几乎穿透分隔板的腐蚀坑，建议更换分隔板，管束变形严重；预分馏塔顶水冷器壳体、管箱与浮头、脱丁烷塔进料换热器与第二进料换热器壳体内表面见局部腐蚀坑；塔顶水冷器管箱外表面见孔状机械损伤，建议进行补焊；再生器换热器上封头连接法兰内部存在大量微观裂纹，建议更换；还原氢气换热器上封头外部连接件破损；壳体内部锈蚀严重，管束内部结垢严重；其余腐蚀检查换热器整体腐蚀较轻，结构完好，未见明显裂纹，图 5-10 为部分换热器腐蚀形貌。

经过对预加氢产物水冷器检查，发现管箱内分隔板表面有约深为 3mm 凹坑，近乎穿透，浮头内表面有多处腐蚀凹坑(图 5-11)。为了进一步确定管箱内壁与浮头侧腐蚀产物的物相组成，收集对应位置的腐蚀产物进行分析，发现管箱内壁分析样主要为铁的氧化物，表明管箱内表面受管箱介质循环水腐蚀从而造成分隔板局部严重腐蚀坑，建议更换管箱内分隔板，打磨消除轻微腐蚀坑。而浮头内侧分析样主要为 Fe_3O_4(36%)、Fe_7S_8(20%)、FeO(OH)(24%)(铁针矿型)，即产物主要为铁的氧化物和部分铁的硫化物，表明浮头内表面受管箱介质循环水腐蚀，且介质中含有一定的硫化物对浮头内表面造成腐蚀。

汽提塔顶冷却器内部锈蚀严重，多处腐蚀坑，分隔板凹坑近 4~5mm，近乎穿透(图 5-12)，原因分析为管程介质为循环水，内表面受介质循环水腐蚀，造成分隔板局部严重腐蚀坑，建议更换分隔板。为了进一步确定管箱内壁腐蚀产物的物相组成，收集对应位置的腐蚀产物进行分析，发现管箱内壁分析样主要为 Fe_3O_4(83%)、FeO(OH)(17%)(铁针矿型)，产物主要为铁的氧化物与氢氧化物，表明管箱内表面受介质循环水腐蚀。

(a) 汽提塔进料换热器壳体近法兰处

(b) 重整产物水冷却器管板

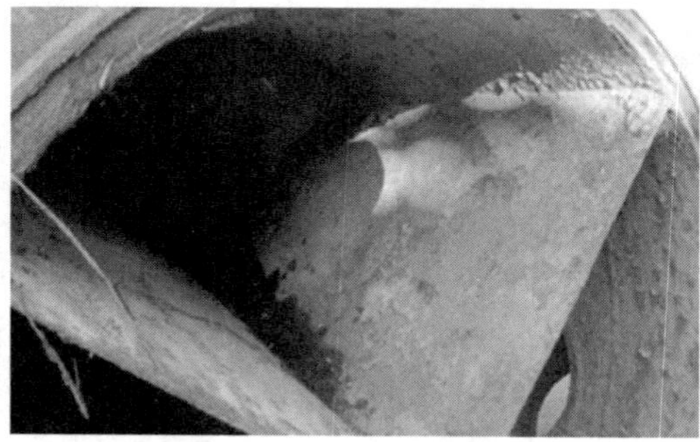

(c) 高压吸收罐冷却器管箱内部

(d) 还原氢气冷却器壳体内部

图 5-10 部分换热器腐蚀形貌

(a) 管箱内部腐蚀严重

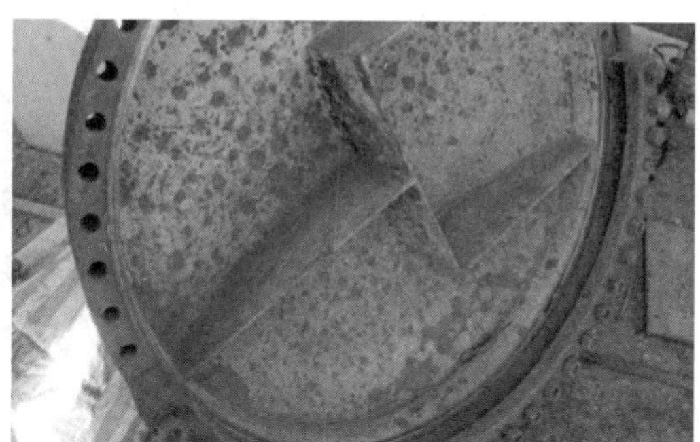

(b) 浮头多处轻微腐蚀坑

图 5-11 预加氢产物水冷器腐蚀形貌

图 5-12 管箱内部腐蚀严重

腐蚀检测发现，预分馏塔顶水冷器设备壳体最小壁厚为10mm，减薄2mm，壳体中部轻微锈蚀，近浮头侧凹凸不平，浮头盖表面凹凸不平、锈蚀严重，管箱内表面见多轻微腐蚀坑(图5-13)，建议打磨消除轻微腐蚀坑。

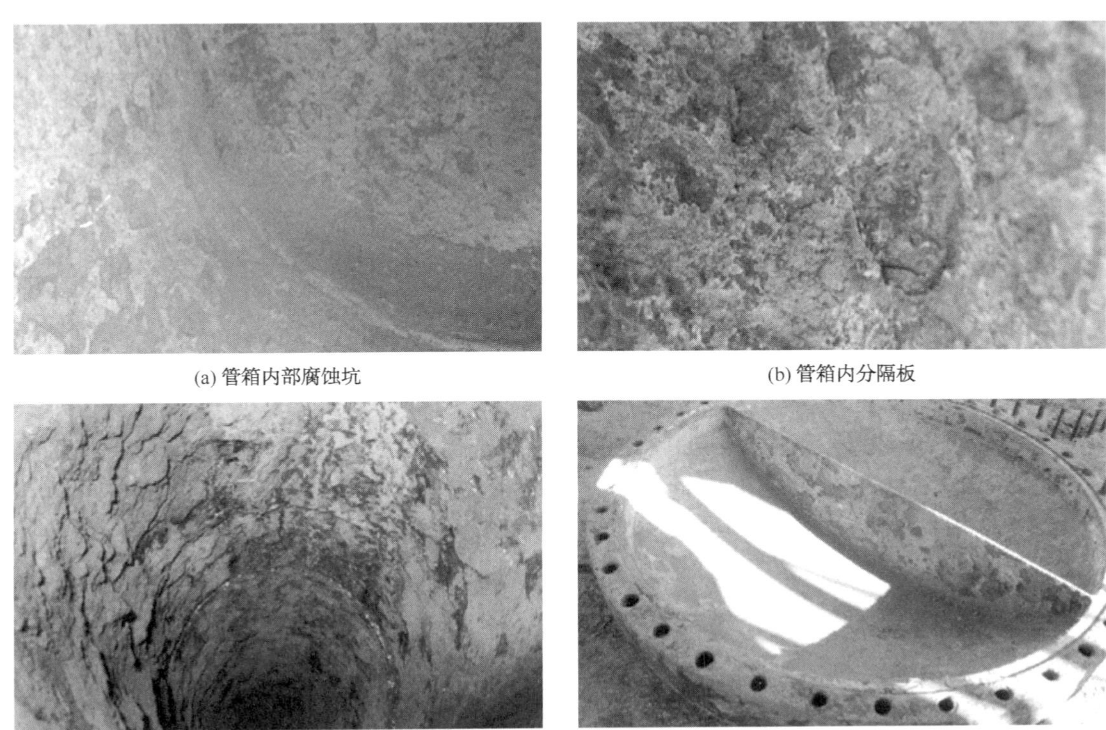

(a) 管箱内部腐蚀坑　(b) 管箱内分隔板

(c) 壳体近浮头侧内结垢　(d) 浮头内表面锈蚀严重

图5-13　预分馏塔顶水冷器腐蚀形貌

腐蚀检测发现还原氢气换热器设备上封头外部连接件破损(图5-14)，建议修复。

图5-14　上封头外部连接件

腐蚀检测发现第二进料换热器设备壳体近法兰处受介质中酸性离子(S^{2-}等)与H_2S腐蚀，造成局部腐蚀，存在多处较轻腐蚀坑(图5-15)，建议打磨消除。

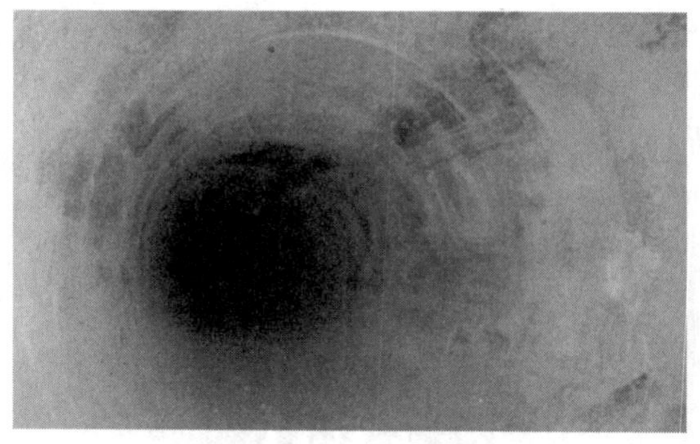
(a)壳体内表面均匀浮锈

(b)壳体近法兰端轻微腐蚀坑

图 5-15 第二进料换热器腐蚀形貌

腐蚀检测发现汽提塔进料/塔底换热器壳体锈蚀严重，管束内部结垢严重(图 5-16)。为了进一步确定汽提塔进料/塔底换热器管束内部腐蚀产物的物相组成，收集对应位置的腐蚀产物进行分析。通过能谱分析及物相分析，发现管束内表面分析样主要为 FeS(87%)、FeO(OH)(纤铁矿型)(8%)、FeO(OH)(针铁矿型)(5%)，腐蚀产物主要为铁的硫化物与铁的氢氧化物，表明内表面受介质汽油中的硫化物腐蚀且结垢。

(a)壳体锈蚀严重

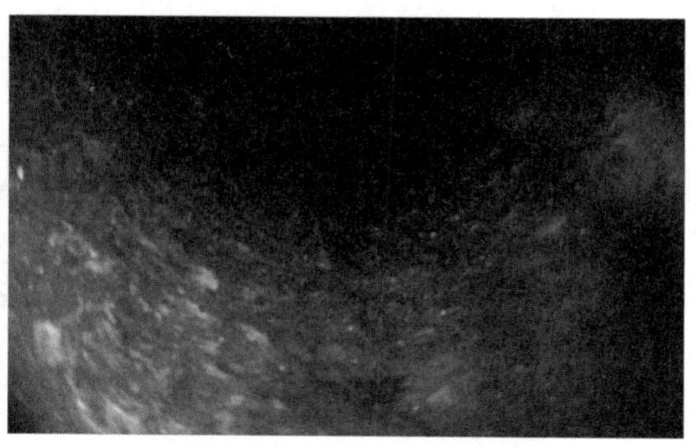
(b)管束内部结垢(清洗后)

图 5-16 汽提塔进料/塔底换热器腐蚀形貌

而壳体内表面分析样主要为 FeS(六方晶系)(40%)、FeS(四方晶系)(25%)、FeO(OH)(纤铁矿型)(17%)、FeO(OH)(针铁矿型)(11%)、$Fe(OH)_3$(绿铁矿型)(7%)，即腐蚀产物主要为铁的硫化物与铁的氢氧化物，表明内表面受介质汽油中的硫化物与 H_2S 腐蚀且结垢。

腐蚀检测发现，脱丁烷塔水冷却器管箱与浮头存在多处轻微腐蚀坑(图 5-17)。原因分析为管程介质为循环水，设备内表面受循环水腐蚀，造成管箱与浮头内表面存在多处轻微腐蚀坑，打磨消除轻微腐蚀坑。

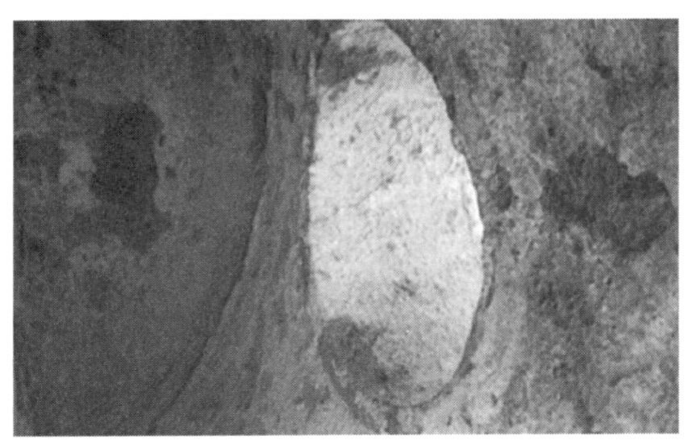
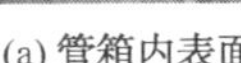
(a) 管箱内表面

(b) 浮头内表面腐蚀情况

图 5-17　脱丁烷塔水冷却器腐蚀形貌

5.3.5　加热炉腐蚀状况

通过对 8 台加热炉进行的腐蚀检查发现，设备整体结构完好，腐蚀轻微，未见明显裂纹，炉子加热管，未见明显蠕变与裂纹，敲击未发现异常，只有汽提塔重沸炉与重整加热炉内部部分防火砖受高温破损(图 5-18)，建议修复。

(a) 汽提塔重沸炉内部防火砖破损

(b) 重整加热炉内部防火砖破损

图 5-18　部分加热炉腐蚀情况

腐蚀检测汽提塔重沸炉加热管、重整四反加热炉，未见明显蠕变与裂纹，敲击也未发现异常，但内部耐火砖破损，建议修复层。对部分汽提塔重沸炉炉管进行了金相检验(图 5-19)，结果显示所检炉管组织结构均正常。

5.4　催化重整装置防腐措施及建议

该催化重整装置的整体腐蚀程度较轻，绝大多数设备情况良好，说明目前的工艺及设备防腐措施比较得当，但通过腐蚀检查也发现了一些问题，针对装置中设备的腐蚀情

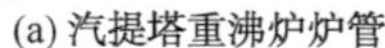

(a) 汽提塔重沸炉炉管

(b) 汽提塔重沸炉炉管金相图

图 5-19 汽提塔重沸炉腐蚀形貌

况及对其腐蚀机理的分析，从工艺、设备、在线监测等角度提出以下几条防腐措施建议：

① 部分换热器内表面结垢(管箱与壳体)，结垢的原因可能为局部循环水流速偏低或循环水未经过滤等工艺处理所导致，建议装置加强循环水水质管理，避免在酸性介质中形成垢下腐蚀，造成设备的局部减薄，并采用牺牲阳极+涂料联合保护措施，此外循环水水质管理应严格遵守工业水管理制度，循环水冷却器管程流速控制在0.5m/s以内，避免循环水腐蚀。

② 加强设备外防腐层管理，对外防腐层出现破损的设备及时进行修复，避免设备因外防腐层破损造成的腐蚀破坏。

③ 加强脱氯工艺管理。加强对脱氯效果的检测，避免因脱氯效果下降导致后续物料中氯离子含量高引起换热器、空冷结盐，造成腐蚀加剧。采用脱氯剂可以有效缓解含有 HCl 原料或产品造成的腐蚀。采用脱氯剂要注意监测和计算氯容的变化，当脱氯剂的计算氯容接近脱氯剂的穿透氯容时要及时更换脱氯剂，以免脱氯剂失效造成腐蚀。另外，最好采取两台脱氰罐并联的方式，这样在一个脱氯罐换剂时可以切换至另一个脱氯罐操作。下一步对现有两台脱氯罐由并联改为串并联相结合流程，提高脱氯效果和操作灵活性。

④ 对外保温层破损的设备进行及时处理，防止环境对设备外表面造成破坏，对于部分设备出现的层下腐蚀问题，可以通过对设备外表面添加外防腐层、更换选材等方法进行处理。

⑤ 部分设备存在碱式酸性水腐蚀，如预分馏塔回流罐，应加强对设备内部介质中硫氢化铵浓度的监控，对介质流速进行分析，确认腐蚀倾向，或更换设备材料为不锈钢等手段进行处理。

⑥ 对于催化重整装置的氯化铵结盐与腐蚀问题，可以在预加氢高温脱氯罐单罐的

基础上，加入一个并联的脱氯罐，这样做能够有效防止在脱氯的过程中形成铵盐而产生的腐蚀现象。同时，在实施工艺流程时，可以在对脱氯罐进行正向的穿透之后，再反向对其进行投用，也能够对腐蚀问题的发生起到一定的预防作用。

⑦ 对于存在酸性离子腐蚀的设备应加强对设备的监测，定期对工艺回路中的介质进行 pH 监控，对部分腐蚀严重的设备可考虑升级设备材料。

⑧ 从降低腐蚀发生率的角度考虑，可以尽量降低原料中导致腐蚀发生的杂质的含量，因此应尽量选取良好的原材料，对含杂质较多的原材料进行处理，降低杂质含量，或者直接弃用。尽量避免腐蚀物生成的低温环境，因为腐蚀发生的化学反应在低温状态下会加速反应，导致腐蚀物对汽提塔产生堵塞，进一步降低生产效率，因此可将排气管的半径进行扩大，使腐蚀物不再轻易堵塞管道，虽然这种方法无法从根本上减少腐蚀物的产生，但能避免腐蚀物在日常使用过程中对生产效率的影响。

第6章

加氢装置腐蚀机理及检查案例

6.1 加氢装置概况

加氢技术最早起源于20世纪20年代德国的煤和煤焦油加氢技术，第二次世界大战以后，随着对轻质油数量及质量要求的增加和提高，重质馏分油的加氢裂化技术得到了迅速发展。1959年美国谢夫隆公司开发出了Isocrosking加氢裂化技术，其后不久环球油品公司开发出了Lomax加氢裂化技术，联合油公司开发出了Uicraking加氢裂化技术。加氢裂化技术在世界范围内得到了迅速发展。早在20世纪50年代，中国就已经对加氢技术进行了研究和开发，早期主要进行页岩油的加氢技术开发，60年代以后，随着大庆油田、胜利油田的相继发现，石油馏分油的加氢技术得到了迅速发展。进入20世纪90年代以后，国内开发的中压加氢裂化及中压加氢改质技术也得到了应用和发展。

加氢装置按加工目的分为加氢精制、加氢裂化、渣油加氢处理等类型；加氢裂化按操作压力分为高压加氢裂化和中压加氢裂化，高压加氢裂化分离器的操作压力一般为16MPa左右，中压加氢裂化分离器的操作压力一般为9MPa左右；加氢裂化按工艺流程分为一段加氢裂化流程、二段加氢裂化流程、串联加氢裂化流程。

一段加氢裂化流程是指只有一个加氢反应器，原料的加氢精制和加氢裂化在一个反应器内进行。该流程的特点是：工艺流程简单，但对原料的适应性及产品的分布有一定限制。

二段加氢裂化流程是指有两个加氢反应器，第一个加氢反应器装加氢精制催化剂，第二个加氢反应器装加氢裂化催化剂，两段加氢形成两个独立的加氢体系，该流程的特点是：对原料的适应性强，操作灵活性较大，产品分布可调节性较大，但是，该工艺的流程复杂，投资及操作费用较高。

串联加氢裂化流程也是分为加氢精制和加氢裂化两个反应器，但两个反应器串联连接，为一套加氢系统。串联加氢裂化流程既具有二段加氢裂化流程比较灵活的特点，又具有一段加氢裂化流程比较简单的特点，该流程具有明显优势，如今新建的加氢裂化装置多为此种流程，装置示意图如图6-1所示。

6.1.1 加氢装置重要部位及主要设备

（1）重要部位

① 加热炉及反应器区。加氢装置的加热炉及反应器区布置有加氢反应加热炉、分馏部分加热炉、加氢反应加热器、高压换热器等设备，其中大部分设备为高压设备，介质温度比较高，而且加热炉又有明火，因此，该区域潜在的危险性比较大，主要危险为火灾、爆炸是安全上重点防范的区域。

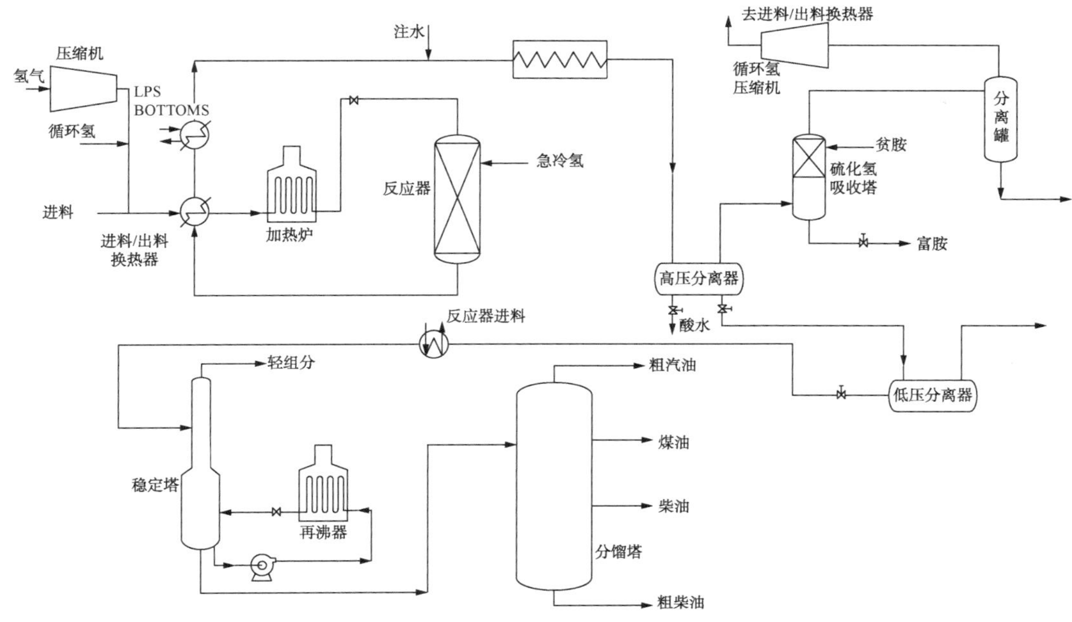

图 6-1　加氢装置(加氢精制或加氢裂化)

② 高压分离器及高压空冷区。高压分离器及高压空冷区内有高压分离器及高压空冷器，若高压分离器的液位控制不好，就会出现严重问题。主要危险为火灾、爆炸和 H_2S 中毒，因此该区域是安全上重点防范的区域。

③ 加氢压缩机厂房。加氢压缩机厂房内布置有循环氢压缩机、氢气增压机，该区域为临氢环境，氢气的压力较高，而且压缩机为动设备，出现故障的概率较大，因此，该区域潜在的危险性比较大，主要危险为火灾、爆炸中毒，是安全上重点防范的区域。

④ 分馏塔区。分馏塔区的设备数量较多，介质多为易燃、易爆物料，高温热油泵是应重点防范的设备，高温热油一旦发生泄漏，就可能引起火灾事故，分馏塔区内有大量的燃料气、液态烃及油品，如发生事故，后果将十分严重，此外，脱丁烷塔及其干气、液化气中 H_2S 浓度高，有中毒危险，因此该区域也是安全上重点防范的区域。

(2) 主要设备

① 加氢反应器。加氢反应器多为固定床反应器，加氢反应属于气-液-固三相涓流床反应，加氢反应器分冷壁反应器和热壁反应器两种：冷壁反应器内有隔热衬里，反应器材质等级较低；热壁反应器没有隔热衬里，而是采用双层堆焊衬里，材质多为 2.25Cr-1Mo。

加氢反应器内的催化剂需分层装填，中间使用急冷氢，因此加氢反应器的结构复杂，反应器入口设有扩散器，内有进料分配盘、集垢篮筐、催化剂支承盘、冷氢管、冷氢箱、再分配盘、出口集油器等内构件。

加氢反应器的操作条件为高温、高压、临氢，操作条件苛刻，是加氢装置最重要的设备之一。

② 高压换热器。反应器出料温度较高，具有很高热焓，应尽可能回收这部分热量，因此加氢装置都设有高压换热器，用于反应器出料与原料油及循环氢换热。现在的高压换热器多为U形管式双壳程换热器，该种换热器可以实现纯逆流换热，提高换热效率，减小高压换热器的面积。管箱多用螺纹锁紧式端盖，其优点是结构紧凑、密封性好、便于拆装。

高压换热器的操作条件为高温、高压、临氢，静密封点较多，易出现泄漏，是加氢装置的重要设备。

③ 高压空冷。高压空冷的操作条件为高压、临氢，是加氢装置的重要设备，某炼油厂中压加氢裂化装置，高压空冷两次出现泄漏，使装置被迫停工处理，因此，高压空冷的设计、制造及使用也应引起重视。

④ 高压分离器。高压分离器的工艺作用是进行气-油-水三相分离，高压分离器的操作条件为高压、临氢，操作温度不高，在水和硫化氢存在的条件下，物料的腐蚀性增强，在使用时应引起足够重视。

另外，加氢装置高压分离器的液位非常重要，如控制不好将产生严重后果。液位过高，液体易带进循环氢压缩机，损坏压缩机，液位过低，易发生高压窜低压事故，大量循环氢迅速进入低压分离器，此时，如果低压分离器的安全阀打不开或泄放量不够，将发生严重事故。因此，从安全角度讲高压分离器是很重要的设备。

⑤ 反应加热炉。加氢反应加热炉的操作条件为高温、高压、临氢，而且有明火，操作条件非常苛刻，是加氢装置的重要设备。加氢反应加热炉炉管材质一般为高Cr、Ni的合金钢，如TP347。

加氢反应加热炉的炉型多为纯辐射室双面辐射加热炉，这样设计的目的是为了增加辐射管的热强度，减小炉管的长度和弯头数，以减少炉管用量，降低系统压降。为回收烟气余热，提高加热炉热效率，加氢反应加热炉一般设余热锅炉系统。

⑥ 新氢压缩机。新氢压缩机的作用就是将原料氢气增压送入反应系统，这种压缩机一般进出口的压差较大，流量相对较小，多采用往复式压缩机。往复式压缩机的每级压缩比一般为2~3.5，根据氢气气源压力及反应系统压力，一般采用2~3级压缩。往复式压缩机的多数部件为往复运动部件，气流流动有脉冲性，因此往复式压缩机不能长周期运行，多设有备机。往复式压缩机一般用电动机驱动，通过刚性联轴器联接，电动机的功率较大、转速较低，多采用同步电机。

⑦ 循环氢压缩机。循环氢压缩机的作用是为加氢反应提供循环氢。循环氢压缩机是加氢装置的“心脏”。如果循环氢压缩机停运，加氢装置只能紧急泄压停工。

循环氢压缩机在系统中是循环做功，其出入口压差一般不大，流量相对较大，一般使用离心式压缩机。由于循环氢的分子量较小，单级叶轮的能量头较小，所以循环氢压缩机一般转速较高(8000~10000r/min)，级数较多(6~8级)。

循环氢压缩机除轴承和轴端密封外，几乎无相对摩擦部件，而且压缩机的密封多采用干气式密封和浮环密封，再加上完善的仪表监测、诊断系统，所以，循环氢压缩机一般能长周期运行，无须使用备机。循环氢压缩机多采用汽轮机驱动，这是因为蒸汽轮机的转速较高，而且其转速具有可调节性。

⑧ 自动反冲洗过滤器。加氢原料中含有机械杂质，如不除去，就会沉积在反应器顶部，使反应器压差过大而被迫停工，缩短装置运行周期。因此，加氢原料需要进行过滤，现在多采用自动反冲洗过滤器。自动反冲洗过滤器内设约翰逊过滤网，过滤网可以过滤掉大于25μm的固体杂质颗粒，当过滤器进出口压差大于设定值(0.1~0.18MPa)时，启动反冲洗机构，进行反冲洗，冲洗掉过滤器上的杂质。

6.1.2　加氢装置工艺流程

(1) 柴油加氢工艺

自罐区来的原料油在原料油缓冲罐的液面和流量控制下，通过原料油过滤器除去原料中大于25μm的颗粒后，进入原料油缓冲罐，原料油缓冲罐用燃料气气封。自原料油缓冲罐来的原料油经加氢进料泵增压后，在流量控制下，经反应流出物/原料油换热器换热后，与混合氢混合进入反应流出物/反应进料换热器，然后经反应进料加热炉加热至反应所需温度，进入加氢精制反应器。该反应器设置两个催化剂床层，床层间设有注急冷氢设施。

自加氢精制反应器出来的反应流出物经反应流出物/反应进料换热器、反应流出物/低分油换热器、反应流出物/原料油换热器依次与反应进料、低分油、原料油换热，然后经反应流出物空冷器及水冷器冷却至45℃，进入高压分离器。为了防止反应流出物中的铵盐在低温部位析出，通过注水泵将脱氧水注到反应流出物空冷器上游侧的管道中。

从反应部分来的低分油经精制柴油/低分油换热器、反应流出物/低分油换热器换热至275℃左右进入柴油汽提塔。塔底用1.0MPa过热蒸汽汽提，塔顶油气经汽提塔顶空冷器和汽提塔顶后冷器冷凝冷却至40℃，进入汽提塔顶回流罐进行气、油、水三相分离。闪蒸出的气体排至催化装置。油相经汽提塔顶回流泵升压后一部分作为塔顶回流，另一部分作为粗汽油去催化装置。含硫含氨污水与高分污水一起送出装置。

为了抑制硫化氢对塔顶管道和冷换设备的腐蚀，在塔顶管道采取注入缓蚀剂的措施。缓蚀剂自缓蚀剂罐经缓蚀剂泵注入塔顶管道。塔底精制柴油经柴油泵增压后与低分油换热至80℃左右，然后进入柴油空冷器冷却至50℃后出装置。

(2) 蜡油加氢工艺

自罐区来的混合蜡油经泵升压后先进行换热，再经自动反冲洗过滤器过滤后进入滤后原料缓冲罐，滤后原料油由反应进料泵抽除升压后，先与换热后的混氢混合，再与反应产物进行换热，换热后进入加热炉至要求温度，自上而下流经过加氢精制反应器。在反应器中，原料油和氢气在催化剂作用下，进行加氢脱硫、脱氮、烯烃饱和等精制反应。从加氢精制反应器出来的反应产物与混氢原料换热后，进入热高分罐进行气液分离，热高分罐顶部出来的气相先与混氢换热后进入反应产物空冷器，冷却至50℃左右进入冷高分罐进行油、水、气三相分离。为了防止加氢反应生成的硫化氢和氨在低温下生成铵盐，堵塞高压空冷器的管束，在空冷器前注入脱氧水。冷高分罐顶部的气体经循环氢分液器分液后进入循环氢脱硫塔进行脱硫。

自富液再生装置来的贫胺液经泵升压后进入循环氢脱硫塔，与自塔顶部进入的循环氢进行逆向接触、反应，脱硫后的循环氢自塔顶进入循环氢压缩机入口分液罐，罐顶出来的循环氢经循环氢压缩机升压后，与经压缩后的新氢混合，返回到反应系统。循环氢脱硫塔塔底出来的富液经闪蒸后自压送至催化的富液再生装置进行再生。

从热高分罐底部出来的热高分油经减压后进入热低分罐，在热低分罐中再次进行气液分离，热低分罐顶部的气体经冷却后进入冷低分罐，热低分油自压进入脱丁烷塔。冷高分罐及冷低分罐底部出来的含硫污水经减压后，自压送至污水汽提装置进行无害化处理。冷低分油则在与产品柴油进行换热后，进入脱丁烷塔。冷低分气自压送往催化装置吸收塔入口。冷、热低分油自压进入脱丁烷脱除含硫气体，塔下部设有汽提蒸汽，汽提所用的过热蒸汽来自加热炉对流段。

脱丁烷塔顶油气经冷凝冷却后进入脱丁烷塔顶回流罐，回流罐底部液体全部作为回流返回塔顶，回流罐顶的含硫气体自压送往焦化气压机的入口。从塔底出来的脱丁烷塔底油经泵增压后，先与产品蜡油进行换热后，再经分馏塔进料加热炉升温至需要温度后进入分馏塔。分馏塔设有一个中段回流和一个侧线(柴油)，塔下部设有汽提蒸汽，汽提所用的过热蒸汽来自加热炉对流段。分馏塔顶油气经冷凝冷却后进入塔顶加流罐，罐顶少量油气送至火炬，罐底轻油用塔顶回流泵抽出，一部分作为回流打入分馏塔顶部，另一部分作为石脑油产品送至罐区。从分馏塔中部抽出一股侧线(柴油)，进入柴油汽提出轻组分后由泵抽出，经换热冷却后作为柴油产品送至罐区。从分馏塔底部抽出的塔底油，经换热冷却后，作为产品蜡油送至罐区。

6.2 加氢装置腐蚀机理分析

加氢处理装置中涉及多种腐蚀机理，如在柴油加氢处理装置中反应循环氢与反应馏出段的高温硫化物腐蚀、高温氢腐蚀与铵盐腐蚀，反应流出段至高压分离器的湿硫化氢腐蚀，高压分离器段的冲刷腐蚀，分馏段的高温硫腐蚀、酸性水腐蚀与胺腐蚀，溶剂再生的晶间腐蚀与不锈钢碱脆等腐蚀机理。在蜡油加氢处理装置反应系统中加氢反应器、反应产物换热器、循环氢、反应进料、反应馏出物高温段(温度大于200℃)、热高压分离器可能出现高温硫化物/氢腐蚀；同时循环氢低温段及反应系统中的高压空冷器及空冷器上游(从水注入点开始)的管道、冷高压分离器、冷低压分离器、在热高压分离器至冷高压分离器流程，中间经换热器和空冷器冷却，分馏系统中的脱丁烷塔塔顶、回流罐及冷却器、分馏塔塔顶石脑油轻烃系统、石脑油分馏塔，中的贫胺液进料段、干气脱硫塔、液化气脱硫塔还会伴随有湿硫化氢腐蚀破坏。并且酸性水(碱性)腐蚀、氯化物应力腐蚀开裂与连多硫酸应力腐蚀开裂也见常于蜡油加氢处理装置，例如：循环氢低温段、高压空冷器及空冷器上游(从水注入点开始)的管道、热高压分离器至冷高压分离器流程，中间经换热器和空冷器冷却与脱丁烷塔塔顶、回流罐及冷却器、空冷器及相连管道都存在酸性水腐蚀，对于有胺液段更是涉及胺脆与胺腐蚀。

(1) 高温硫化物腐蚀

同第5.2节催化重整装置高温硫化物腐蚀机理一致。

在柴油加氢处理装置中，无氢环境的高温硫化物腐蚀易发生工段为产品分馏塔、分馏塔底出口管线、产品分馏塔底重沸炉炉管及回流线等。而在蜡油加氢处理装置中高温硫化物腐蚀易发生工段为循环氢高温段(循环氢加氢点以前)、稳定塔进料管道(中间换热器换热升温到200℃以后)、稳定塔塔釜及塔釜油出口管道(包括回流及至分馏塔进料管道)、汽提塔进料管道(中间换热器换热升温到200℃以后)、汽提塔塔釜及塔釜油出口管道(包括回流及至分馏塔进料管道)。

在柴油加氢处理装置中，有氢环境的高温硫化物腐蚀易发生工段为反应产物/混合进料换热器混合料侧(管程或壳程)高温区域、反应产物进料加热炉炉管及相连管道；加氢精制反应器；从反应器出口开始，至温度下降到大约200℃，即反应产物/混合进料换热器的反应产物侧(管程或壳程)高温区域、反应器流出物/低分油换热器的流出物侧(管程或壳程)高温区域及相连管道。而在蜡油加氢处理装置中，有氢环境的高温硫化物腐蚀易发生工段为循环氢高温段(循环氢加氢点以后)、反应进料高温段与进料加热炉炉管、加氢精制和加氢裂化反应器、反应馏出物高温段、热高压分离器。

(2) 高温氢腐蚀

碳钢和合金钢在高温(>260℃)临氢环境中，因钢中的碳与氢反应生成甲烷气体，材质发生脱碳的过程，并可形成鼓泡或开裂。

在柴油加氢处理装置中，高温氢腐蚀易发生工段为加氢精制反应器；从反应器出口开始，至温度下降到大约200℃，即反应产物/混合进料换热器的反应产物侧(管程或壳程)高温区域、反应器流出物/低分油换热器的流出物侧(管程或壳程)高温区域及相连管道。而在蜡油加氢处理装置中高温氢腐蚀易发生工段为循环氢高温段(循环氢加氢点以前)、加氢精制和加氢裂化反应器、反应馏出物、热高压分离器。

（3）湿硫化氢破坏

即在含水和硫化氢环境中碳钢和低合金钢所发生的损伤过程，包括氢鼓泡、氢致开裂、应力导向氢致开裂和硫化物应力腐蚀开裂四种形式。在柴油加氢处理装置中，湿硫化氢破坏易发生工段为循环氢从高压分离器顶部经循环氢压缩机至反应产物/混合进料换热器之前流程；从反应器流出物/低分油换热器至高压分离器到低压分离器及低压分离器出口管道；高压分离器及低压分离器底部排污水管道，特别是控制阀门下游；低压分离器的出口管道；分馏塔顶空冷器至分馏塔顶回流罐及出装置石脑油管道；低分气、脱 H_2S 气提塔塔顶气管道至干气脱硫塔中间所有设备和管道等。而在蜡油加氢处理装置中，湿硫化氢破坏易发生工段为循环氢低温段、高压空冷器及空冷器上游（从水注入点开始）的管道和下游的管道、冷高压分离器、冷低压分离器、热高压分离器至冷高压分离器流程，中间经换热器和空冷器冷却、脱丁烷塔塔顶、回流罐及冷却器、空冷器及相连管道、分馏塔塔顶石脑油轻烃系统、贫胺液进料、干气脱硫塔、液化气脱硫塔以及相连管道。

（4）酸性水腐蚀（碱式酸性水）

同第 4.2 节催化裂化装置酸性水腐蚀-碱性酸性水机理一致。

在柴油加氢处理装置中，酸性水腐蚀-碱式酸性水易发生工段为循环氢从高压分离器顶部经循环氢压缩机至反应产物/混合进料换热器之前流程；从反应器流出物/低分油换热器至高压分离器到低压分离器及低压分离器出口管道；低压分离器的出口管道。而在蜡油加氢处理装置中，酸性水腐蚀-碱式酸性水易发生工段为循环氢低温段高压空冷器及空冷器上游（从水注入点开始）管道和下游管道；在热高压分离器至冷高压分离器流程，中间经换热器和空冷器冷却；脱丁烷塔塔顶回流罐及冷却器、空冷器及相连管道；分馏塔塔顶石脑油轻烃系统；石脑油分馏塔顶回流罐及冷却器、空冷器及相连管道。

（5）氯化物应力腐蚀开裂

同第 5.2 节催化重整装置氯化物应力腐蚀开裂机理一致。

在柴油加氢处理装置中，氯化物应力腐蚀开裂易发生工段为反应产物/混合进料换热器管束（不锈钢材质）。而在蜡油加氢处理装置中，氯化物应力腐蚀开裂易发生工段为反应器馏出物/汽提塔进料换热器管束（不锈钢材质）、汽提塔进料管道（不锈钢材质）。

（6）连多硫酸应力腐蚀开裂

在停工期间设备表面的硫化物腐蚀产物，与空气和水反应生成连多硫酸，在奥氏体不锈钢的敏化区域，如焊接接头部位，引起的开裂过程。在柴油加氢处理装置中，连多硫酸应力腐蚀开裂易发生工段为反应产物/混合进料换热器混合料侧（管程或壳程）高温区域、反应产物进料加热炉炉管及相连管道；加氢精制反应器；从反应器出口开始，至温度下降到大约200℃，即反应产物/混合进料换热器的反应产物侧(管程或壳程)高温区域、反应器流出物/低分油换热器的流出物侧(管程或壳程)高温区域及相连管道。而在蜡油加氢处理装置中，连多硫酸应力腐蚀开裂易发生工段为反应进料加热炉炉管、加氢精制和加氢裂化反应器。

(7) 胺腐蚀

同第4.2节催化裂化装置胺腐蚀机理一致。在柴油加氢处理装置中，胺腐蚀易发生工段为富胺液管道；富液从干气脱硫塔至溶剂再生塔。而在蜡油加氢处理装置中胺腐蚀易发生工段为富胺液管道。

(8) 大气腐蚀

同第3.2节常减压装置大气腐蚀机理一致。在敷设保温层等覆盖层的加氢处理装置中，大气腐蚀易发生工段为有外保温的设备。

(9) 铵盐腐蚀

铵盐在一定温度下结晶成垢，垢层吸湿潮解或垢下水解均可能形成低pH值环境，对金属造成腐蚀，在无水条件下发生均匀腐蚀或局部腐蚀，以点蚀最为常见，可出现在氯化铵盐与铵盐垢下。

在柴油加氢处理装置中，铵盐腐蚀易发生工段为循环氢从高压分离器顶部经循环氢压缩机至反应产物/混合进料换热器之前流程；从反应器流出物/低分油换热器至高压分离器到低压分离器及低压分离器出口管道；反应产物/混合进料换热器管束(不锈钢材质)。而在蜡油加氢处理装置中，铵盐腐蚀易发生工段为循环氢从冷低压分离器顶部经循环氢压缩机至反应产物/循环氢换热器之前流程)；在热高压分离器至冷高压分离器流程，中间经换热器和空冷器冷却，包括从注水点开始至冷高压分离器结束的中间流程中换热器/水冷器反应馏出物侧(管程或壳程)的低温部位。

(10) 胺脆

即胺离子渗入高强度钢造成材料韧性降低，在残余应力及外部载荷的作用下发生脆性断裂的过程。在柴油加氢处理装置中，胺脆易发生工段为干气脱硫塔以及相连管道；贫液液管道。而在蜡油加氢处理装置中，胺脆易发生工段为贫胺液进料；干气脱硫塔、液化气脱硫塔以及相连管道。

(11) 晶间腐蚀

即金属材料发生敏化后，在腐蚀介质中晶间因耐腐蚀能力较低而发生优先腐蚀，或未发生敏化的材料在特定的腐蚀介质中晶粒边界或晶粒附件优先发生腐蚀，使晶粒之间丧失结合力的一种局部腐蚀破坏。在柴油加氢处理装置中，晶间腐蚀易发生工段为塔顶液及塔顶至再生塔顶空冷器管道。

(12) 水腐蚀

同第4.2节催化裂化装置水腐蚀机理一致。在柴油加氢处理装置中，水腐蚀易发生工段为循环水、新鲜水流经工段。

(13) 冷却水腐蚀

即冷却水中由溶解盐、气体、有机化合物或微生物活动引起碳钢和其他金属的腐蚀，冷却水中存在溶解氧时，冷却水对碳钢的腐蚀多为均匀腐蚀，若以垢下腐蚀、缝隙腐蚀、电偶腐蚀或微生物腐蚀为主时，多表现为局部腐蚀。在柴油加氢处理装置中，冷却水腐蚀易发生工段为所有水冷交换器与冷却塔设备。

(14) 软化水腐蚀

金属材料通常含有大量的杂质及非金属夹杂物，金属上的表面膜往往是不均匀的，当金属表面层存在化学不均匀或物理缺陷(缝隙、裂纹、小空穴等)时，点蚀就容易在这些薄弱环节上发生。在蜡油加氢处理装置中，软化水腐蚀易发生工段为循环水工艺段。

(15) 冲蚀

即腐蚀产物因流体冲刷离开表面，暴露的新鲜金属表面在冲刷和腐蚀的反复作用下发生的损伤。在柴油加氢处理装置中，冲蚀易发生工段为燃料气、蒸汽流经工段。而在蜡油加氢处理装置中，冲蚀易发生工段为冷高压分离器底部排污水管道，特别是控制阀门下游。

(16) 汽蚀

即无数微小汽包形成后又瞬间破灭，形成高度局部化的冲击力，由此造成的金属损失，气泡可能来自液体汽化产生的气体、蒸汽、空气或其他液态介质中夹带的气体。在蜡油加氢处理装置中，汽蚀易发生工段为局部区域内压力快速变化的限流通道或其他紊流区。

6.3 加氢装置腐蚀检查案例

某石化公司三联合车间催化裂化柴油加氢精制装置原设计处理能力为 60×10^4t/a，于 2001 年 1 月 14 日一次开车成功。该技术采用较好加氢活性和开环裂化性能较强的 RIC-1 催化剂，在保持普通加氢工艺性能的基础上，通过改变原料油烃类组成而提高精制柴油的十六烷值(提高 8~10 个单位)并相应降低柴油密度，生产低硫、高十六烷值的清洁柴油和少量高芳潜的重整原料。RICH 技术主要反应为加氢脱硫、加氢脱氮、加氢脱氧、烯烃饱和、加氢裂化、异构化、脱金属反应，其中多环芳烃的加氢裂化反应是降低柴油密度、提高十六烷值的关键所在。2005 年 7 月经过技术改造后，装置处理能力已达 100×10^4t/a。

该石化公司蜡油加氢处理装置处理能力为 220×10^4t/a，该套装置 2009 年 5 月 20 日建成投产，主要对减压蜡油、焦化蜡油及脱沥青油组成的混合蜡油中的硫化物、氮化物及非饱和烃进行脱硫、脱氮、脱金属、非饱和烃加氢饱和，并部分裂解为石脑油、柴油。之后分别经分馏系统的脱硫化氢汽提塔、分馏塔的汽提及分馏作用，脱除中间产品中的部分 H_2S，产出质量合格的石脑油、柴油及精制蜡油。蜡油加氢装置设计年开工时数 8400h，主要由反应部分(包括新氢、循化氢压缩机、循环氢脱硫)、分馏部分、富氢气体脱硫部分、热回收和产汽系统以及蜡油加氢处理装置公用工程部分等组成。设备开工运行一周年以来，蜡油加氢处理装置通过开展装置优化，节水、节电、节气，增大装置加工负荷，大幅降低了能耗。2009 年蜡油加氢处理装置累计综合能耗为 12.46kg 标油/t，达到设计要求。2010 年，通过节能优化措施，综合能耗从 2009 年的 12.46kg 标油/t 降至 8.85kg 标油/t，下降 3.46kg 标油/t，降幅达 29%。

以对加氢装置 97 台设备进行的腐蚀检查为例，其中反应器 6 台，塔器 7 座，容器储罐 49 台，换热器 30 台，加热炉 5 座，腐蚀检查汇总情况如表 6-1 所示。

表 6-1　加氢装置腐蚀检查情况汇总表

序　号	容器名称	主要问题
1	柴油加氢脱硫化氢汽提塔回流罐	筒体外表面保温层下腐蚀，集液包开孔加强板跨过焊缝
2	柴油加氢分馏塔回流罐	内壁锈蚀，部分锈皮脱落，锈层下壁面基本平整，集液包开孔加强板跨过焊缝
3	柴油加氢反应进料加热炉	部分耐火砖、防火层破损
4	蜡油加氢酸性水汽提塔	下部人孔内部轻微点蚀坑，内构件排管部分螺栓掉落
5	蜡油加氢分馏塔顶回流罐	内构件轻微破损
6	蜡油加氢中变气第一分水罐	内壁有机械损伤和焊疤
7	蜡油加氢中变气第三分水罐	内壁光滑，有多处表面损伤与机械划伤
8	蜡油加氢除盐水预热器	管箱内部锈蚀轻微，有腐蚀坑，壳体存在多处机械划伤
9	蜡油加氢中变气水冷器	折流板变形
10	蜡油加氢产品分馏塔顶后冷器	管束 U 形处变形
11	蜡油加氢原料气第一预热器	管箱表面浮锈，平整，分隔板有腐蚀坑，管束部分换热管机械划伤与变形
12	蜡油加氢冷却器	定距管与管板分离
13	蜡油加氢分馏进料加热炉	部分衬里表皮脱落
14	蜡油加氢转化炉	部分衬里表皮脱落

6.3.1　反应器腐蚀状况

腐蚀检查了 1 台柴油加氢精制的反应器，设备未打开，外保温层完好，外观结构完好。检查蜡油加氢的 5 台反应器，除去 2 台氧化锌脱硫反应器因有保温未拆，人孔也未开只能宏观检测其结构是否完整外，其余 2 台加氢反应器与中温变换反应器，其内表面较干净、内构件完好、堆焊层焊缝或复层均匀，成型良好，未见剥离和明显裂纹，总体腐蚀较轻，图 6-2 为部分反应器腐蚀形貌。

(a) 柴油加氢精制的反应器

(b) 蜡油加氢反应器

(c) 蜡油加氢反应器内壁

(d) 中温变换反应器内壁

图 6-2　反应器腐蚀形貌

6.3.2　塔器腐蚀状况

对柴油循环氢脱硫塔、柴油脱硫化氢汽提塔与柴油产品分馏塔共 3 台塔器进行了腐蚀检查，结果发现，所调查设备内表面轻微锈蚀、内构件完好、塔盘完好且表面均匀锈蚀，未见明显裂纹，总体腐蚀轻微，图 6-3 为部分塔器腐蚀形貌。

对蜡油脱硫化氢汽提塔、蜡油循环氢脱硫塔、蜡油富氢气体脱硫塔与蜡油酸性水汽提塔共 4 台塔器进行了腐蚀检查，其中与蜡油酸性水汽提塔塔器内壁存在轻微点蚀、排管部分螺栓掉落，蜡油循环氢脱硫塔内表面锈蚀严重，锈层下基体平整，未见明显减薄，塔器蜡油脱硫化氢汽提塔、蜡油富氢气体脱硫塔内表面较干净、轻微锈蚀、内构件完好、塔盘完好且表面微锈，未见明显裂纹，总体腐蚀较轻，图 6-4 为部分塔器腐蚀情况。

蜡油加氢酸性水汽提塔的主体材质为 00Cr19Ni10，操作温度为 104℃，压力为 0.05MPa，通过介质为酸性水和 CO_2。腐蚀检测发现，内表面下部人孔内部发现有设备受酸性水与 CO_2腐蚀介质造成的轻微点蚀坑 2~3mm，深 1mm 左右，建议打磨消除，中部人孔内壁光滑平整，无点蚀现象，内构件排管部分螺栓掉落(图 6-5)。

(a) 柴油脱硫化氢汽提塔内部

(b) 柴油脱硫化氢汽提塔塔盘

(c) 柴油产品分馏塔内部

(d) 柴油产品分馏塔塔盘

图 6-3　柴油加氢装置塔器腐蚀形貌

(a) 蜡油脱硫化氢汽提塔内部

(b) 蜡油富氢气体脱硫塔内部

图 6-4　蜡油加氢装置塔器腐蚀形貌

6.3.3　容器腐蚀状况

腐蚀检查检验了 18 台柴油加氢容器装置：柴油热高压分离器、柴油冷高压分离器与柴油富胺液闪蒸罐等，腐蚀检查容器整体腐蚀较轻，内表面腐蚀多见锈蚀，结构完

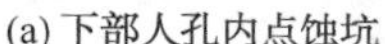

(a) 下部人孔内点蚀坑

(b) 内构件排管部分螺栓脱落

图 6-5　蜡油加氢酸性水汽提塔腐蚀形貌

好，未见局部腐蚀与明显裂纹，图 6-6 为部分容器腐蚀形貌。

检验了 31 台蜡油加氢容器装置，其中蜡油新氢压缩机 B 入口分液罐与蜡油烧焦罐因保温未拆，人孔也未开只对其外部宏观结构是否完整进行检测，检验结果为结构完好，外部裸露部分均匀锈蚀；蜡油分馏塔顶回流罐内构件轻微破损；蜡油中变气第一分水罐与蜡油中变气第三分水罐内表面出现多处表面损伤与机械划伤；其余腐蚀检查容器整体腐蚀较轻，结构完好，未见明显裂纹，图 6-7 为部分容器腐蚀形貌。

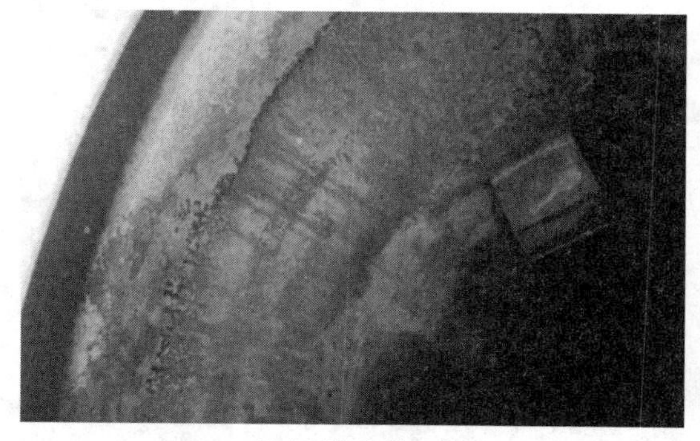

(a) 热高压分离器内表面

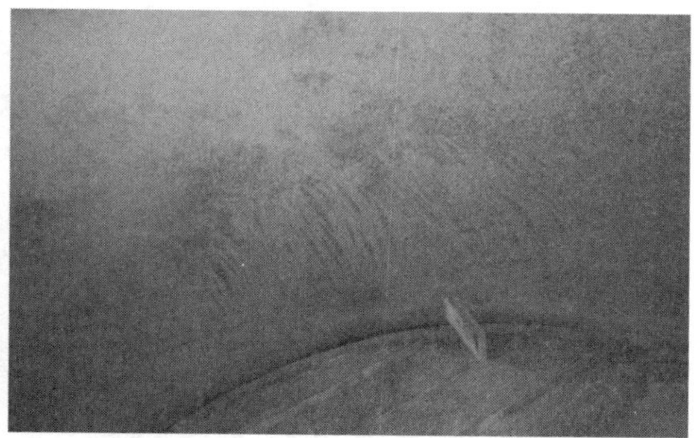

(b) 冷高压分离器内表面

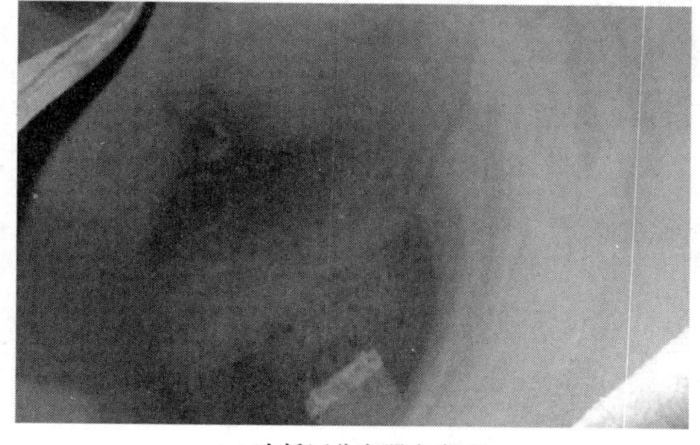

(c) 冷低压分离器内表面

(d) 低压汽水分离器内部

图 6-6　柴油加氢容器装置腐蚀形貌

(a) 热高压分离器内表面

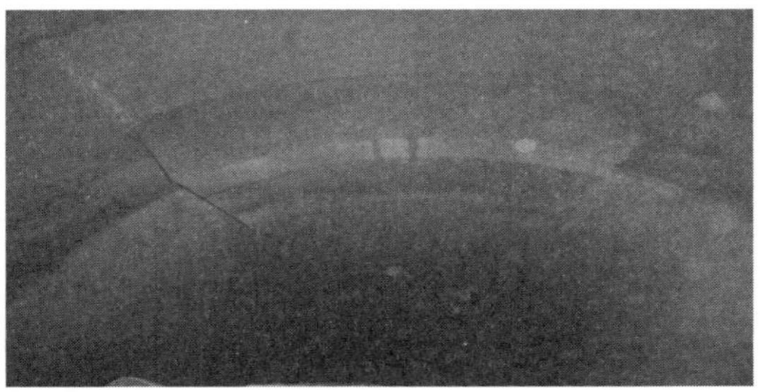

(b) 热低压分离器内表面

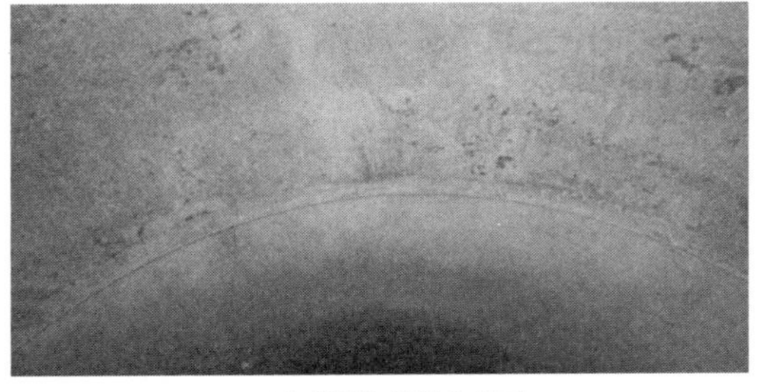

(c) 冷高压分离器内表面

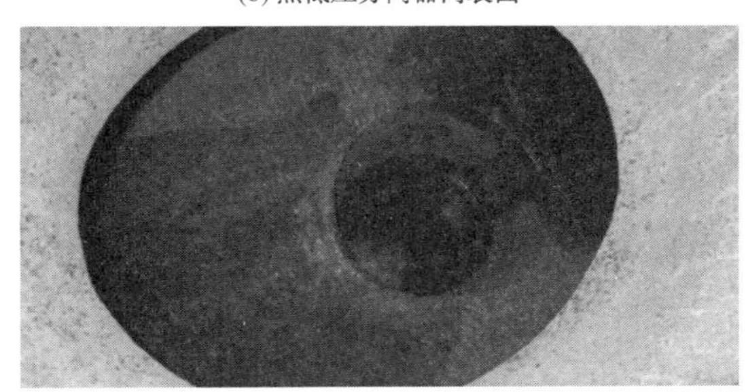

(d) 冷低压分离器内表面

图 6-7 蜡油加氢容器装置腐蚀形貌

柴油脱硫化氢汽提塔回流罐主体材料为 Q245R，操作温度为 45℃，操作压力为 0.75MPa，通过介质为油气、氢、硫化氢和酸性水，腐蚀检查发现，设备筒体外表面北侧中部保温层下腐蚀，集液包开孔加强板跨过焊缝，内表面受硫化氢、酸性水均匀腐蚀，未见局部腐蚀与明显裂纹(图 6-8)。

柴油分馏塔回流罐的主体材质为 Q245R，操作温度为 50℃，操作压力为 0.1MPa，通过介质为油气、氢和含油污水，腐蚀检查发现，设备内表面受污水中的 S^{2-} 与 Cl^{-} 等离子腐蚀而锈蚀严重，部分锈皮脱落，锈层下壁面基本平整，集液包开孔加强板跨过焊缝，未见局部腐蚀与明显裂纹[图 6-9(a)]。

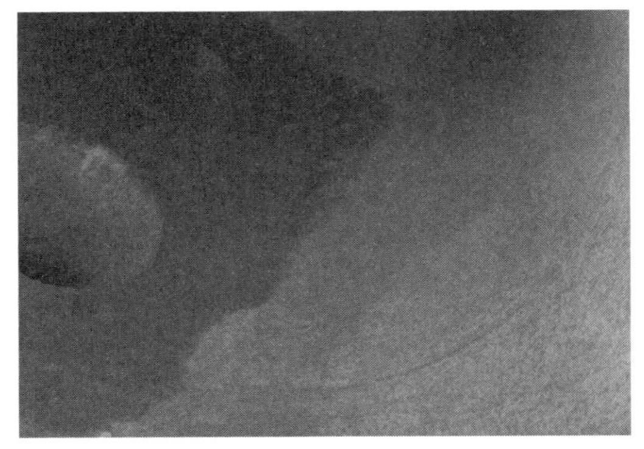

图 6-8 柴油脱硫化氢汽提塔回流罐腐蚀形貌

蜡油分馏塔顶回流罐的主体材质为 20R，操作温度为 80℃，压力为 0.03MPa，通过介质为石脑油和水。腐蚀检测发现，设备内表面均匀锈蚀，整体腐蚀轻微，但内构件受介质腐蚀，且近罐底部处物料沉积，造成垢下轻微破损[图 6-9(b)]。

蜡油加氢中变气第一分水罐的主体材质为 16MnR + 0Cr18Ni10Ti，操作温度为 185℃，压力为 2.76MPa，通过介质为中变气和水。腐蚀检测发现，设备筒体内表面存在多处表面损伤[图 6-10(a)]，距下焊缝 1500mm 左右有机械损伤，距下焊缝 1800mm 左右有直径 5mm 焊疤，建议打磨消除。

蜡油加氢中变气第三分水罐的主体材质为 16MnR+00Cr19Ni10，操作温度为 60℃，压力为 2.75MPa，通过介质为中变气和水。腐蚀检测发现，设备筒体内表面基本平整、光滑，但有多处表面损伤与机械划伤[图 6-10(b)]，表面机械划伤与损伤影响内表面平整，造成腐蚀介质在表面损伤处聚集，加速腐蚀速率，造成内表面腐蚀凹坑，建议打磨或补焊处理内表面损伤。

(a) 柴油分馏塔回流罐内表面

(b) 蜡油分馏塔回流罐内表面

图 6-9 分馏塔回流罐腐蚀形貌

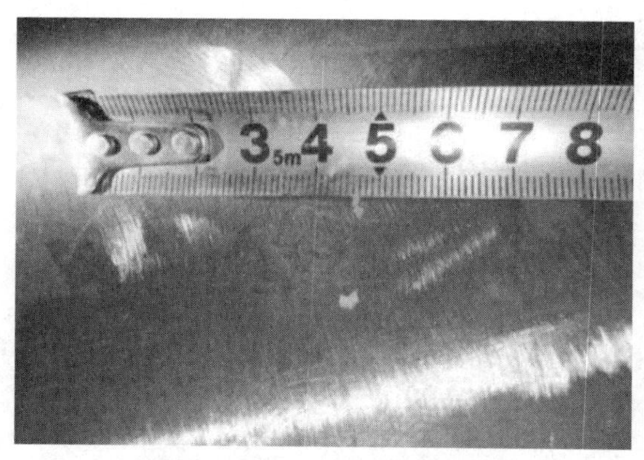

(a) 蜡油加氢中变气第一分水罐腐蚀形貌

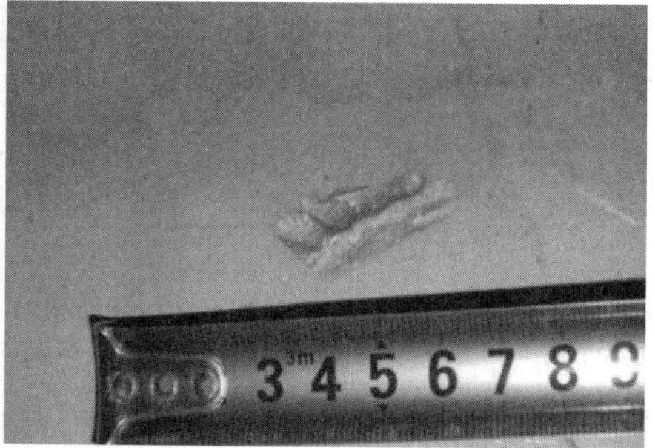

(b) 蜡油加氢中变气第三分水罐腐蚀形貌

图 6-10 蜡油加氢装置水罐腐蚀形貌

6.3.4 换热器腐蚀状况

腐蚀检查共检验了 10 台柴油加氢换热器，其中反冲洗污油冷却器壳体与石脑油水冷器管箱，因循环水内杂质较多，导致内部结垢，但垢下基体平整，未见垢下腐蚀；其余腐蚀检查换热器整体腐蚀较轻，内表面腐蚀多见锈蚀，结构完好，未见局部腐蚀与明显裂纹，图 6-11 为部分换热器腐蚀形貌。

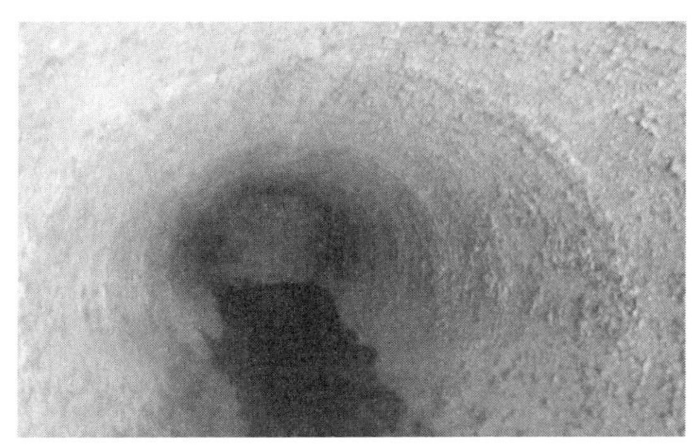
(a) 冲洗污油冷却器壳体内部

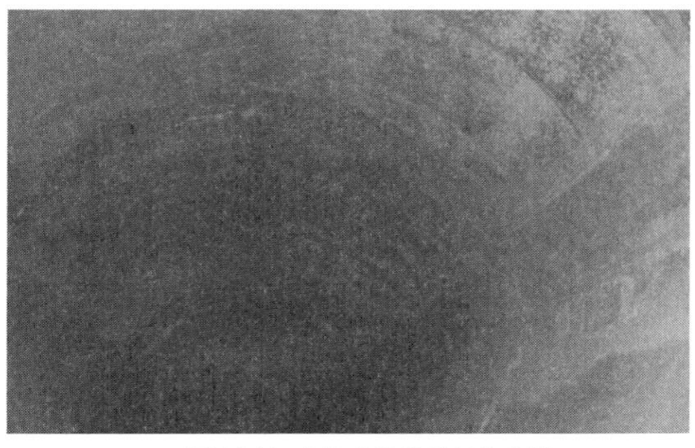
(b) 精制柴油-产品分馏塔进料换热器

(c) 精制柴油蒸汽发生器

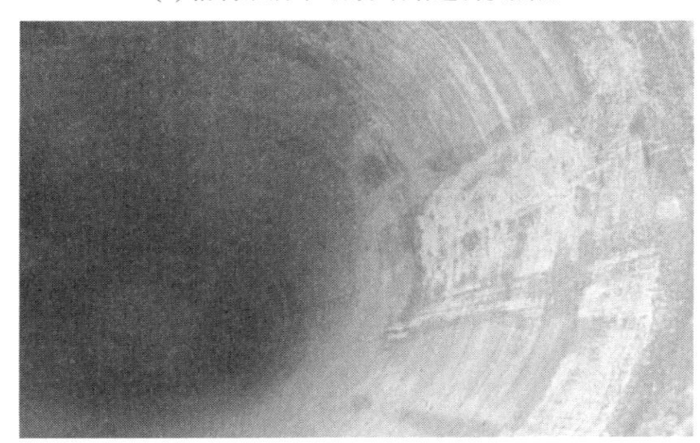
(d) 精制柴油-冷低分油换热器

图 6-11　柴油加氢换热器腐蚀形貌

检验了 20 台蜡油加氢换热器，其中蜡油加氢除盐水预热器存在机械划伤腐蚀检测发现设备管箱内表面锈蚀轻微，如图 6-12 所示。正上偏北处堆焊层有受管程介质腐蚀造成的深 1~2mm 的轻微腐蚀坑，分析原因为焊层表面原本表面损伤造成软化水腐蚀，壳体内部存在多处机械划伤。建议打磨消除壳体内部机械划伤，补焊管箱堆焊层。

蜡油加氢原料气第一预热器设备管箱内表面浮锈，内部分隔板发生汽蚀，其受管束介质饱和蒸气腐蚀存在有 1mm 深腐蚀坑，而且部分换热管存在机械划伤与变形问题(图 6-13)。

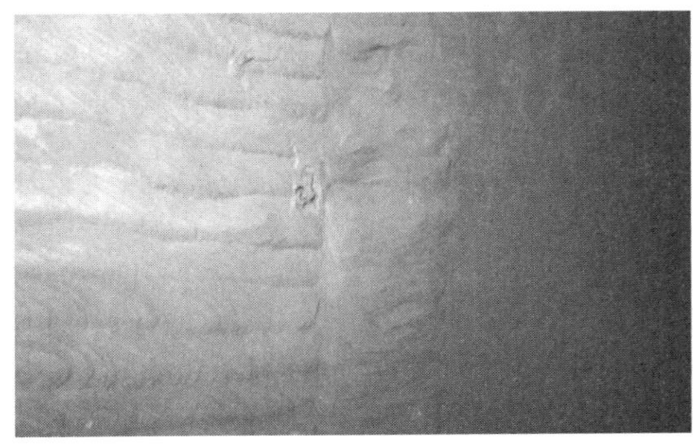
(a) 管箱堆焊层处

(b) 除盐水预热器壳体内表面

图 6-12　蜡油加氢除盐水预热器腐蚀形貌

(c) 除盐水预热器壳体内表面

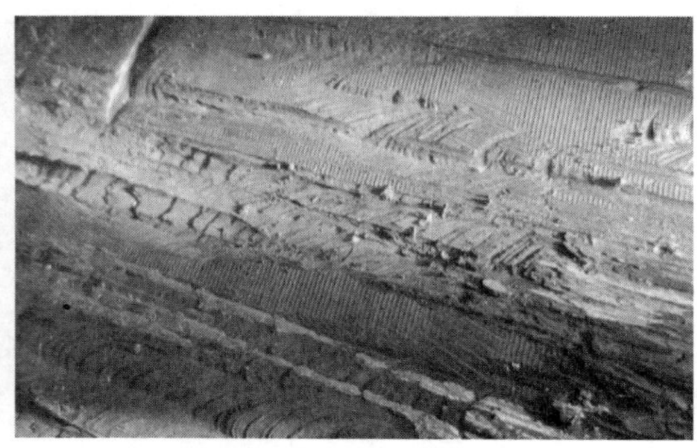

(d) 除盐水预热器筒体口

图 6-12　蜡油加氢除盐水预热器腐蚀形貌(续)

(a) 管箱内隔板腐蚀坑

(b) 换热管机械划伤

图 6-13　蜡油加氢原料气第一预热器腐蚀形貌

图 6-14　蜡油加氢中变气水冷器管束折流板

蜡油加氢中变气水冷器整体腐蚀轻微，但管束折流板存在受外力导致的变形，如图 6-14 所示。

蜡油加氢产品分馏塔顶后冷器管板、壳体都有结垢，但整体腐蚀较轻。设备管束 U 形处存在受外力导致的变形(图 6-15)。蜡油加氢冷却器设备管束的定距管与管板受外力分离，如图 6-16 所示，建议重焊。

6.3.5　加热炉腐蚀状况

腐蚀检查检验了 2 台柴油加氢加热炉，柴油加氢反应进料加热炉与分馏塔重沸炉，整体结构完好，腐蚀轻微，未见明显裂纹，柴油加氢反应进料加热炉部分区域耐火砖、防火层受高温破损(图 6-17)，建议修复内部耐火，分别对反应进料加热炉与分馏塔重沸炉部分炉管进行金相分析，发现反应进料加热炉炉管所检部位存在少量马氏体组织，不影响使用，而分馏塔重沸炉所检部位组织结构均匀正常。检验了 3 台蜡油加氢加热炉，加热管未见明显蠕变与裂纹，敲击未发现异常，金相检测发现弯头母材及直管母材均发现有马氏体组织，但不影响使用(图 6-18)。

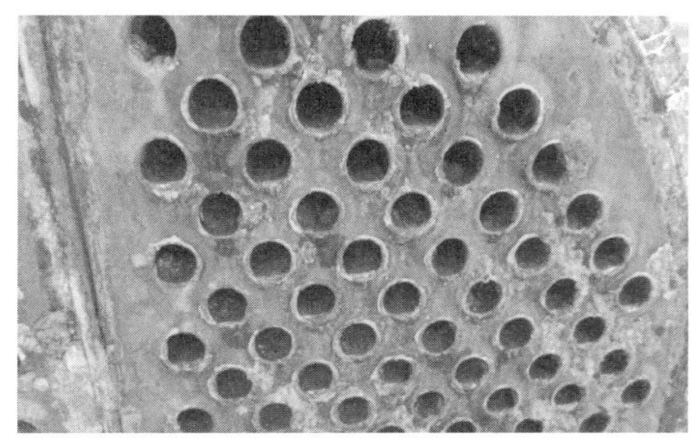

(a) 产品分馏塔顶后冷器管板

(b) 设备管束变形

图 6-15 蜡油加氢产品分馏塔顶后冷器腐蚀形貌

图 6-16 蜡油加氢冷却器设备管束

(a) 反应进料加热炉耐火砖

(b) 反应进料加热炉防火层

图 6-17 柴油加氢加热炉腐蚀形貌

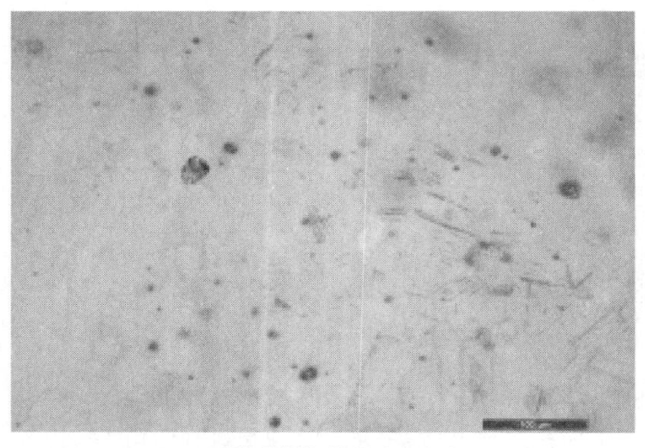

(c) 反应进料加热炉金相组织

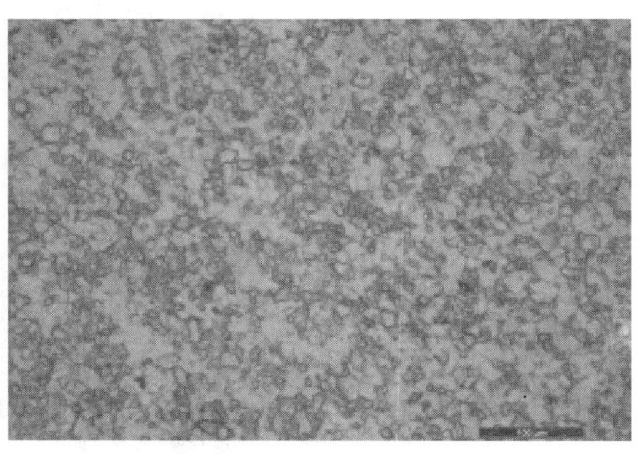

(d) 分馏塔重沸炉金相组织

图 6-17　柴油加氢加热炉腐蚀形貌(续)

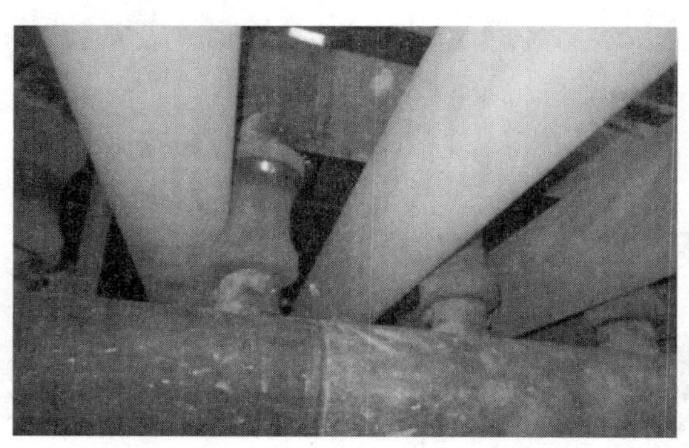

(a) 加热炉炉管

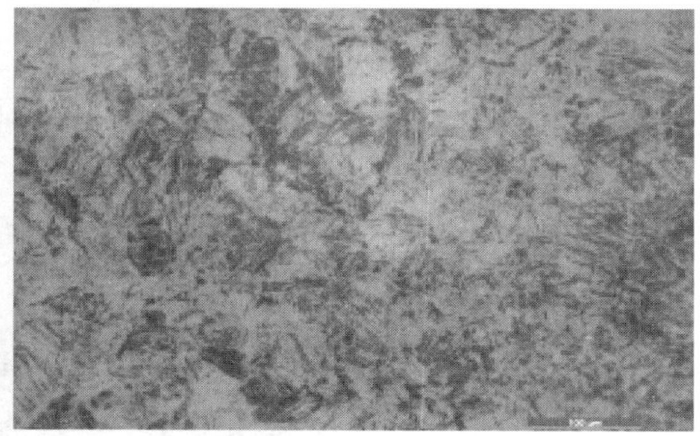

(b) 弯头母材位置金相组织

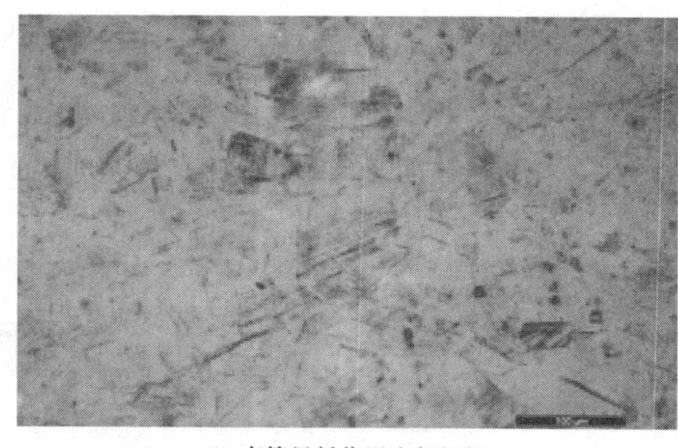

(c) 直管母材位置金相组织

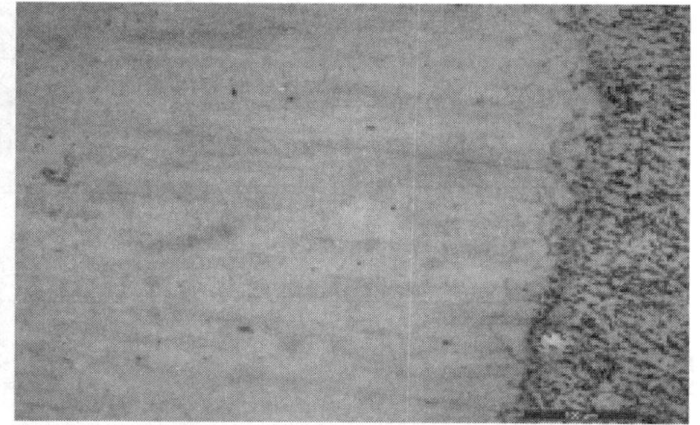

(d) 直管热影响区位置金相组织

图 6-18　蜡油加氢加热炉腐蚀形貌

蜡油加氢分馏进料加热炉炉管，未见明显蠕变与裂纹，敲击未发现异常，金相检测发现所检部位弯头母材珠光体有球化现象，珠光体球化级别为 3 级，建议缩短检验周期，内表面部分区域衬里表面受高温脱落(图 6-19)，建议修复。

蜡油加氢转化炉加热管，未见明显蠕变与裂纹，敲击未发现异常，金相检测发现所检部位组织结构基本正常，但存在部分区域衬里受高温表面脱落(图 6-20)，建议修复。

(a) 分馏进料加热炉炉管

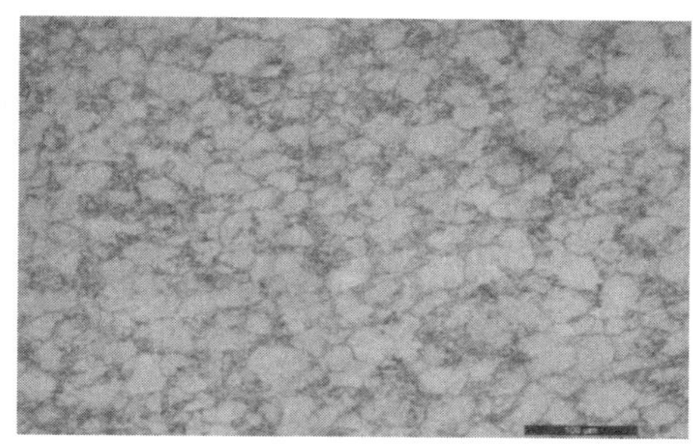
(b) 弯头母材位置金相组织

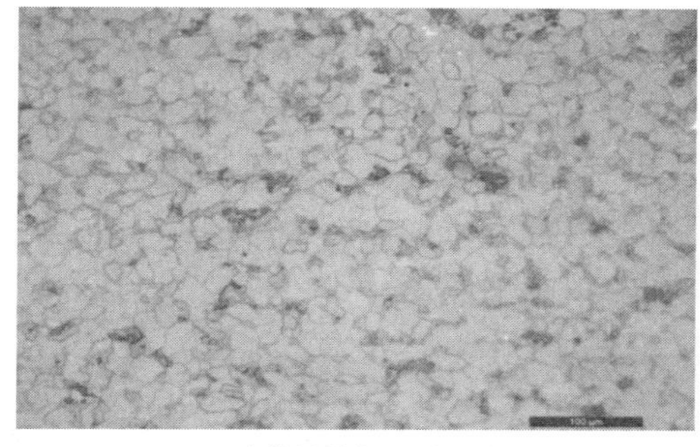
(c) 直管母材位置金相组织

(d) 直管热影响区位置金相组织

图 6-19　蜡油加氢分馏进料加热炉腐蚀形貌

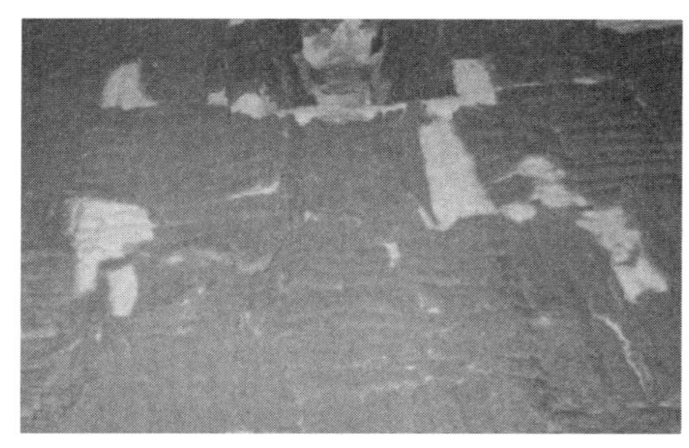
(a) 转化炉衬里表皮脱落

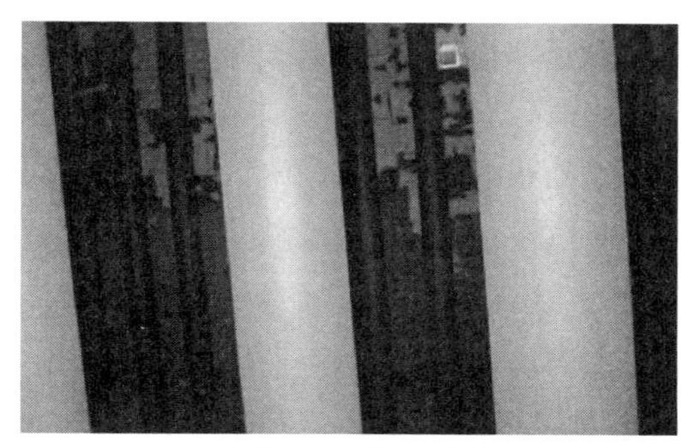
(b) 转化炉衬里表皮脱落

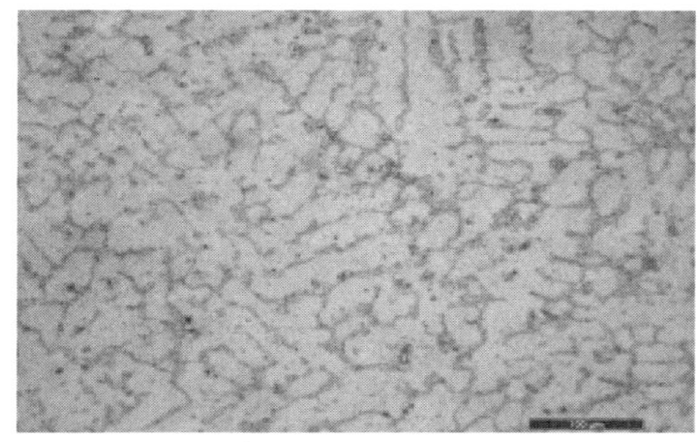
(c) 直管母材位置金相组织

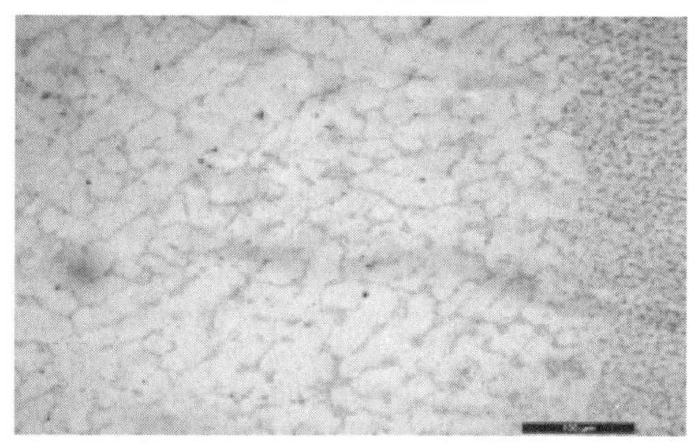
(d) 直管热影响区位置金相组织

图 6-20　蜡油加氢转化炉腐蚀形貌

6.4 加氢装置防腐措施及建议

通过对柴油加氢装置的腐蚀检查发现，装置的整体腐蚀程度较轻，绝大多数设备情况良好，说明目前的工艺及设备防腐措施比较得当，但通过腐蚀检查也发现了一些问题，针对装置中设备的腐蚀情况及对其腐蚀机理的分析，从工艺、设备、在线监测等角度提出以下几条防腐措施建议。

① 从源头上来说，引起加氢裂化装置腐蚀的根本原因是反应原料中的各种杂质，比如氮、硫、金属离子，各种氯和氮的化合物等。想要降低腐蚀作用，最本质的方法还是控制原料中杂质的含量，只要原料中腐蚀类杂质的含量降低了，加氢裂化装置各个系统受到的腐蚀都会降低。虽然不能完全消除腐蚀，但这种措施对抑制整个装置的腐蚀作用有很好的效果。在具体的实行上，需要事先对将要加入装置的氢与原料油进行详细的检验分析，确定其中的杂质成分；接着通过脱氯对将要进入裂化装置的新氢及原料油进行脱氯，尽可能消除其中的氯；最后，最大限度地保证加氢裂化过程的反应稳定，避免超压、超温、超负荷等因素引起的腐蚀成分增加。

② 通过适当注水防范腐蚀，该措施主要针对加氢裂化装置的反应系统，由于该系统的主要腐蚀机理是氨盐的结晶垢，所以只要能清理这些结晶，防止其附着在装置壁上就能有效减轻腐蚀与堵塞。注水能够令铵盐溶于水并流出，而且对结晶化铵盐有冲刷效果，能起到很好的清理作用，大幅降低腐蚀源浓度。需要注意的是，这种措施的有效程度可以通过注水后硫氢化铵的浓度确定，从数据上来看，注水后硫氢化铵的浓度控制在8%以下才能有效降低腐蚀效果，因此在注水的同时应注意对硫化氢铵浓度的监测，以保证注水防腐的有效程度，避免形成无效防腐措施。

③ 对于奥氏体不锈钢和奥氏体合金连多硫酸腐蚀的防护，在设备被打开或者暴露于空气当中，应采取减小或者消除连多硫酸应力腐蚀开裂的措施，包括设备氮气吹扫或者充氮保护，防止与空气、水接触，开停工期间应进行碱洗，中和可能形成的任何连多硫酸。

④ 加强循环水的处理，及时调整循环水系统加药。从目前循环水系统对水冷器腐蚀情况看，主要是采用的阻垢分散剂分散性不好，循环水浓缩倍数增大使得水冷器结盐，而运行初期则是杀菌剂杀菌效果不好。因此应加强对循环水的检测和分析，及时根据检测数据调整循环水的加药，以减轻循环水系统的腐蚀和结垢。从源头上对循环水水质进行监控，保证循环水水质各项指标合格，同时要定期检查水冷器的泄漏情况，防止水冷器介质泄漏，造成水质污染，最后形成恶性循环。

⑤ 烟气露点腐蚀的控制。露点温度的高低除与燃料中的含硫量有关外，还与过剩空气系数和三氧化硫的生成量等因素有关。炉膛温度越高过剩空气越少，则燃烧中的硫生成的 SO_2被氧化成 SO_3就越少，露点温度越低。因此对于烟气的露点腐蚀防护应从以下方面应对：a. 设计上应针对烟气的露点腐蚀，选择具有耐烟气腐蚀的材料；b. 燃料气采用脱硫工艺，以降低燃料中的硫含量；c. 空气预热器应采用热风循环，或利用其他介质加热空气，提高空气入口温度；d. 控制加热炉的氧含量，降低空气过剩系数；e. 定期分析烟气的露点温度，控制烟气排放温度比露点温度高 15℃。

⑥ 应用在线腐蚀监测方案检查设备的腐蚀。通过在线监控数据的收集和分析，对腐蚀状况进行判断以及采取相应的防护措施。可利用在线电化学监测、在线电阻探针监测、在线电感探针监测以及在线 pH 值监测等多种在线腐蚀监测技术。

⑦ 制定工艺防腐操作手册，建立常态化的腐蚀监测机制，为加氢裂化装置建立专门的技术档案，并予以严格管理，将设备的用材、基本工艺、技术原理、运行情况、防腐措施、检修记录、防腐效果等详细记入档案，从而为技术人员提供具体准确的参考依据，提高防腐措施效率。

第7章

焦化硫黄装置腐蚀机理及检查案例

7.1 焦化硫黄装置概况

焦化主要被分为平炉式焦化、釜式焦化、接触焦化、延迟焦化、灵活焦化和流化焦化等 6 种类型，延迟焦化工艺由于其工艺成熟、可靠，对原料渣油的适应性强，投资较低等优点是重油脱碳的一个重要手段。目前在全球渣油加工工艺的应用中占有约 30% 的能力，是当前渣油加工工艺中应用最为广泛的工艺。延迟焦化是将渣油在高温下经过深度裂化和缩合反应转化为气体和氢、中质馏分油及焦炭的一种热加工过程。1930 年 8 月第一套延迟焦化装置在美国 Whiting 炼化厂投产。从 1984 年到 1999 年，全世界延迟焦化产能增加了 70%，是目前产能发展最快的重油加工工艺，延迟焦化处理能力占全世界焦化处理能力的 85%以上。我国自 1963 年投产第一套年产量 3×10^5t 的延迟焦化装置；2000 年，上海石化投产了一套年产量达 1×10^6t 的"一炉二塔"式延迟焦化装置，采用了双面辐射式加热炉、多点注气、在线清焦等技术。2005 年我国延迟焦化能力达到年产量 4.245×10^7t，占原油加工能力的 12.94%。

延迟焦化装置的工艺流程有一炉两塔式、两炉四塔式等，如图 7-1 所示。焦化、分馏(包括气体回收)、焦炭处理和放空系统四部分构成了延迟焦化装置系统，在换热器和加热炉的对流管中被加热到 340~350℃的原料油与 430~440℃的焦炭塔顶部高温油气在分馏塔底部缓冲段换热，原料油中轻质油被蒸发出来，高温油气中的焦末被淋洗下

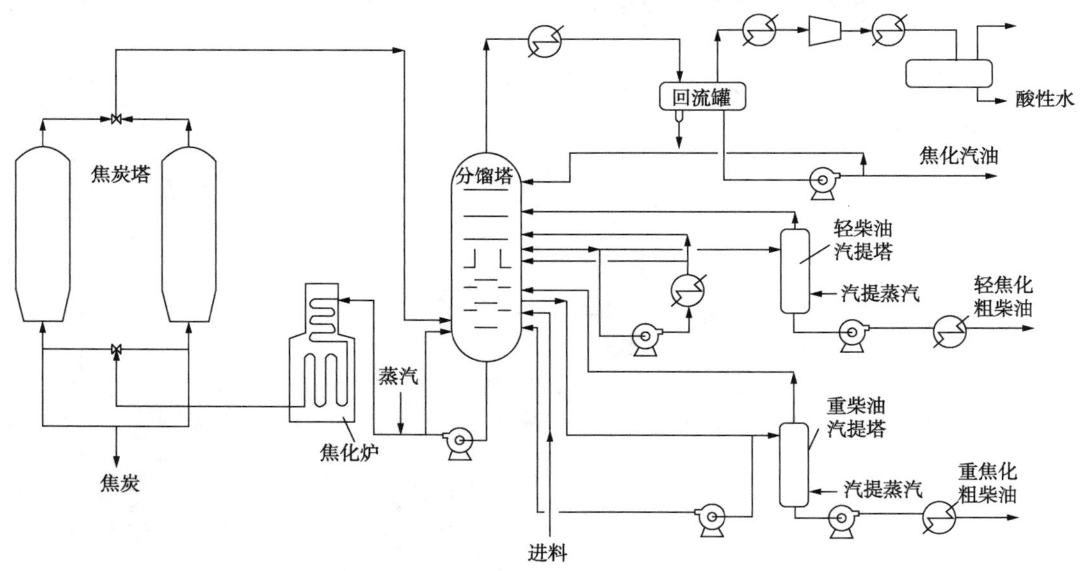

图 7-1 焦化硫黄装置示意图

来。混合原料从分馏塔底部抽出，用热油泵将其送至加热炉辐射室的炉管内加热至约500℃。混合原料通过两个四通阀进入焦炭塔底部。在焦炭塔内，油蒸汽裂解生成轻烃，重质液体既裂解生成轻烃，又缩合生成焦炭。为了保证装置连续运作，用四通阀实现焦炭塔间的切换。因此，一套延迟焦化装置需要两组(2 台或 4 台)焦炭塔，一组处于生焦状态，另一组处于除焦状态，轮换操作。切换周期为生焦时间和除焦操作时间之和，约为 16~24h。原料性质(尤其是残炭值)和焦炭质量(尤其是挥发分)影响生焦时间。

影响延迟焦化的因素主要包括原料和工艺，具体分类如下：

原料性质：原料的密度、残炭值、烃组成、馏程、金属含量、硫含量、灰分和酸值等都对焦化产品有影响。通常，原料残炭值越高，焦炭产率越高，约为原料油残炭值的 1.5~2 倍。此外，原料油中的盐在加热炉炉管内气化结晶形成盐垢后，会吸附沥青质、胶质形成焦核，促进缩合生焦，缩短运行周期。

操作温度：一般是指加热炉口温度。其变化对炉管内和焦炭塔内的反应深度、焦化产物分布及其性质都有一定影响。同种原料，随着加热炉出口温度升高，反应速率加快，反应深度加深，气体和汽柴油收率增加，蜡油收率减少，焦炭产率减少，挥发分降低。随着加热炉出口温度的提高，炉管内生焦速度加快，炉管因局部过热变形，开工周期缩短。同时，加热炉热负荷限制加热炉出口温度。因此，加热炉出口温度需合适，而不是温度越高越好。国内延迟焦化装置加热炉的出口温度在 493~502℃之间调整。对于易发生裂解和缩合反应的重质原料和残炭值较高的原料可适当降低加热炉出口温度。

操作压力：焦炭塔压力下降，会造成气相产品在塔内的停留时间缩短，气相产品二次裂解程度降低，液相产品易于蒸发，液相收率提高。一般来讲，压力降低，柴油收率减少，蜡油产率增加。国内延迟焦化装置焦炭塔的操作压力在 1.2~2.8atm(1atm=1.01×10^5Pa)之间。生产针状焦的延迟焦化装置，为使原料油进行深度反应，操作压力约 7atm。

循环比：循环比是指分馏塔塔底循环油流量与新鲜原料油流量的比值，是影响焦化产品分布、产品性质以及装置处理能力的另一重要操作参数。增大循环比，焦炭和焦化气体产率增加，总液体产率减少，其中汽柴油产率增加，焦化蜡油产率减少；降低循环比，会使 C_5 以上液体产品产率增加，焦炭产率减少。此外，循环比增大会使装置的操作费用增加。为降低能耗、提高液体收率等，降低循环比是延迟焦化装置总的发展趋势。为此，延迟焦化装置需适当调整进料流程。国外延迟焦化操作循环比一般是 0~0.15，国内则在 0.1~0.4 之间。当延迟焦化生产针状焦时，除了对原料要求富含芳烃(>60%)外，在操作上与常规延迟焦化也有所不同，一般要求变温操作、大循环比、高压、长停留时间等。

某公司为了解焦化硫黄车间部分设备在连续运行一个周期后的设备损坏和腐蚀情况，掌握承压设备现有防腐蚀措施的实际效果，确定材料在工艺介质环境中的腐蚀速度，使设备管理人员对设备的腐蚀情况进行全面把控，进一步采取有效措施减缓腐蚀，避免腐蚀事故的发生，对其焦化硫黄车间的部分设备进行腐蚀检查。

该车间的延迟焦化装置由焦化部分、分馏部分、接触冷却部分、水力除焦部分、切焦水和冷焦水部分、吸收-稳定部分、干气与液化气脱硫、液化气脱硫醇及碱液氧化再生部分组成。该套装置加工上游装置产出的减压渣油，公司调整产品结构，生产出高附加值的汽、柴油及液化石油气产品，以满足市场日益增长的需求，实现原油资源综合利用及经济效益最大化，实现以沥青、润滑油和清洁燃料为产品的生产战略定位。硫黄回收及酸性水汽提联合装置由一套 1×10^4t/a 硫黄回收装置、一套 80t/h 溶剂再生装置和一套 60t/h 酸性水汽提装置组成。硫黄回收装置以联合装置内酸性水汽提和溶剂再生装置产生的酸性气为原料，生产工业硫黄，产品在界区内成型、储存，以固体形式汽车运输送出厂。酸性水汽提装置以上游各装置酸性水为原料，产品净化水送至上游各装置回用。溶剂再生装置以硫黄回收装置和上游焦化等装置的富液为原料，产品贫液送至上游各装置。

7.2 焦化硫黄装置腐蚀机理分析

延迟焦化装置是以重质油作为原料油的一种生产装置，重质油中的含硫百分比通常要比原油高出 60%以上，且装置操作温度很高，腐蚀介质在高温环境中更容易与设备构件发生腐蚀反应。装置的腐蚀部位主要集中在管道、加热炉、空气预热器、分馏系统、反应系统等。其中，重蜡油抽出管道和分馏塔底抽出管道腐蚀速率较大，存在严重的高温硫腐蚀；加热炉炉管主要存在高温氧化腐蚀和高温硫腐蚀现象；空气预热器的腐蚀主要是露点腐蚀和垢下腐蚀；分馏系统的腐蚀主要位于分馏塔顶部及顶循系统，为低温部位硫腐蚀和氮化物腐蚀；焦炭塔内壁、焦炭塔顶大油气线的主要腐蚀形式为高温硫腐蚀，腐蚀形态为高温硫化物的全面腐蚀。主要的腐蚀形式包括高温硫腐蚀、低温硫腐蚀、低温酸性腐蚀、环烷酸腐蚀、冲蚀、烟气露点腐蚀等。因此对延迟焦化装置进行腐蚀检查，并对其腐蚀机理和腐蚀部位进行分析，是保证装置平稳安全运行的最有效手段。

通常焦化硫黄车间的容器和管道的潜在损伤机制主要有外部腐蚀、冲蚀、高温硫化物腐蚀(无氢气环境)、氯化铵腐蚀、高温氧化腐蚀、硫酸腐蚀、酸性水腐蚀(碱式酸性水)、环烷酸腐蚀、CO_2腐蚀、冷却水腐蚀、湿硫化氢破坏、氨应力腐蚀开裂、球化、回火脆性、蠕变、石墨化等。

(1) 外部腐蚀

外部腐蚀主要包括两类：一类是不需要敷设保温层的设备和管线，这类腐蚀也称为大气腐蚀(无隔热层)，还有一类是敷设保温材料的设备和管线，在其保温层下发生的腐蚀现象，通常称为大气腐蚀(有隔热层)。

无保温层的腐蚀通常是雨水或大气等造成的腐蚀，因没有保温层通常比较容易发现。有隔热层则是因隔热层与金属表面间的空隙内容易集聚水而产生的，水的来源比较广泛，可能来自雨水的泄漏和浓缩、冷却水塔的喷淋、蒸汽伴热管泄漏冷凝等。大气腐蚀(有隔热层)一般只形成局部腐蚀，导致小范围面积内壁厚减薄，多发生在-12~120℃温度范围内，尤以50~93℃区间最为严重。大气腐蚀(有隔热层)对于碳钢和低合金钢表现为局部腐蚀减薄，而对奥氏体不锈钢则表现为产生应力腐蚀裂纹。

一般的规律是年降雨量较大地区，或温暖、潮湿的沿海区的设备比较容易发生大气腐蚀(有隔热层)，而位于较寒冷、干燥的中部大陆地区大气腐蚀(有隔热层)危害性要小得多。另外如果部件位于冷却水塔和蒸汽放空附近，由于受小环境影响，其操作温度周期性的经过露点，也容易发生大气腐蚀(有隔热层)。大气腐蚀(有隔热层)主要发生在保温层穿透部位或可见的保温层破坏部位、法兰及其他管件的保温层端口等敏感部位。保持保温层和涂层的完好可有效地减少大气腐蚀(有隔热层)。

奥氏体不锈钢设备或管道上的保温层被水汽浸泡后，由于水汽蒸发，氯化物会凝聚下来(此外，氯化物的来源还可能来自保温层的材料中)，在残余应力作用下(如焊缝和冷弯部位)，容易产生应力腐蚀开裂。

(2) 冲刷腐蚀

同第3.2节常减压装置冲刷腐蚀机理一致。冲刷问题多出现在输送介质中夹带固体颗粒的设备与输送流体介质的所有设备中，管道系统多见于弯管、弯头、三通和异管径部位，以及调节阀和限流孔板的下游部位。

(3) 冲蚀

冲蚀是指腐蚀产物因流体冲刷而离开表面，暴露的新鲜金属表面在冲刷和腐蚀的反复作用下发生的损伤，冲刷流体可分为单相流、两相流或多相流。冲蚀可以在很短的时间内造成局部严重腐蚀，形成蚀坑、凹槽、犁沟和凹谷状形貌，且具有一定的方向性。冲蚀多见于腐蚀环境下的管道系统，尤其是弯管、弯头、三通和异径管部位，以及减压阀和截止阀的下游管道系统，尤其是流动腐蚀性介质的所有设备。

(4) 高温硫化氢腐蚀(无氢气环境)

碳钢或其他合金在高温下与硫化物反应发生的腐蚀被称为高温硫化物腐蚀(无氢气环境)，其多为均匀减薄，有时表现为局部腐蚀，高流速部位会形成冲蚀；腐蚀发生后部件表面多覆盖有硫化物膜，有的膜很厚，有的很薄，厚度跟材质、流体腐蚀性、流速和是否有杂质有关。

在延迟焦化装置中，高温硫化物腐蚀(无氢气环境)易发生工段为进料预热换热器的管道和设备、泵、管道以及加热炉入口管道、焦炭塔、分馏塔、分馏塔底重油线、蜡油线、塔顶挥发线及换热设备等。

（5）氯化铵腐蚀

氯化铵在一定温度下结晶成垢，在无水情况下发生全面腐蚀或局部腐蚀，以点蚀最为常见，可出现在氯化铵盐或盐酸胺盐垢下。氯化铵腐蚀部位多存在白色、绿色或灰色盐状沉积物，若停车时进行水洗或吹扫，会除去这些沉积物，等到目视检测时沉积物可能已不明显；垢层下腐蚀通常为局部腐蚀，如点蚀。在延迟焦化装置中，氯化铵腐蚀易发生工段为分馏塔顶，包含塔顶出口管线、换热器、回流罐等都可能存在氯化铵腐蚀。

（6）高温氧化腐蚀

高温下金属与氧气发生反应生成金属氧化物的过程称为高温氧化腐蚀，通常发生在加热炉和锅炉燃烧的含氧环境中。多数合金，包括碳钢和低合金钢，氧化腐蚀表现为均匀减薄，腐蚀发生后在金属表面生成氧化物膜；而奥氏体不锈钢和镍基合金在高温氧化作用下易形成暗色的氧化物薄膜。在延迟焦化装置中，高温氧化腐蚀易发生工段为焦化炉与硫黄装置的废热锅炉。

（7）硫酸腐蚀

由稀硫酸引起的金属腐蚀通常表现为壁厚均匀减薄或点蚀，碳钢焊缝和热影响区易遭受腐蚀，在焊接接头部位形成沟槽。硫酸腐蚀多为全面腐蚀，但碳钢焊缝热影响区会发生快速腐蚀；钢在稀酸中发生腐蚀时通常表现为点蚀或整体的均匀损耗，并随着温度和流速上升而愈加严重；若腐蚀速率高且流速快，就不会形成锈皮；硫酸能腐蚀焊缝的夹杂。在延迟焦化装置中，硫酸腐蚀易发生工段为硫冷凝器处。

（8）酸性水腐蚀（碱式酸性水）

酸性水腐蚀是因水中同时含有硫化氢和氨而引起的腐蚀，尤其是碱性环境中的碳钢材质，这种腐蚀通常认为是由硫化铵（NH_4HS）引起的。影响酸性水腐蚀的主要因素是水中 NH_4HS 的浓度，以及介质流速，次要因素为水的 pH 值、水中氰化物和氧含量。

碱式酸性水腐蚀会在介质流动方向发生改变的部位，或硫氢化铵浓度超过 2%（质量分数）的紊流区，易形成严重局部腐蚀；当介质注水不足以溶解析出的硫氢化铵时，低流速区可能出现结垢，发生垢下局部腐蚀。换热器管束发生结垢时，还可能出现堵塞和换热效率降低等情况。在延迟焦化装置中，酸性水腐蚀（碱式酸性水）易发生工段为分馏塔，分馏塔底重油线、蜡油线、塔顶挥发线及换热设备。

（9）环烷酸腐蚀

在 177~427℃ 温度范围内，环烷酸会对金属材料产生腐蚀。在高流速区可形成局部腐蚀，如孔蚀、带锐缘的沟槽；在低流速凝结区，碳钢、低合金钢和铁素体不锈钢的腐蚀表现为均匀腐蚀或孔蚀。在延迟焦化装置中，环烷酸腐蚀易发生工段为进料预热换热器的管道和设备、泵、管道以及加热炉入口管道。

（10）CO_2腐蚀

CO_2腐蚀在 60℃ 以上时尤为明显，当 CO_2输送过程因温度变化产生冷凝液时，就对碳钢管壁产生强烈腐蚀。CO_2会与冷凝水结合生成腐蚀性碳酸，对碳钢和低合金钢造成腐蚀：$Fe+H_2CO_3 = FeCO_3+H_2\uparrow$。湿硫化氢与二氧化碳气体联合作用会加剧腐蚀速度，形成非常严重的局部腐蚀，导致设备和管线的破坏。在延迟焦化装置中，CO_2腐蚀易发生工段为蒸汽与冷凝水为介质的设备。

(11) 冷却水腐蚀

氧的去极化腐蚀情况下，冷却水对碳钢的腐蚀多为均匀腐蚀；冷却水腐蚀主要推动因素为垢下腐蚀、缝隙腐蚀、电偶腐蚀或微生物腐蚀时，局部腐蚀较为常见；冷却水在管嘴的出入口或管线入口处易形成冲蚀或磨损，形成波纹状或光滑腐蚀；在电阻焊制设备或管道的焊缝区域，冷却水腐蚀多沿焊缝熔合线形成腐蚀沟槽。在延迟焦化装置中，冷却水腐蚀易发生工段为循环水设备与部分含氧量较高的酸性介质设备。

(12) 湿硫化氢破坏

硫化物应力腐蚀开裂的敏感性与氢原子的渗透量有关，钢内氢原子的来源是湿 H_2S 的腐蚀反应，氢原子的渗透量主要与 pH 值和水中 H_2S 的含量有关。一般来说，钢中的氢含量在 pH 值接近中性的溶液中最低，而在酸性或碱性环境中其含量会增加。硫化物应力腐蚀开裂的敏感性会随气相中 H_2S 的分压或液相中 H_2S 的含量增加而升高。开裂的敏感性还与材料的硬度和应力水平有关。钢的高硬度使硫化物应力腐蚀开裂的敏感性增加。硫化物应力腐蚀开裂一般不会影响利用湿的硫化氢进行精馏的设备和管道的碳钢母材，因为这些钢材有足够低的强度(硬度)水平。然而，焊缝和热影响区可能存在较高的硬度和较高的残余应力，高残余拉应力会使硫化物应力腐蚀开裂的敏感性增加。焊后热处理能显著降低残余应力水平以及焊缝和热影响区的硬度。

在含水和硫化氢环境中碳钢和低合金钢所发生的损伤，包括氢鼓泡、氢致开裂、应力导向氢致开裂和硫化物应力腐蚀开裂四种形式。在延迟焦化装置中，湿硫化氢腐蚀易发生工段为焦化装置中焦炭塔；吸收塔、吸收塔顶、塔中管线及换热设备；再吸收塔顶干气分液罐及工艺管线与稳定塔、塔顶管线、空冷器及出入口管线、塔顶回流罐及回流工艺管线等。

(13) 氨应力腐蚀开裂

碳钢和低合金钢在无水液氨中，或铜合金在氨水溶液和/或铵盐水溶液环境中发生的应力腐蚀开裂称为氨应力腐蚀开裂。无水液氨对碳钢只产生很轻微的均匀腐蚀，但液氨储罐在充装、排料及检修过程中，容易遭受空气的污染，空气中的氧和二氧化碳加速氨对碳钢的腐蚀，反应中的氨基甲酸氨对碳钢有强烈的腐蚀作用，且焊缝处残余应力较高，可使钢材表面的钝化膜产生破裂，造成应力腐蚀开裂。在液氨中使用的碳钢，如未进行热处理，焊缝金属和热影响区都可能发生开裂，而对于铜合金多为表面开裂，裂纹穿晶或沿晶扩展，裂纹中存在浅蓝色腐蚀产物，换热器管束表面有单一裂纹或有大量分支的裂纹。在延迟焦化装置中，氨应力腐蚀开裂易发生工段为分馏塔塔顶出口换热器。

(14) 球化

即材料在高温(440~760℃)长期使用过程中，珠光体中渗碳体(碳化物)形态由最初的层片状逐渐转变成球状的过程。钢材加热到一定温度时，珠光体中的片状渗碳体获得足够的能量后局部溶解，断开为若干细的点状渗碳体，弥散分布在奥氏体基体上，同时由于加热温度低和渗碳体不完全溶解，造成奥氏体成分极不均匀。以原有的细碳化物质点或奥氏体富碳区产生的新碳化物为核心，形成均匀而细小的颗粒状碳化物，这些碳化物在缓冷过程中或等温过程中聚集长大，并向能量最低的状态转化，形成球状渗碳体。另如1Cr0.5Mo等低合金钢中细小、弥散分布的碳化物高温下会凝聚长大，使材料的抗拉强度和抗蠕变能力降低。

(15) 回火脆化

同第5.2节催化重整装置回火脆化机理一致。目视检测不易发现回火脆化损伤，一般采用夏比V形缺口冲击试验测试材质性能，回火脆化材料的韧脆转变温度较非脆化材料升高。

(16) 蠕变

在低于屈服应力的载荷作用下，高温设备或设备高温部分金属材料随时间推移缓慢发生塑性变形的过程称为蠕变，蠕变变形导致构件实际承载截面收缩，应力升高，并最终发生不同形式的断裂。蠕变一般可分为以下两类：

沿晶蠕变：常用高温金属材料(如耐热钢、高温合金等)蠕变的主要形式，在高温、低应力长时间作用下，晶界滑移和晶界扩散比较充分，孔洞、裂纹沿晶界形成和发展；

穿晶蠕变：高应力条件下，孔洞在晶粒中夹杂物处形成，随蠕变损伤的持续而长大、汇合。

(17) 石墨化

长期在427~596℃温度范围内使用的碳钢和0.5Mo钢，其珠光体颗粒可能分解成铁素体颗粒和石墨。石墨化有两种常见类型：第一种是随机石墨化，球状石墨随机地分布在钢材各处，可使钢材室温下的抗拉强度降低，但不会降低材料抗蠕变能力；第二种石墨化球状石墨分布或集中在局部地区的同一平面上，平面部位有可能发生脆性断裂，使材料承载能力明显降低，具有破坏性，而第二种石墨化又可分为焊缝热影响区石墨化和非焊接接头区石墨化：

① 焊缝热影响区石墨化多发于焊缝附近热影响区内的一个狭窄区域中，位于热影响区的低温边缘。多道焊接接头中这些区域互相重叠，可覆盖整个截面。这些热影响区的低温边缘处均会形成球状石墨，使脆弱的石墨带贯穿整个截面。根据形貌特征，热影响区内这种形成石墨的过程又称为眉毛状石墨化。

② 焊接接头区石墨化是局部石墨化，有时它会沿着钢中局部屈服面发生。在冷加工或冷弯等产生明显的塑性变形后，变形区域会发生链状形态的石墨化。

石墨化损伤宏观观察不易发现，仅可通过金相检测判定；石墨化损伤的末阶段与蠕变强度降低有关，包括微裂纹或微孔洞形成、表面及近表面开裂。

7.3　焦化硫黄装置腐蚀检查案例

以对某焦化硫黄车间的 116 台容器与 314 条管道进行的腐蚀检查为例，取消了 3 台压力容器与 10 条工业管道，具有代表性的腐蚀检查具体情况如表 7-1 和表 7-2 所示。

表 7-1　焦化硫黄车间容器腐蚀检查情况汇总表

序号	容器名称	主要问题
1	非净化压缩空气缓冲罐	内表面锈蚀较重，但锈层下基本平整
2	接触冷却塔	设备内表面存在机械损伤
3	吸收塔底油冷却器	壳程与管程内部存在轻微腐蚀坑，且管程内部锈蚀严重，部分锈层剥离基体
4	稳定塔进料换热器	壳程内表面存在轻微机械划伤
5	解吸塔中段油-汽油换热器	壳程内表面存在轻微腐蚀坑
6	尾气分液罐	内表面锈蚀较重，但锈层下基本平整
7	焦炭塔	设备内表面多条焊缝与设备外表面底部裙座处存在密集或断续的表面裂纹

表 7-2　焦化硫黄车间管道腐蚀检查情况汇总表

序号	管道名称	主要问题
1	污油管道	存在减薄较大管件
2	中压蒸汽管道	存在减薄较大管件
3	稳定塔顶油气管道	存在减薄较大管件
4	酸性水管道	存在减薄较大管件
5	放空气管道	存在减薄较大管件
6	尾气管道	存在减薄较大管件
7	酸性气管道	存在减薄较大管件
8	轻污油管道	存在减薄较大管件
9	减压渣油管道	存在减薄较大管件
10	高压燃料气管道	存在减薄较大管件
11	凝结水管道	存在减薄较大管件

通过对焦化硫黄车间的腐蚀检查表明：装置整体腐蚀情况较轻，绝大多数设备情况良好，说明目前的工艺及设备防腐措施比较得当，但通过腐蚀检查也发现了以下一些问题：

① 4 台非净化压缩空气缓冲罐与尾气分液罐内表面锈蚀严重，但锈层下基本平整，结构基本完好；

② 接触冷却塔内表面存在机械损伤，而稳定塔进料换热器壳程内表面存在轻微机械划伤；

③ 吸收塔底油冷却器壳程与管程内部存在轻微腐蚀坑，且管程内部锈蚀严重，部分锈层剥离基体；解吸塔中段油-汽油换热器壳程内表面存在轻微腐蚀坑；

④ 2 台焦炭塔设备内表面多条焊缝与设备外表面底部裙座处存在密集或断续的表面裂纹；

⑤ 最终腐蚀检查的 314 条工业管道中 21 条管道存在减薄较大的管件。

7.3.1 塔器腐蚀状况

对焦化硫黄车间 14 台塔器进行腐蚀检查发现，内部以锈蚀为主，结构完好，除接触冷却塔内表面存在机械损伤与 2 台焦炭塔设备内表面多条焊缝与设备外表面底部裙座处存在密集或断续的表面裂纹外，其余塔器宏观未见局部腐蚀与表面裂纹，整体腐蚀较轻。图 7-2 为部分塔器内部腐蚀形貌。

(a) 汽提塔塔底内表面锈蚀

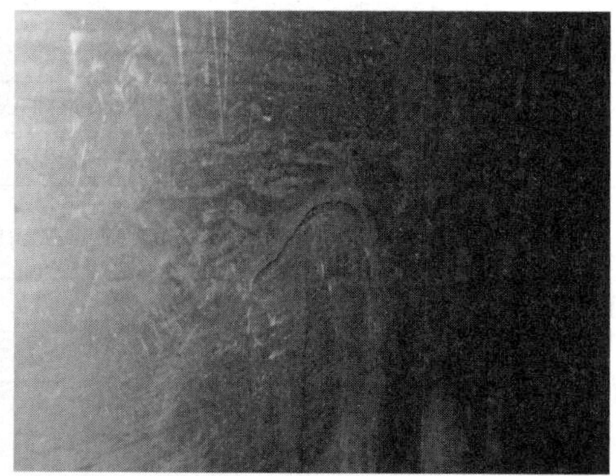

(b) 接触冷却塔内表面机械损伤

(c) 解吸塔内表面及塔盘

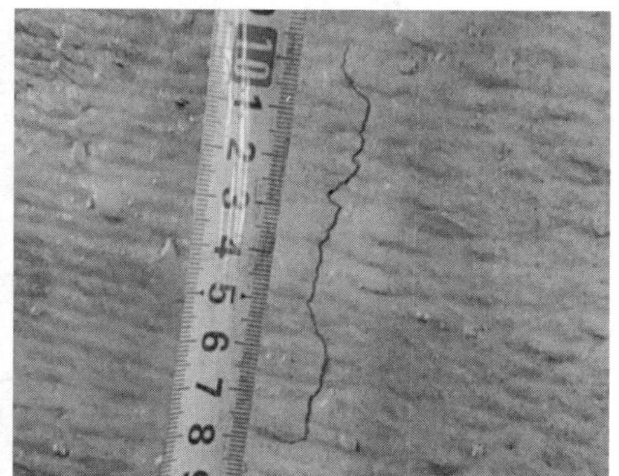

(d) 焦炭塔裙座处裂纹

图 7-2 部分塔器内部腐蚀形貌

本次检查的 2 台焦炭塔内表面焊缝处与外表面底部裙座处裂纹的成因进行初步分析：

外表面裙座处裂纹：使用超过 10 年的焦炭塔在定期检验中几乎无一例外地发现焦炭塔的裙座角焊缝大量开裂，这是因为在焦炭塔工作过程中，温差应力造成的疲劳开裂。在对开裂焊缝的研究分析中发现，裙座焊缝开裂是从角焊缝的根部起裂的。裂纹在焊缝中向外逐渐扩展，最后贯穿焊缝，发生过裙座开裂的焦炭塔在随后的定期检验中几乎每次都能发现新的开裂，就是因为只处理了被贯穿的焊缝，对已经开裂的还未贯穿的焊缝未做处理的缘故。

内表面焊缝处裂纹：理论上焦炭塔塔体焊缝的开裂主要是焊缝内部缺陷扩展和冷却或停工时的应力腐蚀造成的。而在实际检验中发现，其开裂主要发生在设备上部。主要是塔内部下方的结焦层对焦炭塔塔体有很好的保护作用，这层结焦在高温时保护塔体不受高温硫的腐蚀，在低温时不受湿 H_2S 应力腐蚀侵害。焦炭塔上部主要为轻组分的含硫油气，对焦炭塔塔体构成腐蚀，因此在检验中发现的开裂多在上部。

7.3.2　容器腐蚀状况

共对 56 台容器储罐进行腐蚀检查，其中 51 台设备整体腐蚀较轻，且所检查设备未见明显减薄与裂纹；其余 5 台设备，4 台非净化压缩空气缓冲罐与尾气分液罐内表面锈蚀严重，但锈层下基本平整，结构基本完好，经壁厚测定未见较大减薄。图 7-3 为部分容器储罐内部腐蚀形貌。

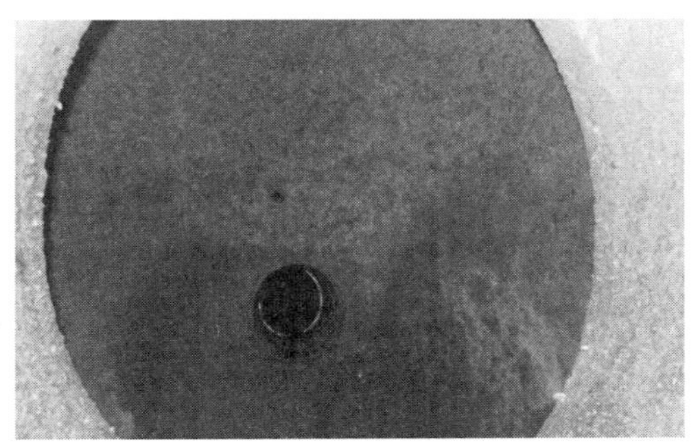

(a) 非净化压缩空气缓冲罐内表面锈蚀严重

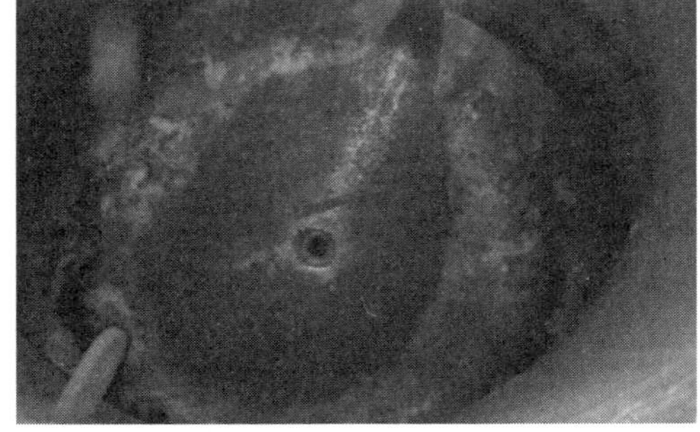

(b) 分馏塔顶油气分离罐内表面均匀锈蚀

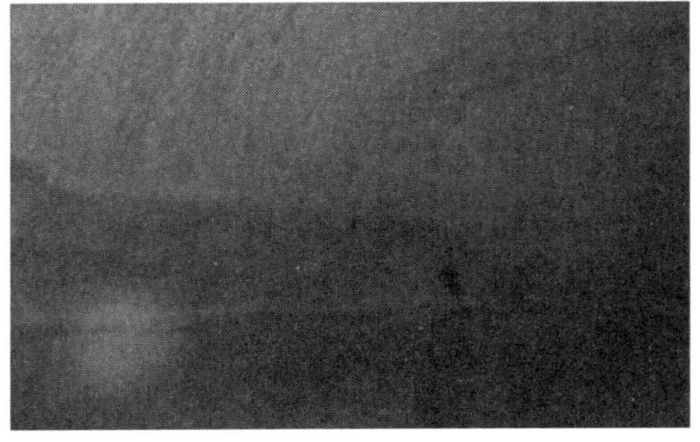

(c) 沉降罐下内表面均匀锈蚀

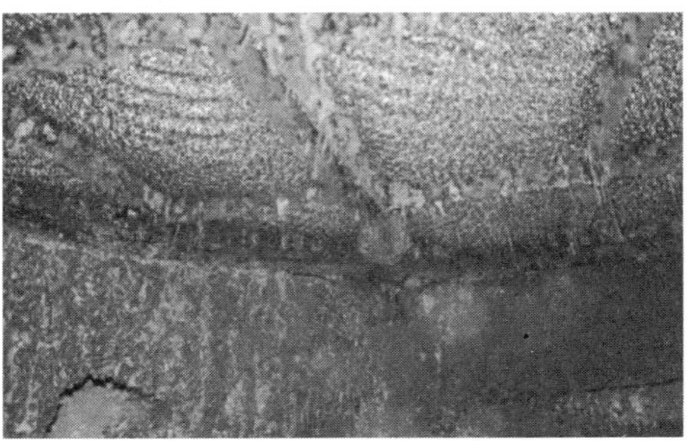

(d) 尾气分液罐内表面锈蚀严重

图 7-3　部分容器储罐内部腐蚀形貌

分析5台腐蚀较重的设备发现，4台非净化压缩空气缓冲罐的介质为未净化的空气，其发生的腐蚀属于电化学腐蚀，腐蚀程度主要决定于介质中空气的成分、温度和湿度。腐蚀程度最大、最严重的是设备介质直接使用了潮湿的受污染大的工业大气，腐蚀程度最小的使用的是干燥而洁净的大气。对大多数工业结构的合金来说，最能加速腐蚀过程的是二氧化硫、硫化氢等含硫的污染物，而金属表面的光亮度对其腐蚀影响极大，光滑的表面不易形成连续的水膜，甚至水膜不能附着，所以不容易产生电化学腐蚀。相反，如果金属表面凹凸不平，或者很粗糙，那么就有利于水膜的形成，使金属表面产生电化学腐蚀，即使在相对湿度很低的情况下腐蚀也可能发生。尾气分液罐的介质为氧化风、燃料气，在介质中含有一定量的水时，介质中的氧化风、硫化物都会对设施造成腐蚀，而腐蚀的程度与介质的成分、温度和湿度相关。

7.3.3 换热器腐蚀状况

共对56台换热器进行了腐蚀检查，除吸收塔底油冷却器壳程与管程内部存在轻微腐蚀坑，且管程内部锈蚀严重，部分锈层剥离基体；解吸塔中段油-汽油换热器壳程内表面存在轻微腐蚀坑与稳定塔进料换热器壳程内表面存在轻微机械划伤外，其余设备内部以锈蚀为主，腐蚀较轻。图7-4为部分换热设备腐蚀形貌。

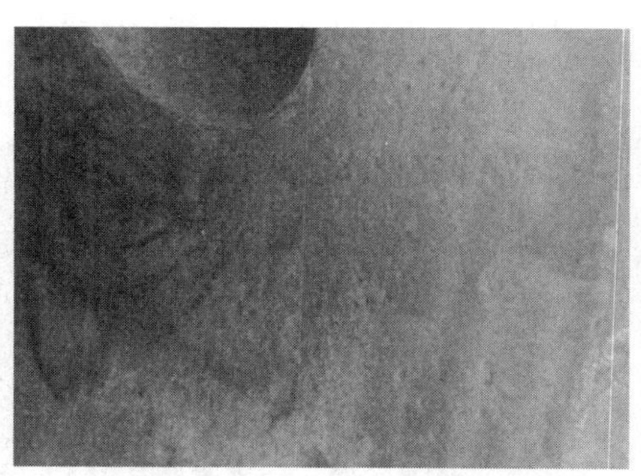

(a) 吸收塔底油冷却器壳程内表面轻微腐蚀坑

(b) 吸收塔底油冷却器管程内表面锈层剥离

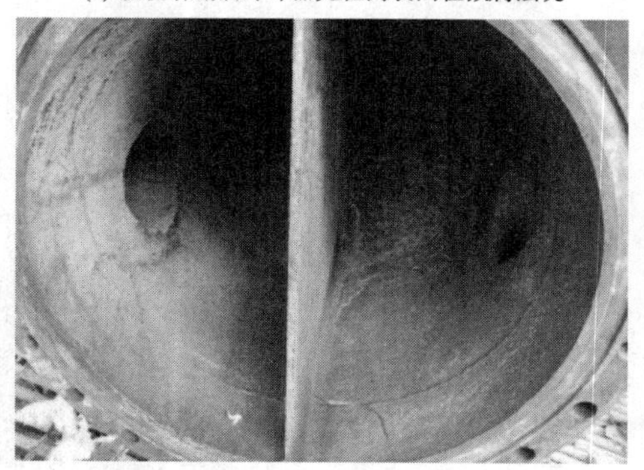

(c) 稳定塔进料换热器管程内表面

(d) 解吸塔中段油-汽油换热器壳程轻微腐蚀坑

图7-4 部分换热设备腐蚀形貌

3 台问题设备中稳定塔进料换热器壳程内表面为机械划伤，吸收塔底油冷却器管程存在冷却水腐蚀(介质为循环水)，因此出现设备管程内部锈蚀严重，且有轻微的腐蚀坑，而吸收塔底油冷却器的壳程介质，吸收塔底油与解吸塔中段油-汽油换热器的壳程介质，解吸塔中段油，都含有一定的硫化物，因此内部轻微腐蚀坑可能是由于介质中的硫化物腐蚀造成的。

7.3.4　反应器及加热炉腐蚀状况

共检查 3 台反应器：水洗纤维液膜反应器、二级纤维液膜脱硫醇反应器与一级纤维液膜脱硫醇反应器，设备内表面以锈蚀为主，构件完好，宏观未见局部腐蚀与表面裂纹，整体腐蚀较轻。图 7-5 为反应器腐蚀形貌。

(a) 水洗纤维液膜反应器外防腐

(b) 水洗纤维液膜反应器内表面

图 7-5　反应器腐蚀形貌

共检查 1 台加热炉：焦化加热炉，所检查设备整体结构完好，腐蚀较轻，炉子炉管未见明显蠕变与裂纹，敲击未发现异常，内部耐火层完好，图 7-6 为焦化加热炉腐蚀形貌。

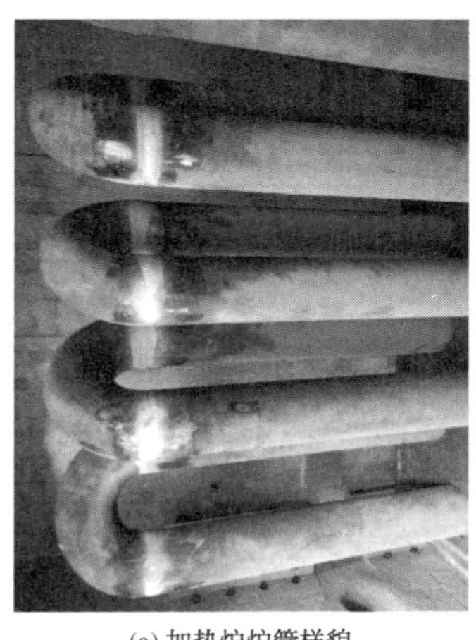

(a) 加热炉炉管样貌

(b) 加热炉耐火层

图 7-6　焦化加热炉腐蚀形貌

7.3.5 管道腐蚀状况

管道腐蚀检查了314条工业管道，其中21条管道存在减薄较大的管件，如污油管道、稳定塔顶油气管道与酸性水管道，图7-7为污油管道与稳定塔顶油气管道测厚单线图。

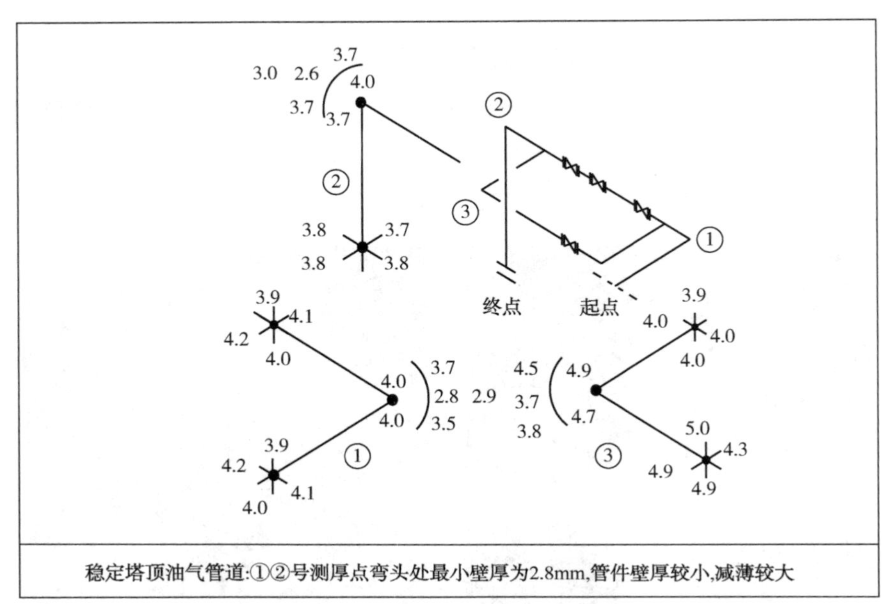

图7-7 污油管道与稳定塔顶油气管道测厚单线图

备注：本次判断管道减薄大小的方法是依据企业的下次检验周期与《压力管道定期检验规则-工业管道》(TSG D7005—2018)等相关检验法规进行判断，以其是否可以使用至下一检验周期来确定其减薄量的大小。

分析21条管道的减薄量可以发现，管道减薄的主要原因除了介质的腐蚀，如污油、酸性水等介质，还涉及管道介质的冲刷与冲蚀问题，尤其是在管道的弯管与弯头等管道变向位置和介质为多相流的管道，其减薄尤为明显。

7.4 焦化硫黄防腐措施及建议

在对焦化硫黄车间的腐蚀检查中，实际检查116台容器与314条管道，检查发现设备的整体腐蚀程度较轻，绝大多数设备情况良好，说明目前的工艺及设备防腐措施比较得当，针对车间中设备的腐蚀情况及对其损伤机理的分析，从工艺、设备、在线监测与检验等角度提出以下几条防腐措施建议。

① 对于设备介质流速较大或为多相流介质的情况，其具有冲刷腐蚀倾向的设备应

降低流速或优化设备结构，避免冲刷腐蚀。

② 部分换热器的循环水系统出现了表面结垢与冷却水腐蚀，其中结垢的原因可能为局部循环水流速偏低或循环水未经过滤等工艺处理所导致，建议装置加强循环水水质管理，并采用牺牲阳极+涂料联合保护措施，此外循环水水质管理应严格遵守工业水管理制度，循环水冷却器管程流速控制在0.5m/s以上，避免冷却水腐蚀。

③ 针对焦炭塔腐蚀检查发现的问题，建议使用单位定期对其裙座与设备内表面进行表面检测，确定是否再次出现开裂，必要时还应用内窥镜检查裙座角焊缝的根部；检查焦炭塔的所有接管角焊缝，尤其是堵焦阀的接管角焊缝，检查有无明显变形和开裂；定期用目视和钢板尺检查焦炭塔是否发生鼓凸变形，检查的重点是焦炭塔的裙座以上部位；对焦炭塔的保温系统做好检查工作，避免影响焦炭塔的热机棘轮效应；焦炭塔的上部在运行中有发生高温硫腐蚀的可能性，建议定期对其上部壁厚进行在线测定；焦炭塔在长期运行过程中可能出现材质裂化，使用单位可使用金相检验与硬度测定的方式在一定周期内对其材质问题进行检验；必要时使用单位可以对焦炭塔进行应力分析与热应力计算，以此来对焦炭塔的寿命进行评估。

④ 加强设备外防腐层与外保温层管理，对外防腐层与外保温层出现破损的设备进行及时修复，避免设备因外防腐层与外保温层破损造成的腐蚀破坏。

第8章

乙烯装置腐蚀机理及检查案例

8.1 乙烯装置概况

乙烯装置是以石油或天然气为原料，以生产高纯度乙烯和丙烯为主，同时副产多种石油化工原料的石油化工装置。裂解原料在乙烯装置中通过高温裂解、压缩、分离得到乙烯，同时得到丙烯、丁二烯、苯、甲苯及二甲苯等重要的副产品。乙烯装置是石油化工装置的龙头，也是耗能大户。

我国乙烯工业发展历程可以分为三个阶段。起步阶段(1962—1977 年)：我国从 20 世纪 60 年代开始引进乙烯生产技术，兰州石化 5000t/h 乙烯装置投产，实现了从无到有的历史性跨越；发展阶段(1978—1998 年)：随着改革开放的发展，炼化工业得以不断发展，截至 1998 年年底，我国已跻身于世界超 $400×10^4$t/a 能力 6 个乙烯生产大国行列；快速发展阶段(1999 年至今)：自 2014 年以来，我国煤/甲醇制烯烃路线的乙烯产能得到快速增长。

乙烯生产流程包括裂解、急冷、压缩、分离等工序，具体过程如下(图 8-1)：

(1) 裂解工序

裂解工序包括气相原料裂解炉和液体原料裂解炉。裂解工序接收来自炼厂、粗混合循环物流、分离部分返回的循环乙烷/循环丙烷、芳烃提余油、轻石脑油、重石脑油以

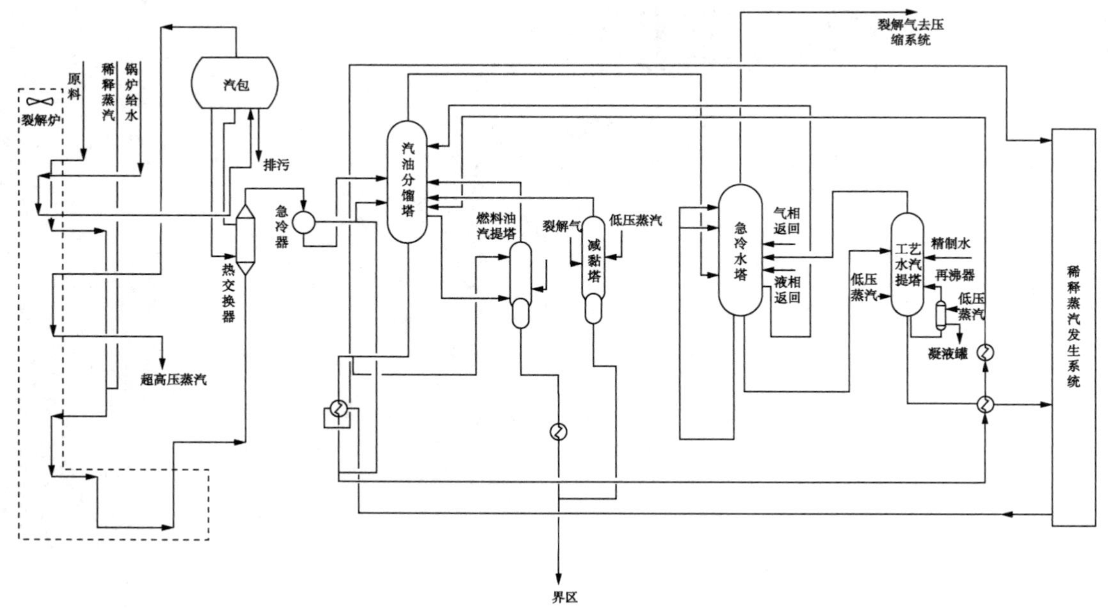

图 8-1 乙烯裂解装置图

及加氢裂化石脑油，加稀释蒸汽进行裂解，得到裂解气（氢气、甲烷、乙烯乙烷、丙烯、丙烷、丁二烯、裂解汽油、裂解燃料油等组分的混合物）。

（2）急冷工序

急冷区包括急冷油和急冷水两大系统。急冷油系统用于回收裂解气中的低温位热量，产生稀释蒸汽，急冷水系统作为丙烯精馏塔塔釜再沸器热源；与此同时分离出裂解燃料油、裂解柴油和粗裂解汽油产品，水洗塔塔顶裂解气去压缩系统。急冷系统实际应包括废热锅炉、油冷器、汽油分馏塔和急冷水塔等部分。本章所述的急冷系统包括急冷油系统、急冷水系统以及稀释蒸汽发生系统。急冷油系统主要包括汽油分馏塔，目的是将裂解炉流出物用油洗的办法冷却裂解气，分离出其中的重质燃料油和轻质燃料油组分。

（3）压缩工序

压缩区包括裂解气压缩与净化、裂解气干燥、三元制冷等环节。

① 裂解气压缩与净化。急冷水塔塔顶气体在一个四段离心式压缩机中被压缩，在压缩机三段和四段之间裂解气经过碱洗处理脱除裂解气中的酸性气体。从裂解气压缩机二段排出罐来的凝液返回二段吸入罐，在那里烃和水被分离，二段吸入罐中冷凝的水返回一段吸入罐，冷凝的烃类在换热器中被低压蒸汽加热，然后送入中质汽油闪蒸罐，这个罐产生的气体进入急冷水塔，产生的液体是中质汽油，它被分为两股物流用泵送出，一股物流进入急冷水塔底部以保持足够的汽油分馏塔的回流，另一股与急冷水塔来的重质汽油及脱丁烷塔底的汽油合并组成总的粗裂解汽油产品。在一段吸入罐中冷凝的水被送入急冷水塔油水分离器。在碱洗塔中脱除了酸性气体后，裂解气在换热器中被三元冷剂冷却，然后进入裂解气压缩机四段吸入罐，在这个罐中冷凝的烃和水被分离，水被送入急冷水塔油水分离器，分离出的烃经过一个聚结器和分子筛干燥器被送入高压脱丙烷塔。裂解气压缩机四段排出的物流与冷却水换热，再被三元冷剂进一步冷却，然后进入干燥器进料罐。冷凝的烃和水被分离，分离出的烃与四段吸入罐的烃合并，分离出的水送入急冷水塔，干燥器进料罐的气体直接送入裂解气干燥器。

② 裂解气干燥。干燥气进料罐来的裂解气在分子筛干燥系统中进行干燥。回收系统来的甲烷尾气一部分经过高压蒸汽加热后用来对干燥剂进行再生，再生气被冷却后进入再生气分离罐脱去水，然后进入燃料气系统。再生器分离罐的冷凝水返回急冷水塔油水分离器。

③ 三元制冷。三元制冷系统为分离装置提供所有需要的冷量。三元冷剂是甲烷、乙烯、丙烯和非常少量的氢气的混合物。三元冷剂系统是一个使用蒸汽驱动的离心式压缩机的闭合回路系统。

（4）分离区工序

① 前脱丙烷前加氢工艺过程。前脱丙烷流程是指脱丙烷塔处于脱甲烷系统的前面，

首先将 C_3 以下和 C_4 以上台阶的重组分分开，C_4 组分不进入脱甲烷塔。

② 深冷分离和分凝分馏塔。深冷分离工艺主体是精馏分离，在不同的温度、压力条件下，通过一系列精馏塔来达到分离各组分的目的。在整个裂解气的分离过程中，除乙烯、丙烯的提纯精制可视为二元组分精馏外，其余组分的分离都是多元组分精馏。

③ 氢气的甲烷化工艺。裂解气中的CO来自稀释蒸汽与碳的水煤气反应，CO在深冷分离中无法冷凝分离，CO与 H_2 一起进入粗 H_2 产品中，影响氢气的纯度。H_2 产品的CO降低聚乙烯催化剂的活性，影响聚乙烯产品的性能，故要脱除 H_2 产品中的CO。脱除的方法常用甲烷化法，即CO与 H_2 发生反应而转化为 CH_4，该反应是放热反应。

④ 脱乙烷和脱乙烯精馏系统。脱甲烷塔塔底产物分成两股物流经过前冷加热作为脱乙烷塔进料。脱乙烷塔塔顶产物直接作为乙烯精馏塔进料。乙烯精馏塔的一条侧线采出为脱乙烷塔提供回流。急冷水用作脱乙烷塔再沸器的加热介质。乙烯精馏塔有一个塔底再沸器和一个中间再沸器，最大限度地从此塔回收冷量。乙烯塔的乙烯产品被泵送到高压储罐，再从这些储罐泵升至界区压力，被三元冷剂加热，然后作为气相产品输出到界区。循环乙烷从乙烯塔底抽出，被三元冷剂气化，然后进入进料处理系统。

⑤ 丙烯精馏系统。丙烯精馏塔采用一个双塔系统，将进料分离成聚合级丙烯产品和塔底产品。塔的操作压力满足用冷却水将塔顶物冷凝，再沸器的热量由循环的急冷水提供。侧线采出的聚合级丙烯产品经冷却水稍微冷却后送到界区。从丙烯精馏塔釜抽出的丙烷被送往罐区或气化后与气化的循环乙烷混合，然后送入循环乙烷裂解炉。

⑥ 脱丁烷塔系统。含有 C_4 和 C_4 以上馏分的脱丙烷塔底部物流被送入脱丁烷塔。脱丁烷塔塔顶冷凝器用循环冷却水冷凝，用低压蒸汽提供再沸器热量。脱丁烷塔塔顶产品混合 C_4 被外送。塔底产品与急冷水塔和中质汽油闪蒸罐来的汽油合并，组成粗汽油产品，冷却后送至界区外。

8.2 乙烯装置腐蚀机理分析

乙烯裂解装置涉及多种腐蚀损伤机理，如裂解与急冷系统所涉及的湿硫化氢破坏、酸性水腐蚀(碱式酸性水)、酸性水腐蚀(酸式酸性水)、高温硫腐蚀和碱应力腐蚀开裂等，压缩系统所涉及的冷却水腐蚀、碳酸盐应力腐蚀开裂等腐蚀机理等。

(1) 高温硫化物腐蚀-氢气环境

即氢气环境中碳钢或低合金钢等与硫化物反应发生的腐蚀。通常表现为均匀减薄，同时生成FeS保护膜，膜层大约是被腐蚀掉的金属体积的5倍，并可能形成多层膜；金属表面保护膜因结合牢固且有灰色光泽，易被误认为是没有发生腐蚀的金属。

在乙烯装置中，高温硫化物腐蚀易发生工段为乙烯裂解装置中裂解与急冷系统中急冷部分的急冷锅炉管程出口-急冷器-汽油分馏塔进料及流程相连管道、减黏塔顶至汽油分馏塔流程。

(2) 酸性水腐蚀(碱式酸性水)

即金属材料在存在硫氢化铵(NH_4HS)的碱式酸性水中遭受的腐蚀，腐蚀介质流动方向发生改变的部位，或浓度超过2%(质量分数)的紊流区易形成严重局部腐蚀；介质注水不足的低流速区可能发生局部垢下腐蚀，对于换热器管束可能发生严重积垢并堵塞。

在乙烯装置中，酸性水腐蚀(碱式酸性水)易发生工段为汽油分馏塔塔顶裂解气至急冷水塔进料流程，包括汽油分馏塔塔顶、急冷水塔进料(注氨)。

(3) 酸性水腐蚀(酸式酸性水)

即含有硫化氢且pH值介于4.5~7.0之间的酸性水引起的金属腐蚀，介质中也可能含有二氧化碳。一般为均匀腐蚀，有氧存在时易发生局部腐蚀或沉积垢下局部腐蚀，含有二氧化碳的环境还可能同时出现碳酸盐应力腐蚀。此外，300系列不锈钢容易发生点蚀，还可能出现缝隙腐蚀，以及氯化物应力腐蚀开裂。

在乙烯装置中，酸性水腐蚀(酸式酸性水)易发生工段为乙烯裂解装置裂解与急冷系统的急冷部分，如急冷水塔顶裂解气至压缩部分的裂解气压缩机入口流程，汽油分馏塔塔顶裂解气至急冷水塔进料流程；乙烯裂解装置压缩系统，如裂解气自急冷水塔顶至裂解气压缩机流程，分离罐底部冷凝的冷凝水至急冷水塔流程等。

(4) 高温氧化腐蚀

即高温下金属与氧气发生反应生成金属氧化物的过程，通常发生在加热炉和锅炉燃烧的含氧环境中，在高温下，氧气和金属反应生成氧化物膜。在乙烯装置中，高温氧化腐蚀易发生工段为高温环境中运行的设备，尤其是在温度超过538℃的设备和管道中。

(5) 湿硫化氢破坏

在含水和硫化氢环境中碳钢和低合金钢所发生的损伤过程，包括氢鼓泡、氢致开裂、应力导向氢致开裂和硫化物应力腐蚀开裂四种形式。在乙烯装置中，湿硫化氢破坏易发生工段为乙烯裂解装置中压缩系统以及裂解与急冷系统急冷部分的设备。

(6) 碱应力腐蚀开裂

暴露于碱溶液中的设备和管道表面发生的应力腐蚀开裂，多数情况下出现在未经消除应力热处理的焊缝附近，它可在几小时或几天内穿透整个设备或管线壁厚。碱应力腐蚀开裂通常发生在靠近焊缝的母材上，也可能发生在焊缝和热影响区；碱应力腐蚀开裂形成的裂纹一般呈蜘蛛网状的小裂纹，开裂常常起始于引起局部应力集中的焊接缺陷处；碳钢和低合金钢上的裂纹主要是晶间型，裂纹细小并组成网状，内部常充满氧化物；奥氏体不锈钢的开裂主要是穿晶型的，和氯化物开裂裂纹形貌相似，难以区分。

在乙烯装置中，碱应力腐蚀开裂易发生工段为乙烯裂解装置中裂解与急冷系统，急冷水塔釜的急冷水回流流程，包括急冷水塔釜及相连管道；工艺水汽提塔塔釜工艺水部分回流、部分去稀释蒸汽发生系统的流程，包括工艺水汽提塔釜、蒸汽发生器底部、凝液分离罐底部、换热器管程及流程中的管道。

（7）外部腐蚀

同第5.2节催化重整装置外部腐蚀机理一致。

（8）冲刷腐蚀

同第3.2节常减压装置冲刷腐蚀机理一致。在乙烯装置中，冲刷腐蚀易发生工段为输送流动介质的所有设备。

（9）冷却水腐蚀

同第6.2节加氢炼化装置冷却水腐蚀机理一致。在乙烯装置中，冷却水腐蚀易发生工段为所有水冷交换器与冷却塔设备。

（10）H_2S、CO_2、H_2O型腐蚀

硫化氢在温度不高的干燥状态下，对碳钢的腐蚀性很小，而在潮湿或有冷凝液的情况下，由于硫化氢的溶解，生成呈酸性的电解质溶液而产生严重腐蚀。CO_2腐蚀在60℃以上时尤为明显，当CO_2输送过程因温度变化产生冷凝液时，就对碳钢管壁产生强烈腐蚀。CO_2会与冷凝水结合生成腐蚀性碳酸，对碳钢和低合金钢造成腐蚀。在乙烯装置中，H_2S、CO_2、H_2O型腐蚀易发生工段为急冷水塔。

8.3 乙烯装置腐蚀检查案例

以对某企业乙烯装置进行腐蚀检查为例，该装置采用美国LUMMUS公司顺序深冷分离的乙烯专利技术，由日本TEC公司和西班牙TR公司承包设计，原设计年产14×10^4t聚合级乙烯，7×10^4t聚合级丙烯，于1992年12月开工建设，1995年11月投产，正常运行5年多时间。在1999年经历了第二次大规模扩能改造，装置生产能力扩大到71×10^4t/a乙烯。第二次改造采用KTI公司裂解炉技术，急冷、压缩、分离仍采用美国LUMMUS公司的技术。装置以轻柴油为原料，经过裂解、急冷、压缩、分离等工艺过程，生产出高纯度乙烯、丙烯产品和氢气、液化气、C_4、C_5、裂解汽油、裂解轻柴油、裂解燃料油等副产品，为下游生产装置提供原料。2001年，装置进行了扩能改造，通过新增一台6×10^4t/a的CBL-Ⅲ国产北方炉来实现裂解能力的增加；分离部分除改造压缩机的关键部件、个别泵以及部分仪表等少量单元设备外，装置的其余改造部分包括冷箱、新型塔盘等重要设备和部件，均由国内制造厂商和科研院所提供。改造以后，装置规模将扩大到20×10^4t/a乙烯，即年生产聚合级乙烯20×10^4t、聚合级丙烯9.95×10^4t。同时，氢气、燃料气、混合C_4、粗裂解汽油、混合苯、混合C_5、C_9、裂解渣油等副产

品产量也相应增加。设计余量不再保留，仅考虑5%的生产操作弹性。

乙烯裂解装置检查包括塔器、容器储罐和换热器，腐蚀检查具体情况如表8-1所示，检查的乙烯裂解装置整体腐蚀情况较轻，设备内部腐蚀多见锈蚀。

表8-1　乙烯装置腐蚀检查情况统计表

序号	设备名称	主要问题
1	急冷水塔	下筒体内表面轻微锈蚀
2	工艺水汽提塔再沸器	管箱内壁轻微腐蚀坑
3	稀释蒸汽发生器进料预热器	壳体内壁轻微锈垢
4	裂解气加热器	壳体内壁轻微锈垢
5	压缩机五段后冷却器	管程内表面污垢锈蚀
6	干燥器进料预热器	外壁防腐层脱落，轻微锈蚀
7	干燥器流出物深冷器	管程内表面轻微锈蚀
8	循环丙烷汽化器	壳程外表面有部分防腐层脱落
9	乙炔加氢反应器进出料换热器	管程防腐层脱落
10	乙炔转化器进料加热器	管程内表面轻微锈蚀，壳程外表面部分轻微锈蚀
11	乙烯精馏塔再沸器	壳体外壁防腐层脱落轻微锈蚀
12	乙烯产品加热器	管箱外表面轻微锈蚀
13	乙烯产品输出汽化器	外壁锈蚀
14	高压脱丙烷塔冷凝器	管板管束锈蚀
15	稀释蒸汽罐	内壁轻微污垢锈蚀
16	超高压蒸汽连续排污罐	外表面轻微锈蚀
17	干燥器再生分离器	外表面轻微锈蚀
18	水封罐	内壁轻微锈垢
19	汽油分馏塔	裙座南部接管法兰有轻微泄漏痕迹，过火部位塔壁变形，塔盘及支撑梁烧焦变形，平台底板腐蚀严重
20	碱/水洗塔	部分塔盘浮阀脱落，下封头处拆卸下来的塔板有破损；保温层下腐蚀中度
21	急冷塔	塔顶外有一线束保护接管开裂
22	稀释蒸汽发生器	管程封头外壁过渡成型段测厚较薄
23	裂解气压缩机二段后冷却器	壳体内壁腐蚀坑较多；环焊缝腐蚀坑；折流板处内壁处微动腐蚀
24	裂解气压缩机一段后冷却器	壳体内壁、焊缝有腐蚀坑，折流板处内壁有腐蚀坑
25	裂解气干燥器进料罐	外壁防腐漆有破损
26	裂解气压缩机一段吸入罐	环焊缝有腐蚀坑；内壁有机械损伤、腐蚀坑
27	火炬气分液罐	锈垢较多
28	石脑油进料罐	筒体内壁整体锈蚀严重

8.3.1 塔器腐蚀状况

对汽油分馏塔、急冷塔、急冷水塔、碱/水洗塔等7台塔器进行了腐蚀检查，图8-2为乙烯裂解装置部分塔器腐蚀形貌。裙座南部接管法兰有轻微泄漏痕迹；下半部筒体轻微锈蚀，结构完好，可检部位未见异常；塔顶塔壁过火部位变形、塔盘及支撑梁烧焦变形；塔盘部分浮阀脱落，凹槽有污垢聚集；塔壁锈蚀层下轻微腐蚀坑，深度约0.5mm，保温层拆卸部位外壁发生保温层下腐蚀。其余塔器内部以锈蚀为主，结构完好，未见局部腐蚀与表面裂纹，整体腐蚀较轻。

(a) 汽油分馏塔过火部位塔壁

(b) 汽油分馏塔过火处塔盘及支撑梁

图8-2 部分塔器内部腐蚀形貌

汽油分馏塔的主体材质为16MnR，操作温度最高为205℃，操作压力为0.08MPa，介质为烃类。图8-3为汽油分馏塔腐蚀形貌。腐蚀检查发现，顶部塔壁内壁浮锈，中部塔壁有污垢附着，层下平整；塔盘上有污垢附着，整体结构完好；裙座南部的接管法兰有轻微泄漏痕迹。整体腐蚀较轻，建议修复法兰泄漏处。

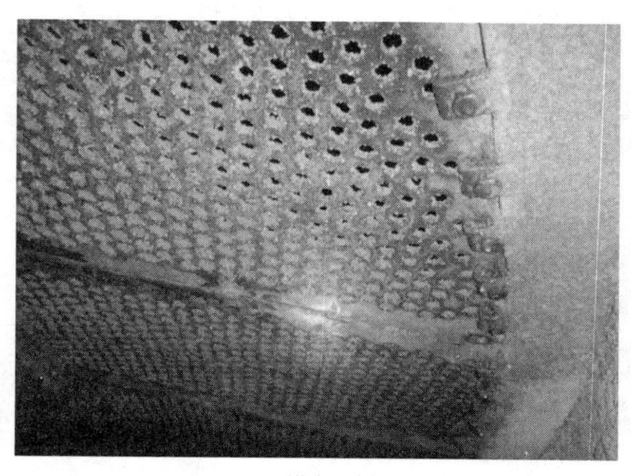

(a) 塔盘污垢

(b) 裙座南部法兰泄漏

图8-3 汽油分馏塔腐蚀形貌

为了进一步确定塔顶内壁表面腐蚀产物的物相组成，收集对应位置的腐蚀产物进行分析。塔顶表面锈垢分析样主要为 Fe_3O_4(71%)和 $Fe_3O(OH)$(29%)。因为介质中含有水，含氧的水对内表面造成腐蚀，形成锈垢。

碱/水洗塔的主体材质为16MnR，操作温度为43℃，操作压力为0.89MPa，介质为烃和碱液。图8-4为碱/水洗塔腐蚀形貌。腐蚀检查发现，部分塔盘浮阀脱落，凹槽内有污垢聚集；下封头处拆卸下来的塔板有破损。建议更换破损的塔板及修复脱落的浮阀。

(a) 塔盘浮阀脱落

(b) 塔板破损

图8-4　碱/水洗塔腐蚀形貌

8.3.2　换热器腐蚀状况

腐蚀检查共检验30台换热器，其中部分管程内表面有污垢锈蚀，部分壳体内壁有轻微锈垢，部分外壁的防腐层有破损造成锈蚀的情况，管板管束口锈蚀明显。图8-5为部分换热器腐蚀形貌。稀释蒸汽发生器的管程封头外壁过渡成型段测厚较薄；冷却器折流板处内壁有腐蚀坑；冷却器的壳体内壁腐蚀坑较多，冷却器的壳体内壁、焊缝全部存在腐蚀坑；冷却器的管箱、管程封头内水垢较多，壳体内壁污垢较多；其余腐蚀检查换热器整体腐蚀较轻，结构完好，未见明显裂纹。

与其他设备相比，换热器常常发生失效在于：①与介质接触的表面积非常大，发生腐蚀穿孔及接合处松弛泄漏的危险性很高；②应力复杂多样，胀接过渡区的管子内外壁存在残余应力，焊接接头存在热应力，堵管容易造成温差应力，这些应力的存在都是造成管束应力腐蚀的条件；③存在各种死角、缝隙和结垢，这些区域的流体流速慢，甚至没有流速，会形成浓差电池导致腐蚀；④含有固体悬浮物的液体容易对管子产生冲刷，导致冲刷腐蚀。

(a) 管箱内水垢

(b) 内壁、焊缝腐蚀坑

(c) 管板锈蚀

(d) 壳体外壁锈蚀

图 8-5 换热器内部腐蚀形貌

该装置换热器腐蚀检查发现的问题较少，主要是外部腐蚀和冷却水对管程造成的轻微腐蚀。水腐蚀主要是由于水中的 pH 值降低、水汽渗透、溶解氧的存在以及水中有害的阴离子(Cl^- 、S^{2-} 等)侵蚀而引起的化学或电化学腐蚀。因此，要求换热器换热管表面的具有良好的附着力、导热性、耐温变性和较大的硬度，同时要求有优良的耐化学离子侵蚀能力、较高的抗水汽渗透能力和一定的阻垢性。

图 8-6 为裂解气压缩机二段后冷却器腐蚀形貌。腐蚀检查发现，壳程内壁折流板处有由于换热器运行过程中管束振动造成的微动腐蚀，深度约 1mm；北侧封头接管弯曲；管板上水垢较多，防锈漆脱落，造成冷却水腐蚀；管束内壁有水垢锈蚀。建议清理污垢并重做防腐涂层。

图 8-7 为裂解气压缩机一段后冷却器腐蚀形貌。调查发现，管箱内壁的水锈较多，外壁中度锈蚀；壳体内壁、焊缝有由于裂解气中存在硫化物造成酸腐蚀形成的腐蚀坑，折流板处有由于运行中管束振动造成的内壁腐蚀坑。建议清理污垢并重做防腐涂层，修复腐蚀坑严重部位。

(a) 管板污垢

(b) 接管弯曲变形

图 8-6　裂解气压缩机二段后冷却器腐蚀形貌

图 8-7　管箱锈蚀腐蚀形貌

8.3.3　容器腐蚀状况

腐蚀检查共检验 24 台容器，其中内壁有轻微污垢和锈蚀，外表面轻微锈蚀，内壁有轻微锈垢；裂解气压缩机一段吸入罐北侧环焊缝有腐蚀坑，内壁有机械损伤、腐蚀坑，接管焊缝有腐蚀坑；裂解气干燥器进料罐外壁防腐漆有破损。图 8-8 为部分容器腐蚀形貌，调查发现，石脑油进料罐和轻柴油储罐罐体内壁锈蚀锈垢较多；火炬气分液罐内壁锈垢、污垢较多，人孔内壁污垢较多；其余腐蚀检查容器整体腐蚀较轻，内部多为锈蚀，结构完好，未见明显裂纹。

容器储罐设备内壁主要发生轻微锈蚀，外部防腐层有破损，存在大气腐蚀的情况。内壁的锈蚀有多种情况：①由于介质中含有氧和水汽，对内壁造成锈蚀；②介质中含有 SO_2，在某些条件下，SO_2会氧化为 SO_3，进一步与水汽结合生成 H_2SO_4，对内壁造成腐

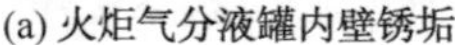
(a) 火炬气分液罐内壁锈垢

(b) 石脑油进料罐罐内锈垢

图 8-8 容器内部腐蚀形貌

蚀；③介质中含有 H_2S 和水，造成酸性水腐蚀；④介质中 H_2S、CO_2 在有水的情况下发生的 H_2S、CO_2、H_2O 型腐蚀。

保温层下腐蚀是外部腐蚀损伤中较为严重的一种破坏。它是由于保温层与金属表面间的空隙内水分聚集产生的，其来源为雨水积聚、浓缩以及蒸汽伴热管泄漏等。它主要发生在保温层穿透部位、可见的破损部位，以及法兰和其他管件的保温层端口等敏感部位。保温层下腐蚀常发生在-12~120℃的温度范围内，在 50~93℃尤为严重，保温层下腐蚀对于碳钢和低合金钢表现为腐蚀减薄，而对奥氏体不锈钢则表现为氯离子应力腐蚀开裂。

裂解气压缩机二段吸入罐的主体材质为 16MnR，操作温度为 38℃，操作压力为 0.171MPa，介质为烃和水。图 8-9 为裂解气压缩机二段吸入罐腐蚀形貌。腐蚀检查发现，筒体及下封头表面有酸性水腐蚀（酸式酸性水）造成的腐蚀坑，深度约 0.5mm，整体腐蚀较轻。

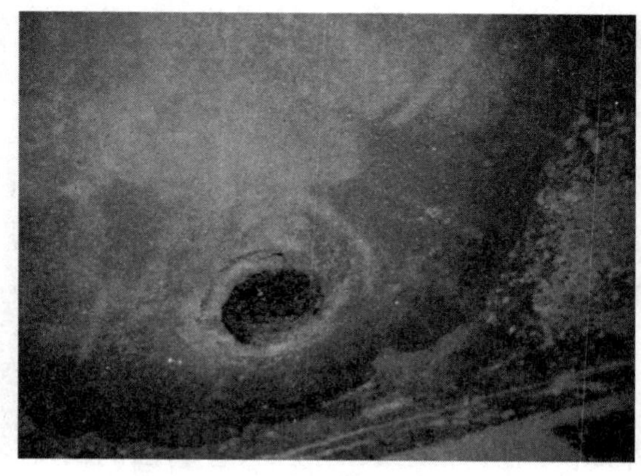

(a) 内壁腐蚀坑

(b) 下封头表面腐蚀坑

图 8-9 裂解气压缩机二段吸入罐腐蚀形貌

裂解气压缩机一段吸入罐的主体材质为 SS41，操作温度为 39℃，操作压力为 0.049MPa，介质为水和裂解气。图 8-10 裂解气压缩机一段吸入罐形貌。腐蚀检查发现，筒体北侧环焊缝和接管焊缝有酸性水腐蚀(酸式酸性水)造成的腐蚀坑，深度约 2mm；内壁有机械损伤，深度约 1mm。

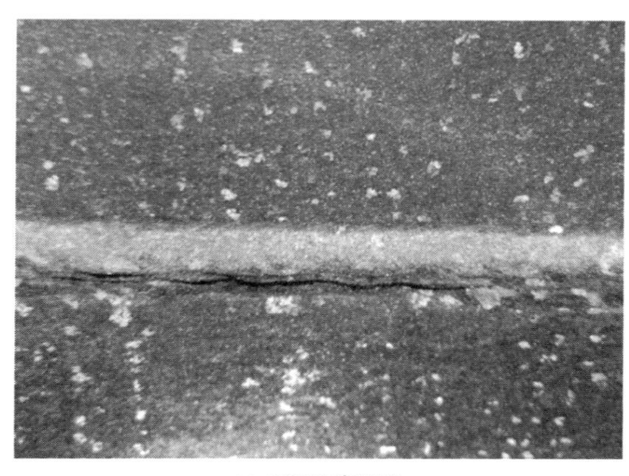

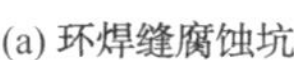

(a) 环焊缝腐蚀坑

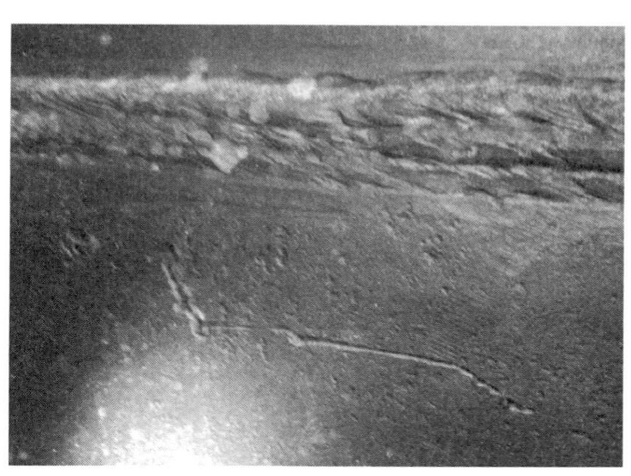

(b) 机械损伤

图 8-10　裂解气压缩机一段吸入罐腐蚀形貌

火炬气分液罐的主体材质为 16MnR，操作温度为 105℃，操作压力为 0.7MPa，介质为烃和水。图 8-11 火炬气分液罐形貌。腐蚀检查发现，罐内壁、人孔内壁锈垢较多，部分区域锈皮鼓起，厚度约 2mm。

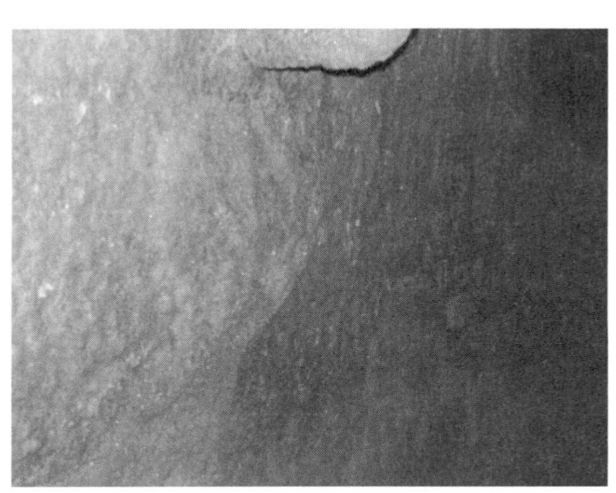

图 8-11　火炬气分液罐内壁鼓起的腐蚀形貌

为了进一步确定罐内壁表面腐蚀产物的物相组成，收集对应位置的腐蚀产物进行分析。罐内表面锈垢成分主要为 FeOOH(18%)、Fe_3O_4(19%)、FeO(OH)(11%)、$FeSO_4 \cdot H_2O$(9%)、$FeOHSO_4$(10%)、SiO_2(33%)。表面锈垢主要是介质中的水及烃中的硫化物对内表面造成腐蚀，形成锈垢。

8.4 乙烯装置防腐措施及建议

腐蚀检查乙烯装置所存在的问题主要包括腐蚀坑、结垢和外部腐蚀。

腐蚀坑：乙烯系统物料中含有少量的硫化氢等酸性物质。在介质中含有少量水的情况下，硫化氢等酸性气体会溶于水形成酸性环境，当碳钢与硫化氢水溶液接触时发生腐蚀，主要表现为均匀腐蚀或是局部腐蚀，如某罐体内壁整体锈蚀严重、某壳体内壁的腐蚀坑等。

结垢：冷却水在设备内表面结垢，如管箱内壁、隔板、管板和换热管束内壁，结垢的主要原因是局部循环水流速偏低或循环水水质不良。

外部腐蚀：乙烯装置运行周期较长，建成时间较久，外部防腐层和保温层应及时维护，加强日常巡检避免保温层破损和防腐漆脱落对设备外部造成大气腐蚀。结合上述的腐蚀理论再思考现实中存在的实际生产问题。

乙烯裂解装置腐蚀检查发现装置的整体腐蚀程度较轻，绝大多数设备情况良好，说明目前的工艺及设备防腐措施比较得当，设备腐蚀问题多以大气腐蚀为主，部分换热器由于冷却水对管箱内壁、管板管束造成锈蚀及轻微腐蚀坑，但通过本次腐蚀检查也发现了一些问题，针对装置中设备的腐蚀情况及对其腐蚀机理的分析，从工艺、设备、在线监测等角度提出以下几条防腐措施建议：

① 部分换热器内表面结垢，结垢的原因可能为局部循环水流速偏低或循环水未经过滤等工艺处理所导致，建议装置加强循环水水质管理，有时可以根据需要加入防腐剂、消毒剂和杀菌剂等减少结垢及发生微生物腐蚀的可能性，并采用牺牲阳极+涂料联合保护措施，此外循环水水质管理应严格遵守工业水管理制度，循环水冷却器管程流速控制在0.5m/s以上，避免垢下腐蚀。

② 控制换热器内介质的流速，减少换热器管束的振动，避免由于振动造成的腐蚀和泄漏等严重后果。

③ 加强对设备外保温层的管理，避免因外保温层的破损造成的设备外表面损伤，另外可采用外表面增加防腐涂层、增加防潮垫或更换耐候钢等方法，减少保温层下腐蚀的可能。

④ 加强对设备外防腐层的保护与监管，降低设备的腐蚀速率。

⑤ 对于设备内表面存在机械损伤，致使表面存在凹坑，建议打磨消除表面损伤，避免腐蚀介质在凹坑处聚集，造成内表面局部腐蚀破坏。

⑥ 部分换热器内表面污垢较多，可能原因为局部循环水流速偏低或循环水未经过滤等工艺处理所导致，建议装置加强循环水水质管理，有时可以根据需要加入防腐剂、

消毒剂和杀菌剂等减少结垢及发生微生物腐蚀的可能性，并采用牺牲阳极+涂料联合保护措施。

⑦ 加强对设备外保温层的管理，避免因外保温层破损造成的设备外表面损伤，另外可采用外表面增加防腐涂层、增加防潮垫或更换耐候钢等方法，减少保温层下腐蚀的可能。

⑧ 加强设备外防腐层的保护与监管，及时修复破损防腐层，避免设备的大气腐蚀。

⑨ 定期检测系统中 pH 值，降低 pH 大幅波动对设备的影响。

第9章

乙二醇装置腐蚀机理及检查案例

9.1 乙二醇装置概况

乙二醇，英文名为 ethylene glycol，是一种重要的化工原料，用途广泛，可用作防冻剂和聚酯纤维的原料，也经常用于制备工业溶剂和作为其他化学品调整性质的添加剂。乙二醇能够和水随意互溶，且沸点温度高，成为十分常用的防冻剂，作为一类重要的有机化工原料，乙二醇被广泛应用于聚酯切片、各种防冻液、冷却剂、松香酯、干燥剂、柔软剂等制备领域。

1859 年 wurlz 首次将乙二醇二乙酸酯与氢氧化钾作用制得乙二醇。1860 年，又由环氧乙烷直接水合制得。水合法通常是将环氧乙烷与水以 1∶10(质量比)混合，然后与离开水解反应器的乙二醇和水的化合物换热，预热到 120~160℃后进入水解反应器，在 190~200℃水解，停留时间约 30min，操作压力约 2.23MPa。过程为放热反应，在反应 30min 后乙二醇水溶液在与进料换热后离开水解反应器，经降温和降压后进入蒸发系统。由于反应后的乙二醇水溶液中乙二醇的浓度较低，因此为了提纯出产品需蒸发除去大量的水分，过程能耗较大，这也是现行乙二醇工业生产方法的主要缺点(图 9-1)。

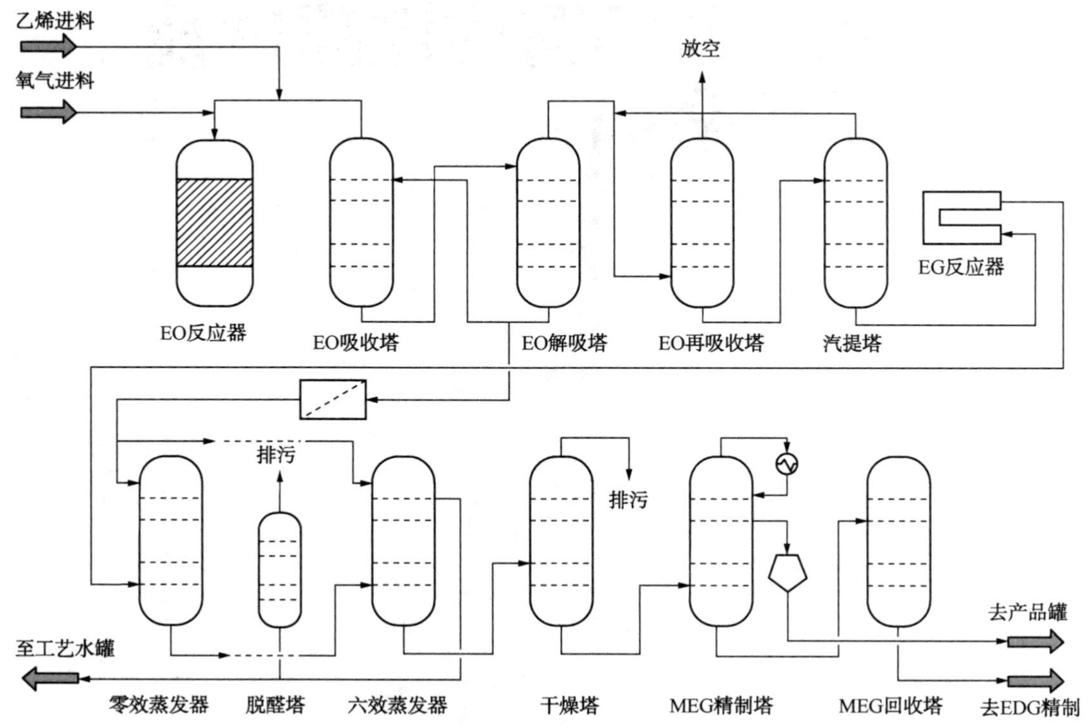

图 9-1 乙二醇装置图

工业上生产乙二醇的方法主要是由乙烯出发经过氧化首先制取环氧乙烷，环氧乙烷再进一步经直接水合制得。近年来，由于对能源需求量不断增加，石油资源日益匮乏，研究人员开发出价格便宜、资源丰富的煤或天然气替代石油制取乙二醇技术，即碳一化工路线，该方法已经取得了很大的进展。总结目前乙二醇的生产工艺路线，如图 9-2 所示，主要包括石油路线和碳一路线。

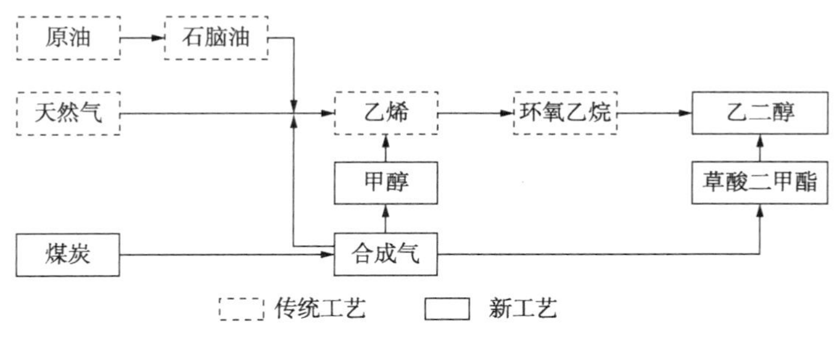

图 9-2　乙二醇生产工艺图

（1）直接水合法

环氧乙烷与水首先按摩尔比为 1：10 的比例混合，然后进入换热器内与水解反应器的反应混合物进行换热，换热后的原料经泵送入水解反应器进行水解反应，反应器内的压力约为 2.23MPa，反应温度为 190~200℃，反应时间约为 30min。此反应为放热反应，与进料换热后离开水解反应器的混合物中含有主产物乙二醇和副产物二乙二醇（DEG）、三乙二醇（TEG）及高分子量的聚乙二醇，其中乙二醇含量约为 10%，该混合物经降温、降压后进入四效蒸发系统和干燥塔进行脱水干燥，之后再进入乙二醇精馏系统，在塔顶得到纯乙二醇产品。塔底混合物进入乙二醇再生塔回收其中的乙二醇，塔釜液进入 DEG 分离塔，塔侧线采出高纯度的 DEG 产品，塔底混合物进入 TEG 塔，侧线采出高纯度的 TEG 产品。该法环氧乙烷的转化率可达到 100%，乙二醇的选择性为 90%左右。

（2）催化水合法

催化水合法的工艺路线为：来自上游的环氧乙烷与水在环缓冲罐中按一定比例混合，混合后环氧乙烷水溶液由泵依次送入多段固定床反应器中，在催化剂的作用下进行水合反应，反应混合物中主要包括主产物乙二醇及副产物二乙二醇，其中乙二醇的含量约为 28%，反应混合物经过工艺蒸汽初步预热后依次进入蒸发塔和干燥塔进行脱水干燥，塔底混合物送入乙二醇精馏塔，侧线抽出物为高纯度的乙二醇产品，塔底物流进入 DEG 分离塔，在塔侧线抽出高纯度的 DEG 产品。

环氧乙烷催化水合反应工艺与直接水合法工艺相比，由于进料水比低，简化了脱水流程，提高了反应选择性。但反应过程中由于放热，绝热温升高，应使用冷却水将反应单元产生的大量反应热及时带走，避免催化剂超温失活，保证催化水合反应的稳定进行。

9.2 乙二醇装置腐蚀机理分析

乙二醇装置主要是由乙烯氧化反应，循环气压缩，二氧化碳吸收、解吸，环氧乙烷吸收、解吸和再吸收，轻组分脱出、环氧乙烷精馏、环氧乙烷水合反应，“五效蒸发”，乙二醇精馏等单元构成。

该装置涉及多种腐蚀损伤机理，如乙二醇蒸发提浓、乙二醇精制单元的有机酸腐蚀，蒸汽冷凝系统、二氧化碳吸收等单元的CO_2腐蚀，碳酸盐应力腐蚀开裂和装置中可能发生的氯化物应力腐蚀开裂、氯化物腐蚀，冷却水腐蚀、晶间腐蚀、外部腐蚀等腐蚀机理等。

(1) 有机酸腐蚀

同第5.2节催化重整装置有机酸腐蚀机理一致。在乙二醇装置中，有机酸腐蚀易发生工段为乙二醇蒸发提浓、乙二醇精制等部位。

(2) 氯离子腐蚀

同第5.2节催化重整装置氯离子腐蚀机理一致。在乙二醇装置中，氯离子腐蚀易发生工段为吸收塔；再吸收塔；解析塔；采用奥氏体不锈钢材质的容器和管道；对于容器来说容易发生在下端封头的过渡弧区域、封头与筒体的焊接接头等部位。

(3) 冷却水腐蚀

影响冷却水腐蚀性的因素主要有：

① 水中溶解氧。一般来说，循环冷却水在30℃左右时，溶解氧只有8~9mg/L，主要因素往往不会超过临界点值，所以溶解氧是加速腐蚀的主要因素。

② 水中溶解氧盐类的浓度。水中Cl^-、SO_4^{2-}等离子的含量高时，增加水的腐蚀性。水中的PO_4^{3-}、CrO_4^{2-}等离子能钝化钢铁或生成难溶沉淀沉积于金属表面，起到防腐作用。Cu^{2+}、Fe^{3+}等具有氧化性的离子，能促进阴极去极化作用，是有害的。Cu^{2+}、Zn^{2+}、Fe^{2+}等离子能与阴极产生的OH^-生成难溶的沉淀沉积于金属表面起到防腐作用。

③ 水的温度。腐蚀速率随水温的升高而成比例增加。一般水温每升高10℃，钢铁的腐蚀速率增加30%。但是，水温升高可使水中溶解氧浓度减少。因此，多方面的因素对实际装置的影响表现是不一样的。

④ 水的pH值。在正常温度下，水的pH值一般在4.3~10之间，在这个范围内腐蚀速度几乎不变。pH值在10以上时，铁表面被钝化，腐蚀速度降低；当pH值低于4.0时，铁表面保护膜被溶解，腐蚀速度急剧增加。由于水中钙硬度的存在，$CaCO_3$保护膜在pH值偏酸性时不易形成，其腐蚀速度比偏碱时高。

冷却水中存在溶解氧时，冷却水对碳钢的腐蚀多为均匀腐蚀；若以垢下腐蚀、缝隙腐蚀、电偶腐蚀或微生物腐蚀为主时，多表现为局部腐蚀。在乙二醇装置中，冷却水腐蚀易发生工段为所有水冷交换器与冷却塔设备等部位。

(4) CO_2腐蚀

同第5.2节催化重整装置CO_2腐蚀机理一致。在装置中形成液相的部位会发生腐蚀，二氧化碳从气相中冷凝出来的部位容易发生腐蚀，腐蚀区域壁厚减薄，可能形成蚀坑与蚀孔，在紊流区，碳钢发生腐蚀时可能形成较深的点蚀坑与沟槽。在乙二醇装置中，CO_2腐蚀易发生工段为再蒸汽冷凝系统、二氧化碳吸收与汽提设备等部位。

(5) 碳酸盐应力腐蚀开裂

同第4.2节催化裂化装置碳酸盐应力腐蚀开裂机理一致。在乙二醇装置中，碳酸盐应力腐蚀开裂易发生工段为碳酸盐的储存系统及注入系统。

(6) 碱应力腐蚀开裂

同第8.2节乙烯装置碱应力腐蚀开裂机理一致。在乙二醇装置中，碱应力腐蚀开裂易发生工段为工艺水汽提塔塔釜工艺水部分回流、部分去稀释蒸汽发生系统的流程，包括工艺水汽提塔釜、蒸汽发生器底部、凝液分离罐底部、换热器管程及流程中的管道等部位。

(7) 氯化物应力腐蚀开裂

同第5.2节催化重整装置氯化物应力腐蚀开裂一致。在乙二醇装置中氯化物应力腐蚀开裂易发生工段为所有由300系列不锈钢制成的管道和设备；保温棉等隔热材料被水或其他液体浸泡后，可能会在材料外表面发生层下氯化物应力腐蚀开裂。

(8) 外部腐蚀

同第5.2节催化重整装置外部腐蚀机理一致。

(9) 冲刷腐蚀

同第3.2节常减压装置冲刷腐蚀机理一致。在乙二醇装置中，冲刷易发生工段为输送流动介质的所有设备。

(10) 晶间腐蚀

晶间腐蚀的产生必须有两个因素：一是内因，即金属或合金本身晶粒与晶界化学成分差异、晶界结构、元素的固溶特点、沉淀析出过程、固态扩散等金属学问题，导致电化学不均匀性，使金属具有晶间腐蚀倾向；二是外因，当某种介质与金属所共同决定的电位条件下，能显示晶粒与晶界的电化学不均匀性，晶界的溶解电流密度远大于晶粒本身的溶解电流密度时，便可以产生晶间腐蚀。控制晶间腐蚀的措施：降低金属中的含碳量，加入降低晶间腐蚀的钛、铌等元素，进行适当的热处理，采用适当的冷加工，调整钢的成分。在乙二醇装置中，晶间腐蚀易发生工段为采用焊接方法进行制造或安装，且未经固溶热处理的300系列不锈钢的设备和管道，若材料为非低碳级则比较敏感。

9.3 乙二醇装置腐蚀检查案例

以对某企业进行的腐蚀检查为例，该乙二醇装置采用荷兰 SHELL 的专利技术，于 1992 年开始施工建设，1995 年 12 月投氧开车一次成功，生产出合格产品。2001 年乙二醇装置进行扩能改造，装置于 2001 年 4 月开车成功，产品达到原始工艺包的指标要求。2009 年，乙二醇装置对脱碳系统进行了升级改造。该装置采用的壳牌技术是当今环氧乙烷/乙二醇生产最主要的三大专利技术之一。用壳牌技术所建的工厂，其生产能力占世界环氧乙烷生产总能力的 47%。壳牌技术采用氧气氧化法：载银催化剂与列管式固定床催化反应器。该工艺利用壳层沸水撤热副产蒸汽，甲烷作氧化反应致稳剂，可以回收尾气中的乙烯；环氧乙烷和水在管式反应器中直接水合成生成乙二醇，然后利用多效蒸发脱水，真空精馏分离得到各种高质量产品。

该装置从日本引进，采用美国科学设计公司(SD)的专利技术，由日本曹达工程公司承包建设。用纯氧在银催化剂作用下，通过固定床反应器氧化乙烯，生产环氧乙烷，再经管式反应器加压水合，生产乙二醇。装置主要是由乙烯氧化反应，循环气压缩，二氧化碳吸收、解吸，环氧乙烷吸收、解吸和再吸收，轻组分脱出、环氧乙烷精馏、环氧乙烷水合反应，五效蒸发，乙二醇精馏等单元构成。1998 年进行改造设计，将装置生产能力由 60000t/a 扩大到生产 80000t/a 乙二醇。

对乙二醇装置进行腐蚀检查，检查塔器 12 座，容器储罐 2 台，换热器 8 台，管线 3 条，腐蚀检查具体情况见表 9-1。

表 9-1　乙二醇装置腐蚀检查情况统计表

序号	容器名称	主要问题
1	吸收塔	塔顶塔壁机械磕伤；上封头及筒体有大面积点蚀坑
2	接触塔	人孔上有垢状物料附着； 塔壁均匀锈蚀并有有机物附着；下封头有锈垢
3	再生塔	塔顶处塔壁有腐蚀坑；塔釜处塔壁有红色层状物脱落
4	环氧乙烷解吸塔	塔顶人孔上方塔壁有少量腐蚀坑；塔壁少量焊疤
5	环氧乙烷精制塔	下封头环焊缝三处裂纹，环焊缝往下区域见裂纹
6	乙二醇原料解析塔	塔釜塔壁有磕伤
7	EG 反应器	弯头外表面有裂纹
8	预效蒸发器	塔釜塔壁少量腐蚀坑，另有大面积条状金属固体附着
9	四效蒸发器	塔釜塔壁腐蚀严重，衬里层大面积脱落；环焊缝、筒体均有大面积腐蚀坑塔顶有裂纹和气孔；内构件腐蚀严重
10	一乙二醇回收塔	塔壁有多处腐蚀坑；人孔处塔壁纵焊缝有小咬边；下封头与筒体对接焊缝见腐蚀坑；内构件焊缝见腐蚀孔

续表

序号	容器名称	主 要 问 题
11	多乙二醇塔	内构件焊缝多处腐蚀坑
12	脱二氧化碳冷却器	壳程入口至第一块折流板处结垢较多；管箱内壁隔板腐蚀减薄
13	精制塔再沸器	上封头多处腐蚀坑，环焊缝、过渡区整圈裂纹
14	预效再沸器	上封头内壁多处腐蚀坑
15	四效冷凝器	管箱纵焊缝点腐蚀
16	冷凝器	管箱内壁腐蚀坑
17	一效蒸发器凝液罐	液位以下锈渣较多
18	四效再沸器冷凝水槽	液位以下锈渣较多
19	碳酸盐管线	弯头碳纤维缠绕
20	二氧化碳吸收塔	人孔下部有腐蚀坑和机械磕伤
21	二氧化碳汽提塔	环焊缝轻微点蚀
22	环氧乙烷汽提塔	内表面接管角焊缝一处腐蚀坑
23	EG 浓缩塔	纵焊缝和环焊缝有腐蚀坑；部分内构件和塔盘腐蚀严重
24	乙二醇泄放液闪蒸塔	塔下部腐蚀严重；部分内构件腐蚀开裂
25	MEG 塔	塔壁及焊缝腐蚀坑
26	第一产物冷却器	管箱纵焊缝外表面两处裂纹
27	产物第二冷却器	外表面防锈漆破损
28	二氧化碳汽提塔冷却器	外表面防锈漆破损
29	气体泄放液冷却器	管箱一处机械损伤
30	汽提塔塔顶物冷却器	管程内表面腐蚀
31	轻组分塔再沸器	外表面腐蚀严重
32	碳酸盐闪蒸罐	环焊缝处有腐蚀坑

9.3.1　塔器腐蚀状况

对乙二醇装置共 12 座塔进行腐蚀检查，发现吸收塔上封头及筒体上部有大面积点蚀坑；接触塔人孔上有垢状物料附着，下封头处锈垢较多；再生塔塔顶处塔壁、环氧乙烷解吸塔塔顶塔壁、预效蒸发器塔釜塔壁和一乙二醇回收塔塔顶存在多处腐蚀坑；环氧乙烷精制塔下封头环焊缝及焊缝往下区域和西侧弯头外表面发现裂纹；一乙二醇回收塔和多乙二醇塔的内构件焊缝存在多处腐蚀坑，设备的塔釜塔壁腐蚀严重，衬里层大面积脱落，环焊缝、筒体均见大面积腐蚀坑，内构件腐蚀减薄明显；吸收塔和乙二醇原料解吸塔塔壁存在机械磕伤；一乙二醇塔结构完好，未见局部腐蚀与表面裂纹，设备腐蚀较轻，图 9-3 为乙二醇装置部分塔器腐蚀情况。

吸收塔的主体材质为 SUS304，操作温度为 114℃，操作压力为 1.81MPa，介质为反应气和循环水。腐蚀检查发现，上封头及筒体上部有大面积点蚀坑(图 9-4)，分析原因为介质中存在氯离子，造成氯离子点状腐蚀坑，建议打磨消除或在点蚀坑处焊接保护钢板。

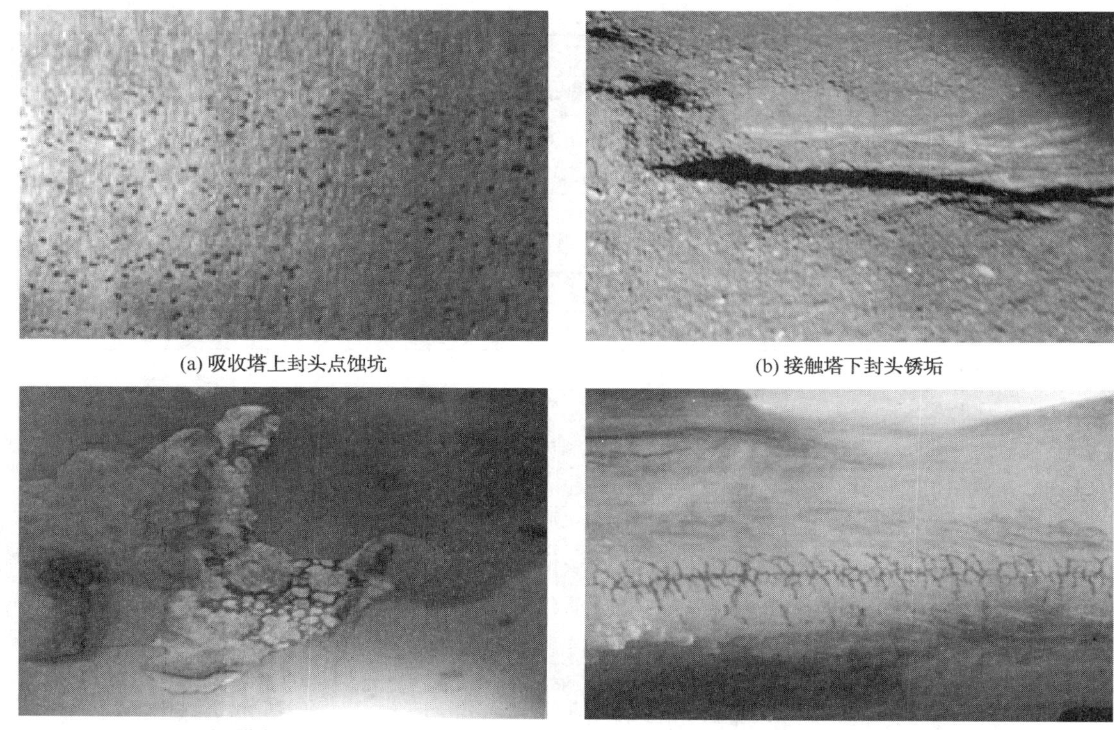

(a) 吸收塔上封头点蚀坑　(b) 接触塔下封头锈垢

(c) 再生塔塔釜处塔壁结垢　(d) 环氧乙烷精制塔

图 9-3　乙二醇装置部分塔器腐蚀形貌

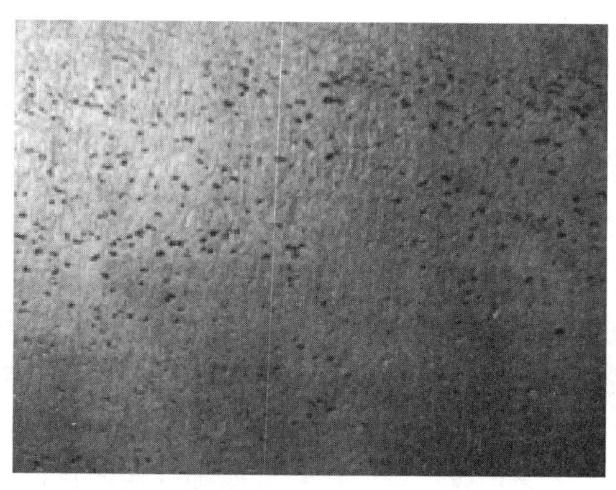

图 9-4　吸收塔点蚀坑

接触塔的主体材质为 SB46，操作温度为 110℃，操作压力为 2.23MPa，介质为反应气和碳酸盐溶液。腐蚀检查发现，从上到下第一人孔内表面有垢状物体附着，塔壁均匀锈蚀并有有机物附着，下封头有厚度约 10mm 的锈垢；塔盘和内构件结构完好，均匀锈蚀。腐蚀情况如图 9-5 所示。为了进一步确定人孔内壁及塔釜封头上积垢的物相组成，收集对应位置的腐蚀产物进行分析，发现人孔内表面锈垢主要是碳酸盐溶液中的碳酸与内壁形成的碳酸盐水合物。而塔釜积垢主要是碳酸盐溶液中的水分在有氧的情况下在上游及内壁形成锈垢，经过冲刷聚集沉淀在塔釜封头。建议清理锈垢和垢状物。

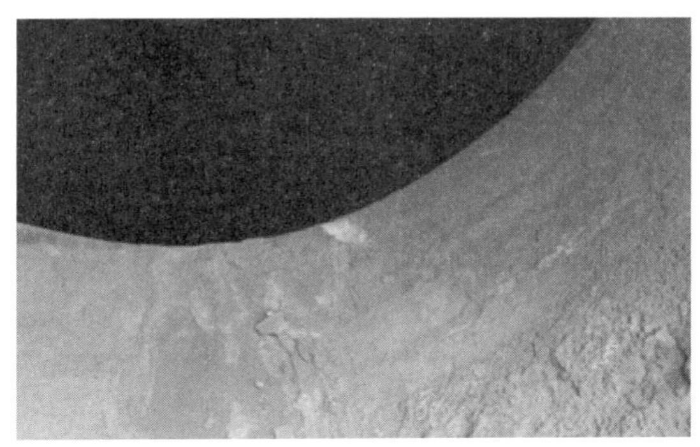

(a) 人孔内壁垢状物

(b) 接触塔塔内壁

(c) 吸收塔塔盘

(d) 接触塔下封头锈垢

图 9-5　接触塔腐蚀情况

再生塔的主体材质为SUS304，操作温度为110℃，操作压力为0.06MPa，介质为脱二氧化碳反应气和碳酸盐。腐蚀检查发现，塔顶处塔壁有由于系统中氯离子造成的腐蚀坑，深度约0.5mm，塔釜处塔壁有红色层状物，从下到上第二人孔内壁有暗红色垢状物(图9-6)。为了进一步确定塔釜处塔壁和人孔内壁垢状物的物相组成，收集对应位置的腐蚀产物进行分析，塔釜处表面锈垢分析样主要是铁的氧化物和碳酸盐水合物。这主要是由于碳酸盐溶液造成的CO_2腐蚀和含氧的水对内壁腐蚀形成的锈层。人孔内壁表面锈垢分析样主要为：Fe_3O_4(26%)、Fe_2O_3(9%)、SiO_2(15%)、KCl(18%)、Cr_2S_3(22%)、FeOOH(正交晶系)(6%)、$Ni_6Al_2(OH)_{16}(CO_3、OH)·4H_2O$(4%)。表面锈垢主要是碳酸盐溶液中的碳酸和水在有溶解氧的情况下造成的腐蚀，逐层堆积在人孔内壁。

(a) 塔顶处塔壁腐蚀坑

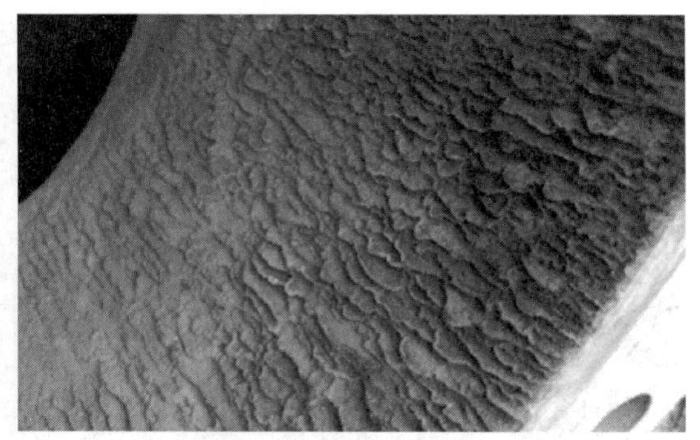

(b) 人孔内壁暗红色垢状物

图 9-6　再生塔腐蚀形貌

环氧乙烷精制塔的主体材质为 SUS304，操作温度为 146℃，操作压力为 0.334MPa，介质为环氧乙烷水溶液。腐蚀检查发现下封头环焊缝及往下的区域出现裂纹(图 9-7)。分析可能原因为环氧乙烷精制塔中主要的腐蚀性介质为硫化物、氯离子、甲酸、乙酸、溶解氧等。由于焊接过程中在敏化温度范围内停留时间较长，受到敏化影响。随着设备长时间运行，使得局部腐蚀介质浓度达到发生晶间型应力腐蚀的临近浓度，加之较大的残余应力作用，因此在焊缝处发生晶间型应力腐蚀破坏，形成裂纹。焊缝以下的区域的裂纹，分析可能原因一是受介质中氯离子的影响，二是由于发生开裂的部位对应裙座与筒体的焊接部位，残余应力越大的部位，开裂的敏感性越高，因此发生氯离子应力腐蚀开裂裂纹。建议对发现裂纹的部位进行打磨消除处理。

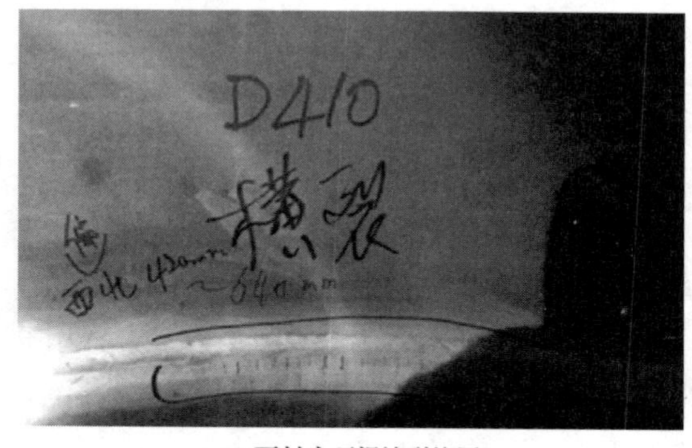

(a) 下封头环焊缝裂纹图

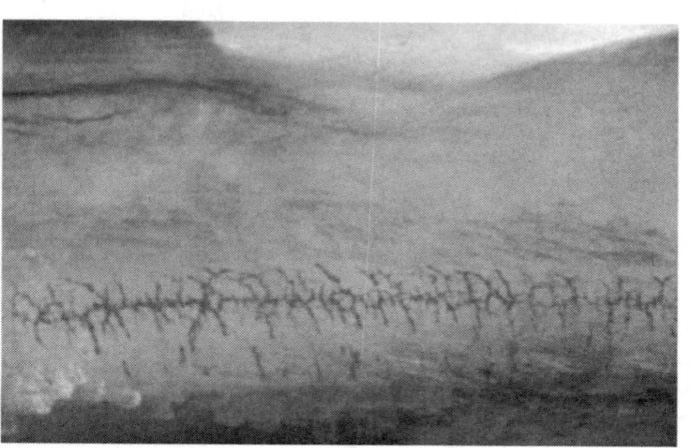

(b) 环焊缝往下区域裂纹

图 9-7　环氧乙烷精制塔腐蚀情况

EG 浓缩塔的主体材质为 SA516-GR60，介质为 EG 和水，腐蚀检查发现塔内焊缝腐蚀严重，最深处腐蚀坑深度达 7mm，部分内构件发生腐蚀穿孔，部分塔盘腐蚀严重，腐蚀情况如图 9-8 所示。腐蚀主要是由于工艺介质中副反应产生的有机酸及工艺中含有的氯离子在焊缝等易聚集处浓缩，发生较为严重的有机酸和氯离子腐蚀。建议修复腐蚀深坑并更换腐蚀严重的塔盘。

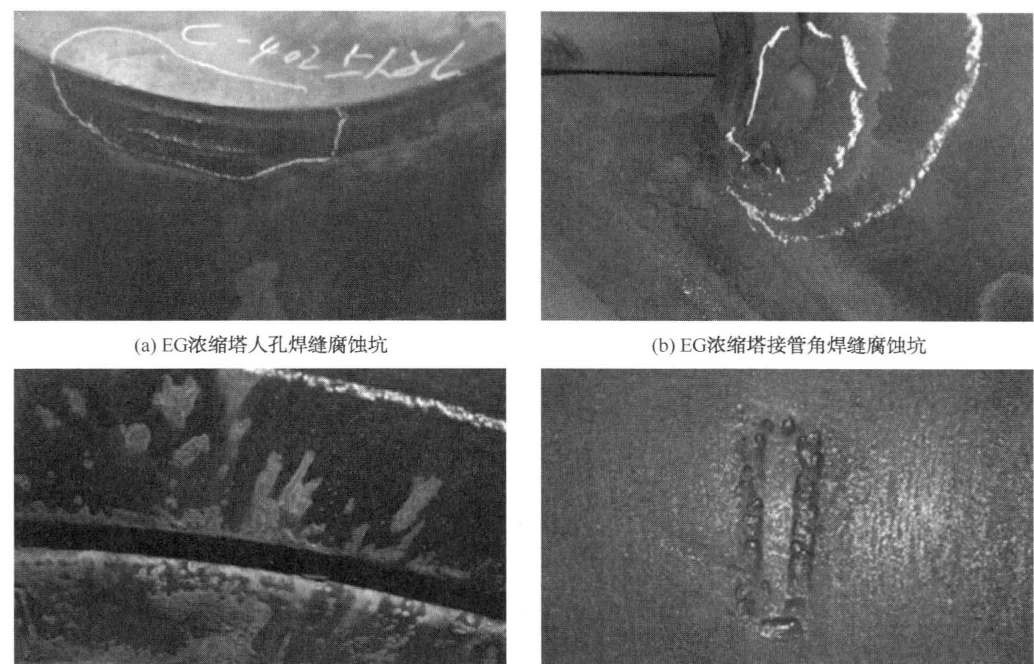

(a) EG浓缩塔人孔焊缝腐蚀坑　(b) EG浓缩塔接管角焊缝腐蚀坑

(c) EG浓缩塔焊肉腐蚀深坑　(d) EG浓缩塔内壁腐蚀坑

图 9-8　EG 浓缩塔腐蚀形貌

9.3.2　换热器腐蚀状况

腐蚀检查共检验 8 台换热器，脱 CO_2冷却器壳程入口至第一块折流板处结垢较多，管箱内壁隔板腐蚀减薄；精制塔再沸器上封头多处腐蚀坑，环焊缝整圈裂纹，下封头环焊缝及过渡区整圈裂纹；预效再沸器上封头内壁多处腐蚀坑；四效冷凝器的管箱纵焊缝发现点蚀坑；冷凝器的管箱内壁有腐蚀坑；其余腐蚀检查换热器整体腐蚀较轻，结构完好，未见明显裂纹，图 9-9 为部分换热器腐蚀形貌。

脱 CO_2 冷却器的主体材质为 SUS304，操作温度为 40℃/110℃，操作压力为 0.46MPa/0.221MPa，管程介质为冷却水，壳程介质为脱 CO_2气。壳程入口至第一折流板处结垢较多，壳程出口处管束外表面轻微锈蚀，管箱内的隔板由于冷却水腐蚀轻微减薄。腐蚀情况如图 9-10 所示。建议清理锈垢。为了进一步确定壳程入口内壁垢状物的物相组成，收集对应位置的腐蚀产物进行分析。壳程入口处表面锈垢分析样主要为铁锈和碳酸盐水合物。因为脱 CO_2冷却器壳程入口处积垢较多，壳程出口处没有积垢，根据物相分析结果，表面壳程入口处的结垢主要由于脱 CO_2冷却器的上游气体在接触塔中脱出 CO_2过程中夹带水，并含有少量的氧，故在壳程入口至第一折流板处堆积形成结垢层。

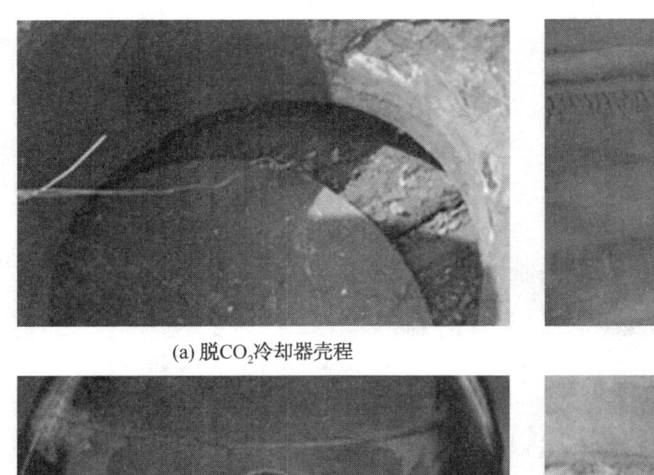

(a) 脱CO_2冷却器壳程

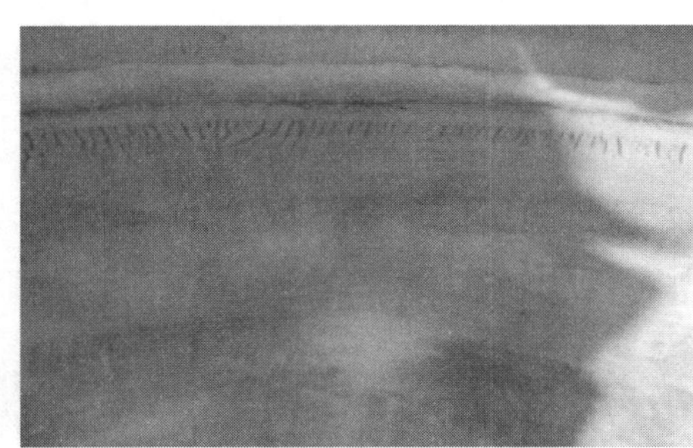

(b) 精制塔再沸器

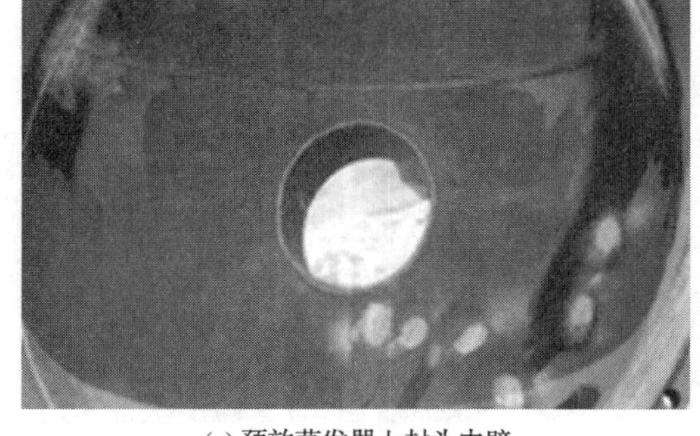

(c) 预效蒸发器上封头内壁

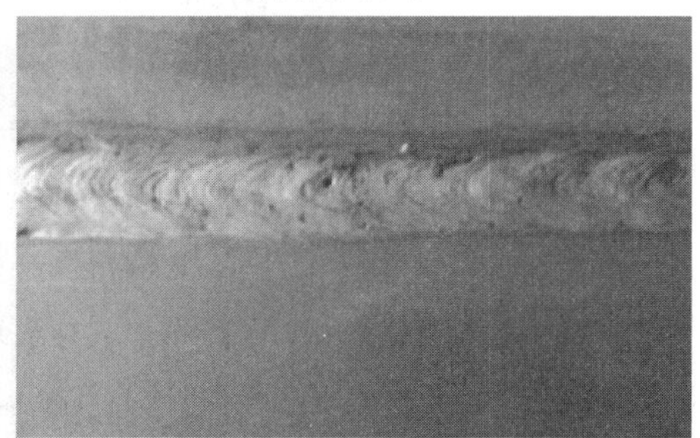

(d) 四效冷凝器西侧管箱

图 9-9 部分换热器腐蚀形貌

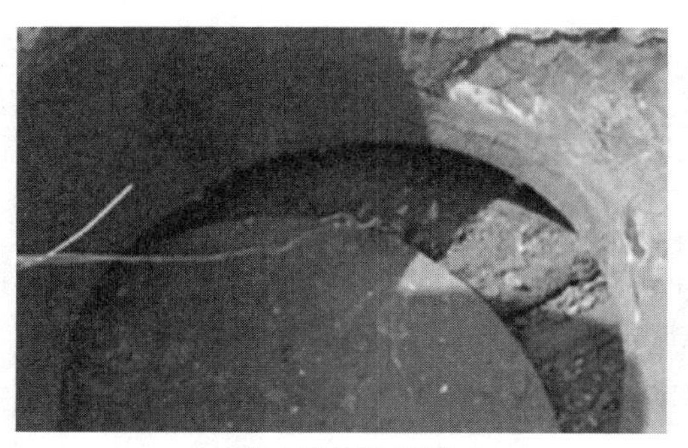

(a) 脱CO_2冷却器壳程入口

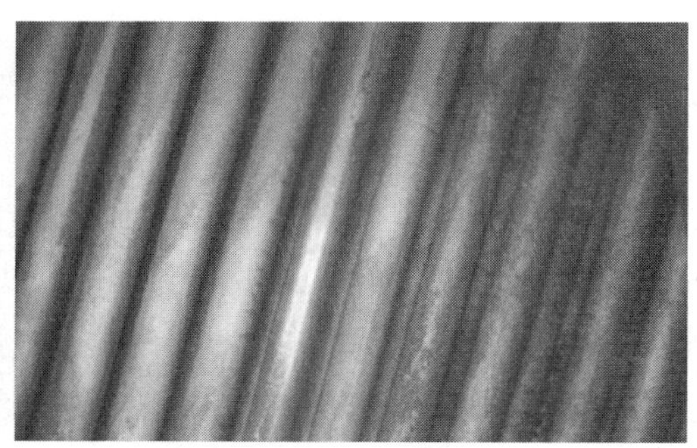

(b) 脱CO_2冷却器壳程出口

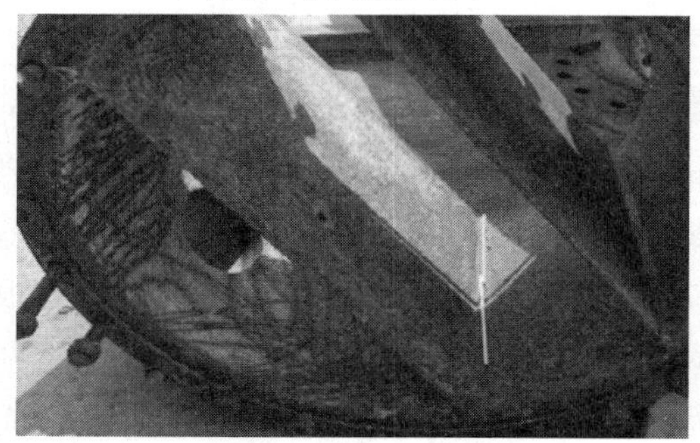

(c) 脱CO_2冷却器壳程管箱

(d) 脱CO_2冷却器壳程管箱

图 9-10 脱 CO_2冷却器腐蚀形貌

腐蚀检查发现，精制塔再沸器上封头环焊缝整圈出现裂纹，表面多处腐蚀坑，深度约0.5mm；下封头环焊缝及过渡区整圈出现裂纹(图9-11)。由于设备制造过程中材质发生敏化，在过渡区形变较大的区域有磁性，证明存在形变马氏体。裂纹的发生是由于系统介质中含有氯离子，在发生敏化的情况下，材料更易引起氯离子应力腐蚀开裂。

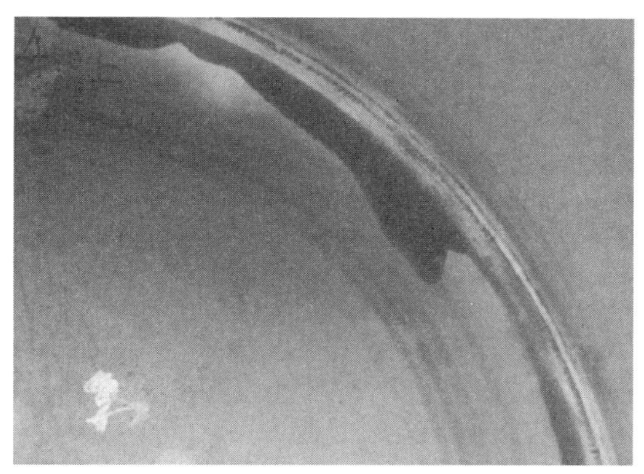

(a) 上封头整圈裂纹

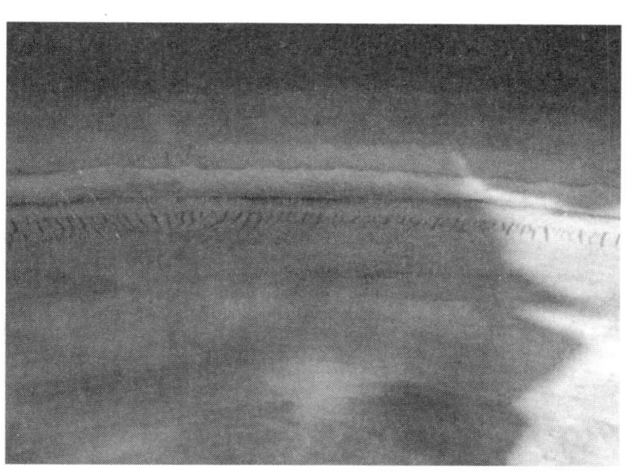

(b) 下封头整圈裂纹

图9-11　精制塔再沸器腐蚀形貌

9.3.3　容器及管道腐蚀状况

腐蚀检查共检验3台容器，一效蒸发器凝液罐和四效再沸器冷凝水槽发现设备液位下方锈垢较多，未见明显裂纹，结构完好；入口分离罐内壁有轻微点蚀坑。图9-12为部分容器的腐蚀形貌。

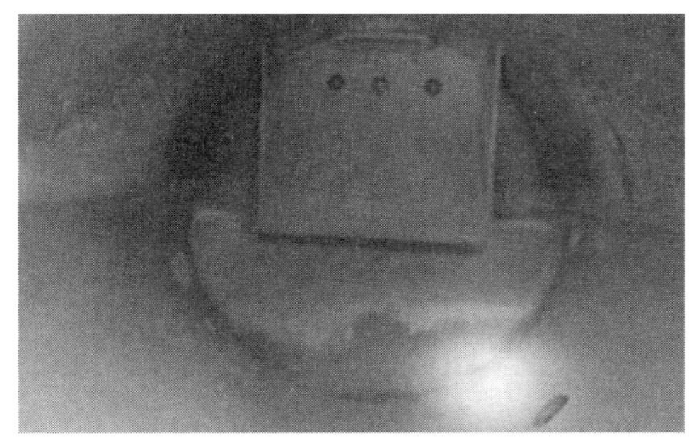

(a) 一效蒸发器凝液罐凝液罐

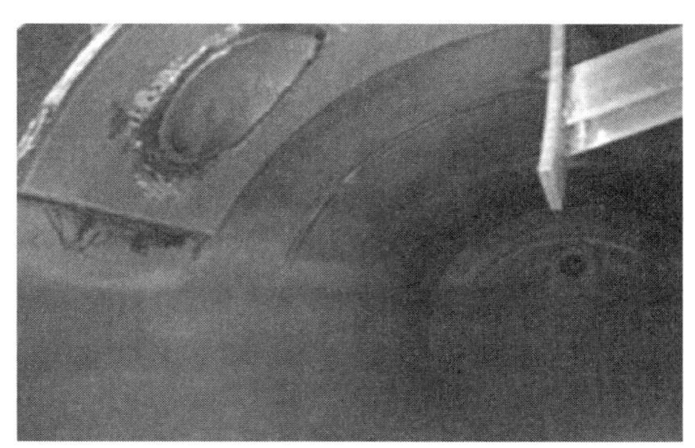

(b) 四效蒸发器凝液罐冷凝水槽

图9-12　部分容器腐蚀形貌

腐蚀检查共检验3条管线：碳酸盐管线、碳酸盐管线和7循环气管线，碳酸盐管线抽查部位的弯头被碳纤维缠绕，3条管道可见部位的外壁未见明显腐蚀，图9-13为3条管线的部分腐蚀形貌。

(a) 碳酸盐管线弯头包碳纤维

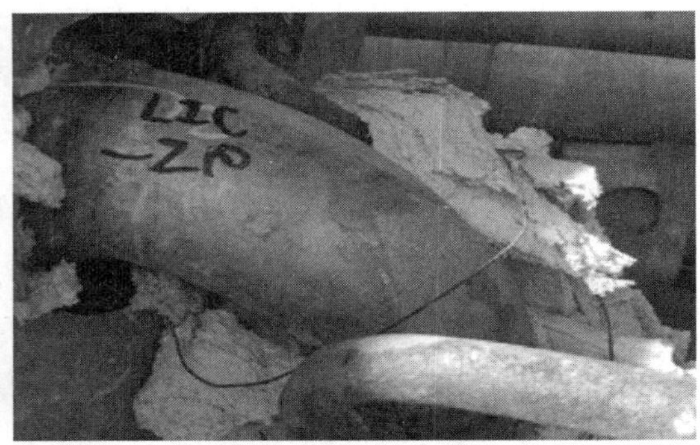

(b) 碳酸盐管线弯头

(c) 循环气管线外壁

(d) 碳酸盐管线弯头包碳纤维

图 9-13　管线的部分腐蚀形貌

9.4　乙二醇装置防腐措施及建议

对乙二醇装置进行腐蚀检查，调查发现装置的整体腐蚀程度较轻，绝大多数设备情况良好，说明目前的工艺及设备防腐措施比较得当，但通过本次腐蚀检查也发现了一些问题，针对装置中设备的腐蚀情况及对其腐蚀机理的分析，从工艺、设备、在线监测等角度提出以下几条防腐措施建议：

① 对于存在氯离子腐蚀的设备，如环氧乙烷精制塔，可以在腐蚀易发生部分采用耐蚀合金，并且降低进料中的水和含氧物质或加装特殊吸附剂的脱氯设备。

② 不锈钢材质设备有发生敏化的情况，如精制塔再沸器，可以选择升级不锈钢材质为低碳不锈钢(如 304L、316L 等)，也可以在设备焊接施工时注意控制操作温度在425℃以下，在有条件的情况下做固溶热处理，或两种方法同时进行，避免材质敏化带来的问题。

③ 加强对设备外保温层的管理，避免因外保温层的破损造成设备外表面损伤，另外可采用外表面增加防腐涂层、增加防潮垫或更换耐候钢等方法，减少保温层下腐蚀的可能。

④ 加强对设备外防腐层的保护与监管，降低设备的腐蚀速率；根据乙二醇装置的特点，应加强对塔顶回流水的管理，开展塔顶回流水 pH 值、铁离子含量、醛含量监测，同时，对工艺水中甲酸、乙酸等酸性物质开展分析检测，有效指导工艺防腐操作，控制腐蚀。

另外，在腐蚀发生的塔顶、塔底、再沸器及关键部位可安装在线腐蚀探针、在线旁路试验釜开展监测，实时掌握系统的腐蚀趋势。加强蒸发系统、干燥系统以及蒸汽和凝液系统管道壁厚的定点监测，及时发现减薄严重部位，消除安全隐患。

⑤ 设备内表面存在机械损伤，致使表面存在凹坑，建议打磨圆滑过渡表面损伤，避免腐蚀介质在凹坑处聚集，造成内表面局部腐蚀破坏。

⑥ 部分换热器内表面有污垢附着，可能原因为局部循环水流速偏低或循环水未经过滤等工艺处理所导致，建议装置加强循环水水质管理，有时可以根据需要加入防腐剂、消毒剂和杀菌剂等减少结垢及发生微生物腐蚀的可能性，并采用牺牲阳极+涂料联合保护措施，此外循环水水质管理应遵守工业水管理制度，循环水冷却器管程流速控制在 0.5m/s 以上，减少垢下腐蚀。

第10章

芳烃装置腐蚀机理及检查案例

10.1 芳烃装置概况

(1) 装置组成

芳烃联合装置由 PSA 制氢装置、芳烃抽提装置(SED)、苯抽提蒸馏装置、对二甲苯(PX)装置中间原料及溶剂油罐区、化学药剂站六大部分组成(以某生产装置为例)。

① PSA 制氢装置采用西南化工研究院的 PSA 专利技术，利用炼油厂催化裂化干气、PX 装置释放气为原料，生产纯度为 99.99%的氢气。包括变温吸附单元、变压吸附单元、脱氧干燥单元三部分。预处理单元采用变温吸附技术，从 PX 释放气中脱除 C_5 以上高碳烃、甲苯、乙苯等杂质，以获得净化的 PX 释放气。基本原理是利用吸附剂对不同吸附质的选择特性和吸附能力随温度的变化而呈现差异的特性，实现气体混合物的分离和吸附剂的再生。

② 芳烃抽提装置采用美国 UOP 环丁砜抽提技术，将环丁砜加到抽提塔中，因原料加氢汽油中各组分在环丁砜溶剂中溶解度不同，对各类烃的溶解度顺序为：芳烃>环烷烃>烯烃>链烷烃，全部芳烃和少量非芳烃溶解在溶剂中，最后形成富溶剂及抽余油，从而完成芳烃和非芳烃的分离，再经过真空水蒸气精馏回收溶剂并获得混合芳烃。包括重整生成油预分馏单元、环丁砜抽提单元、B/T 精馏单元、溶剂油加氢单元四部分。

③ 苯抽提蒸馏装置采用中国石化石油化工科学研究院的萃取蒸馏技术生产高纯度的苯产品。包括预分馏单元、抽提蒸馏单元两部分。预分馏塔的目的是对原料进行预处理，除去 C_7 以上重馏分，为抽提蒸馏提供合格的 C_6 馏分进料。预分馏塔塔顶产品为 C_6 馏分，送抽提蒸馏塔作为进料，塔底为 C_{7+}重馏分，经换热冷却后送出装置。预分馏塔重沸器热源由低压蒸汽提供，加热量由重沸器出口凝结水流量进行控制。抽提蒸馏塔的作用是在溶剂(环丁砜和助溶剂)作用下，实现芳烃与非芳烃分离。

④ 对二甲苯装置采用美国 UOP 的专利工艺技术，主要生产纯度为 99.8%的对二甲苯(PX)产品，并富产苯、邻二甲苯(OX)、重芳烃等。包括甲苯歧化-烷基转移单元二甲苯异构化单元、二甲苯精馏单元、吸附分离单元四部分。对二甲苯装置采用美国 UOP 的专利工艺技术，主要生产纯度为 99.8%的对二甲苯产品，并富产苯、邻二甲苯、重芳烃等。包括甲苯歧化-烷基转移单元、二甲苯异构化单元、二甲苯精馏单元、吸附分离单元四部分。其中甲苯歧化-烷基转移单元采用 UOP 的 TATORAY 工艺，选用活性、选择性及稳定性较高的新一代 TA-4 催化剂，在高温作用下，甲苯和 CA 发生歧化和烷基转移反应，生成目的产品苯和二甲苯。二甲苯异构化单元采用 UOP 的 ISOMAR 工艺，选用乙苯异构型 I-9K 催化剂在反应过程中建立限定性平衡，通过环烷烃中间体

将乙苯最大限度地转化为二甲苯，采用这种催化剂可以从混合二甲苯中获取最高产率的对二甲苯。吸附分离单元采用UOP的PAREX工艺，通过多通道旋转阀实现连续逆流接触利用分子筛选择吸附PX，再用解吸剂对二乙基苯将PX置换解吸，从而达到分离PX的目的。二甲苯精馏单元采用精密分馏工艺，将混合芳烃中的CA分离出来，分别作为原料提供给吸附分离和歧化单元，从而将联合装置各单元有机的联合起来。

⑤ 中间原料及溶剂油罐区负责芳烃联合装置的原料、甲苯及溶剂油的收储工作。包括中间原料油罐区、溶剂油罐区、芳烃原料罐区三部分。

⑥ 化学药剂站负责化纤生产所需的醋酸、乙二醇及碱的收储工作。包括化学药剂卸车台、化学药剂罐区两部分。

（2）工艺流程

直馏石脑油和加氢裂化石脑油混合后在石脑油加氢装置通过加氢处理及汽提脱去硫、氮、砷、铅、铜、烯烃和水等杂质。在连续重整装置中把石脑油中的烷烃和环烷烃转化成芳烃，并副产大量的富氢气体。其中一部分产氢用于异构化、歧化和预加氢装置，其余部分则送到炼厂其他加氢装置。

连续重整装置的重整油经过脱戊烷塔脱去C_{5-}馏分进入重整油分离塔。乙烯裂解汽油从边界来后先与重芳烃塔顶物流换热进入重整油分离塔。塔顶C_6/C_7送到SED装置把C_6/C_7馏分中的芳烃和非芳烃分开。混合芳烃和歧化汽提塔底物合送到苯-甲苯分馏装置的苯塔。苯塔顶产生高纯度的苯产品，塔底物流送到甲苯塔。甲苯塔顶生产C_7芳烃，其中一部分C_7芳烃与重芳烃塔塔顶物流混合送到歧化装置，其余部分作为汽油调组分送出装置。

甲苯塔底物料与重整油塔底物料、异构化产物混合送到二甲苯塔，二甲苯塔塔顶的混合二甲苯送到吸附分离装置，在这里PX作为产品被分离出来。含有EB、MX和OX的吸附分离抽余液去异构化装置，PX达到新的平衡。异构化脱庚烷塔底物循环回二甲苯塔。二甲苯塔底的C_{9+}送到重芳烃塔，重芳烃塔顶物料C_9组分一部分送到歧化装置，其余部分作为汽油调和组分送出装置。重芳烃塔塔底物料作为燃料油供装置内使用。

① 直馏石脑油加氢装置。直馏石脑油进入原料缓冲罐，由预加氢进料泵泵送与预加氢循环压缩机来的循环氢混合后，进入预加氢进料换热器和预加氢进料加热炉，加热后进入预加氢反应器和脱氯反应器。已脱除硫、氮、氯的预加氢反应产物与硫化氢、氨及含氢气体一起通过与原料换热，再注入凝结水，以溶解因冷却可能在下游设备形成的铵盐。再经预加氢产物空冷器，预加氢产物后冷器冷却后进入预加氢产物分离罐。预加氢产物分离罐顶含氢气体和补充氢混合，经循环压缩机入口分液罐进入预加氢循环压缩机循环使用。

预加氢产物分离罐底液体通过液位控制进入预加氢汽提塔。汽提塔进料通过进料/塔底换热器加热后进入汽提塔。为控制塔顶的腐蚀，在塔顶注入防腐剂。汽提送顶汽相在空冷器冷却后到汽提塔回流罐，在回流罐顶将含有硫化氢和氨的碳氢化合物气体送出界区进行气体回收或处理。汽提塔回流罐液体作为回流循环回塔，回流罐的水间断排到酸性水处理装置。汽提塔底通过重沸炉重沸，塔底物料与汽提塔进料换热后送入连续重整单元。

② 连续重整装置。从预加氢汽提塔塔底来的精制石脑油与循环氢混合，进入重整进料换热器及加热炉加热，然后依次经过 4 台重整反应器和 3 台加热炉。从重整第四反应器出来的反应产物经换热、空气冷凝冷却后进入重整产物分离罐。罐顶气体全部用循环氢压缩机增压后，一部分重整产氢送至重整氢增压机增压，大部分作为循环氢打回重整反应部分与预加氢精制石脑油在重整进料换热器混合后进入重整反应系统，还有一小部分循环氢送到反应器置换气换热器与重整第四反应器出口的一小股物料换热，进入重整第四反应器底部。

重整产物分离罐底液体用泵送到再接触预冷器，罐顶出来的重整产氢经过二级重整氢增压机增压并冷却后进入再接触罐，其中有一小股气体返回重整产物分离罐用于流量控制。重整产物分离罐底液体与增压后的重整产氢混合后经再接触预冷器及再接触冷冻器进一步冷却后进入再接触罐。再接触罐顶分出的含氢气体经过氢气脱氯罐后送出装置。

再接触罐底的生成油经过再接触预冷器换热后进入脱戊烷塔进料脱氯罐。经脱氯后先与二甲苯分馏装置的重整油分离塔顶物料换热，再与脱戊烷塔底液换热后进入脱戊烷塔的第 21 块塔盘。塔顶物料通过空冷器冷却后进入回流罐，产生的一小部分气体作为燃料，罐底液体一部分由泵送返回塔顶，另一部分作为脱丁烷塔进料分离液化气和戊烷。脱戊烷塔使用重沸炉加热，塔底油通过脱戊烷塔进料/塔底换热器换热后送到二甲苯分馏装置。

③ 重整催化剂连续再生装置。催化剂依靠重力作用依次从一反至二反、三反、四反，从反应器底部流经反应器底部收集器。在收集器内，用循环氢作为置换气置换催化剂所携带的烃类后，催化剂出反应器向下流至“L”阀组。在此处，自提升气风机来的提升氮气将催化剂提升至再生器顶部的分离料斗。在分离料斗中，用一股称之为除尘气的氮气将催化剂中的少量粉尘吹出分离料斗顶部，至粉尘收集器。除尘氮气用一台除尘风机循环使用，提升氮气用提升风机循环回“L”阀组。依靠重力作用催化剂自分离料斗底部进入再生器。

待生催化剂在再生器中自上而下依次经过烧焦、氧氯化、干燥和冷却。在烧焦区，催化剂通过两个柱状筛网之间的环形区向下流，通过热风机循环的热再生气体用于催化剂烧焦，热再生气体的主要成分是含少量氧气的氮气。自再生风机出口，引出一条密封气体管线，用于预热来自分离料斗的催化剂。氧氯化区的作用是促进金属的颗粒分布，并调整催化剂的氯化物平衡；在焙烧区，烧焦产生的水分要除去，以确保良好的催化剂功能；冷却区位于再生器底部，使用干燥的冷空气对催化剂进行冷却。冷却后的催化剂自再生器底部流出，经过氮封罐后进入闭锁料斗顶部，通过闭锁料斗来控制催化剂循环流量，催化剂依靠重力自闭锁料斗底部送到一个"L"阀组，再接触罐出口来的富氢气体作为提升气，将催化剂提升至反应器顶部的还原区。

氧化态的催化剂流入还原区，在还原区，催化剂金属(Pr、Sn)用富氢气体进行还原。还原氢气是自重整再接触部分来的富氢气体。催化剂依靠重力自还原区底部流动至一反顶部，催化剂依靠重力自一反底部流向二反顶部，依次类推直至重叠式反应器底部，完成催化剂循环。催化剂循环的流速由无阀闭锁料斗控制。

再生器中烧焦后的放空气体含氯化氢和二氧化碳，这部分含氯化氢放空气体在碱洗塔中与碱液和脱盐水充分接触后，排放大气，废碱液排出装置统一处理。含有催化剂粉末的淘析气体进入粉尘收集器，在此通过滤网回收粉末，定期将粉末通过收集器底部的收集罐装桶送往有关工厂，以回收其中的贵金属铂。

④ 抽提蒸馏装置。从抽提蒸馏(ED)原料缓冲罐来的 C_6、C_7 组分在换热器与贫溶剂换热后送入抽提蒸馏塔。贫溶剂用泵送到水冷器后进入 ED 塔塔顶。控制贫溶剂流量以维持一定的剂油比，2.2MPa 蒸汽用于 ED 塔重沸器的热源。抽提蒸馏后，从 ED 塔塔顶出来的非芳烃进入非芳蒸馏塔，塔底回收小部分溶剂。从 ED 塔来的富溶剂进料到回收塔中部。

在非芳蒸馏塔，热的贫溶剂作为重沸器的热源，塔顶压力通过放空控制阀和氮气补充控制阀分程控制。塔顶物料通过空冷器和水冷进入非芳回流罐。水从回流罐底通过水泵抽出，小部分非芳烃作为回流返回非芳蒸馏塔，其余作为副产品送出装置。

在回收塔，纯芳烃与溶剂分离，且在真空条件下操作，汽提水用于降低塔底温度，芳烃和蒸汽到塔顶，溶剂到塔底。塔顶的组分通过空冷器和水冷器，进入回流罐，在这里芳烃和水分离。从回流罐来的一部分芳烃作为回流，其余送到 B-T 分馏装置，从回收塔塔底来的贫溶剂通过几个换执器后返回。水从回流罐出来后用泵送到贫溶剂/水换热器换热变为蒸汽，然后到溶剂再生罐。为避免溶剂老化，回收塔通过真空泵在真空条件下操作。为充分利用贫溶剂的热源，回收塔中部设计了一个中间再沸器，热的贫溶剂作为热源。第一个热交换之后，贫溶剂用于非芳蒸馏塔重沸器的热源，然后贫溶剂作为贫溶剂/水换热器的热源，再然后贫溶剂与抽提蒸馏原料换热，最后溶剂的温度被水冷器冷却，进入 ED 塔塔顶。小部分溶剂送到溶剂再生器。溶剂再生器从溶剂中除去机械杂质和聚合体。溶剂从再生器顶出来送到回收塔塔底。再生器底部残余间断排出。

还有其他的措施维持溶剂的质量。ED 原料缓冲罐和非芳蒸馏塔回流罐用氮气密封，以避免接触空气使溶剂氧化。在 ED 塔、回收塔和再生器的重沸器，使用中压蒸汽以避免溶剂局部过热。为控制溶剂的 pH 值向系统注入防腐剂。

⑤ 二甲苯分馏装置。从界区来的乙烯裂化汽油与连续重整的脱戊烷塔塔底物料分别进入重整油分离塔，塔顶物流被空冷器冷却后进入回流罐，一部分通过泵返回塔顶，另一部分作为抽提进料经过冷却器冷却后送到 SED 装置分离苯和甲苯。重整油分离塔重沸执源一部分为中压蒸汽，另一部分为二甲苯塔顶物流。重整油分离塔底物流直接进入二甲苯白土塔。重整油分离塔塔底物料首先被二甲苯白土塔进料加热器加热后，进入二甲苯白土塔，除去原料中的烯烃然后送到二甲苯塔。

异构化脱庚烷塔塔底物料、B-T 分馏装置的甲苯塔塔底物料、经过白土精制的重整油分离塔塔底物料混合进入二甲苯塔，塔顶物料的热源用于重整油分离塔底重沸器和吸附分离抽出液塔重沸器吸附分离抽余液塔重沸器的热源。塔顶物料换热冷却后进入二甲苯回流罐，通过二甲苯塔回流泵将一部分物料返回塔顶，另一部分送到吸附分离原料缓冲罐，用泵将吸附分离原料送到吸附分离装置。

二甲苯塔底物料通过泵输送作为吸附分离解析剂再蒸馏塔重芳烃塔以及歧化汽提塔底重沸器的热源，塔底物料通过流量控制送到重芳烃塔。重芳烃塔塔顶物料通过空冷器冷凝，然后回到回流罐，用泵将一部分返回到重芳烃塔塔顶，另一部分直接送到歧化装置或通过 C_{9+}芳烃空冷及水冷后送到汽油储罐。重芳烃塔塔底油作为装置内燃料油经过空冷器冷却后供装置内燃烧使用。

⑥ 甲苯歧化及烷基转移装置。从甲苯塔来的甲苯与重芳烃塔来的 C9A 混合后直接送到进料缓冲罐。歧化原料通过进料罐泵与循环氢压缩机来的循环氢混合，经过反应产物/进料换热器换热、反应加热炉加热达到反应器入口操作条件。在歧化反应器，甲苯和 C9A 转化成二甲苯和苯。在正常操作下，反应有一些温升。反应产物通过与混合原料换热，进入歧化产物执分离罐，气相经歧化产物空冷器，歧化产物后冷器冷却后到歧化产物冷分离罐。

富氢气体从歧化产物冷分离罐顶分离。一小部分气体送到异构化装置或燃料系统，大部分气体通过循环压缩机增压，然后与补充氢压缩机来的补充氢混合，混合气体与原料混合。从歧化产物热分离罐来的液体和歧化产物冷分离罐的液体混合后通过歧化汽提塔进料换热器加热后送到汽提塔，塔顶组分通过空冷器、后冷器冷凝和冷却，进入回流罐进行气体/液体分离。回流罐的大部分液体用泵送回汽提塔塔顶作为回流，小部分送到异构化装置，回流罐的气体通过压控送到燃料系统。汽提塔塔底液体通过塔底泵送到汽提塔进料换热器换热后送到 B-T 分馏装置。

⑦ 苯-甲苯分馏装置。B-T 分馏装置有两股物料来源，一股来源于 SED 装置，另一股来源于歧化装置的汽提塔塔底。SED 装置来的苯-甲苯送到歧化白土塔进料罐，然后用歧化白土送进料泵与歧化装置汽提塔塔底来的物料混合送到白土塔进料换热器加热后进入白土塔，以除去痕量烯烃。反应物被原料冷却后送到苯塔。

苯塔有 62 块塔盘，苯产品从第 6 块塔盘抽出，通过苯产品冷却器冷却后用苯产品泵送到苯产品罐。苯塔塔顶通过空冷器冷却进入回流罐，分成两相：烃类和水。烃类用泵返回苯塔塔顶，水从回流罐的水包通过液控排出。苯塔重沸器的热源是甲苯塔塔顶物流，苯塔塔底物通过塔底泵送到甲苯塔。

甲苯塔有 65 块塔盘，甲苯塔塔顶物通过苯塔重沸器和空冷器冷凝，然后进入回流罐。用泵将回流罐液体一部分返回甲苯塔塔顶，一部分作为歧化进料，另一部分作为产品通过甲苯产品空冷器和冷却器冷却后送到甲苯产品罐。甲苯塔重沸炉用燃料气或燃料油做燃料。甲苯塔底物用甲苯塔底泵送至二甲苯分馏装置。

⑧ 吸附分离装置。吸附分离装置采用选择性吸附的方法，利用模拟移动床工艺，通过物料与吸附剂床层逆流接触，把对二甲苯从混合 C_8 芳烃中分离出来。对二甲苯送出装置而抽余液则去下游异构化单元作原料。吸附分离装置的吸附部分为双系列，每个系列包括两个模拟移动床吸附塔、一个旋转阀和一套液压数控系统。吸附分离装置可以分成两个独立的部分：吸附部分和分馏部分。吸附部分中进料和解吸剂与吸附剂相互作用，以分离 PX 和其他 C8A；分馏部分是将解吸剂与其他组分分离，使解吸剂可以循环使用。吸附部分包括四台吸附塔、两套旋转阀、进料过滤器、解吸剂过滤器、吸附塔循环泵、管线冲洗泵及吸附塔控制系统。

来自二甲苯分馏单元的 C_8 芳烃原料用泵送至异构化部分换热后进入吸附分离部分，经进料过滤器除去固体微粒，通过旋转阀进入吸附塔吸附区（Ⅰ区和Ⅱ区之间）。在吸附区域内，对二甲苯被吸附在吸附剂上，吸附区底部物料中的一部分，即抽余液在压力控制下经旋转阀流出。来自成品塔解吸剂重沸器的解吸剂经解吸剂过滤器除去固体微粒后通过旋转阀进入吸附塔的解吸区（Ⅲ区顶部），解吸剂向下流过Ⅲ区，一部分在Ⅱ区顶部作为抽出液经转阀引出，另一部分在Ⅰ区底部作为抽余液引出。两台吸附塔之间通过吸附塔循环泵建立起循环：1 号吸附塔底物料经 1 号吸附塔循环泵升压后进入 2 号吸附塔顶部，沿床层流至吸附塔底部后，经 2 号吸附塔循环泵升压后进入 1 号吸附塔顶部。在两塔循环过程中，物料不断经过转阀进、出吸附塔，使循环回路中物料的组成不断发生变化。

抽余液与抽余液塔底物换热升温后进入抽余液塔，用于转阀穹顶密封及吸附塔，封头冲洗的对二乙基苯也返回到抽余液塔。抽余液塔顶气体经空冷冷却后进入回流罐，罐顶气体经抽余液塔放空冷凝器冷凝冷却至 43℃后进入抽余液塔放空罐，放空罐中液体在过冷条件下会析出游离水。抽余液塔回流罐中物料全回流至抽余液塔顶，抽余液塔侧线分出 C_8 芳烃，在流量控制下进入抽余液塔侧线缓冲罐，最后作为异构化的原料送出。抽余液塔底物是含有少量 C_8 芳烃的解吸剂，用泵升压后，先与塔进料换热，然后与抽出液塔底的解吸剂混合，一起作为成品塔重沸器部分热源。在成品塔解吸剂重沸器，解吸剂被冷至 177℃，注入少量水后，经解吸剂过滤器进入旋转阀并送入吸附塔的解吸区。从抽余液塔底分出的一部分解吸剂(约占解吸剂循环总量的3%)送至解吸剂再蒸馏塔处理，塔顶气体-再生后的解吸剂，返回抽余液塔循环使用。抽出液塔热源为二甲苯塔顶物料。

抽出液(被吸附的对二甲苯和解吸剂)从吸附塔引出后经旋转阀并在流量控制下进入抽出液塔进料换热器，与抽出液塔底的解吸剂换热升温后进入抽出液塔，用蒸馏的方法使对二甲苯和解吸剂分离。塔顶气体经空冷器冷凝冷却后进入回流罐，回流罐底油一部分作为回流打回塔顶，另一部分用泵送往成品塔进一步处理。抽出液塔底物即为解吸剂，与塔进料换热后，与抽余液塔底的解吸剂混合，作为成品塔重沸器部分热源。从抽出液塔顶分出的粗对二甲苯进入成品塔进料换热器，与成品塔底的物料换热升温后进入成品塔，用蒸馏的方法分离对二甲苯和粗甲苯。塔顶气体经空冷器冷凝冷却后进入回流罐，回流罐底油一部分作为回流打回塔顶，另一部分用泵送往苯-甲苯分馏装置。塔底物即为对二甲苯，经空冷、水冷冷却后用泵送至产品罐储存。从抽余液塔或抽出液塔底分出的一部分解吸剂送至解吸剂再蒸馏塔处理。解吸剂再蒸馏塔热源为二甲苯塔底物料。塔顶气体是再生后的解吸剂，返回抽余液塔循环使用，塔底物是变质解吸剂，收集在塔底，定期送往燃料油系统。

装置内设解吸剂罐和解吸剂储罐。解吸剂罐内是洁净的解吸剂，用于系统解吸剂的补充，为了防止由补充解吸剂带入系统重组分，补充解吸剂需要经解吸剂再蒸馏塔处理后再进入系统。解吸剂储罐用于储存装置维护时各用户排放的烃类，罐中物料可以经流量控制返回至抽余液塔。吸附分离地下罐用于储存装置各密闭排放点排放的含有解吸剂的烃类，罐中物料由地下罐泵升压并经空冷冷却后根据物料组成送至解吸剂罐或解吸剂储罐。

⑨ 异构化装置。异构化工艺是在催化剂作用下，把 C_8 芳烃中的邻、间二甲苯和乙苯转化为同分异构的对二甲苯的过程。异构化的原料-吸附分离抽余液中的对二甲苯浓度很低，通过异构化反应，使 C_8 芳烃各同分异构体达到平衡浓度。

异构化装置由反应和分馏两部分组成。反应部分包括进料换热器、进料加热炉、反应器、产品空冷器、产物分离罐、循环氢压缩机等。产物分离罐底液体分别与异构化进料、脱庚烷塔进料、吸附分离进料换热后进入脱庚烷塔以除去其中的 C_{7-} 馏分，脱庚烷塔底物料经白土处理后送至二甲苯分馏装置二甲苯塔。塔顶气体进入燃料气系统，塔顶液体返回抽提装置以回收其中的苯。吸附分离装置的抽余液在异构化装置反应生成目的产物对二甲苯。

异构化装置采用的是RIPP研制的SKI-400乙苯转化型异构化催化剂，是一种双功能催化剂：一个是金属功能，另一个是酸性功能。它的金属功能是由金属铂提供的，酸性功能主要是由丝光沸石提供的。异构化原料是 C_8 芳烃馏分，含微量水(5~20ppm)和很少量的对二甲苯，来自吸附分离抽余液塔侧线缓冲罐。物料升压后先与产物分离罐底物料换热，与来自循环氢压缩机的循环氢混合后进入进料换热器与反应产物换热，换热后的反应进料为气相。

反应进料经进料加热炉加热至要求的反应器入口温度后进入异构化反应器，在反应器中发生 C_8 芳烃的异构化反应，部分乙苯转化为二甲苯，最后 C_8 芳烃各同分异构体达到平衡浓度。异构化反应为放热反应，反应器出口温度比入口温度高 6~8℃。反应产物与进料换热并经空冷器冷却后进入产物分离罐，异构化反应生成物在产物分离罐中进行气液分离，气相即含氢气体大部分作为循环氢气送往循环氢压缩机升压后循环使用，少部分送至燃料气系统作为燃料以维持反应系统循环氢的浓度。循环氢纯度通过压缩机出口管线上的在线氢分析仪连续监测。在循环氢压缩机出口补入歧化装置来的补充氢。

产物分离罐底的液体依次与异构化反应进料、脱庚烷塔底油、吸附分离原料换热后进入脱庚烷塔。脱庚烷塔顶气体经冷凝、冷却后进入回流罐中进行气液分离，从回流罐顶分出的气体经丙烷冷凝后，在塔顶压力控制下进入燃料气管网作为本装置燃料，冷凝后的轻烃返回到回流罐，回流罐底油一部分作为回流打回塔顶，另一部分用泵送至汽提塔脱除 C_5 组分。汽提塔顶油气与脱庚烷塔顶油气混合后一起去冷凝冷却，汽提塔底油冷却后送至芳烃抽提装置。脱庚烷塔底油与进料换热后进入白土塔，脱除微量烯烃后送至二甲苯分馏装置。脱庚烷塔底重沸器为热虹吸式重沸器，加热介质是高压蒸汽；脱庚烷塔的另一部分热量来自异构化反应进料加热炉的对流段。

其中环丁砜抽提工艺流程如图 10-1 所示。其中 1 为抽提塔，2 为抽余油水洗塔，3 为回流芳烃罐，4 为提馏塔，5 为回收塔，6 为芳烃罐，7 为水汽提塔，8 为溶剂再生塔。

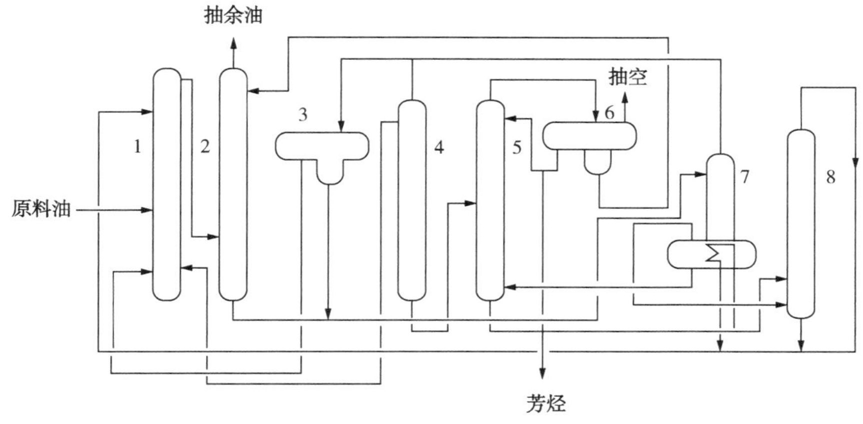

图 10-1　环丁砜抽提工艺流程图

10.2　芳烃装置腐蚀机理分析

以某企业联合车间为例，该装置包括芳烃抽提装置和对二甲苯装置，涉及多种腐蚀损伤机理，专利工艺技术在两套装置生产过程中的使用，会引发环丁砜在高温(大于180℃)下的分解，并在有氧存在的情况下会因发生化学分解而产生一些腐蚀性较强的物质。另外，环丁砜中存在环丁烯砜杂质，环丁烯砜受热产生 SO_2，SO_2 与水形成 SO_3^{2-} 或经氧化后与水形成 SO_4^{2-}。环丁砜虽然在较低温度下稳定性较好，但在180℃会缓慢放出 SO_2，在抽提工艺下还会开环水解形成磺酸，而酸的存在，对环丁砜开环又会起到水解催化作用。

(1) 高温硫化物腐蚀-无氢气环境

高温硫化物腐蚀是一种常见的均匀腐蚀，一般认为当温度超过204℃就会发生。原料油中存在硫化物，这些硫化物不仅本身有腐蚀性，其经热分解转化成的硫化氢在一定的环境下也会产生腐蚀。有研究发现200℃以下400h后腐蚀速度明显减慢，生成了FeS保护膜。从200℃后硫腐蚀速度增加，250℃速度加快，350~460℃达到最强烈程度，硫化物受热分解出活性更强的活性硫。硫腐蚀与流速有关，在流速高的地方保护性的硫化膜被冲刷，腐蚀加剧。环丁砜高温下水解产生硫化物，无氢气环境中碳钢或低合金钢等与硫化物反应发生的腐蚀。

在芳烃装置中，高温硫化物腐蚀易发生工段为气液界面、闪蒸段，特别是重沸器回流段、泵、管线产生涡流的地方；预处理单元的设备；汽提塔进料段及汽提塔；溶剂再生塔及其出料段；回收塔及其进料段；重整油分馏塔塔底产品冷却器至分馏塔。

(2) 高温 H_2S/H_2 腐蚀

当温度超过204℃时，高温 H_2S/H_2 腐蚀也是一种常见的均匀腐蚀。原料油中所含的硫经反应生成硫化氢，在高温下硫化氢与氢气同时作用时腐蚀会加剧，但腐蚀形态仍为均匀腐蚀。然而如果没有催化剂的作用，临氢氛围下，即使温度很高，硫化物通常也不能与氢反应产生硫化氢。在芳烃装置中，高温 H_2S/H_2 腐蚀易发生工段为预处理单元和重整单元的设备。

(3) 酸性水腐蚀(碱式酸性水)

酸性水腐蚀是因水中同时含有硫化氢和氨而引起的腐蚀，尤其是碱性环境中的碳钢材质，这种腐蚀通常认为是由硫氢化铵(NH_4HS)引起的。影响酸性水腐蚀的主要因素是水中 NH_4HS 的浓度，以及介质流速，次要因素为水的pH值、水中氰化物和氧含量。预加氢反应时有机硫化物和有机氮化物均发生转化反应，分别产生 H_2S 和 NH_4^+，两者结合产生碱式酸性水，腐蚀碳钢类材质。环丁砜降解物呈现酸性，且有 S^{2-} 生产，和酸

性离子 H^+生成H_2S，与介质中的氯化铵结合生成硫氢化铵，金属材料在存在硫氢化铵（NH_4HS）的碱式酸性水中遭受腐蚀，腐蚀介质流动方向发生改变的部位，或浓度超过2%（质量分数）的紊流区易形成严重局部腐蚀；介质注水不足的低流速区可能发生局部垢下腐蚀，对于换热器管束可能发生严重积垢并堵塞。

在芳烃装置中，酸性水腐蚀（碱式酸性水）易发生工段为预处理单元的设备；汽提塔进料段及汽提塔、汽提塔塔底出料段、进料/塔底组分换热器与回收塔及其进料段。

（4）$H_2S+HCl+H_2O$ 腐蚀

硫化氢在温度不高的干燥状态下，对碳钢的腐蚀性很小，而在潮湿或有冷凝液的情况下，硫化氢溶解于水，生成呈酸性的电解质溶液而产生腐蚀。钢铁在 H_2S 水溶液中的腐蚀一般可用下式表示：$Fe+H_2S(液) = FeS+H_2\uparrow$。预加氢反应时有机卤化物被氢置换出来，以及催化剂中的氯接触后生成 HCl，卤化氢-H_2O（主要是 HCl）腐蚀环境，H_2S-H_2O 和 HCl-H_2O 两种腐蚀环境互相促进，加速腐蚀。

在芳烃装置中，$H_2S+HCl+H_2O$ 腐蚀易发生工段为预处理单元、重整单元和公用工程单元的设备。

（5）氯化铵腐蚀

同第4.2节催化裂化装置氯化铵腐蚀机理一致。在芳烃装置中，氯化铵腐蚀易发生工段为底进料换热器至脱戊烷塔及出料段到吸收塔与分馏塔及分馏塔出料段至塔顶冷却器。

（6）湿硫化氢破坏

同第3.2节常减压装置湿硫化氢破坏机理一致。在芳烃装置中，湿硫化氢破坏易发生工段为汽提塔进料段及汽提塔、汽提塔塔底出料段、进料/塔底组分换热器与回收塔及其进料段。

（7）盐酸腐蚀

同第3.2节常减压装置盐酸腐蚀机理一致。在芳烃装置中，盐酸腐蚀易发生工段为底进料换热器至脱戊烷塔及出料段到吸收塔、分馏塔及分馏塔出料段至塔顶冷却器、抽提进料段与抽提塔、水洗塔进料与异构化进料段。

（8）大气腐蚀

同第3.2节常减压装置大气腐蚀机理一致。

（9）冲刷腐蚀

同第3.2节常减压装置中冲刷腐蚀机理一致。在芳烃装置中，冲刷腐蚀易发生工段为所有介质输送装置，主要为汽提塔进料段及汽提塔。

（10）硫酸腐蚀

由稀硫酸引起的金属腐蚀通常表现为壁厚均匀减薄或点蚀，碳钢焊缝和热影响区易遭受腐蚀，在焊接接头部位形成沟槽。浓硫酸多在与金属接触部位形成局部腐蚀，可引起钢制容器及构件的钝化，阻止腐蚀的进行。在芳烃装置中，硫酸腐蚀易发生工段为汽提塔进料段及汽提塔、溶剂再生塔及其出料段、回收塔与水洗塔进料段及水洗塔。

（11）氯化物应力腐蚀开裂

即奥氏体不锈钢及镍基合金在拉应力和氯化物溶液的作用下发生的表面开裂。氯离子易吸附在奥氏体不锈钢表面的钝化膜上，取代氧原子后和钝化膜中的阳离子结合形成可溶性氯化物，导致钝化膜破坏。破坏部位的新鲜金属遭腐蚀形成一个小坑，小坑表面的钝化膜继续遭氯离子破坏生成氯化物。在坑里氯化物水解，使小坑内 pH 值下降，局部溶液呈酸性，对金属进行腐蚀，形成多余的金属离子，为平衡蚀坑内的电中性，外部的氯离子不断向坑内迁移，使坑内氯离子浓度升高，水解加剧，加快金属的腐蚀。如此循环，形成自催化，向蚀坑的深度方向发展，形成深蚀孔，直至形成穿孔泄漏。在芳烃装置中，氯化物应力腐蚀开裂易发生工段为汽提塔塔底出料段、进料/塔底组分换热器与回收塔及其进料段。

（12）胺腐蚀

在抽提单元，由于抽提溶剂环丁砜在高温下降解，尤其存在氧化性氛围时，降解加速进行，产物呈酸性，会导致碳钢或低合金钢的腐蚀，为了提高溶液的 pH 值，减缓环丁砜的降解，需要注入单乙醇胺（MEA）。但胺本身对碳钢和低合金钢也是有一定的腐蚀性。胺处理工艺中的碳钢腐蚀与许多因素有关，其中主要因素有胺液的浓度、溶液中酸性气体的含量（浓度）和温度。在芳烃装置中，胺腐蚀易发生工段为抽提单元设备。

（13）冷却水腐蚀

同第 6.2 节加氢炼化装置冷却水腐蚀机理一致。在芳烃装置中，冷却水腐蚀易发生工段为所有水冷交换器与冷却塔设备。

（14）环丁砜降解产物腐蚀

环丁砜在无氧条件下，200℃时热分解几乎可忽略，不会有酸生成。但在抽提塔进料中如果含有 20ppm 的氧气，10 个小时就可以使贫溶剂的 pH 值下降 1 个单位。其反应过程为：环丁砜与氧气作用生成氧化物，然后开环生成磺酸基醛，再分解形成二氧化硫和羟基醛。二氧化硫遇水成亚硫酸。羰基硫脱水生成不饱和醛，不饱和醛在氧气作用下可进一步氧化成有机酸，使系统变成酸性，对设备产生腐蚀。不饱和醛也可进一步聚合成高分子聚合物，在环丁砜溶剂中不易溶解，浓度高时形成固体颗粒。在芳烃装置中，环丁砜降解产物腐蚀易发生工段为汽提、回收和溶剂再生工段，尤其是这些工段的重沸器部位。

（15）硫化物应力腐蚀开裂

硫化物应力腐蚀开裂的敏感性与氢原子的渗透量有关，钢内氢原子的来源是湿 H_2S 的腐蚀反应，氢原子的渗透量主要与 pH 值和水中 H_2S 的含量有关。一般来说，钢中的氢含量在 pH 值接近中性的溶液中最低，而在酸性或碱性环境中其含量会增加。硫化物应力腐蚀开裂的敏感性会随气相中 H_2S 的分压或液相中 H_2S 的含量增加而升高。硫化物应力腐蚀开裂的敏感性还与材料的硬度和应力水平有关。钢的高硬度使硫化物应力腐蚀开裂的敏感性增加。硫化物应力腐蚀开裂一般不会影响利用湿硫化氢进行精馏的设备和碳钢为母材的管道，因为这些钢材有足够低的强度(硬度)水平。然而，焊缝和热影响区可能存在较高的硬度和较高的残余应力，高残余拉应力会使硫化物应力腐蚀开裂的敏感性增加。PWHT(焊后热处理)能显著降低残余应力水平以及焊缝和热影响区的硬度。在芳烃装置中，硫化物应力腐蚀开裂易发生工段为预处理单元、重整单元和公用工程单元的设备。

(16) 碱应力腐蚀开裂

碱应力腐蚀开裂是在拉应力和高温氢氧化钠腐蚀的联合作用下产生的开裂。裂纹主要位于晶间，典型形态是细微网状裂纹。经验表明，有些碱腐蚀应力裂纹失效发生在几天内，而多数则可能持续一年以上才会发生。碱腐蚀应力裂纹的敏感性由三个关键参数确定：碱浓度、金属温度和拉应力水平。碱浓度和金属温度的增加都使碱应力腐蚀开裂倾向增大。关于碱浓度，低于 5%则裂纹敏感性很低，但是在高温(接近沸点)时可能产生局部高浓度，导致裂纹敏感性增加，例如控制 pH 值在蒸馏塔中加入碱会发生塔体碱腐蚀应力裂纹；关于金属温度，在小于 46℃时不会发生开裂，在 46~82℃范围时，裂纹敏感性由腐蚀浓度控制，82℃以上时，对于所有浓度大于 5%情况，裂纹产生的可能性非常高；关于拉应力水平，由于高的焊接残余应力，焊缝及冷弯的碳钢、低合金钢易产生这种开裂，消除应力的热处理(如焊后热处理)是防止碱腐蚀应力裂纹的有效方法。在芳烃装置中，碱应力腐蚀开裂易发生工段为再生单元的设备。

(17) 回火脆性

加氢反应器和馏出物换热器由于抗氢要求，采用了较高铬含量的铬钼钢。如果材料为 1.25Cr-0.5Mo 钢、2.25Cr-0.5Mo 钢或 3Cr-1Mo 钢，并且操作温度为 343~576℃，则可能发生回火脆。在芳烃装置中，回火脆性易发生工段为加氢反应器、馏出物换热器等含铬量高的铬钼钢设备。

(18) 高温氢侵蚀

如果材料为碳钢或低合金钢，并且操作温度大于 204.4℃，操作压力大于 0.55MPa，则可能发生高温氢侵蚀。合金元素对材料抗高温氢侵蚀有至关重要的影响作用：碳含量增加，抗氢蚀能力下降；增加稳定碳化物形成元素(铬、钼、钨、钒、钛和铌等)，能显著提高钢的抗氢蚀能力。在芳烃装置中，高温氢侵蚀易发生工段为预处理单元、重整单元、歧化单元和异构化单元等的设备。

10.3 芳烃装置腐蚀检查案例

以对两个联合车间的芳烃装置进行的腐蚀检查为例。其中车间一大芳烃联合装置是以石脑油为原料，生产对二甲苯的石油化工联合装置。装置采用美国环球油品公司(UOP)的专利技术，仪表采用 Honeywell 技术。1996 年 10 月技术谈判，1998 年 3 月打桩，1999 年 6 月 8 日正式成立大芳烃车间，2000 年 10 月产出合格产品。原设计为 60×10^4t/a 重整，年产 25.4×10^4t 对二甲苯，2004 年改造后，重整年处理能力为 80×10^4t/a。

另一芳烃车间对芳烃抽提装置和对二甲苯装置进行腐蚀检查。芳烃抽提装置由预分馏、环丁砜抽提、苯/甲苯精馏和溶剂油等四个单元组成。预分馏单元设计加工重整生成油 50.87×10^4t/a；环丁砜抽提单元采用美国某公司的专利技术，设计处理进料 26×10^4t/a。该装置生产的甲苯、C_8 以上芳烃作为 PX 装置的原料；戊烷油、苯作为产品出厂；抽余油可作为产品出厂，也可经过溶剂油单元加工，生产出食品工业用 6#溶剂油、橡胶工业用 120#溶剂油和轻重非芳烃产品出厂。装置于 2000 年 2 月 26 日第一次投料试车，2005 年增建了石科院开发的苯抽提蒸馏生产单元，加工能力 15×10^4t/a，使装置的总加工能力达到了 60×10^4t/a。对二甲苯(PX)装置由歧化及烷基转移、二甲苯精馏、吸附分离及异构化四个单元组成，设计处理能力分别为 37×10^4t/a、124×10^4t/a、104×10^4t/a 和 86×10^4t/a，采用美国某公司的专利技术，以芳烃抽提装置生产的甲苯、C_8 以上芳烃作为原料，主要产品为苯和 PX。歧化及烷基转移单元原采用 TA-4 催化剂，2003 年换装国产 HAT-097 催化剂，部分设备进行了改造，处理能力可达 50×10^4t/a。吸附分离单元采用模拟移动床技术，使用 ADS-27 吸附剂和对二乙基苯解吸剂，单程收率高，PX 产品纯度也高。2005 年 7 月异构化单元采用国产 I-100 脱乙苯催化剂并增上了邻二甲苯塔，使吸附单元进料进一步优化，可最大限度地多产 PX，PX 产量 21.5×10^4t/a，邻二甲苯 1.5×10^4t/a。二甲苯精馏单元采用热联合技术，集中处理物料，是整个装置的物料中心和能源供应中心。

腐蚀检查加氢装置设备 73 台，其中塔器 22 座，容器储罐 11 台，换热器 33 台，反应器台，腐蚀检查汇总情况如表 10-1 所示。

表 10-1 芳烃装置腐蚀检查情况汇总表

序号	容器名称	主 要 问 题
1	再生器	外表面防腐层脱落
2	预加氢汽提塔	内表面均匀锈垢，垢下有腐蚀麻坑
3	预分馏塔	内壁整体有腐蚀坑
4	脱戊烷塔	内壁均匀锈蚀，整体有腐蚀坑

续表

序号	容器名称	主 要 问 题
5	重整油塔	内表面锈垢较多
6	抽提塔	内壁均匀锈蚀
7	回收塔	内壁均匀锈蚀
8	水汽提塔	换热部位内壁轻微锈蚀；外表面防腐层脱落锈蚀
9	预加氢进料缓冲罐	内壁均匀锈蚀
10	预加氢产物分离罐	内壁均匀锈蚀
11	预加氢汽提塔回流罐	内壁轻微锈蚀
12	预加氢循环压缩机入口分液罐	内壁锈蚀，轻微腐蚀坑
13	重整产物分离罐	内壁层状锈垢，垢下有轻微腐蚀麻坑
14	再接触罐	内壁均匀锈蚀
15	脱戊烷塔进料换热器	管箱及壳体内壁均匀锈蚀
16	脱丁烷塔进料换热器	管箱及壳体内壁均匀锈蚀；管束间沉积大量物料，垢下均布深腐蚀麻坑
17	脱丁烷塔回流罐	轻微锈蚀
18	燃料气分液罐	内表面均匀锈垢，垢下轻微锈蚀
19	预加氢进料换热器	管箱内壁轻微锈蚀
20	汽提塔顶后冷器	管箱内壁水垢，垢下轻微锈蚀
21	再接触水冷器	管箱内壁水垢有轻微锈蚀，缝隙处堆积杂物
22	液化气产品冷却器	管箱及壳体内壁均匀锈蚀
23	脱丁烷塔底重沸器	外防腐层脱落锈蚀；管箱及壳体内壁均匀锈蚀
24	戊烷冷却器	壳体内部腐蚀，外壁保温皮脱落；换热管外部整体锈蚀，局部大量锈皮
25	重整油塔进料预热器	管箱外壁防腐层脱落腐蚀；壳体内壁锈蚀，外表面腐蚀严重
26	重整油塔底重沸器	壳体内壁污垢较多，均匀锈蚀
27	抽提原料冷却器	管箱内壁白色水垢，轻微锈蚀；壳体内表面锈蚀
28	抽余油冷却器	管箱内壁白色水垢；壳体内壁均匀锈蚀
29	汽提塔重沸器	上管箱筒体壁厚减薄严重，上管箱接管角焊缝有密集腐蚀坑
30	回收塔顶后冷器	管程均布白色水垢
31	汽提塔	内表面锈蚀严重，变径段局部腐蚀严重

10.3.1　反应器腐蚀状况

腐蚀检查涉及大芳烃装置的 7 台反应器，内壁均有少量物料附着，内构件结构完好，未发现明显腐蚀减薄的设备，但部分外表面防腐层脱落局部发生锈蚀，图 10-2 为部分反应器腐蚀形貌。

(a) 内壁

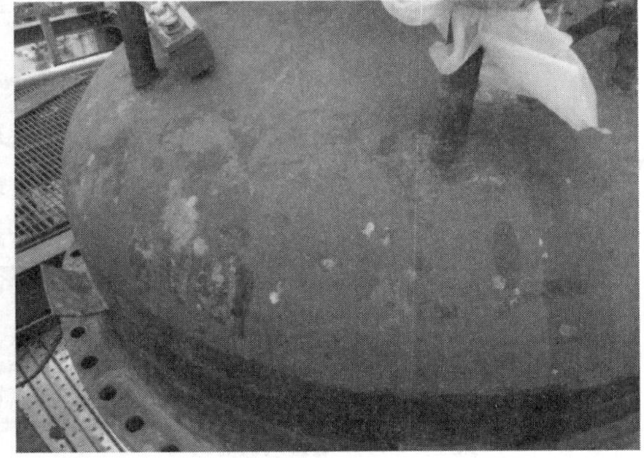
(b) 外壁防腐层局部破损

图 10-2 反应器腐蚀形貌

10.3.2 塔器腐蚀状况

预加氢汽提塔操作温度最高 248℃，操作压力最高 1.15MPa，其主体材质为 16MnR，介质为石脑油。腐蚀检查发现，内壁及内构件表面锈垢较多，内壁表面有轻微腐蚀麻坑，深约 0.5mm，内构件结构完好，未发现明显腐蚀减薄的部位，腐蚀情况如图 10-3 所示。腐蚀主要由于原料油中存在硫化物，这些硫化物不仅本身有腐蚀性，其经热分解转化成的硫化氢在一定的环境下也会产生腐蚀，塔内主要发生高温硫腐蚀和酸性水腐蚀，对塔器内壁及内构件造成锈蚀及表面腐蚀坑的情况。目前预加氢汽提塔腐蚀情况一般，建议对锈垢较多的部位进行清理后继续使用。

预分馏塔操作温度为 200℃，操作压力为 0.4MPa，其主体材质为 20R，介质为石脑油。本次腐蚀检查发现，塔器内壁及内构件表面有锈蚀锈垢，塔壁有深约 0.5mm 轻微腐蚀坑，内构件结构完好，未发现明显腐蚀减薄的部位，腐蚀情况如图 10-4 所示。腐蚀主要由于石脑油中存在硫化物、水，这些硫化物不仅本身有腐蚀性，其经热分解转化成的硫化氢在一定的环境下也会产生腐蚀，塔内主要发生高温硫腐蚀和酸性水腐蚀，对塔器内壁及内构件造成锈蚀及表面腐蚀坑的情况。当前预分馏塔腐蚀情况一般，建议对锈垢较多的部位进行清理后继续使用。

回收塔操作温度最高 202℃，操作压力最高 2.6MPa，其主体材质为 20R，介质为芳烃和环丁砜。本次腐蚀检查发现，塔壁及内构件锈垢较多，内构件结构完好，未发现明显腐蚀减薄的部位，腐蚀情况如图 10-5 所示。腐蚀主要由于环丁砜降解产物生成的有机酸和工艺介质中的少量硫化物造成，回收塔整体腐蚀情况一般，建议除锈处理后继续使用。

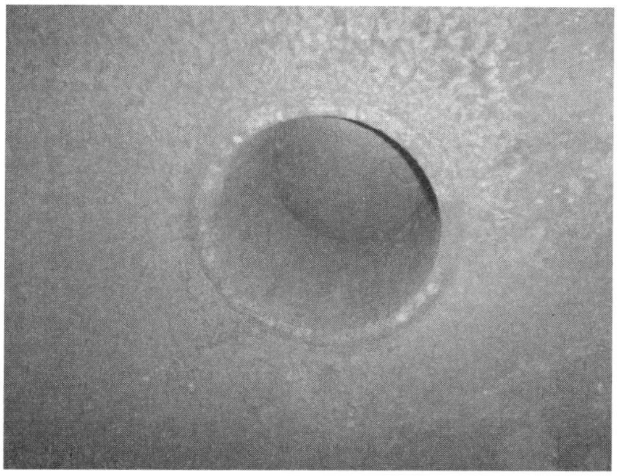

(a) 接管

(b) 内构件

(c) 内壁

(d) 塔盘

图 10-3　预加氢汽提塔腐蚀形貌

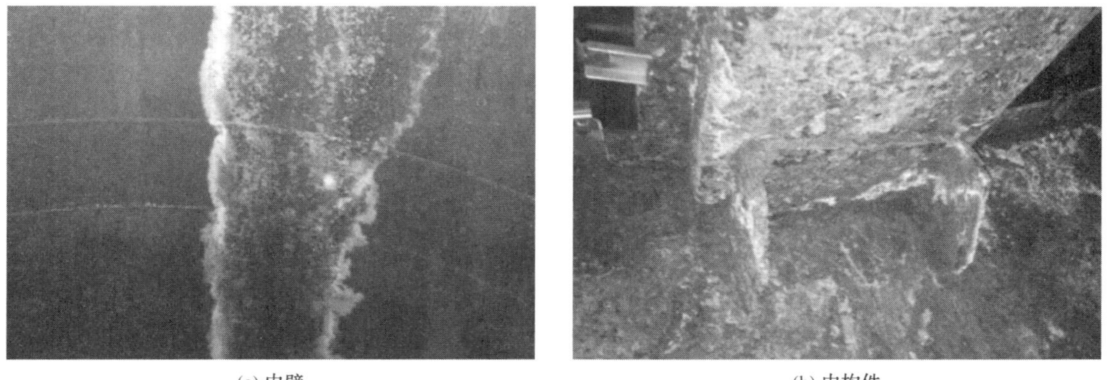

(a) 内壁

(b) 内构件

图 10-4　预分馏塔塔盘腐蚀形貌

(a) 内壁

(b) 内构件

图 10-5 回收塔塔盘腐蚀形貌

水汽提塔操作温度为124℃，操作压力为0.05MPa，其主体材质为20R，介质为水和环丁砜。腐蚀检查发现，塔壁外表面防腐层脱落破损发生外部锈蚀，换热部分内表面轻微锈蚀，腐蚀情况如图10-6所示。保温层下腐蚀导致防腐层破损发生锈蚀，环丁砜降解产物生成的有机酸及少量硫化物对内部造成腐蚀，换热部分管箱内壁有冷却水腐蚀的发生。水汽提塔整体腐蚀情况较轻，建议除锈重做防腐涂层后继续使用。

(a) 外壁锈蚀

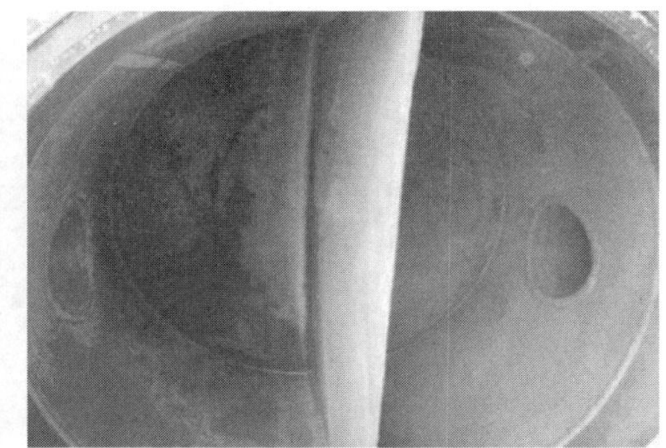
(b) 换热部分管箱轻微锈蚀

(c) 换热部分管箱外壁锈蚀

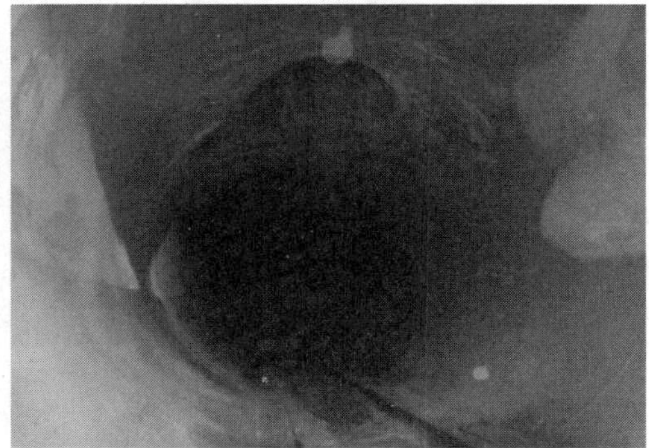
(d) 换热部分壳体内壁

图 10-6 水汽提塔腐蚀形貌

10.3.3　容器腐蚀状况

所有容器储罐内壁均有不同程度的锈蚀发生，部分储罐内壁锈垢下有深度约0.5mm的腐蚀麻坑，未发现明显腐蚀减薄及腐蚀严重的设备。

预加氢进料缓冲罐操作温度为40℃，操作压力为0.3MPa，的主体材质为Q235B，介质为石脑油和燃料气。腐蚀检查发现，筒体内壁均匀锈蚀，锈垢下有轻微腐蚀坑，未发现明显腐蚀减薄的情况，腐蚀情况如图10-7所示。锈蚀主要由于石脑油中的硫化物使筒体及内构件发生酸性水腐蚀，并且在有氧的情况下使内壁发生均匀锈蚀。整体腐蚀情况较轻，建议整体除锈清理后继续使用。

(a) 内壁锈蚀

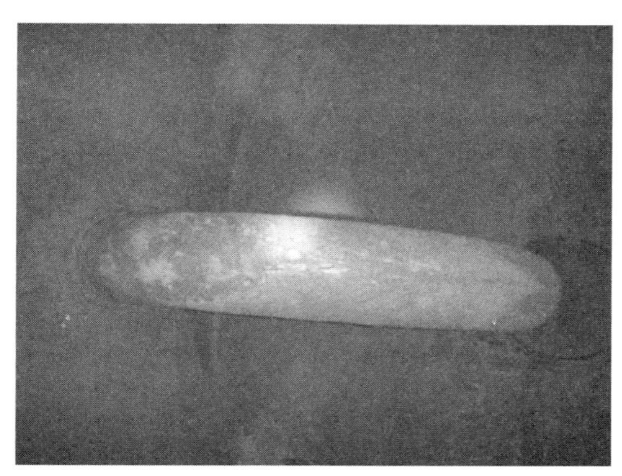

(b) 接管表面锈蚀

图10-7　预加氢进料缓冲罐腐蚀形貌

再接触罐操作温度为38℃，操作压力为0.82MPa，其主体材质为Q235B，介质为氢气和汽油。腐蚀检查发现，筒体气液相界面以上的内壁表面均匀锈蚀，未发现明显腐蚀减薄的情况，腐蚀情况如图10-8所示。腐蚀主要来自介质汽油中的硫化物在有水的情况下发生酸性水腐蚀，介质中还含有氧和水，对内壁造成锈蚀。再接触罐整体腐蚀情况较轻，建议除锈清理后继续使用。

图10-8　再接触罐腐蚀形貌

10.3.4　换热器腐蚀状况

共对33台换热器进行腐蚀检查，其中管程介质为冷却循环水的换热器，管箱内壁均有水垢及不同程度的锈蚀发生，并且管箱的缝隙、管板管束口内堆积污垢和杂物；部分换热器外壁防腐层发生破损导致外部腐蚀；部分换热器上部的管箱壁厚实测壁厚较小，接管角焊缝有深约 2mm 的密集腐蚀坑；壳体内壁均有不同程度的锈蚀，未见明显腐蚀减薄及开裂的情况。

再接触水冷器的主体材质为 16MnR，管程介质为水，壳程介质为油气和氢气，腐蚀检查发现，管箱内壁有白色水垢，垢下有轻微腐蚀麻坑，局部还有锈蚀的情况；壳体内壁油污较多，有轻微锈蚀，未发现明显腐蚀减薄，腐蚀情况如图 10-9 所示。管程内发生冷却水腐蚀并有水垢附着于管箱内壁，壳体内壁的腐蚀来自油气中的硫化物，在有少量水的情况下对内壁造成酸性水腐蚀和铁的氧化腐蚀。设备整体腐蚀情况一般，建议清理除锈并重做防腐涂层后继续使用。

(a) 壳体内壁

(b) 管箱内壁

(c) 管箱内壁

(d) 换热管束

图 10-9　换热器管束腐蚀形貌

脱戊烷塔进料换热器的主体材质为 16MnR，管程介质为 C_6，壳程介质为烃，腐蚀检查发现，管箱和壳体内壁有由于介质中的含氧水和酸性物质造成轻微锈蚀，且以铁的氧化腐蚀为主，外壁防腐层破损有轻微保温层下腐蚀发生。腐蚀情况如图 10-10 所示。整体腐蚀情况较轻，建议清理并重做防腐后继续使用。

(a) 管束外壁轻微锈蚀

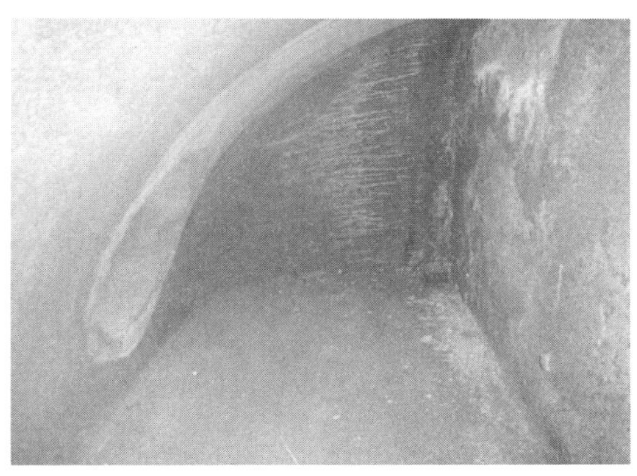

(b) 管箱内壁轻微锈蚀

(c) 壳体内壁轻微锈蚀

(d) 管箱外壁锈蚀

图 10-10　脱戊烷塔进料换热器腐蚀形貌

汽提塔重沸器的主体材质为 0Cr18Ni10Ti，管程介质为溶剂和芳烃，壳程介质为蒸汽，腐蚀检查发现，上管箱筒体实测最小壁厚为 5.0mm，属于原始制造问题，厂里决定按设计壁厚更换处理。上部管箱接管角焊缝有可能由于介质中含有氯离子造成点腐蚀坑，最深处约 2mm，腐蚀情况如图 10-11 所示。厂里已对上管箱进行更换处理，建议今后运行中加强监测控制介质中氯离子的含量。

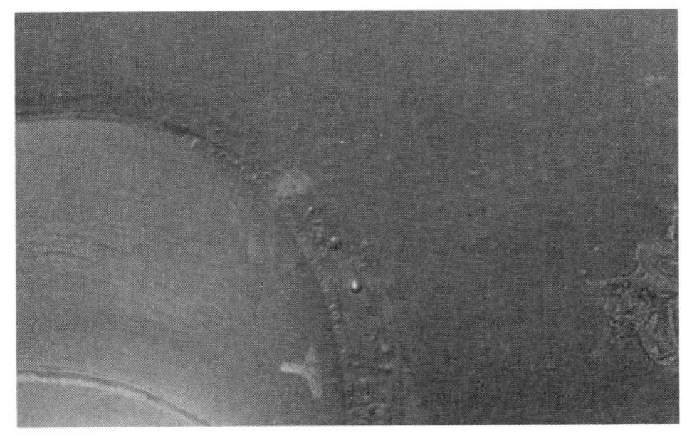

图 10-11　上部管箱接管角焊缝点蚀

重整油分馏塔顶产品冷却器内部锈蚀严重，部分锈蚀剥离，重整油分馏塔底停工冷却器整体腐蚀轻微，多见锈蚀，如图 10-12 所示。

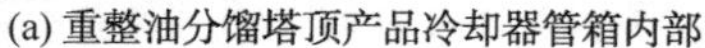

(a) 重整油分馏塔顶产品冷却器管箱内部

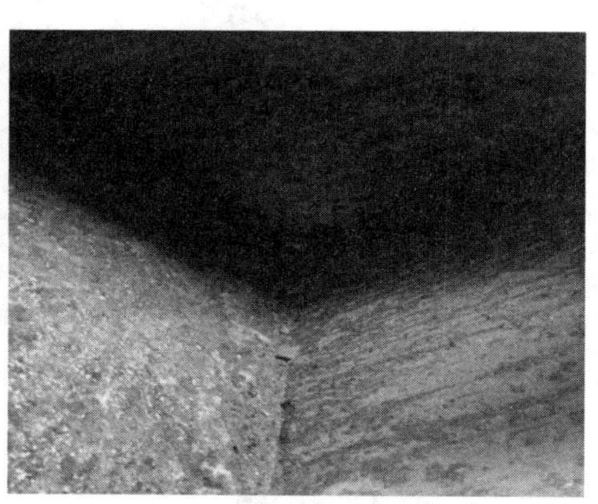

(b) 重整油分馏塔底停工冷却器管箱内部

图 10-12　重整油分馏塔冷却器腐蚀形貌

10.4　芳烃装置防腐措施及建议

对芳烃装置进行腐蚀检查，调查发现装置的整体腐蚀程度较轻，绝大多数设备情况良好，说明目前的工艺及设备防腐措施比较得当，但通过本次腐蚀检查也发现了一些问题，针对装置中设备的腐蚀情况及对其腐蚀机理的分析，从工艺、设备、在线监测等角度提出以下几条防腐措施建议。

① 监测控制溶剂状况：a. 观察颜色变化，以判断溶剂分解情况，因为生产过程中极少的溶剂分解都会导致其颜色由清澈变成黄色，如果变成棕色或暗灰色，说明溶剂分解已非常严重，应立即采取措施控制溶剂状况；b. 减少环丁砜溶剂中的杂质，降低环丁砜中环丁西砜的含量，减少硫化物的形成，监控贫溶剂的 pH 值，定期取样观察循环溶剂的颜色和含有的杂质，来判断溶剂是否劣化；c. 控制环丁砜中的水含量，当溶剂中水含量超过 3%时，其热稳定性就会变差，劣化速度就会增加，因此要严格控制贫溶剂的含水量；d. 氯在环丁砜抽提系统中累积，不但加剧了抽提系统的设备腐蚀，还降低了环丁砜的 pH 值，增加了系统的酸性，加剧环丁砜开环水解生成磺酸，所以应除去环丁砜中累积的氯离子，降低因复离子累积造成的环丁砜劣化和设备腐蚀，稳定环丁砜树脂脱氯系统的运行，利用树脂脱除溶剂中的复离子根据环丁砜中氯离子含量，定期对环丁砜脱氯树脂进行碱洗再生，时刻保持其活性。

② 对抽提装置中的环丁砜贫溶剂进行净化。目前，在许多芳烃抽提装置中采用减压蒸馏法对部分环丁砜贫溶剂进行净化，但一般此法只能去除高分子聚合物和相对分子质量较高的劣化产物，不能有效去除离子态的酸性杂质，无法在根本上解决环丁砜含量

较高的问题，用阴离子树脂交换法净化环丁砜是较为理想的工艺方法，可脱除环丁砜中各种腐蚀性酸性物质；尤其是大孔弱碱阴离子交换树脂，不但抗有机污染性能较强，还兼有吸附功能。

③ 合理使用和连续添加中和剂单乙醇胺(MEA)。为了使环丁砜保持正常的 pH 值，目前同类装置普遍采用添加 MEA 来中和环丁砜分解而形成的酸性物质，从而降低这些酸性物质对设备的腐蚀。同时，由于添加 MEA 提高了系统的 pH 值，从而减缓了环丁砜劣化，减缓环丁砜的分解，对抑制腐蚀起到了一定的作用。MEA 的添加量应根据系统 pH 值的高低来决定，正常情况下，加的越少越好。当发现贫溶剂 pH 值为 5~8 时，可通过注入单乙酶胺中和生成的酸性化合物来调节系统内 pH，减缓环丁砜进一步劣化，降低对设备的腐蚀。

④ 降低系统的活性氧。抽提原料中氧含量应严格控制在 1μg/g 以下。防止进料中带氧的措施主要有两种：a. 完善进料缓冲罐和溶剂罐的氟封设施；b. 如有外供原料，增设汽提塔，并建立原料中活性氧和羰基数据分析，对氧含量超标的物料应先经过汽提后再进抽提装置。

⑤ 防止真空系统空气泄漏，停车检修后严格做好真空系统的气密和真空试验。对真空系统中有表面缺陷的法兰、人孔等要及时修复，检修中的法兰人孔等密封面要保证完好，必要时可对重点部位涂抹黄油。

⑥ 正确处理湿溶剂。生产过程中应尽量少产生湿溶剂，湿溶剂处理应控制在 0.2~0.5m^3/h，当湿溶剂水相中环丁砜含量小于 2g/L 时，应放弃回收。

⑦ 保证溶剂再生塔的正常运行并定期清理。溶剂再生塔是净化循环溶剂的关键设备。它在除去分解产物的同时，还能除去原料中的钠离子、氯离子和铁盐等，及时清理再生塔，保持其再生有效性。再生塔正常运行还能降低回收塔再沸的局部温度 5~10℃左右，对防止溶剂局部过热而分解有较好的作用。

⑧ 采用溶剂再生新技术。采用劣化环丁砜溶剂树脂再生技术，以进一步改善溶剂质量。

⑨ 定期检测设备易腐蚀部位。根据多年来抽提装置中设备和管线的腐蚀及检修情况，对环丁砜系统的设备和管线进行分类，对易腐蚀设备和管线的易腐蚀部位进行定期重点测厚检测，动态掌握易腐蚀部位的减薄情况；对腐蚀相对较小的设备和管线适当延长测厚检测周期。根据检测结果进行评估是否停车检修，检修时要对容器类设备接管所在部位的强度进行校核，强度不够时要重新补强。

⑩ 提高设备材质。在汽提塔和溶剂回收塔进料口设防冲挡板以减轻对设备的直接冲刷，设备内表面局部做覆层处理，以减小局部腐蚀减薄。将溶剂回收塔再沸器等腐蚀严重的设备将材质更换为 1Cr18Ni9Ti 不锈钢后，提升使用周期。

⑪ 消除热应力。加强对焊缝及热影响区的检测，确保焊缝及热影响区无缺陷，同时焊后进行热处理消除热应力。控制系统溶剂 pH 值，延缓设备的腐蚀状况。

第11章

苯酚装置腐蚀机理及检查案例

11.1 苯酚装置概况

苯酚又名羟基苯，常温下为无色晶体，微溶于水而易溶于有机溶液，当温度高于65. 3℃时能与水以任意比例互溶。苯酚是一种重要的有机化工原料，在合成纤维、合成橡胶、塑料、医药、农药、香料、染料以及涂料等方面有着广泛的用途。

苯酚规模化生产工艺主要有煤焦油精制法、磺化碱熔法及异丙苯法。第一次世界大战以前，苯酚全部来自煤焦油的精制，1924 年美国孟山都公司开发了磺化碱熔法工艺并实现了工业化，1949 年苏联开发了异丙苯法生产工艺并迅速在西方国家实现大规模的工业生产，到 20 世纪 70 年代中期，全球苯酚产量的 90%以上由异丙苯法生产。异丙苯法工艺主要有两步反应过程：第一步是异丙苯通过空气氧化生成过氧化氢异丙苯；第二步是过氧化氢异丙苯在酸的作用下裂解，生成苯酚并副产丙酮。

我国的苯酚产业是新中国成立后才逐渐发展起来的。1952 年锦西化工厂使用磺化碱熔法生产苯酚，标志着我国苯酚产业的诞生。随后百吨级的煤焦油精制法苯酚装置在一些焦化厂中建成投产。1966 年兰州合成橡胶厂建成 500t/a 异丙苯法苯酚装置，拉开了苯酚生产新工艺的序幕。此后，上海高桥化工厂建成产能为 16×10^3t/a 的异丙苯法苯酚装置，使国内苯酚生产技术有了新的发展。进入 21 世纪，随着中国石油化工股份有限公司北京燕山分公司、中国石化上海高桥分公司、吉林化学工业公司及中国蓝星哈尔滨石化公司四大苯酚生产基地陆续开始装置的扩能改造，苯酚产业进入一个全新的高速发展时期，所有新增苯酚产能全部采用异丙苯法。

苯酚的生产起源于从煤焦油中提取天然苯酚，后来由于苯酚用途的日益发展，苯酚的需求量猛增，天然苯酚远远不能满足需求，于是产生了磺化碱溶法合成苯酚。其工艺流程为：苯与硫酸反应生成苯磺酸，再与亚硫酸钠反应生成苯磺酸钠，然后用氧氧化钠进行碱溶生成苯酚钠，经酸化生成苯酚，副产二氧化硫和亚硫酸钠。但此法反应复杂，工艺落后，需要消耗大量的硫酸和氧氧化钠，理论上每生产吨苯酚约需 1. 04t 硫酸和1. 69t 氢氧化钠，实际用量各约为 1. 75t，造成苯酚生产成本较高；同时由于过程中大量使用酸碱，造成严重的腐蚀和污染，现已基本淘汰(图 11-1)。

此后相继出现了氯化法和拉西法(氧氯化法)、环己烷法、苯氧化法和异丙苯法。苯氧化法对催化剂的研究还在不断开发中，而应用最广泛的是异丙苯法，在这些方法中，异丙苯法由于产品收率高，联产丙酮，而且生产过程清洁最具竞争力。世界上绝大部分苯酚都是采用异丙苯氧化分解生产的。异丙苯制备苯酚工艺分为三步：

① 苯和丙烯反应生成异丙苯，传统工艺为 $AlCl_3$法，目前广泛使用的是沸石催化法，可采用气-液相法和液相法。

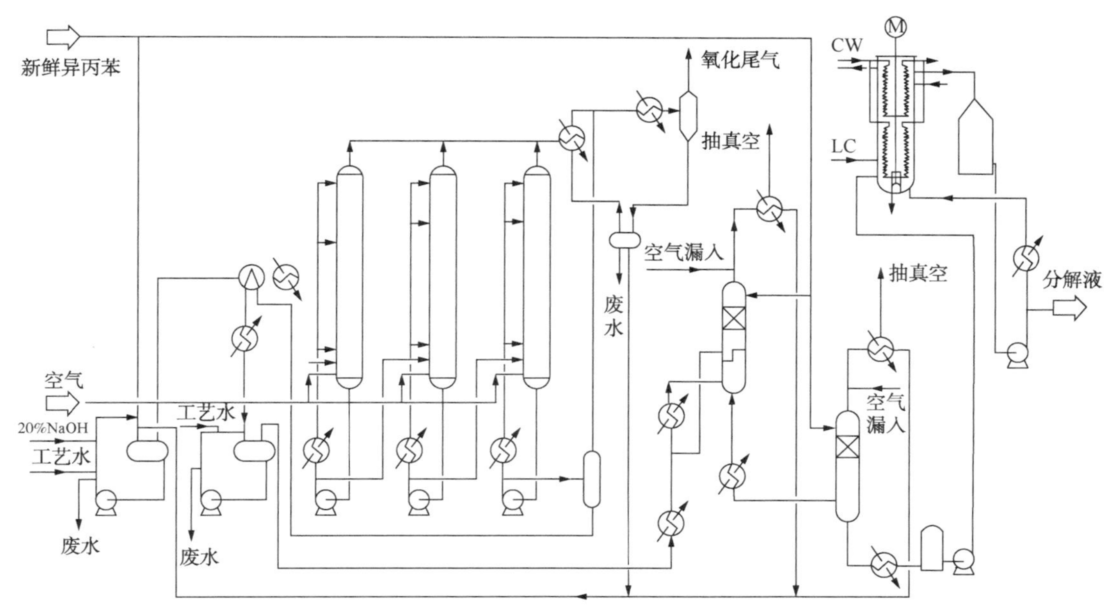

图 11-1　苯酚装置示意图

② 异丙苯经氧气或空气氧化，生成过氧化氢异丙苯（CHP）。设备有塔式反应器和槽式反应器两种。

③ CHP 分解，生成苯酚和丙酮，反应工艺有一步分解和二步分解，又可有正压分解和负压分解。

异丙苯法制备苯酚丙酮装置的基本工序为：烃化工序、氧化工序、精制工序、回收工序。

(1) 烃化工序

苯与丙烯混合进入烃化反应器，在催化剂作用下进行烃化反应，生成异丙苯。反应生成的烃化液通过精馏得到成品异丙苯送至储罐，作为下一道工序的原料。过程中废弃物烃化尾气排入火炬系统焚烧；副产物为废油送至重烃储罐。

(2) 氧化工序

异丙苯进入氧化器与新鲜空气进行反应生成过氧化氢异丙苯。氧化液经提浓后，进入分解反应器在浓硫酸的催化作用下，分解生成苯酚、丙酮；分解液经中和洗涤后，进入储罐作为精制工序的原料。过程中废弃物氧化尾气经活性炭吸附后排入大气。

(3) 精制工序

分解液经粗丙酮塔塔顶、丙酮精制塔精制，在丙酮精制塔侧线分离出高纯度丙酮产品，粗丙酮塔釜液经粗酚塔、苯酚回收塔、脱烃塔、酚处理器、苯酚精制塔的精制，在苯酚精制塔侧线得到高纯度的苯酚产品。过程中的废气为精制废气，排入火炬系统焚烧。副产物为含酚焦油，冷却后送入焦油储罐。

（4）回收工序

对精制工序来的轻焦油经 NaOH 溶液洗涤回收其中的苯酚，然后得到含异丙苯、α-MS(α-甲基苯乙烯)混合液。在加氢反应器中经加氢处理得到异丙苯返回氧化进料缓冲槽。对装置来的含酚和丙酮的废水，经 pH 值调节后用萃取的方法回收废水中的苯酚，在精馏方法中回收废水中的丙酮，使废水中的苯酚、丙酮含量达到要求后排放到生化处理系统。

11.2 苯酚装置腐蚀机理分析

以某企业苯酚装置为例，该装置包括一苯酚、二苯酚两套装置，涉及多种腐蚀机理，主要损伤机理如苯酚腐蚀、盐酸腐蚀、硫酸腐蚀、氯化物应力腐蚀开裂等。

（1）冲蚀

冲蚀是指材料受到小而松散的流动粒子冲击时，表面出现破坏的一类磨损现象。其定义可以描述为固体表面同含有固体粒子的流体接触做相对运动，其表面材料所发生的损耗。携带固体粒子的流体可以是高速气流，也可以是液流，前者产生喷砂型冲蚀，后者则称为泥浆型冲蚀。冲蚀磨损是现代工业生产中常见的一种磨损形式，是造成机器设备及其零部件损坏报废的重要原因之一。

气相、液相的流动会对输送流体的管道产生冲蚀作用，一般情况下，这种冲蚀所起的作用较小。但当流体压力较高，流速较快时，会对三通、弯头等部位产生巨大的冲蚀作用力，导致材料冲蚀减薄。特别是当输送介质中含有几相，处于复杂的多相流状态时，这种冲蚀作用更明显，可能导致冲蚀减薄而泄漏。在苯酚装置中，冲蚀易发生工段为加热炉进出口管线、泵、压缩机进出口管线等部位。

（2）有机酸腐蚀

同第 5.2 节催化重整装置有机酸腐蚀机理一致。

该装置在氧化四塔的液相部分基本都采用了如 304 等奥氏体不锈钢，正常情况下可有效抵御有机酸的腐蚀，但需要改造和修理时一定要注意新加或新更换材料的材质鉴别工作，防止将碳钢或低合金钢混用造成快速腐蚀破裂。氧化尾气则有部分管道材质仍为碳钢，当尾气中夹带的甲酸、乙酸等有机酸在低温或遇到水时会形成酸性环境，造成局部严重腐蚀。

（3）硫酸腐蚀

氧化单元的分解反应需要注入硫酸作为催化剂。硫酸浓度较小时是非氧化性酸，对碳钢会产生强烈的氢去极化腐蚀。当硫酸浓度为 47%～50%时，腐蚀速率最大；超过 50%以后，由于碳钢表面钝化，生成不溶性的硫酸亚铁表面保护膜，腐蚀速率逐渐降低。在苯酚装置中，硫酸腐蚀易发生工段为分解反应部分。由于装置分解催化剂采用的是稀硫酸，故在装置的分解反应部分采用了 304、316L 甚至是 2205 双相不锈钢等材质抵御介质的强腐蚀性。

（4）盐酸腐蚀

金属与盐酸接触时发生的全面或局部腐蚀叫作盐酸腐蚀。碳钢和低合金钢盐酸腐蚀时表现为均匀腐蚀，介质局部浓缩或露点腐蚀时表现为局部腐蚀或沉积物下腐蚀。300 系列和 400 系列不锈钢发生盐酸腐蚀时可表现为点状腐蚀，形成直径为毫米级的蚀坑，甚至可发展为穿透性蚀孔。腐蚀程度主要受盐酸浓度、温度、合金成分和催化或钝化剂的影响。

在烃化单元，该装置目前采用的是 YSBH 型沸石催化剂，属于硅铝酸盐型，理论上不会产生盐酸腐蚀。但由于催化剂的酸性中心在水解后仍具有一定的酸性，所以烃化液存在一定的腐蚀性，如果介质中存在 Cl^- 时，则腐蚀性会进一步加强。烃化单元的设备和管道材质主要为碳钢和低合金钢，在烃化液的作用下会发生一定的腐蚀，尤其是操作温度相对较高的碳钢换热器管束。

（5）外部腐蚀

同第 5.2 节催化重整装置外部腐蚀机理一致。

（6）苯酚腐蚀

金属与苯酚（石碳酸）接触时发生的腐蚀叫作苯酚腐蚀。碳钢发生苯酚腐蚀时可表现为均匀腐蚀或局部腐蚀，如果存在流体冲刷，则多引起局部腐蚀。苯酚腐蚀主要受温度、浓度、材质和流速的影响。在低于 121℃ 时腐蚀速率较小，碳钢和 304L 不锈钢在 232℃ 以上的苯酚环境中腐蚀速率较大；稀苯酚溶液（质量分数为 5%～15% 的苯酚溶液）对冷凝干燥器腐蚀性较强；按照材料耐苯酚腐蚀性能从弱到强为碳钢、硬度较低的奥氏体不锈钢、合金 276；介质高流速可促进局部腐蚀。在苯酚装置中，苯酚腐蚀易发生工段为苯酚塔再沸器和废苯酚回收工段等部位。

（7）冷却水腐蚀

同第 9.2 节乙二醇装置冷却水腐蚀机理一致。在苯酚装置中，冷却水腐蚀易发生工段为所有水冷交换器与冷却塔设备上。

（8）碱应力腐蚀开裂

同第 8.2 节乙烯装置碱应力腐蚀开裂机理一致。在苯酚装置中，碱应力腐蚀开裂易发生工段为苛性碱处理的和设备；伴热设置不合理的设备；在苛性碱环境中使用，然后进行蒸汽吹扫的设备等。

（9）氯化物应力腐蚀开裂

同第 5.2 节催化重整装置氯化物应力腐蚀开裂机理一致。在苯酚装置中，氯化物应力腐蚀开裂易发生工段为所有由 300 系列不锈钢制成的管道和设备；保温棉等隔热材料被水或其他液体浸泡后，可能会在材料外表面发生层下氯化物应力腐蚀开裂。

11.3 苯酚装置腐蚀检查案例

以对某企业苯酚装置进行的腐蚀检查为例。该装置包括一苯酚和二苯酚装置。

一苯酚装置由日本引进，年产 8×10^4t，1986 年建成投产，2003 年改造成年产 16×10^4t，改造中设备及管线以利旧为主，装置主要由烃化单元、氧化单元、精制单元和回收单元组成。该装置以苯和丙烯为原料，在 YSBH-2 分子筛催化剂作用下，通过烃化反应生产异丙苯，再用空气将异丙苯氧化为过氧化氢异丙苯，然后以硫酸作催化剂将过氧化氢异丙苯分解并经精制分离生产出苯酚和丙酮。目前该装置的技术水平达到 20 世纪 90 年代末期的国际水平，其中 YSBH-2 分子筛气相法异丙苯生产工艺目前处于国际领先水平。氧化尾气的处理一直是个环保难题，曾经改造为活性炭吸附，结果证明效果仍不理想，现已改造为催化燃烧，彻底除去尾气中的有机物含量，环保压力明显改善。

过氧化氢异丙苯是过氧化物，对温度、酸和碱都很敏感，高温和遇酸或碱都会发生分解产生严重后果。为了防止过氧化氢异丙苯的分解，工艺过程中采取了碱洗，低温、低浓度储存、异丙苯冲洗、急冷水急速冷却等连锁措施。合理使用连锁措施可以保证安全生产。

二苯酚装置原名间甲酚装置，于 1978 年从美国引进，于 1984 年动工兴建，1986 年 10 月投产，设计生产间甲酚 1.2×10^4t/a，丙酮 9900t/a，BHT 8000t/a。为提高装置的经济效益，1995 年将装置改造可兼产苯酚丙酮 5×10^4t/a，2000 年 9 月、2001 年 8 月完成了扩能至 8×10^4t 苯酚丙酮/年的技术改造。几次改造二苯酚与一苯酚装置设备及管线以利旧为主。改造后两装置工艺流程相近，装置主要由烃化单元、氧化单元、提浓单元、精制单元以及酚水回收单元等组成。

腐蚀检查的两套装置中共计划检查设备 197 台，实际检查 197 台，其中一苯酚装置 117 台，包括：塔器 15 座，容器储罐 35 台，换热器 67 台；二苯酚装置 80 台，包括：塔器 6 座，容器储罐 12 台，换热器 62 台，腐蚀检查具体情况如表 11-1 和表 11-2 所示。

表 11-1　一苯酚重整装置腐蚀检查情况统计表

序号	容器名称	主要问题
1	第一提浓器	筒体与内构件连接处腐蚀明显
2	预提浓塔	筒体多处机械划伤
3	空气碱洗塔	内壁锈蚀严重
4	粗丙酮塔	塔盘与筒体焊接部位有腐蚀孔
5	粗苯酚塔	第二环缝处发现机械划伤及两处焊疤；第一环缝处有两处凹坑
6	烃塔	三层平台人孔盖不锈钢内衬存在局部腐蚀带

续表

序号	容器名称	主要问题
7	苯乙酮塔	顶部和塔盘腐蚀较为明显，有大量点蚀坑
8	循环烃重尾塔	内构件与筒体连接焊缝腐蚀孔较多
9	丙酮回收塔	接管有腐蚀，塔壁局部腐蚀坑
10	废水苯酚萃取塔	人孔盖金属垫片损坏、塞焊点腐蚀松动、接管内壁角焊缝未焊满
11	废气排放罐	筒体内壁底有深孔点蚀；裙座及吊耳处和下封头发现有点蚀坑
12	氧化出料气液分离罐	内构件与筒体连接焊缝多处腐蚀孔
13	第一浓缩器收集器	少量点蚀坑
14	苯酚精制塔	内构件与筒体连接焊缝腐蚀孔、咬边等缺陷较多
15	分解反应器	人孔法兰有机械损伤
16	中和倾析器	筒体内壁发现点蚀
17	精丙酮塔釜分离器	人孔盖塞焊点松动
18	第一丙烯冷冻罐	外接管严重腐蚀
19	蒸汽凝液闪蒸罐	接管外左右筒体腐蚀；防冲板腐蚀损坏
20	排液罐	内表面有锈蚀
21	废气凝液分离罐	人孔焊缝弧坑裂纹
22	第二雾沫分离器	内表面中度腐蚀，下封头堆积腐蚀锈皮
23	热水槽	筒体、封头、内构件腐蚀严重；内表面严重锈蚀；接管根部泄漏
24	第一氧化塔循环冷却器	管箱、封头、法兰边缘及内壁有腐蚀坑，隔板与筒体连接处焊缝腐蚀坑、开裂
25	氧化进料加热器	隔板与筒体连接处和接管内壁角焊缝未焊满；管箱内壁有凹坑
26	废气冷冻冷却器	接管外有腐蚀坑和机械损伤；外壁防腐层破损
27	第一浓缩器	法兰边缘和内壁有腐蚀坑较多；平盖封头表面整体腐蚀坑
28	苯酚精制塔再沸器	平盖封头不锈钢与碳钢连接处有裂纹
29	第一浓缩器冷凝器	封头存在腐蚀坑，与筒体连接处开裂
30	预提浓冷凝器	封头、隔板锈蚀
31	浓缩器冷冻冷凝器	管箱隔板与筒体连接处未焊满
32	预提浓器冷冻冷凝器	管箱有腐蚀
33	浓缩器冷冻冷凝器	管箱隔板与筒体连接处未焊满
34	分解反应器冷凝器	封头有腐蚀坑，隔板与筒节连接处开裂
35	分解产物冷却器	防腐层局部脱落，有水锈；管箱封头局部防腐层破损
36	二级分解反应器	壳程靠近法兰边缘有水锈
37	分解液冷却器	管箱与隔板间有开裂；管箱、封头腐蚀严重

续表

序号	容器名称	主 要 问 题
38	粗丙酮塔冷凝器	隔板与管箱焊接部位有一处开裂，隔板有多处腐蚀坑
39	粗丙酮塔再沸器	管箱下平盖堆焊层边缘有长裂纹
40	粗丙酮塔预热器	管箱隔板焊接部位开裂；封头内表面腐蚀严重
41	粗苯酚塔第一冷凝器	管程腐蚀严重；隔板与管箱焊接部位开裂、咬边
42	粗苯酚塔再沸器	平盖封头不锈钢与碳钢连接处有裂纹
43	粗苯酚塔第二冷凝器	管束与管板焊接时，高于管板的管束有缺口
44	粗苯酚塔尾气冷凝器	管程中度腐蚀，法兰密封面整圈腐蚀坑
45	萃取塔冷凝器	管箱法兰密封面有腐蚀坑；隔板开裂；浮头盖锈垢较为严重
46	烃化塔冷凝器	管箱异种钢连接，腐蚀严重
47	苯酚精制塔尾气冷凝器	封头法兰边缘腐蚀坑较多
48	粗丙酮塔预热器	隔板与管箱焊接部位多处开裂
49	循环烃拔顶塔尾气冷凝器	管箱外表面密布腐蚀坑
50	丙酮回收塔冷凝器	管箱隔板、法兰密封面腐蚀严重
51	废水冷却器	壳程内壁折流板局部腐蚀；折流板腐蚀较为严重
52	苯酚产品冷却器	隔板与管箱焊接部位有腐蚀坑；管程封头腐蚀严重
53	苯酚精制塔第二冷凝器	隔板与管箱焊接部位有凹坑
54	产品冷却器	内表面锈层；管箱隔板与筒体连接焊缝未焊满
55	公用塔尾气冷凝器	保温层下腐蚀严重
56	丙烯压缩机冷凝器	管板、管箱腐蚀严重；管束与管板焊接部位多处开裂

表 11-2 二苯酚重整装置腐蚀检查情况统计表

序号	容器名称	主 要 问 题
1	粗苯酚塔	筒体内壁轻微腐蚀，局部有腐蚀坑
2	苯酚回收塔	筒体内壁有一处补焊，补焊处有腐蚀坑，保温层下局部有腐蚀坑
3	中和反应器	筒体底部沉积泥沙，筒体有多处机械损伤，封头有介质附着
4	中和水洗罐	筒体底部有沉淀物，内表面有多处机械损伤
5	低压回水冷却器	管箱有机械损伤
6	预闪蒸加料加热器	管箱大面积锈蚀
7	预闪蒸冷凝器	管箱大面积腐蚀严重；法兰密封面有腐蚀坑
8	第一 CY 汽提塔冷凝器	管箱大面积锈蚀；法兰密封面腐蚀严重
9	第一 CY 汽提塔再沸器	内部折流板中部局部腐蚀

续表

序号	容器名称	主要问题
10	第二 CY 汽提塔冷却器	管箱内表面、管箱与法兰连接焊缝内表面、隔板与管箱连接焊缝附锈蚀有腐蚀坑
11	分解反应器冷凝器	管箱大面积锈蚀，螺栓腐蚀较严重
12	分解出料冷却器	管箱大面积锈蚀
15	废空气调整冷却器	上、下进出口接管整圈未焊满
16	物料换热器	接管管箱一接管有较深凹坑
17	塔底冷却器	管箱、隔板腐蚀较为严重
18	塔顶冷却器	管箱腐蚀严重
19	粗苯酚塔再沸器	壳体筒体明显锈蚀
20	粗丙酮塔进料加热器	小接管角焊缝未焊透
21	粗苯酚塔冷凝器	管板、管箱、法兰密封面有轻微腐蚀
22	精制塔冷凝器	管箱隔板与筒体连接处开裂
23	塔底冷却器	管程封头内表面锈蚀，内侧机械损伤
24	塔顶冷却器	管箱有明显腐蚀坑隔板角焊缝开裂；管程封头有明显腐蚀坑
25	外循环冷却器	壳程封头法兰密封面机械损伤；封头处裂纹
26	苯酚精制塔调整冷凝器	管箱轻微腐蚀
27	酚处理器热交换器	管箱角焊缝未焊透
28	冷凝器	折流板与管箱连接焊缝多处开裂；管板法兰密封面存在多处腐蚀坑；管箱复合层纵向未焊接，复合层/母材剥离
29	酚精制塔再沸器	壳程外锈蚀

11.3.1　反应器腐蚀状况

（1）一苯酚装置

对一苯酚装置15座塔器进行了腐蚀检查。其中第一提浓器的筒体与内构件连接处腐蚀较明显；预提浓塔和粗苯酚塔内壁发现较为严重的机械损伤；粗丙酮塔、粗苯酚塔、烃塔、苯酚精制塔、循环烃重尾塔和丙酮回收塔等发现内壁局部较为明显的腐蚀坑；空气碱洗塔内壁、苯乙酮塔的部分塔盘腐蚀较为严重；烃塔的人孔盖不锈钢内衬一处塞焊点存在弧坑裂纹，苯乙酮塔的人孔盖手工点焊处有较多气孔和裂纹；部分塔器，如苯酚精制塔的内构件与筒体连接处，焊缝、废水苯酚萃取塔的4层平台接管内壁角焊缝和丙酮回收塔接管等存在未焊满等焊接缺陷。图11-2为一苯酚装置部分塔器腐蚀形貌。

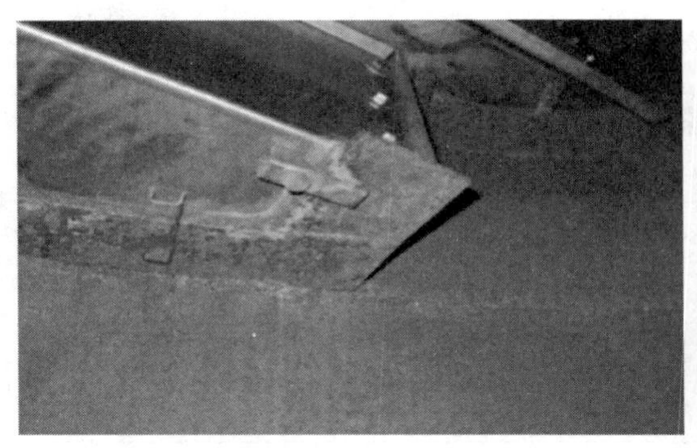

(a) 第一提浓器筒体与内构件连接处

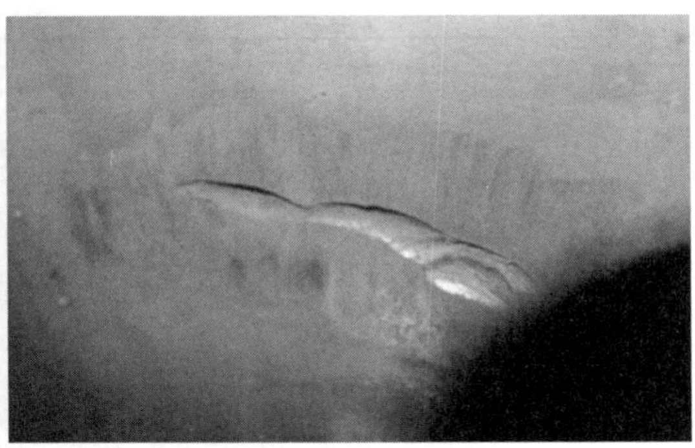

(b) 预提浓塔内壁机械磕伤

(c) 空气碱洗塔内壁锈蚀严重

(d) 粗苯酚塔内壁点蚀坑

图 11-2　一苯酚装置部分塔器腐蚀形貌

第一提浓器的主体材质为 SM41B，操作温度为 85℃，操作压力为 48mmHg，介质为异丙苯和 CHP。腐蚀检查发现，塔壁内整体锈蚀，筒体与内构件连接处腐蚀明显，如图 11-3 所示。这主要是由于筒体材质为碳钢，内构件材质为不锈钢，由于腐蚀电位不同，发生了电偶腐蚀造成连接处锈蚀现象。

图 11-3　第一提浓器塔盘与筒体焊接处锈蚀

空气碱洗塔的主体材质为16MnR，操作温度为80℃，操作压力为0.6MPa，介质为空气和4%NaOH。腐蚀检查发现，内壁及内构件锈蚀严重，如图11-4所示，原始壁厚10mm，实测最小壁厚8.1mm。锈蚀主要由于介质呈碱性造成的碱腐蚀，加上空气中含有氧，在有水的条件下对内壁造成腐蚀氧化。当前实测最小壁厚可以继续使用，建议清理锈垢后继续使用。

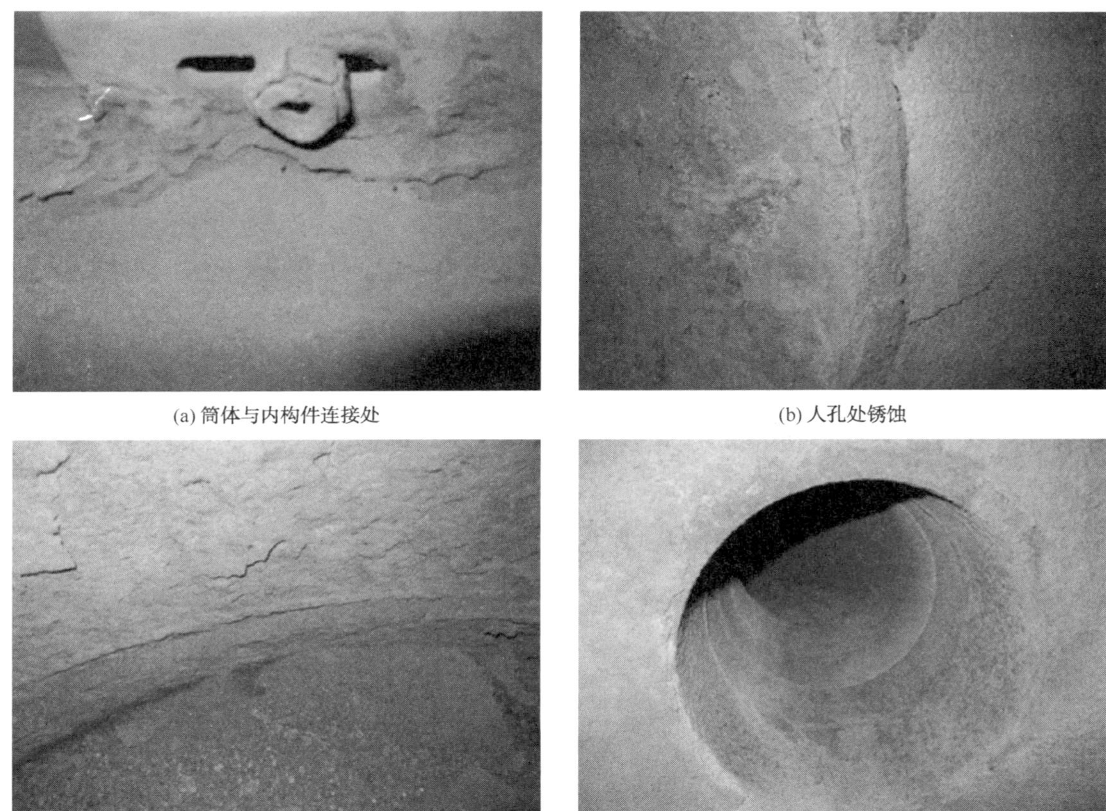

(a) 筒体与内构件连接处

(b) 人孔处锈蚀

(c) 内壁锈蚀

(d) 接管处锈蚀

图11-4 空气碱洗塔腐蚀形貌

苯乙酮塔的主体材质为SUS304，操作温度为225℃，操作压力为820mmHg，介质为苯乙酮和苯。腐蚀检查发现，塔筒体存在苯酚腐蚀造成的浅点蚀坑；人孔盖手工点焊处有较多气孔和裂纹；塔盘部分构件腐蚀较为严重，如螺母、固定扣等。腐蚀形貌如图11-5所示。建议升级内构件的材质。

（2）二苯酚装置

对二苯酚6座塔进行了腐蚀检查。6台塔器整体腐蚀较轻，粗苯酚塔筒体内壁局部有轻微腐蚀坑；粗苯酚塔最上人孔北侧塔盘下塔壁一处补焊处有腐蚀坑，保温层下轻微腐蚀坑。部分塔器腐蚀形貌如图11-6所示。

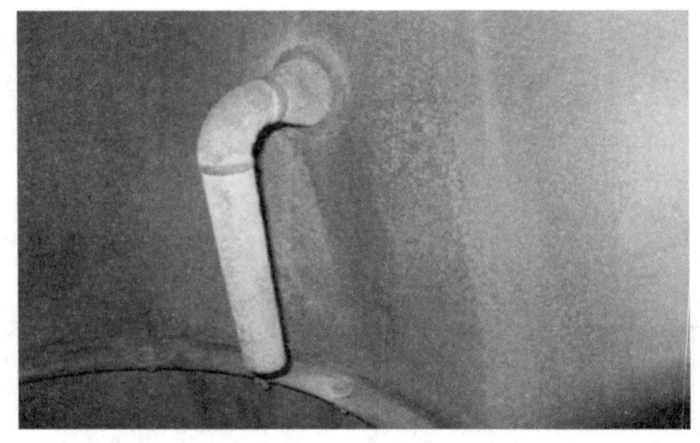

(a) 塔壁大量点蚀坑

(b) 螺栓腐蚀严重

(c) 塔盘、螺栓垫片腐蚀

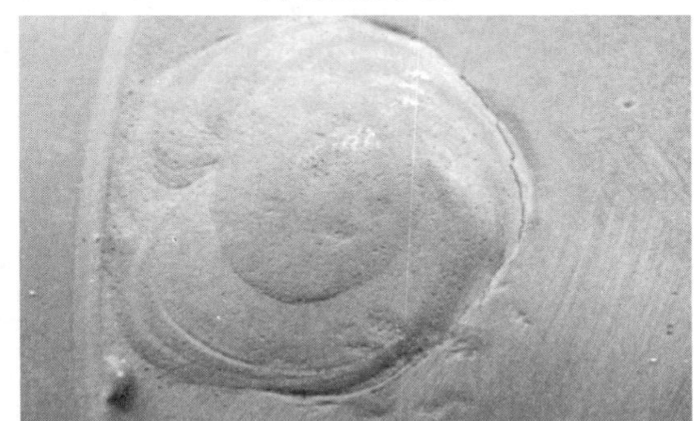

(d) 人孔盖塞焊点裂纹

图 11-5 苯乙酮塔腐蚀形貌

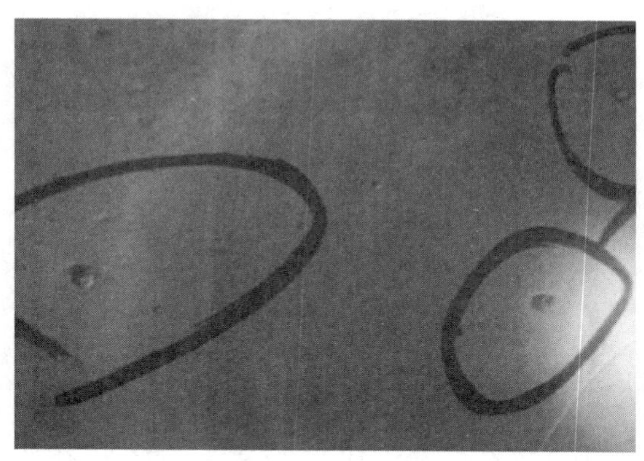

(a) 粗苯酚塔塔壁少量点蚀坑

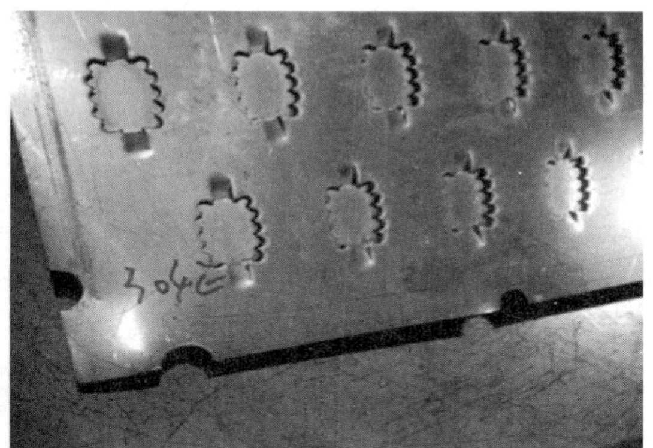

(b) 粗苯酚塔塔盘变形

图 11-6 部分塔器腐蚀形貌

11.3.2 容器腐蚀状况

(1) 一苯酚装置

对异丙苯碱洗槽、废气排放罐、氧化出料气液分离罐、预提浓塔收集槽等共计 36 台容器进行了腐蚀检查，其中氧化出料气液分离罐内构件与筒体连接处有多处腐蚀孔；第一浓缩器收集器内壁有少量点蚀坑；分解反应器人孔法兰和接管各有一处机械损伤；

中和倾析器、精丙酮塔底分离器和废气凝液分离罐人孔盖存在气孔或弧坑裂纹；第一丙烯冷冻罐外接管严重腐蚀，已打卡具；蒸汽凝液闪蒸罐的接管外左右筒体腐蚀，防冲板腐蚀损坏；排液罐和第二雾沫分离器容器内壁中度锈蚀。图 11-7 为一苯酚装置部分容器腐蚀形貌。

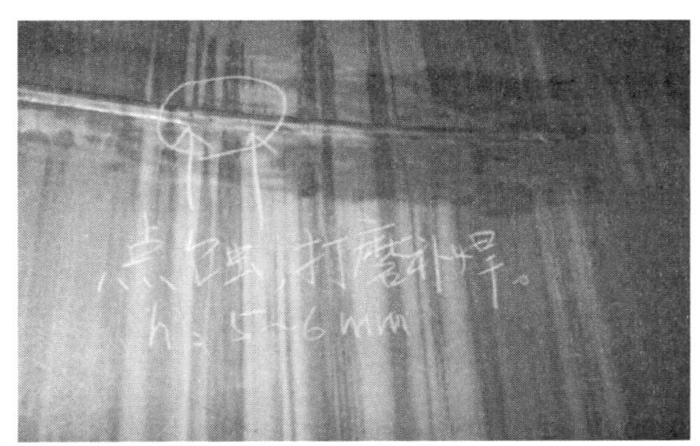

(a) 废气凝液分离罐人孔盖

(b) 氧化出料气液分离罐焊缝腐蚀孔

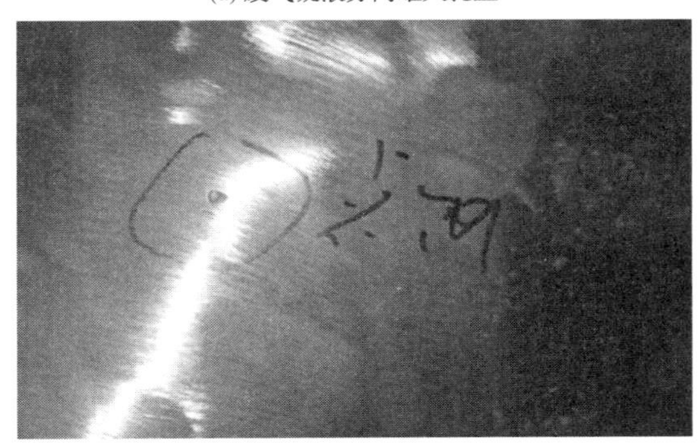

(c) 废气排放罐焊缝点蚀孔

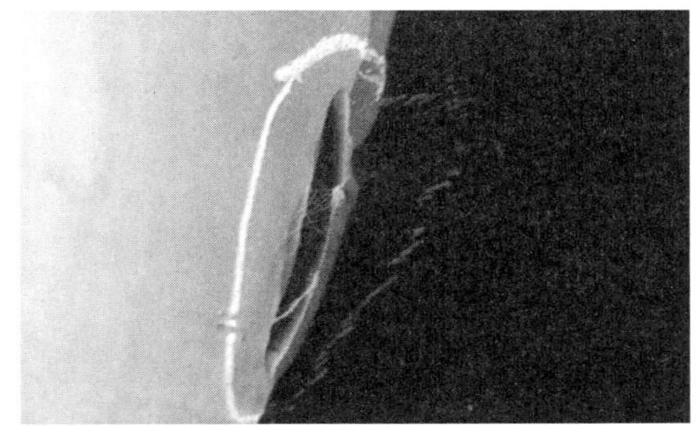

(d) 分解反应器接管处机械磕伤

图 11-7　一苯酚装置部分容器腐蚀形貌

废气排放罐的主体材质为 0Cr18Ni9，操作温度为 108℃，操作压力为 0.3MPa，介质为氧化尾气。腐蚀检查发现，内部从下到上第二道环缝和封头有有机酸腐蚀造成的点腐蚀坑，其中焊缝上腐蚀孔较深，约 5~6mm(图 11-8)。建议补焊修复并打磨光滑严重的腐蚀坑。

第一浓缩器收集器的主体材质为 SUS304L，操作温度为 60℃，操作压力为 1.2MPa，介质为异丙苯和 CHP。腐蚀检查发现，筒体和封头有有机酸造成的轻微点蚀坑(图 11-9)。建议打磨光滑腐蚀坑后使用。

排液罐的主体材质为 SM41B，操作温度为 310℃，操作压力常压，介质为丙酮。腐蚀检查发现，内表面中度锈蚀(图 11-10)。为了进一步确定锈垢的物相组成，收集对应位置的腐蚀产物进行分析，发现罐壁表面锈垢分析样主要是铁的氧化物，筒体测厚无明显减薄，建议除锈后继续使用。

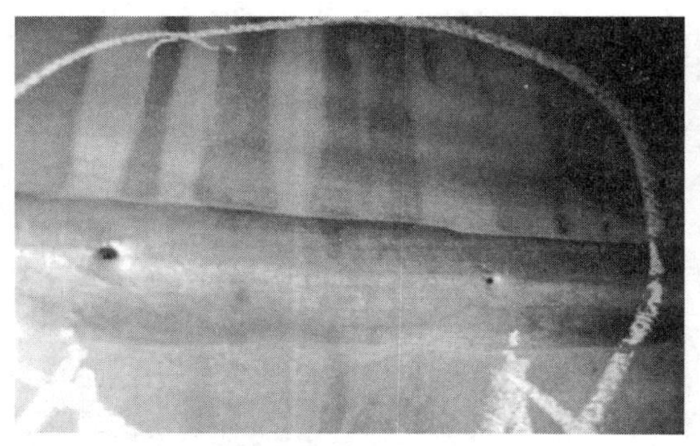

(a) 废气排放罐环焊缝腐蚀孔

(b) 废气排放罐封头处腐蚀坑

图 11-8 废气排放罐腐蚀形貌

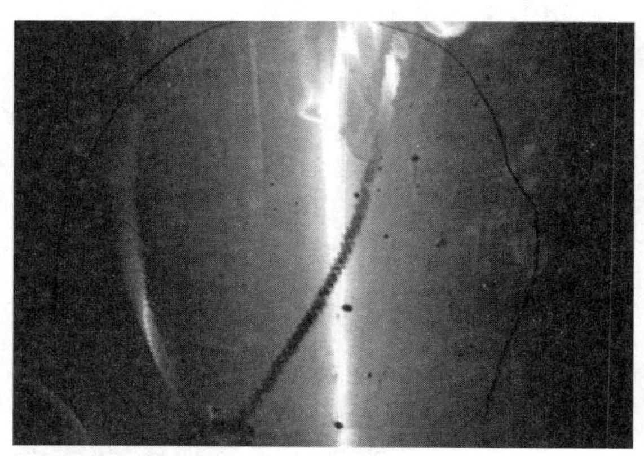

图 11-9 第一浓缩器收集器腐蚀形貌

图 11-10 排液罐内表面锈蚀

第二雾沫分离器的主体材质为 SS41，操作温度为 42℃，操作压力为 0.311MPa，介质为空气。腐蚀检查发现，内表面中度锈蚀，下封头堆积腐蚀锈渣较多，公称壁厚 9mm，实测最小壁厚 7.1mm，腐蚀形貌如图 11-11 所示。为了进一步确定锈垢的物相组成，收集对应位置的腐蚀产物进行分析，发现罐壁表面锈垢分析样主要为 Fe_3O_4（82%）和 $Fe^{+3}O(OH)$（18%）。锈垢主要是氧化铁，是由于空气中的氧和水分对内壁造成腐蚀。

图 11-11 第二雾沫分离器内壁锈蚀

热水槽的主体材质为 0Cr18Ni9，操作温度为 60℃，操作压力为 2MPa，介质为水和苯酚等。腐蚀检查发现，内表面由于苯酚腐蚀造成内壁腐蚀严重，气液相交接处由于液位波动造成明显腐蚀凹槽，公称壁厚 6mm，实测最小壁厚 4. 2mm；内构件腐蚀严重、螺栓松动，腐蚀形貌如图 11-12 所示。建议下一周期在使用中备换。

(a) 热水槽气液相界面腐蚀凹槽

(b) 热水槽内构件腐蚀

图 11-12　热水槽腐蚀形貌

（2）二苯酚装置

对二苯酚 12 台容器储罐进行了腐蚀检查，整体腐蚀形貌良好，其中中和反应器东侧筒体有多处机械损伤，封头有介质附着，层下平整。部分容器情况如图 11-13 所示。

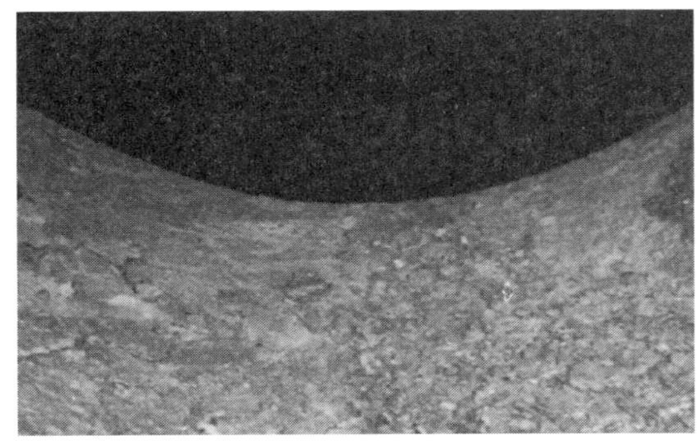
(a) 氧化器减压槽人孔壁锈垢

(b) 装置精制塔回流槽内壁

图 11-13　部分容器腐蚀形貌

11. 3. 3　换热器腐蚀状况

（1）一苯酚装置

对第三氧化塔循环冷却器等 66 台换热器进行了腐蚀检查，换热器问题较多，其中第二、三、四氧化塔循环冷却器管箱、封头中度锈蚀，法兰边缘及内壁腐蚀坑较多，隔板与筒体连接处焊缝有腐蚀坑并有开裂现象；第一浓缩器冷凝器封头有深约 1.0mm 的腐蚀坑，第一浓缩器冷凝器、分解反应器冷凝器、粗丙酮塔冷凝器、精丙酮塔冷凝器隔板与筒体连接处开裂；预提浓器冷冻冷凝、精丙酮塔冷凝器、烃化塔冷凝器等的管程腐蚀严重；一苯酚换热器管程介质为冷却水的较多，冷却水腐蚀较为严重，对内壁造成腐蚀坑和开裂的现象。部分换热器的典型腐蚀形貌如图 11-14 所示。

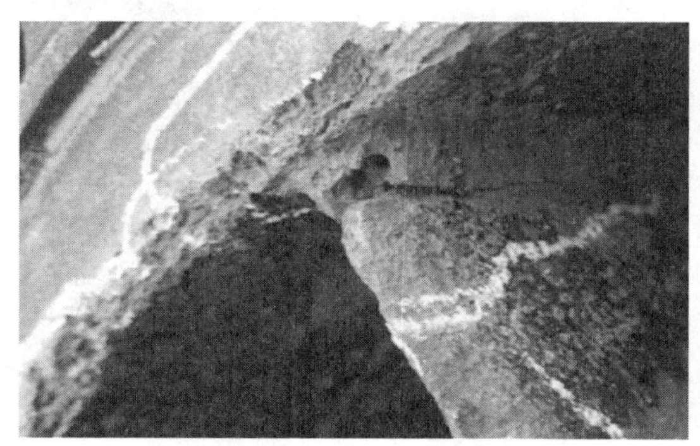

(a) 第三氧化塔循环冷却器管箱隔板

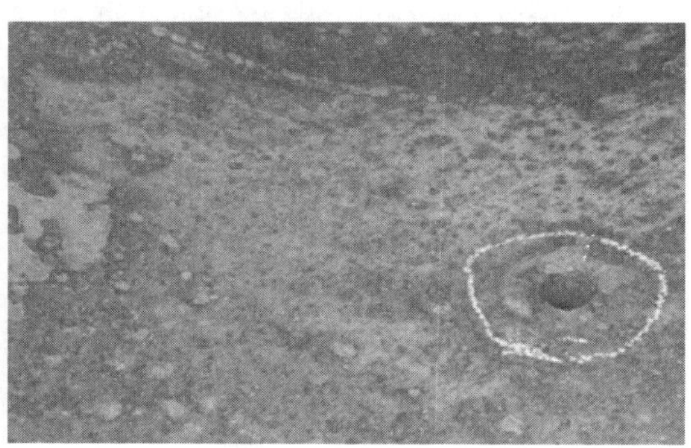

(b) 第二氧化塔循环冷却器管箱内壁

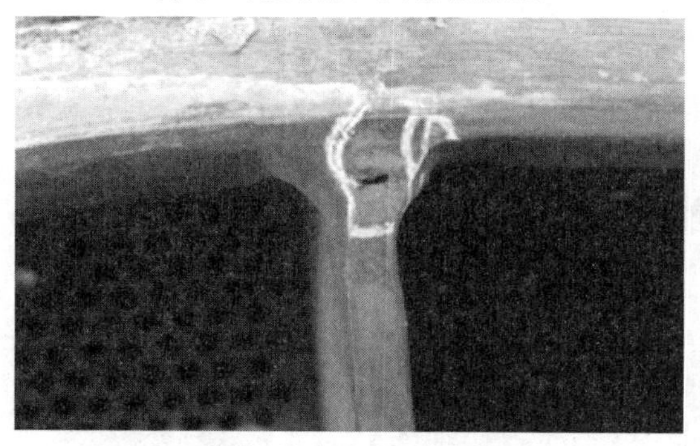

(c) 氧化进料加热器隔板角焊缝

(d) 废气冷冻冷却器接管焊缝

图 11-14 部分换热器腐蚀形貌

氧化塔循环器的主体材质为 16MnR，管程介质为冷却水，壳程介质为氧化液。腐蚀检查发现，管程及封头冷却水腐蚀锈蚀较为明显，法兰边缘及内壁由于异种钢焊接发生电偶腐蚀产生腐蚀坑较多，隔板与筒体连接处焊缝有腐蚀坑，除第四氧化塔循环冷却器外，第一、二、三氧化塔循环冷却器循环气还有隔板角焊缝开裂现象，腐蚀形貌如图 11-15 所示。建议重做防腐涂层，运行中加强法兰泄漏处检查。

粗丙酮塔冷凝器筒体材质为 SUS316L，封头材质为 16MnR，管程介质为温水，壳程介质为丙酮、异丙苯和水。腐蚀检查发现，温水对管箱、封头内壁造成腐蚀坑较多，隔板角焊缝开裂现象，如图 11-16 所示。建议做防腐涂层后继续使用。

废水冷却器壳程介质为冷水，对壳体内壁造成均匀锈蚀，内壁折流板处有深约 1mm 的微动腐蚀，管束外折流板有由于异种钢造成的电偶腐蚀，折流板锈蚀严重，腐蚀形貌如图 11-17 所示。

(a) 第一氧化塔循环器管箱

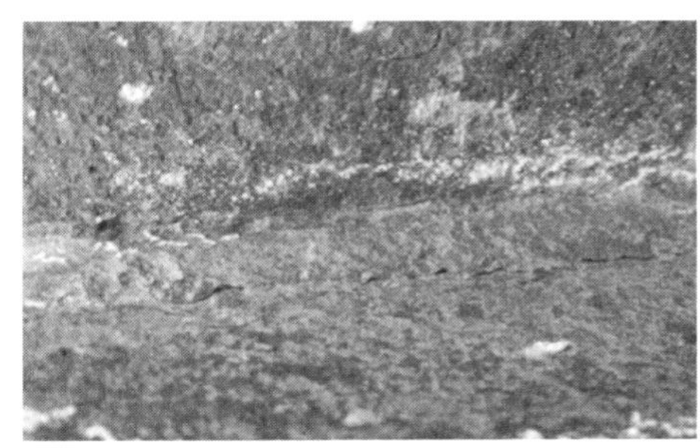

(b) 第一氧化塔循环器隔板角焊缝

(c) 第二氧化塔循环器隔板角

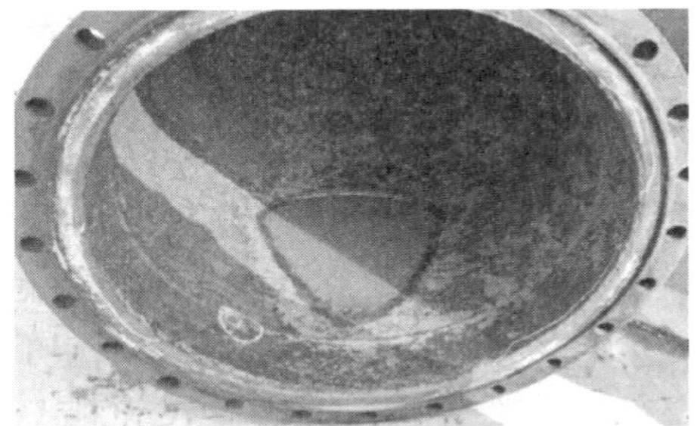

(d) 第三氧化塔循环器封头锈蚀

图 11-15　氧化塔循环器腐蚀形貌

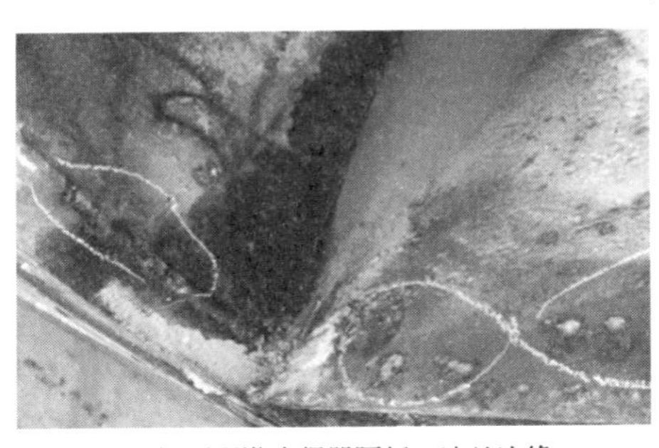

(a) 粗丙酮塔冷凝器隔板、法兰边缘

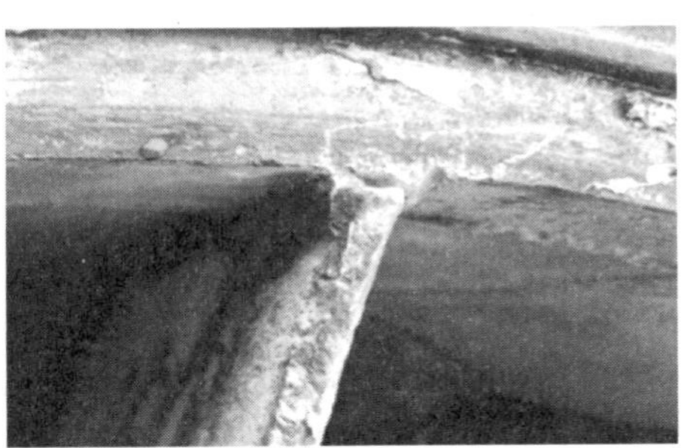

(b) 粗丙酮塔冷凝器隔板角焊缝开裂

图 11-16　粗丙酮塔冷凝器腐蚀形貌

(a) 废水冷却器壳体内壁

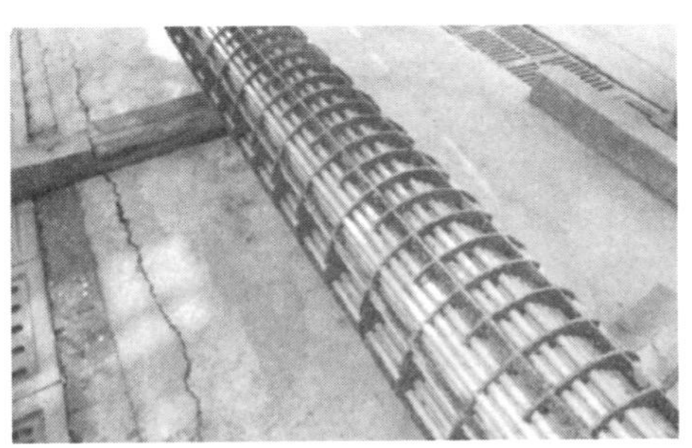

(b) 废水冷却器折流板锈蚀

图 11-17　废水冷却器腐蚀形貌

（2）二苯酚装置

对低压回水冷却器、软水冷却器、废空气深冷器、预闪蒸加料加热器、预闪蒸冷凝器等共计 62 台换热器进行了腐蚀检查，整体问题较多。其中，低压回水冷却器管箱、塔底冷却器管程密封面内侧和脱烃塔中间再沸器壳程封头法兰密封面存在机械损伤；预闪蒸加料加热器、预闪蒸冷凝器等管箱锈蚀明显；脱苯塔再沸器等法兰密封面有腐蚀；废空气调整冷却器等存在接管未焊透现象；粗装置塔冷凝器等管箱内隔板与管箱连接处开裂。部分换热器典型腐蚀形貌如图 11-18 所示。

(a) 预闪蒸冷凝器管箱锈蚀　(b) 第一CY气提塔冷凝器管箱法兰

(c) 第二CY汽提塔冷却器管箱　(d) 废空气调整冷却器接管

图 11-18　部分换热器腐蚀形貌

腐蚀检查发现，第二 CY 气体塔冷凝器管箱大面积锈蚀，腐蚀坑最深约 3.5mm，法兰密封面腐蚀严重。第二 CY 气体塔冷凝器管程介质为冷凝水，材质为碳钢，主要是冷凝水腐蚀对管箱造成的腐蚀，腐蚀形貌如图 11-19 所示。建议重做内防腐涂层、做好泄漏试验后继续使用，做好备换工作。

(a) 第二CY气体塔冷凝器管箱

(b) 第二CY气体塔冷凝器法兰

图 11-19　第二 CY 气体塔冷凝器腐蚀形貌

腐蚀检查发现，脱烃塔冷却器的管程冷却水腐蚀造成管箱及封头明显腐蚀，坑深约1.5mm，管箱隔板角焊缝冷却水腐蚀开裂，长约500mm，腐蚀形貌如图11-20所示。

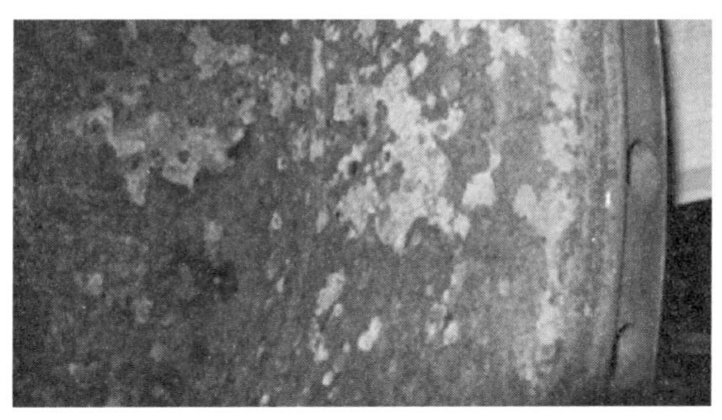

(a) 脱烃塔冷却器管程封头锈蚀

(b) 脱烃塔冷却器管箱隔板腐蚀开裂

图11-20 脱烃塔冷却器腐蚀形貌

11.4 苯酚装置防腐措施及建议

调查发现，苯酚装置的换热器冷却水腐蚀整体腐蚀程度较严重，其余塔器、容器储罐绝大多数设备腐蚀形貌良好，说明目前的工艺及设备防腐措施比较得当，但通过本次腐蚀检查也发现了以下一些问题：

制造缺陷：腐蚀检查发现一些设备的焊缝有咬边、未焊满或焊接问题导致的弧坑裂纹等制造缺陷，如烃塔、废水苯酚萃取塔等。

腐蚀问题：苯酚腐蚀、有机酸腐蚀、电偶腐蚀、碱腐蚀和冷却水腐蚀在装置的腐蚀检查中发现的问题较多，对设备造成均匀腐蚀或局部腐蚀，如第一提浓器不同材质引起的电偶腐蚀、空气碱洗塔的碱液对容器的碱腐蚀、废气排放罐有机酸引起的点蚀孔和换热器管程冷却水对管箱内壁造成的腐蚀坑等问题。

机械磕伤：本次腐蚀检查也发现了很多检修及运行期间对设备造成的机械损伤问题，如预提浓塔有多处机械划伤、粗苯酚塔有一处长80mm的机械划伤、苯酚精制塔人孔法兰及人孔接管内壁端面均有机械损伤等。

裂纹及开裂问题：裂纹主要可以分为焊接缺陷裂纹和腐蚀开裂裂纹。焊接缺陷裂纹，如烃塔的人孔盖塞焊点的弧坑裂纹、废气凝液分离罐的人孔焊缝弧坑裂纹等；腐蚀开裂裂纹，如第三氧化塔循环冷却器管箱隔板与筒体连接处的腐蚀开裂、粗丙酮塔再沸器封头平盖的氯离子应力腐蚀开裂裂纹等。

针对装置中设备的腐蚀形貌及对其腐蚀机理的分析，从工艺、设备、在线监测等角度提出以下几条防腐措施建议。

① 一苯酚、二苯酚装置管程介质为冷却循环水的换热器，普遍冷却水腐蚀形貌较

为明显；管箱、隔板腐蚀坑、法兰密封面腐蚀坑及隔板角焊缝开裂现象普遍存在，建议装置加强循环水水质的管理，并采用牺牲阳极+防腐涂料联合保护措施对换热器进行防腐保护。

② 建议循环水水质管理应严格遵守工业水管理制度，循环水冷却器管程流速控制在0.5m/s以上，减少垢下腐蚀。

③ 建议检修期间注意避免机械损伤的发生，及时修复机械损伤造成的缺陷。

④ 加强对设备保温层和外防腐层的保护与监管，降低设备的腐蚀速率。

⑤ 应避免在同一设备中使用异种钢焊接，减少电偶腐蚀形貌情况发生。

⑥ 优化粗苯酚不锈钢管焊接工艺，采用层间冷却、低热量输入、快速焊接、快速冷却等方法来提高焊接接头的抗晶间腐蚀能力。

第12章

PTA装置腐蚀机理及检查案例

12.1 PTA 装置概况

PTA(Pure Terephthalic Acid)即精对苯二甲酸，常温下外观为白色晶体或粉末，无毒，无味。PTA 是聚酯纤维和非纤聚合物的重要基础原料，PTA 的下游加工产品主要是聚酯。

随着科学技术的发展，以 PTA 为原料的高科技产品层出不穷，其应用领域不断扩大，不仅食品包装中越来越多地应用聚酯材料，而且在医药、化妆品等非食品包装中以及在 PBT 工程塑料、不饱和聚酯树脂等行业的应用具有广阔的前景。随着市场对 PTA 需求量的增加，其生产量也逐渐增加。我国 PTA 产量从 2000 年的 300×10^4t，猛增到 2016 年的 5000×10^4t，16 年时间产能骤增 16 倍。2016 年期间逐步剔除淘汰产能，致使产能增长率有所下行。截止到 2017 年，国内 PTA 总产能在 4385×10^4t，较 2015 年总产能 4655×10^4t 相比下降了 270×10^4t。

PTA 生产工艺主要分为一步法和二步法两种类型。一步法是指由二甲苯(PX)经催化氧化法制成粗 TA，再进一步用深度氧化法将粗 TA 精制成聚酯级的 PTA。利用一步法的生产能力约占 PTA 总产能的 16%左右。二步法的生产工艺为：第一步是 PX 氧化单元，以对二甲苯(PX)为原料，以 $Co^{2+}-Mn^{2+}-Br^{-}$ 为催化剂，以乙酸(HAC)为溶剂，PX 在空气中与氧气发生化学反应，氧化生成粗对苯二甲酸(TA)；第二步是 TA 精制单元，粗 TA 经过加氢反应精制为 PTA。我国的 PTA 生产工艺主要是两步法。

PTA 装置的特点包括高温高压、环境腐蚀性强、介质含固体颗粒等，设备大多为钛与超低碳不锈钢等材料组成。PTA 装置包括粗对苯二甲酸(TA)生产单元、精对苯二甲酸(PTA)生产单元以及辅助设施。PX 以醋酸为溶剂，在 Co-Mn-Br 三元催化剂的共同作用下和空气中的氧气反应，再经结晶、分离、干燥等单元，得到中间产品 CTA，高温高压的水中流经 Pd/C 固定床的反应器，进行加氢还原反应，进一步除去杂质，再经结晶、分离、干燥等单元，最后得到纤维级的 PTA 产品。PTA 工艺流程如图 12-1 所示。CTA 单元主要由进料装备、氧化、结晶、分离和干燥、溶剂和催化剂回收组成。PTA 工序主要由浆料配制、氢化、结晶、分离和干燥、溶剂回收组成。

(1) CTA 生产单元

CTA 工序中，使用空气将对二甲苯(PX)液相催化氧化为对苯二甲酸(TA)，采用醋酸为溶剂将 PX 分散于其中，以强化反应物的传热和传质，使用醋酸钴、醋酸锰为催化剂，使用四溴乙烷或溴化氢为促进剂，空气为氧化剂，在 200℃左右发生氧化反应，生成纯度为 98%的 TA。

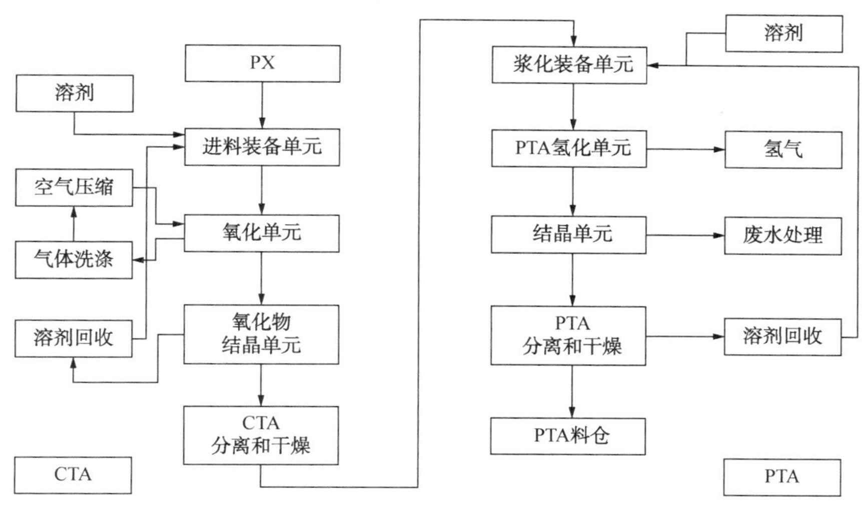

图 12-1 PTA 工艺流程

① 进料装备。对二甲苯、醋酸溶剂及催化剂的混合物，在反应器混合溶剂进料罐调配好后，送入反应器。各个成分的组成，以对二甲苯流量为主比例来控制醋酸溶剂及催化剂的加入量。对二甲苯来自罐区，母液来自母液罐(母液来源于干燥机载气洗涤塔塔底洗酸、真空过滤机分离出来的母液及洗液以及高压吸收塔塔底液)。醋酸钴、醋酸锰利用泵送到催化剂进料罐中。

② 空气压缩。空气压缩机用来供给氧化反应器，在工艺上每套机组均由空气压缩机、蒸汽透平和尾气膨胀机三部分组成。为保证压缩机组平稳运行，每套机组还有与之配套的循环冷却水、润滑油、控制油等辅助系统。

③ 氧化单元。对二甲苯在三个并联运转，装有搅拌机的反应器中，被氧化成对苯二甲酸，所需的空气由一组特殊设计的进料管线送入反应器，氧化反应尾气中的氧浓度由氧分析仪连续分析来加以控制。反应热由溶剂及反应生成水蒸发带走。反应器闪蒸气体进入反应器顶部的冷凝系统中，几乎所有的溶剂及水分都在此被冷凝。每一个冷凝系统，由三个串联的冷凝器组成。

④ 结晶单元。氧化反应生成的氧化物中间物及副产品，引入二次反应器，以提高转化率及品质。二次反应器出料后，经过两个装有搅拌机的结晶器依序降压降温，粗对苯二甲酸在此过程中完全结晶析出。

⑤ 分离和干燥。真空过滤机将固态的对苯二甲酸从浆液中分离出来。过滤机分离出来的固体进入干燥机。粗对苯二甲酸在旋转式干燥机中，干燥机进料螺旋输送机将趴料送入干燥机，干燥机出料螺旋输送机将干料由干燥机送出。干燥的粗对苯二甲酸固体离开干燥机后，经气体输送系统送入中间料仓中。

⑥ 溶剂回收。氧化反应生成的水，以共沸蒸馏方式自塔顶分离，所需共沸剂-醋酸异

丁酯自塔顶加入。虹吸式再沸器回收蒸汽加热塔底液，提供蒸汽源。塔底抽出醋酸，冷却水冷却后用泵送到脱水醋酸回收罐。回收醋酸经由脱水溶剂泵，送至氧化工场各单元。

（2）PTA 生产单元

PTA 工序中，精制单元的作用是降低产品中中间产物和副产物的含量，将 CTA 溶解于高温、高压的水中，在催化剂的作用下杂质与氢气发生反应将杂质转化为易溶于水的物质脱除。

① 氢化单元。澄清的 TA 水溶液连续地经过预热器进入加氢反应器，经过催化剂床层。加氢反应器中通入氢气。在加氢反应器发生催化加氢反应，使 TA 中的不纯物转化成可溶于水的物质。主要反应为对醛基苯甲酸(4-CBA)转化成对甲基苯甲酸(P-TA)，后者通过结晶极易从 PTA 中除去。

② 结晶单元。加氢反应生成物进入到四级连续搅拌闪蒸结晶器，在其中逐步进行降压。由于成功的降压，水便闪蒸出来使剩下的溶液冷却，这样 PTA 便以期望的粒度分布结晶析出。从前两个结晶器闪蒸出的蒸汽，通过在第一和第二结晶器排气冷凝器中产生的蒸汽来进行部分冷凝。结晶器间的浆料输送利用它们之间的压差进行。结晶器的搅拌器用来保持浆料为悬浮液。从最后两个结晶器闪蒸出的蒸汽直接送到第一预热器作为热媒。

③ 分离和干燥。第四结晶器中产生的 PTA 浆料送入离心机分离成湿 PTA 饼和母液。湿 PAT 饼靠重力连续排入再打浆罐，通过热脱离子水进行再打浆。母液通过废溶剂泵送入废母液处理区。PTA 浆液通过旋转真空过滤机的进料口进入旋转真空过滤机。分离出的液体用泵通过循环溶剂加热器送入循环溶剂罐，分离出的蒸汽经过过滤机的蒸气冷凝器送回到过滤机的真空泵。真空泵排料至真空泵分离罐，分离出的液体送入干燥机洗涤塔用作洗涤液，分离出的气体返回到过滤机，其中的一部分用来排放滤饼。湿滤饼通过流料槽进入常压操作的干燥机。湿滤饼中蒸发出的水蒸气被反向一次通过的惰性气体吹走。离开干燥机的气体中夹带有少量固体，在干燥机洗涤塔中进行洗涤。离开洗涤塔的气体直接排空。最后得到的干燥粉末状 PTA 晶体产品通过风送系统送入 PTA 产品料仓。

④ 溶剂回收部分。从第一和第二结晶器冷凝器排出的工艺排气，通过共用的排气集管进入排气洗涤塔。这股气体中含有闪蒸时带出的固体，其在排气洗涤塔中用塔顶的回流进行洗涤。第一和第二结晶罐的冷凝液也进入排气洗涤塔，旋转真空过滤机的滤液，干燥机洗涤塔的塔底物和排气洗涤塔的塔底物都进入到循环溶剂罐，并最后循环到进料浆料罐。工艺要求提供脱离子水作为补充水。两股脱离子水作为溶剂补充，部分冷的脱离子水直接进入搅拌器和泵的密封系统，另一部分在经过洗涤塔排气冷凝器，排气冷凝器和工艺、冲洗水加热器后，加入工艺水罐这股热脱离子水，用于离心机饼的再打浆和低压冲洗，其中一部分进行进一步的加热加压后用于高压冲洗。

12.2　PTA 装置腐蚀机理分析

本节对 PTA 装置主要的腐蚀机理进行梳理总结。以某石化公司为例，该厂 PTA 装置由单元氧化单元与精制单元共同组成，装置生产过程中包含了气、液、固三相反应，设备复杂，平稳生产难度大。氧化单元以二甲苯(PX)为主要原料，使用醋酸钴、醋酸锰为催化剂，以氢溴酸为助剂，以醋酸为溶剂，与空气中的氧气在高温下氧化反应生产出粗对苯二甲苯酸。

PTA 装置工艺技术复杂，几乎包含了所有化工单元操作，且大部分设备都在高温高压下连续操作，工艺介质腐蚀性强，又多为含固率 30%以上的浆料，虽然装置中约 80%的设备采用了不锈钢、钛或其他耐腐蚀材料，但由腐蚀引起的设备失效仍时有发生，腐蚀已成为影响装置安全稳定运行的重要因素。PTA 装置中的腐蚀介质包括醋酸、溴、氧、氯，以及碱洗过程用的 NaOH 等，主要腐蚀类型包括均匀腐蚀、点蚀、缝隙腐蚀、应力腐蚀开裂和冲刷腐蚀。

(1) 含溴醋酸腐蚀

氧化单元设备大多处于含溴醋酸的腐蚀环境，奥氏体不锈钢表面的钝化膜在环境中有氯或溴等卤素杂质离子时，会发生局部破坏引起点蚀。在 PTA 氧化单元的介质环境里，溴作为反应促进剂，对于奥氏体不锈钢溴离子能优先有选择地吸附在钝化膜上，把氧原子排挤掉，然后和钝化膜中的阳离子结合成可溶性溴化物，结果在新露出的基底金属的特定点上生成小蚀坑(孔径 20~30 μm)，这些小蚀坑称为孔蚀，亦可理解为蚀孔生成的活性中心，在蚀孔内溴离子进一步浓缩，点蚀进一步发展，形成深的腐蚀坑，甚至引起穿孔，在应力集中部位，还会引起应力腐蚀开裂。此外，温度对醋酸腐蚀行为的影响也是很敏感的。在常温时，任何浓度醋酸的腐蚀性都不强，当温度接近或超过沸点时，其腐蚀性才急剧增强，对于含溴醋酸，温度的影响更为显著。在 PTA 装置中，硝酸盐应力腐蚀开裂易发生工段为进料至进料预热器、反应器至第一结晶器、第一结晶器至第五结晶器与结晶器后至干燥机段。

(2) 有机酸腐蚀

同第 5.2 节催化重整装置有机酸腐蚀机理一致。在 PTA 装置中，有机酸腐蚀易发生工段为进料、反应、结晶与过滤回收，介质含有机酸工段。

(3) 氯化物(溴化物)应力腐蚀开裂

装置的设备和管道经长期使用，会被物料堵塞，需定期进行碱洗，但碱洗所用的 NaOH 中不可避免夹带有微量 Cl^-，在局部浓缩部位会引起不锈钢的应力腐蚀开裂。碱洗后虽排尽了废碱液，但死角、缝隙与焊缝缺陷等部位仍然会残留 Cl^-。装置投运后在高温下沉积物料的垢下 Cl^-浓缩积聚，尤其在传热夹套或换热管表面，形成局部高浓度的 Cl^-，极易造成奥氏体不锈钢的应力腐蚀开裂。换热设备冷却水介质中的氯也是 Cl^-的重要来源之一，在换热设备发生内漏时，冷却水中的氯还可能串入工艺物料中，使工艺介质的 Cl^-含量升高。为了防止氯离子的腐蚀，应采用含氯离子浓度低的优质碱，尽量缩小碱洗的范围，设备修复补焊时尽可能进行局部消除应力处理。在 PTA 装置中，氯化物(溴化物)应力腐蚀开裂易发生工段为进料至进料预热器、反应器至第一结晶器、第一结晶器至第五结晶器与结晶器后至干燥机段。

（4）碱应力腐蚀开裂

同第 8.2 节乙烯装置碱应力腐蚀开裂机理一致。碱腐蚀应力裂纹的敏感性由三个关键参数确定：碱浓度、金属温度和拉应力水平。温度升高和碱浓度增加都使碱应力腐蚀开裂倾向增大。一般来说温度在小于 46℃时不会发生开裂；在 46～82℃范围时，裂纹敏感性由腐蚀浓度控制；82℃以上时，对于所有浓度大于 5%情况，裂纹产生的可能性非常高。为了防止 NaOH 对奥氏体不锈钢设备的应力腐蚀，需要把碱的浓度和操作温度控制在一定范围内(浓度要小于 3%)。在 PTA 装置中，碱应力腐蚀开裂易发生工段为结晶器后至干燥机段。

（5）钛氢化

钛材在氧化单元工艺环境中由于其钝化膜坚牢，即使损伤也能很快修复，一般不可能吸氢致脆。但在精制单元的间苯二甲酸介质中，钛材与奥氏体不锈钢偶接，形成电偶腐蚀，阳极不锈钢被腐蚀，同时在钛材阴极析出氢，在梯度作用下向钛内部扩散，由于氢在钛中固溶限很小，主要在钛晶面上析出氢化物(TiH_2)，由于 TiH_2的比容比钛基体高约 20%，因此产生较大的相变应力，导致界面上形成微裂纹。一般认为 TiH_2含量越高，分布越密，则脆性越大，如氢含量大于 10ppm 时，钛材的冲击韧性值急剧降低。在 PTA 装置中，钛氢化易发生工段为反应器至第一结晶器段。

（6）电偶腐蚀

间苯二甲酸在水中的溶解度随温度升高而增加，304L 不锈钢、316L 不锈钢、钛材和哈氏合金在各个温度点下，间苯二甲酸溶液中腐蚀速率均很小，但在精制单元，由于采用了较多的钢+钛复合材料，以及不锈钢+钛复合结构，容易发生电偶腐蚀。比如加氢反应器采用了钛内件，与反应器复合衬里 304L 连接处形成电位差，就有可能造成电偶腐蚀，加速不锈钢的腐蚀速度。

（7）汽蚀

同第 6.2 节加氢炼化装置汽蚀机理一致。汽蚀通常看上去像边缘清晰的点蚀，在旋转部件中也可能形成锐槽，仅出现在流体低压区域。叶轮发生汽蚀时，局部表面可能出现斑痕和裂纹，甚至呈海绵状。在 PTA 装置中，汽蚀易发生工段为进料至进料预热器、反应器至第一结晶器、第一结晶器至第五结晶器与结晶器后至干燥机段。

（8）冲刷腐蚀

同第3.2节常减压装置冲刷腐蚀机理一致。在PTA装置中，冲刷易发生工段为进料至进料预热器、反应器至第一结晶器、第一结晶器至第五结晶器与结晶器后至干燥机段。

（9）热冲击

即由于急剧加热或冷却，设备材料在较短的时间内产生大量的热交换，局部温度发生剧烈变化，形成较高的温度梯度，因产生变形不协调形成高热应力，甚至发生开裂的过程。常见情况如某一较冷液体与另一较热金属表面接触时，易发生热冲击。在PTA装置中，热冲击易发生工段为反应器至第一结晶器段。

（10）大气腐蚀

同第3.2节常减压装置大气腐蚀机理一致。在PTA装置中，大气腐蚀易发生工段为进料至进料预热器段。

（11）锅炉冷凝水腐蚀

即锅炉系统和蒸汽冷凝水回水管道上发生的均匀腐蚀和点蚀。含氧锅炉冷凝水腐蚀为点蚀，多呈溃疡状，在金属表面形成黄褐色或砖红色鼓包，直径为1～30mm不等，为各种腐蚀产物组成，腐蚀产物去除后，可见金属表面的腐蚀坑。在PTA装置中，锅炉冷凝水腐蚀易发生工段为进料至进料预热器、反应器至第一结晶器、第一结晶器至第五结晶器段。

12.3　PTA装置腐蚀检查案例

腐蚀检查以某化工厂PTA装置为例，对该厂间苯二甲酸装置进行腐蚀检查。共检查设备35台，包括：反应器1台，塔器3座，容器储罐14台，换热器5台，调查发现PTA氧化装置整体腐蚀较轻，设备内部腐蚀多见锈蚀，部分设备存在问题，腐蚀检查具体情况如表12-1所示。

表12-1　PTA氧化装置腐蚀检查情况统计表

序号	容器名称	主要问题
1	高压吸收塔	中部人孔内，密封焊部位塔壁表面存在多处机械划伤与轻微腐蚀坑，中部人孔内塔盘与塔壁连接处贴板
2	溶剂脱水塔	底部人孔内表面丁字焊缝见多处腐蚀坑
3	氧化进料混合罐	下封头环焊缝上方有腐蚀凹坑，下封头环缝处有点蚀坑
4	TA第三结晶器	内表面见多处点蚀坑
5	过滤机进料罐	内表面见轻微点蚀坑，罐顶浆料附着

续表

序号	容器名称	主要问题
6	真空泵分液罐	筒体内表面见多处轻微点蚀坑
7	母液罐	筒体内表面近底部封头处见多处点蚀坑
8	溶剂汽提塔蒸出罐	保温层腐蚀破损，内表面轻微浮锈，物料附着
9	蒸汽透平凝结水收集罐	下封头内表面结垢，垢下内壁不平整，有凹坑
11	反冲洗接收罐	筒体内表面见补焊痕迹
12	氧化母液回收氧化母液冷却罐	人孔内表面下沿见蚀坑
13	反应器一级冷凝器	管箱内表面多处机械划伤与轻微点蚀坑
14	氧化反应器二级冷凝器	管箱内表面有轻微点蚀坑
15	反应器一级冷凝器	管箱内表面有多处点蚀坑，内壁存在多处机械划伤
16	加热炉炉管	金相检验发现炉管材质劣化严重
26	芳烃液体管道	腐蚀严重
17	甲苯气体管道	减薄严重
18	甲苯解吸剂液体管道	腐蚀严重
19	补充氢气管道	减薄严重
20	氢气、烃类气/液体管道	减薄严重
21	甲苯液体管道	腐蚀严重
22	氢气、烃类气体管道	减薄严重，弯头变形，表面腐蚀
23	C_8 芳烃液体管道	弯头减薄严重

12.3.1 反应器腐蚀状况

对氧化装置的1台反应器进行腐蚀检查，图12-2为氧化反应器腐蚀形貌，调查发现，反应器内表面光洁，基体平整，内构件完好，未见腐蚀。

(a) 反应器内壁

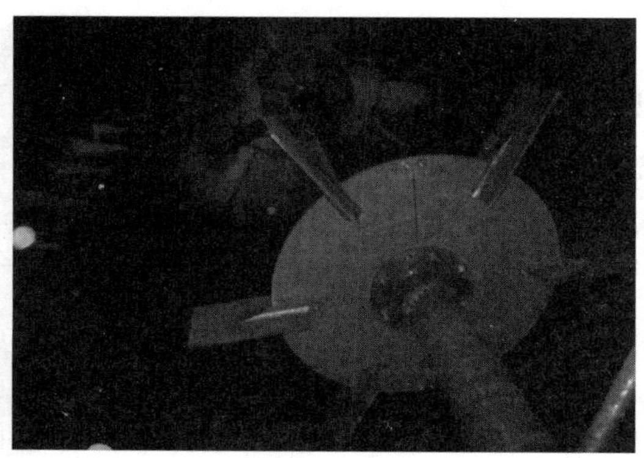

(b) 反应器内构件

图12-2　氧化反应器腐蚀形貌

12.3.2　塔器腐蚀状况

对高压吸收塔、溶剂汽提塔与溶剂脱水塔共 3 台塔器进行了腐蚀检查，图 12-3 为溶剂汽提塔腐蚀形貌，调查发现，塔内表面光洁，内构件、塔盘完好，未见腐蚀。

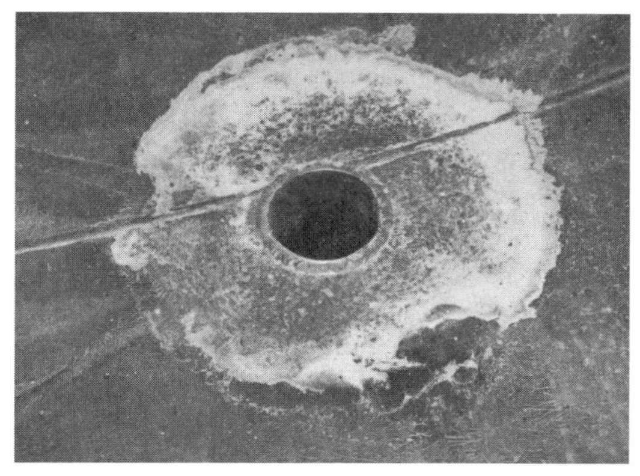

(a) 溶剂汽提塔

(b) 溶剂汽提塔内部

图 12-3　溶剂汽提塔腐蚀形貌

高压吸收塔的主体材质为 304L，操作温度为 37℃，压力为 1.02MPa，介质为醋酸、水和氮气。图 12-4 为高压吸收塔腐蚀形貌，调查发现，高压吸收塔中部人孔内，密封焊部位塔壁表面存在多处机械划伤与有机酸腐蚀造成的轻微腐蚀坑。

(a) 内部点蚀坑

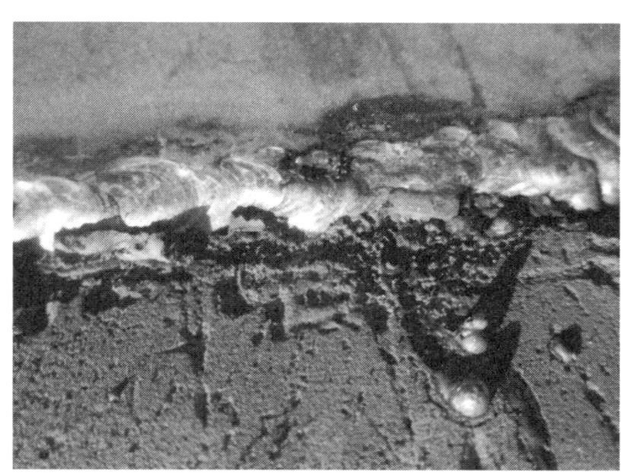

(b) 内部机械划伤

图 12-4　高压吸收塔腐蚀形貌

溶剂脱水塔的主体材质为 316L 与 317L，操作温度为 161℃，压力为 0.3MPa，介质为 HAC 和水。图 12-5 为溶剂脱水塔腐蚀形貌，调查发现，溶剂脱水塔底部人孔内表面西南侧丁字焊缝见多处深 2～3mm 的有机酸腐蚀坑与酸性介质冲刷造成的沟状腐蚀样貌。

图 12-5　溶剂脱水塔腐蚀形貌

12.3.3　容器腐蚀状况

共对 14 台容器进行腐蚀检查，其中氧化进料混合罐、第三结晶器、母液罐、过滤机进料罐、真空泵分液罐与氧化母液回收氧化母液冷却罐内表面都存在点蚀现象；蒸汽透平凝结水收集罐内部存在垢下腐蚀；溶剂汽提塔蒸出罐保温层腐蚀破损严重；反冲洗接收罐内表面存在补焊痕迹，其余腐蚀检查容器 TA 第一结晶器、TA 第二结晶器与洗涤塔鼓风机入口分液罐内表面光洁，结构完好，未见腐蚀。图 12-6 为蒸汽闪蒸罐腐蚀形貌，调查发现，430kPa 蒸汽闪蒸罐与 210kPa 蒸汽闪蒸罐内表面均匀浮锈，未见局部腐蚀，整体结构完好。

(a) 430kPa蒸汽闪蒸罐

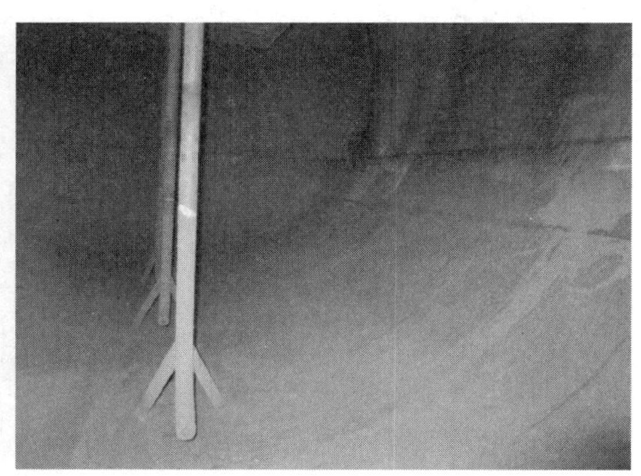

(b) 210kPa蒸汽闪蒸罐

图 12-6　蒸汽闪蒸罐腐蚀形貌

氧化进料混合罐的主体材质为316L，操作温度为149℃，压力为0.18MPa，介质为PX、HAC和水。图12-7为氧化进料混合罐腐蚀形貌，调查发现，氧化进料混合罐内表面一处有机酸腐蚀凹坑，下封头环缝处存在有机酸点蚀坑。

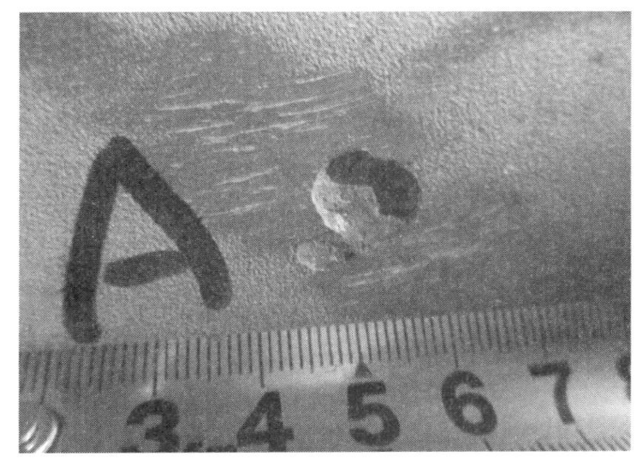

(a) 腐蚀凹坑

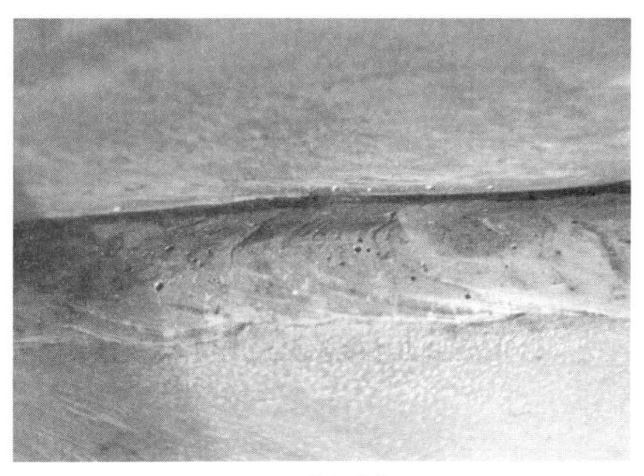

(b) 多处点蚀坑

图12-7　氧化进料混合罐腐蚀形貌

第三结晶器的主体材质为317L，操作温度为108℃，操作压力为0.1MPa，介质为醋酸二甲苯、四溴乙烷和对苯二甲酸。工艺介质中的卤素离子可破坏奥氏体不锈钢表面一层极薄的氧化物膜，使其耐蚀性急剧降低。一旦局部产生点蚀坑，在电泳作用下负价态的卤素离子将向点蚀坑内聚集，加速腐蚀过程。图12-8为第三结晶器腐蚀形貌，调查发现，含溴醋酸腐蚀导致筒体有多处腐蚀坑，最深处约3mm，封头有密集点腐蚀，下环缝有腐蚀坑长约20mm，深5mm，底部液位计探头有腐蚀坑深约2mm(原始壁厚4mm)。

(a) 液位计探头腐蚀坑

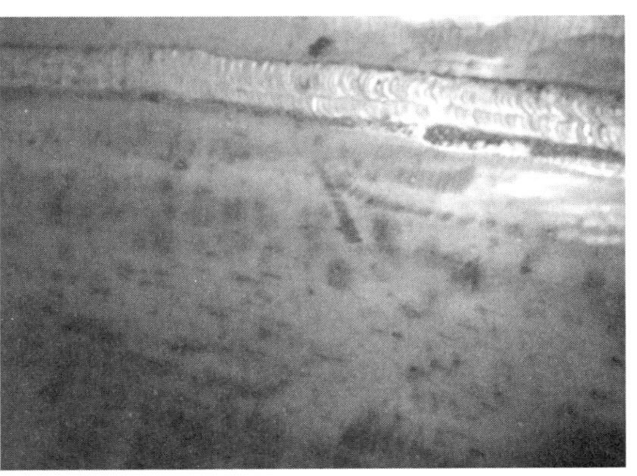

(b) 下封头点腐蚀

图12-8　第三结晶器腐蚀形貌

过滤机进料罐的主体材质为 317L，操作温度为 149℃，压力为 0.18MPa，介质为 TA 浆料。图 12-9 为过滤机进料罐腐蚀形貌，调查发现，设备筒体内表面轻微有机酸腐蚀造成的腐蚀坑小于 1mm。

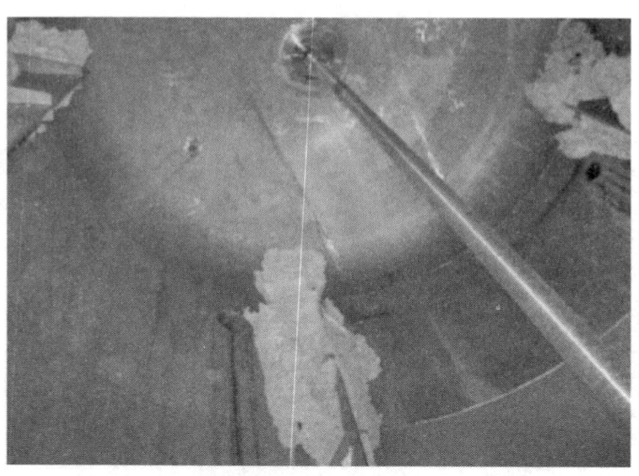

图 12-9　过滤机进料罐腐蚀形貌

真空泵分液罐的主体材质为 304L，操作温度为 149℃，压力为 0.18MPa，介质为 HAC。图 12-10 为真空泵分液腐蚀形貌，调查发现，设备筒体内表面存在多处小于 1mm 的轻微有机酸腐蚀造成的点蚀坑与机械划痕。

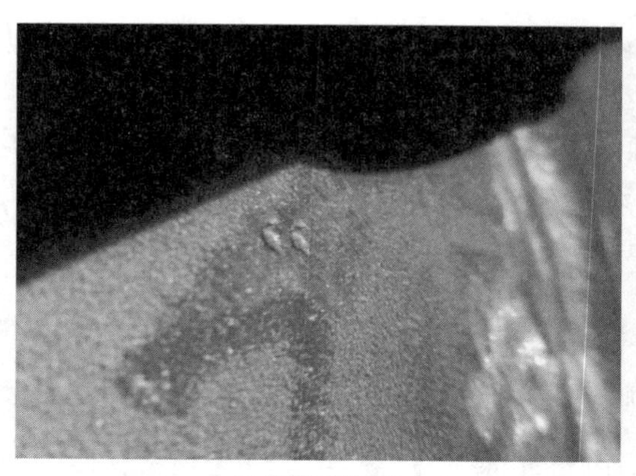

(a) 内表面点蚀坑

(b) 内表面机械划痕

图 12-10　真空泵分液罐腐蚀形貌

母液罐的主体材质为 316L，操作温度为 149℃，压力为 0.18MPa，介质为 HAC。图 12-11 为母液罐过滤机进料罐腐蚀形貌，调查发现，设备筒体近底部封头处存在多处因物料沉积，离子浓缩(如氯离子)造成的点蚀坑。

溶剂汽提塔蒸出罐的主体材质为 904L，操作温度为 164℃，压力为 0.3MPa，介质为残渣。图 12-12 为溶剂汽提塔蒸出罐腐蚀形貌，调查发现，设备筒体外部西南侧大面积因酸性水进入外保温层，造成保温层腐蚀破坏，内表面轻微浮锈，物料附着。

图 12-11 过滤机进料罐腐蚀形貌

图 12-12 溶剂汽提塔蒸出罐腐蚀形貌

蒸汽透平凝结水收集罐的主体材质为碳钢，操作温度为 149℃，压力为 0.18MPa，介质为蒸汽透平凝液。图 12-13 为蒸汽透平凝结水收集罐腐蚀形貌，调查发现，设备下封头内表面结垢，垢下内壁不平整，存在小于 1mm 凹坑，但壁厚无明显减薄。

反冲洗接收罐的主体材质为 316L，操作温度为 70℃，压力为 0.1MPa，介质为水、醋酸和固体颗粒。图 12-14 为反冲洗接收罐腐蚀形貌，调查发现，设备表面有补焊痕迹。

图 12-13 蒸汽透平凝结水收集罐腐蚀形貌

图 12-14 反冲洗接收罐腐蚀形貌

氧化母液回收氧化母液冷却罐的主体材质为 316L，操作温度为 150℃，压力为 1MPa，介质为 TA 和钴锰。图 12-15 为氧化母液回收氧化母液冷却罐腐蚀形貌，调查发现，设备人孔内表面下沿都存在小于 1mm 的轻微有机酸腐蚀坑。

12.3.4 换热器腐蚀状况

腐蚀检查共检验 5 台换热器。其中反应器一级冷凝器、反应器一级冷凝器与氧化反应器二级冷凝器管箱内表面都存在点蚀问题，图 12-16 为反应器一级冷凝器腐蚀形貌，调查发现，管箱内表面见机械划伤；其余腐蚀检查换热器、氧化反应器二级冷凝器与氧化反应器三级冷凝器内表面光洁，存在轻微机械划痕，结构完好。

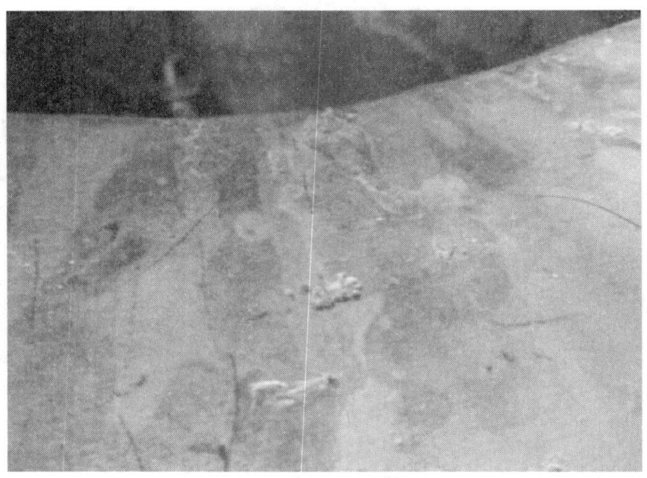

图 12-15　氧化母液回收氧化母液冷却罐腐蚀形貌

图 12-16　箱内表面腐蚀形貌

图 12-17 为反应器一级冷凝器腐蚀形貌，调查发现，设备管箱内表面存在多处机械划伤与小于 1mm 的轻微有机酸造成的点蚀坑。

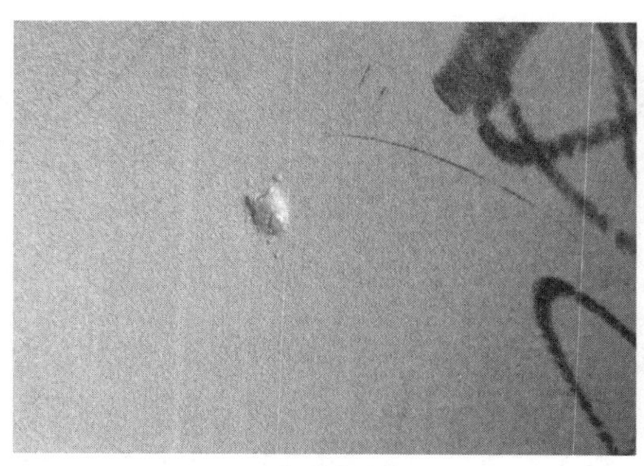

(a) 轻微点蚀坑

(b) 内表面机械划伤

图 12-17　反应器一级冷凝器腐蚀形貌

图 12-18 为氧化反应器二级冷凝器腐蚀形貌，调查发现，设备管箱内表面有轻微的有机酸造成的点蚀坑。

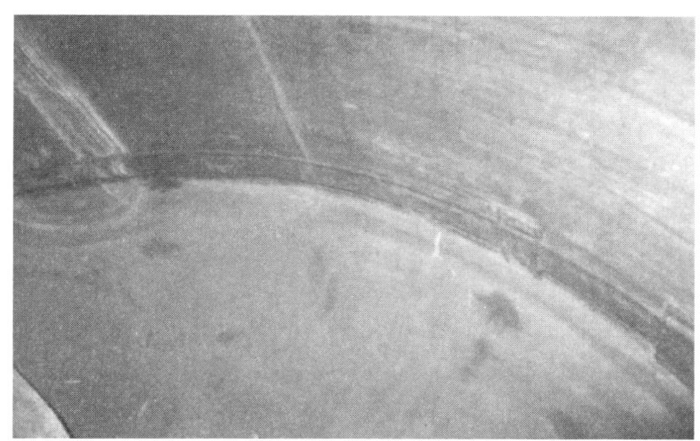

图 12-18　氧化反应器二级冷凝器腐蚀形貌

图 12-19 为反应器一级冷凝器腐蚀形貌，调查发现，设备管箱内表面存在机械划伤与小于 1mm 的轻微的有机酸造成的点蚀坑。

图 12-19　反应器一级冷凝器腐蚀形貌

12.4　PTA 装置防腐措施及建议

工艺过程的复杂性和介质的强腐蚀性是 PTA 装置的特点，深入分析各种工况下的介质状况和腐蚀机理，结合设备结构设计和制造加工要求选择合适的材质是防腐蚀工作的重要组成部分。合理选材，严格控制设备制造质量，加强运行中工艺控制和设备检测，及时总结防腐蚀工作经验，对于保证设备的运行可靠性，保障装置的安全稳定运行非常重要。针对 PTA 装置中设备的腐蚀情况及对其腐蚀机理的分析，从材料、工艺、设备、在线监测等角度提出以下防腐措施及建议。

(1) 材料选用

① 在与设备制造厂家签署协议时，要将正常的设计温度、压力、接触介质，介质的腐蚀状况及选用材质等详细注明。根据介质环境选择合适的材料，对腐蚀较为严重的设备，需要考虑升级设备材质、更换现有设备，可以升级为钛材；在腐蚀环境缓和一些的部位可以选用双相不锈钢等。对于特殊材质，要注明各个元素的含量，不仅要有产地、产品合格证，而且要加强第三方的检验。

② 将不锈钢复合板设备改为整体不锈钢设备，关键且危险的装置尽可能采用整体不锈钢设备。

③ 输送四溴乙烷等的管道、备件、设备材料可以升级为钛材。

④ 部分低温不锈钢管线可改为衬塑管线。

⑤ 应选择高一个等级的不锈钢焊条。由于焊缝部位容易造成成分偏析，因此焊条选择要比母材高一个等级。

(2) 工艺操作

① 降低溶剂中 Br^-浓度。通过合理控制四溴乙烷及流程下游的催化剂浓度来减轻 Br^-对装置的腐蚀作用。

② 降低尾气中的酸含量。加大高压吸收塔的喷淋量和合理选择喷淋方式，降低尾气中的酸含量，从而减轻对尾气用户的腐蚀。

③ 稳定生产，避免大幅度调节操作参数，减少设备及管道受到热应力和交变应力的作用。

④ 减少设备的高温碱洗次数。控制碱洗温度、碱洗频率及碱液浓度，减轻对设备的腐蚀。

⑤ 在脱离子水罐、循环水管线上安装在线 pH 值监测仪，pH 值超过设定参数时，及时查找原因，加大排污，补充合格水。

⑥ 在日常生产中杜绝“跑、冒、滴、漏”现象的发生，减轻酸性液体、气体对平台、楼板、地沟、护栏等的腐蚀。

⑦ 加强巡检监护，发现腐蚀、泄漏部位，及时处理，避免进一步恶化。

(3) 防腐处理

① 避免电偶腐蚀。在设计时首先应考虑，同一设备接触腐蚀性强的物料应选用同一材质，避免钛与不锈钢的混合结构。如无法避免时，可采用过渡层，如用 Haynes Alloy-25 焊条覆盖，以避免或减轻不锈钢加速腐蚀与钛的吸氢脆化。

② 防止钛的缝隙腐蚀。制造质量是材料防腐蚀性能的保证，在钛设备设计时应尽可能避免缝隙，采用焊接全封闭，保证钛焊接现场的高度洁净，完全除尘、除湿、除油脂，保证焊接保护气体的纯度，进行双面气体保护，焊后严格按照制造技术要求进行焊

接检验和设备的各项试验。

③ 避免不锈钢应力腐蚀开裂。不锈钢的应力腐蚀开裂一般是由于氯离子的浓缩，以点蚀、缝隙腐蚀与晶间腐蚀为起始点，在一定应力共同作用下而引起的。为了防止氯离子的腐蚀，应监控介质中卤素离子含量，采用含氯离子浓度低的优质碱，尽量缩小碱洗的范围，设备修复补焊时尽可能进行局部消除应力处理。

④ 在进行生产的过程中，对腐蚀严重的罐内壁部位的底部人孔法兰、小法兰进行防腐处理，可以有效地加强这些部位对于腐蚀的抵抗能力。

（4）定期维修

① 对已被腐蚀的设备要定期检查，及时掌握设备腐蚀状态，指定专业厂家制定详细的检修方案，为下一步检修做准备。

② 对检修频率高、检修费用高、因腐蚀造成能耗高的设备，加大日常的维护管理，进行技术改造攻关，对部分部件作为易损件进行储备，设备实行计划检修，备件定期更换，同时考虑材质升级和设备更新。

③ 加强生产运行过程中的腐蚀监控措施。采用腐蚀介质监测、腐蚀产物监测、在线腐蚀探针监测等手段，对重点装置的关键腐蚀部位全面监测，实施动态的检测腐蚀速率，根据腐蚀检测情况对腐蚀防治工艺措施进行适时调整。

第13章

炼化装置腐蚀监测与控制

在石油、石化和化学工业领域，几乎所有的设备和装置的失效都与腐蚀相关联，因腐蚀造成的事故约占总事故的30%。如果采取适当的防护措施，腐蚀损失的30%~40%可以挽回。因此，研究油气工程腐蚀规律，解决腐蚀破坏具有较为重要的现实意义。石油化工是以石油和天然气为原料进行炼制、裂解、分离得到一系列化工产品。炼化装置需要经受长时间的高温高压，并且直接暴露在原油及其副产品中，引发硫化物腐蚀、环烷酸腐蚀、氯化物腐蚀等腐蚀损伤。由于不同产地原油的成分差别、炼化装置的防腐设计以及炼制工艺都对炼化装置的腐蚀造成显著影响，进而产生经济损失。2015 年中国工程院侯保荣院士牵头对中国35 家石油化工企业进行了腐蚀检查，仅在2013 年和2014年两年内，所调查的35 家石化企业在炼化装置腐蚀防护上的总成本分别为 9.5 亿元和10.8 亿元左右，其中由于新建和改造防腐设备、涂装、耐蚀材料、腐蚀监测、腐蚀监测等直接损失 9.4 亿元和 10.4 亿元，如表 13-1 所示。

表 13-1　35 家石化企业分别在 2013 年和 2014 年直接损失费用明细对比

费用项目	2013 年		2014 年	
	损失/万元	占比/%	损失/万元	占比/%
新建防腐设备	5430.86	5.78	4318.44	4.14
设备更新改造	10799.61	11.49	12394.48	11.87
涂料和涂装	25289.51	26.90	31475.46	30.14
耐蚀材料	4425.39	4.71	5177.00	4.96
腐蚀裕量	504.70	0.54	370.50	0.35
药剂	35015.00	37.25	36748.21	35.19
腐蚀监测	4966.89	5.28	4804.64	4.60
腐蚀检测	4685.74	4.98	4982.26	4.77
抢修工程	1836.50	1.95	1971.30	1.89
其他防腐措施	1054.94	1.12	2178.81	2.09

在国家“一带一路”大战略背景下，石油和化工产业必将得到大力发展。因此，无论是从提高炼化装置高效、持续生产的角度，延长设备运转周期，降低生产成本，还是从避免炼化装置出现不可预测的腐蚀损伤甚至安全事故的角度，对炼化装置进行腐蚀防护的监测和控制对石化企业行稳致远具有重大生产安全和经济发展的意义。

13.1 炼化装置腐蚀监测

腐蚀监测和检测是对炼化装置在工况条件下的腐蚀状态和腐蚀速度进行测量。借此确定设备和构件的腐蚀情况，提出明确的腐蚀机制，并制定科学的腐蚀防护措施，使设备安全高效地运转。腐蚀监测通常可以分为在线监测和离线监测两大类。其中，离线监测一般是指无损检测，炼化装置常用腐蚀检测方法分类如图 13-1 所示。

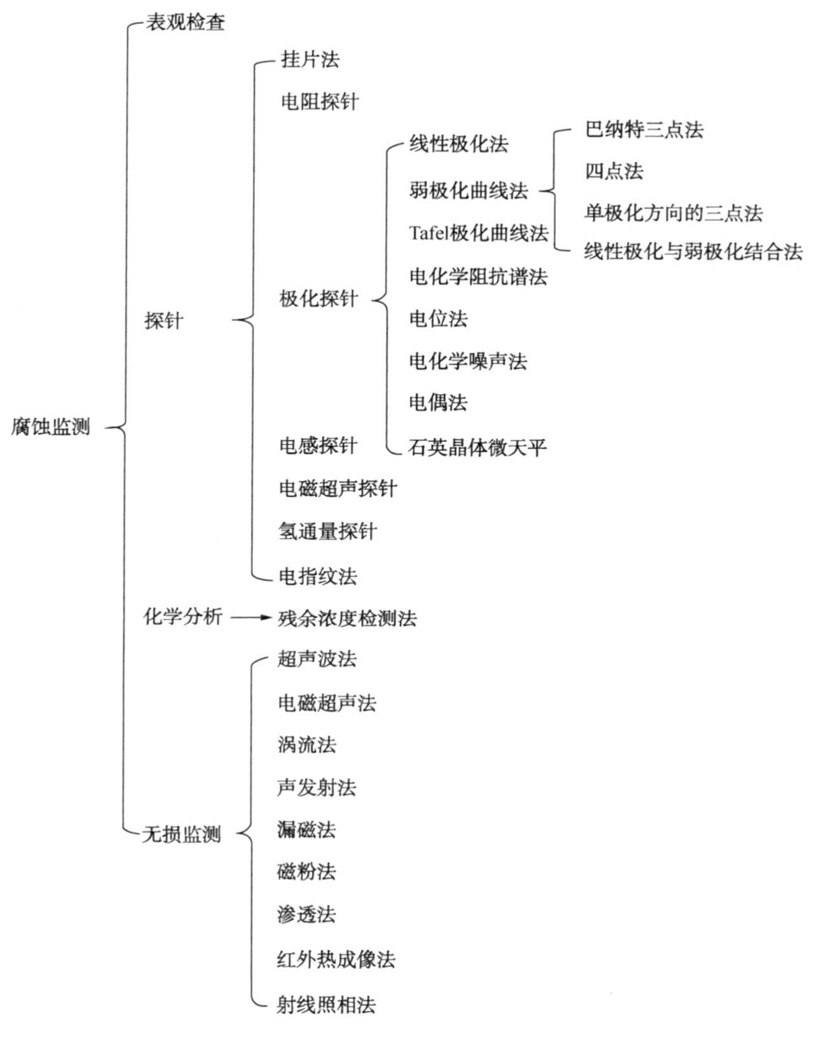

图 13-1　腐蚀监测方法

13.1.1　表观检查

表观检查是具备腐蚀防护知识的技术人员，采用肉眼或使用简易设备对设备和构件腐蚀形貌进行观察并对腐蚀产物进行取样，然后根据客观的工况和以往的经验分析腐蚀的类型和腐蚀的成因，最终提出科学的腐蚀防护建议及措施。

表观检查所需工具包括放大镜、内窥镜、千分尺、空蚀深度仪、照相机、摄像机，条件允许的话，可以用磁粉法和渗透法进行检测。为了进一步探明腐蚀破坏原因，可以对腐蚀产物进行化学分析、金相分析和扫描电镜观察，以获得更加深入的信息辅助判断。

13.1.2 腐蚀探针

(1) 挂片法

挂片法是指把与设备或构件同材质的试样放置在设备和构件相同或近似环境中，在设备停工检修时取出，随后根据试样的腐蚀状况和质量变化，判断试样的腐蚀类型，获得在实验期间的平均腐蚀速率。检测周期为 1～6 个月。挂片法是炼化装置常用的腐蚀检测方法，可以应用到包括气体、液体、固相以及含颗粒的流体等环境中。还可以用于评价缓蚀剂的性能。但是挂片法具有周期长、滞后性大、效率低等缺点，而且不能表征材料的瞬时腐蚀速率和局部腐蚀情况。腐蚀挂片通常需要通过安装固定在挂片器上，如图 13-2 所示。同时要保证试样与挂片器以及试样之间的相互绝缘，以防止可能发生的电偶腐蚀。

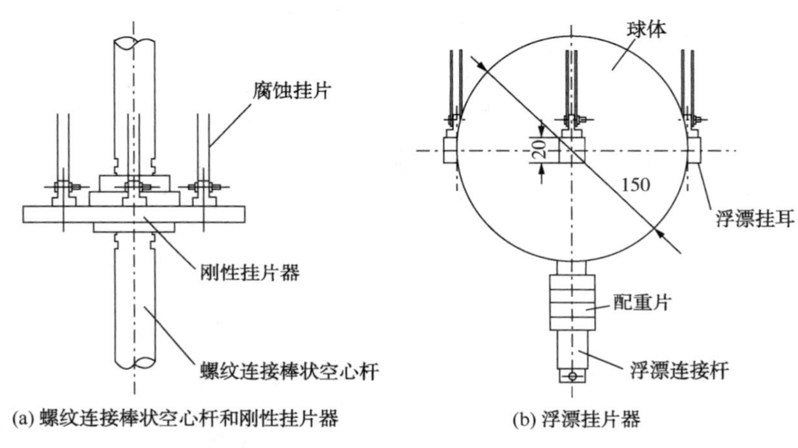

图 13-2 钢质常压储罐内腐蚀挂片在线检测装置组成示意图(mm)

近年来，我国东部油气田开采进入中后期。一方面，开采的原油中含水量显著增加，以氯盐为主；另一方面，国内炼油企业加工高硫、高酸劣质原油的比例较大，原油中含有 H_2S、CO_2等酸性气体和硫酸盐还原菌等微生物。对原油的炼化装置带来了严重的腐蚀问题，常减压蒸馏装置塔顶及冷却系统的腐蚀问题尤为显著。常用的腐蚀防护措施为“一脱三注”，即原油电脱盐，塔顶冷凝冷却系统注水、注中和剂、注缓蚀剂。其中，缓蚀剂对蒸馏塔塔顶的腐蚀防护有显著的效果。为了经济高效地筛选出最佳缓蚀剂，常采用静态挂片失重法评价缓蚀剂的缓释效率。

挂片试样的腐蚀速率按照式(13-1)计算：

$$CR=\frac{\Delta m\times 365}{S\times t\times \rho} \tag{13-1}$$

式中 CR——平均腐蚀电流，mm/a；

Δm——质量变化，g；

S——试样表面积，cm^2；

t——试样周期，s；

ρ——试样密度，g/cm^3。

缓释效率按照式(13-2)计算：

$$\eta=\frac{X_0-X_i}{X_0}\times100\% \tag{13-2}$$

式中　X_0——没有缓蚀剂时的质量变化，g；

X_i——含有缓蚀剂时的质量变化，g。

(2) 电阻探针

电阻探针也可以看作一种特殊的腐蚀挂片，只不过测量的不是质量损失，而是电阻值的变化，亦可称为“电子”腐蚀挂片，如图13-3所示。把探针插入设备并与气液流介质完全接触，遭受腐蚀使得探头的金属元件横截面积减小，电阻增大。只要知道其电阻的变化值，就可以推算出探头的减薄量。以丝状探针为例，其腐蚀减薄量H可以通过下列公式计算得到：

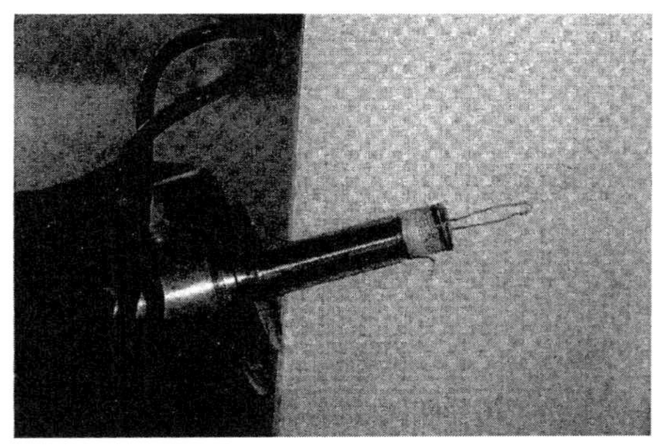

图13-3　电阻探针传感器

$$\frac{R_t-R_0}{R_t}=\frac{\rho\dfrac{L}{\pi\times(r_0-H)^2}-\rho\dfrac{L}{\pi\times r_0^2}}{\rho\dfrac{L}{\pi\times(r_0-H)^2}} \tag{13-3}$$

根据式(13-3)推导出腐蚀深度H为

$$H=r_0\times\left[1.0-\sqrt{1.0-\frac{(R_t-R_0)}{R_t}}\right] \tag{13-4}$$

式中　r_0——丝状试片原始半径，mm；

R_0——腐蚀前电阻值，Ω；

R_t——腐蚀后电阻值，Ω。

进一步，腐蚀速率V通过下式计算得到：

$$V=\frac{8760\times(H_2-H_1)}{T_2-T_1} \tag{13-5}$$

式中　T_2-T_1——两次时间间隔，d(天)；

H_2-H_1——两次减薄量测量值的差值，mm。

由于在测试周期内的电阻增加值与金属损耗量有直接关系，假定腐蚀为均匀腐蚀，可以得到腐蚀速率。与腐蚀挂片往往需要达 1 个月以上的监测周期相比，电阻探针的监测周期可以缩短到几个小时到几天。此外，需要注意的是，探针电阻还受到环境温度的影响。因此，电阻探针由暴露在腐蚀介质中的测量元件和隔绝腐蚀介质的参考元件组成，参考元件对温度变化引起的电阻进行补偿，从而使得探针电阻的变化值只与腐蚀引起的截面变化有关。

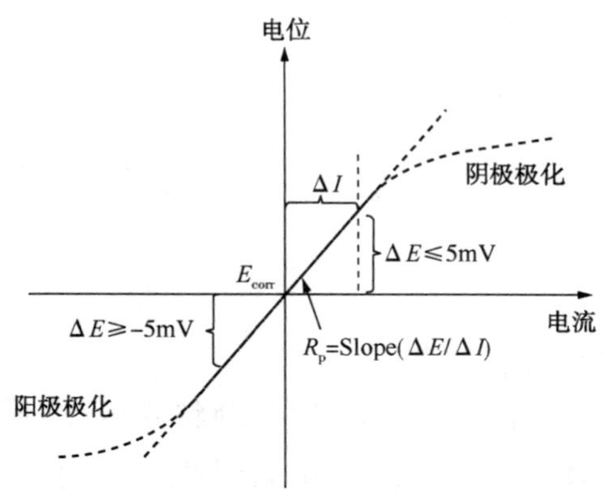

图 13-4　线性极化法原理图

（3）线性极化法

线性极化是在腐蚀电位附近±5～±10mV，极化电位与电流呈线性关系，其斜率为极化电阻，利用腐蚀电流与极化电阻呈反比的关系，求得金属腐蚀速率，如图 13-4 所示。

在以电极电位为纵轴，以电流为横纵的稳态极化曲线上，某一电位下的斜率$(dE/dI)_E$即为该电位下的极化电阻。由于线性极化电位区间必须确保电流和电位之间近似符合线性关系，根据得到的数据采用 Stern-Geary 公式计算腐蚀电流密度，如式(13-6)～式(13-8)所示：

$$J_{corr}=\frac{B}{R_p} \tag{13-6}$$

$$B=\frac{\beta_a\beta_c}{\beta_a+\beta_c} \tag{13-7}$$

$$R_p=\frac{\Delta E}{\Delta J}(\Delta E\to 0) \tag{13-8}$$

式中　B——Stern-Geary 系数，mV；

β_a，β_c——阳极塔菲尔斜率和阴极塔菲尔斜率，$mV \cdot dec^{-1}$；

ΔE——极化电位，mV；

ΔJ——电流密度，$mA \cdot cm^{-2}$。

线性极化法只适用于电解质溶液中金属腐蚀的情况，可以用来检测均匀腐蚀、点蚀和电偶腐蚀，检测周期只需要几分钟到几十分钟。

（4）弱极化曲线法

弱极化测量技术是指在极化值为 20～70mV 的极化区域内，根据 Barnartt 三点法、Jankowski & R. Juchniwi 四点法、曹楚南等人提出的单极化方向三点法和线性极化与弱极化结合法进行腐蚀速率测定。通常，腐蚀过程的电化学动力学方程可以用 Butler-Volmer 方程表示为

$$I=I_{corr}\left[\exp\left(\frac{\Delta E}{\beta_a}\right)-\exp\left(-\frac{\Delta E}{\beta_c}\right)\right] \tag{13-9}$$

式中 ΔE——极化值，mV；

β_a，β_c——阳极塔菲尔斜率和阴极塔菲尔斜率，mV · dec^{-1}；

I_{corr}——腐蚀电流密度，mA · cm^{-2}；

I——测量的电流密度，mA · cm^{-2}。

① Barnartt 三点法。1970 年巴纳特(Barnartt)最早提出了弱极化数据的三点法。在弱极化区范围内分别取极化值为 ΔE、$2\Delta E$、$-2\Delta E$ 分别测量对应的极化电流密度 $i(\Delta E)$、$i(2\Delta E)$、$i(-2\Delta E)$，如图 13-5 所示，然后根据下列方程求得 I_{corr}、β_a、β_c：

$$I_{corr}=\frac{i(\Delta E)}{\sqrt{r_2^2-4\sqrt{r_1}}} \tag{13-10}$$

$$\beta_a=\frac{\Delta E}{\lg\left(r_2+\sqrt{r_2^2-4\sqrt{r_1}}\right)-\lg 2} \tag{13-11}$$

$$\beta_c=\frac{-\Delta E}{\lg\left(r_2-\sqrt{r_2^2-4\sqrt{r_1}}\right)-\lg 2} \tag{13-12}$$

式中，$r_1=i(2\Delta E)/i(-2\Delta E)$；$r_2=i(2\Delta E)/i(\Delta E)$。

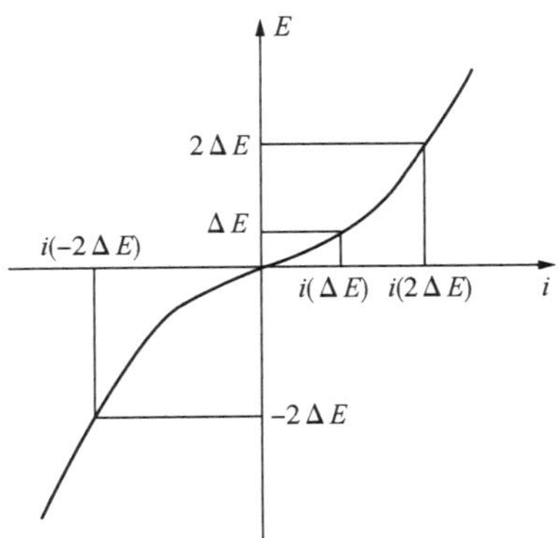

图 13-5 巴纳特三点法示意图

② Jankowski & R. Juchniwi 四点法。Jankowski 和 R. Juchniwi 提出了弱极化曲线处理的四点法，与巴纳特三点法类似，依次取极化值为 ΔE、$-2\Delta E$、ΔE、$2\Delta E$，并测得相应的电流密度 $i(\Delta E)$、$i(-2\Delta E)$、$i(\Delta E)$、$i(2\Delta E)$，然后根据下列方程计算得到 I_{corr}、β_a、β_c：

$$I_{corr}=\frac{i(\Delta E)}{\sqrt{s_2^2-4s_2/s_1}} \tag{13-13}$$

$$\beta_a=\frac{\Delta E}{\lg\left(s_2+\sqrt{s_2^2-4s_2/s_1}\right)-\lg 2} \tag{13-14}$$

$$\beta_c = \frac{-\Delta E}{\lg\left(s_2 - \sqrt{s_2^2 - 4s_2/s_1}\right) - \lg 2} \tag{13-15}$$

式中，$s_1 = i(-2\Delta E)/i(-\Delta E)$；$s_2 = i(2\Delta E)/i(\Delta E)$。

③ 单极化方向的三点法。考虑到三点法和四点法既需要阳极极化，也需要阴极极化。一方面，从一个极化方向转移到另一个极化方向时需要较长时间才能恢复到腐蚀电位，耗时较长；另一方面，阳极极化容易造成金属试样的腐蚀，尤其发生缝隙腐蚀等局部腐蚀时造成测量的不准确。因此，毕新民和曹楚南提出了单方向的阴极极化三点法，使得测量工作简化，减小误差。通过在阴极电位区依次取极化值为$-\Delta E$、$-2\Delta E$、$-3\Delta E$，并测得相应的电流密度$i(-\Delta E)$、$i(-2\Delta E)$、$i(-3\Delta E)$，然后根据下列方程计算得到I_{corr}、β_a、β_c：

$$I_{corr} = \frac{i(-\Delta E)}{\sqrt{4m_2 - 3m_1}} \tag{13-16}$$

$$\beta_a = \frac{-\Delta E}{\lg\left(m_1 - \sqrt{4m_2 - 3m_1}\right) - \lg 2} \tag{13-17}$$

$$\beta_c = \frac{\Delta E}{\lg\left(m_1 + \sqrt{4m_2 - 3m_1}\right) - \lg 2} \tag{13-18}$$

式中，$m_1 = i(-2\Delta E)/i(-\Delta E)$；$m_2 = i(-3\Delta E)/i(-\Delta E)$。

④ 线性极化与弱极化结合法。考虑到实际应用中只需要测量金属的腐蚀速度，即腐蚀电流密度，而不关心电极反应的塔菲尔斜率，曹楚南提出了在弱极化区直接测量腐蚀电流密度的线性极化与弱极化结合的方法。首先在线性极化区（极化值小于10mV）测量得到极化电阻R_p，然后在弱极化区取极化值分别为$\Delta E = +|\Delta E|$和$\Delta E = -|\Delta E|$，测得相应的阳极极化电流密度I_+和阴极极化电流密度I_-，则I_{corr}可以表示为

$$I_{corr} = \frac{|\Delta E|}{2R_p\sqrt{6(a-1)}} \tag{13-19}$$

式中，$a = \frac{R_p\sqrt{I_+|I_-|}}{|\Delta E|}$为保证测量精度，$a$值在1.1~1.75之间。

（5）Tafel极化曲线法

Tafel极化曲线包括线性极化区、弱极化区、强极化区（图13-6）。Tafel极化曲线法是在强极化区（100~250mV）的测量技术。通过对金属试样施加从阴极强极化区到阳极强极化区，得到相应的极化电流，绘制得到半对数的极化曲线。在根据如下Butter-Volmer方程得到腐蚀电位E_{corr}，腐蚀电流I_{corr}，阳极塔菲尔斜率β_a、阴极塔菲尔斜率β_c。

$$I = I_{corr}\left[\exp\left(\frac{E - E_{corr}}{\beta_a}\right) - \exp\left(-\frac{E - E_{corr}}{\beta_c}\right)\right] \tag{13-20}$$

式中　E——极化电位，mV；

E_{corr}——腐蚀电位，mV；

β_a，β_c——阳极塔菲尔斜率和阴极塔菲尔斜率，$mV \cdot dec^{-1}$；

I_{corr}——腐蚀电流密度，$mA \cdot cm^{-2}$；

I——测量的电流密度，$mA \cdot cm^{-2}$。

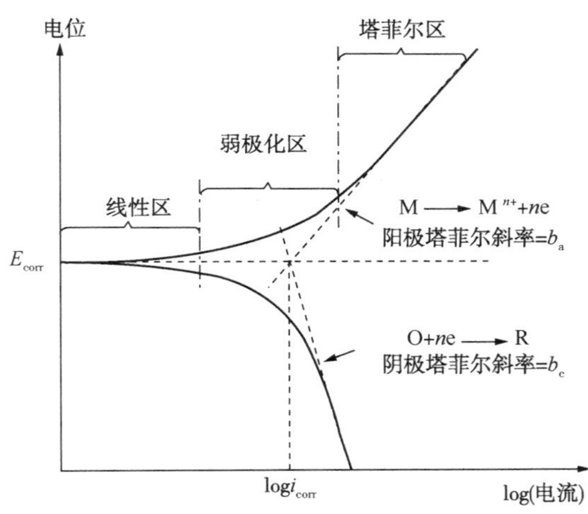

图 13-6　Tafel 极化曲线分区示意图

Tafel 极化曲线法是常用的缓蚀剂评价方法，可以通过极化曲线反扫测得缓蚀剂作用下金属材料点蚀电位和保护电位的变化，评价缓蚀剂对金属材料点蚀、晶间腐蚀等局部腐蚀的抑制作用。

（6）电化学阻抗法

电化学阻抗法是利用正弦波信号测量得到电位与电流密度的比值，即为阻抗。由于电位和电流密度都正弦波频率的函数，属于频率域的瞬态测量技术，以频率作为自变量将阻抗表达出来，就得到阻抗谱，如图 13-7 所示。线性极化电阻也可以通过电化学阻抗谱的测量获得。电化学阻抗谱测量时电位的正弦波信号的幅值一般不超过于 10mV，从而响应信号与扰动信号之间近似的符合线性条件。当频率为无穷大时，阻抗为溶液的欧姆阻抗 R_s，而频率为 0 时，阻抗为溶液欧姆阻抗 R_s 与电荷转移电阻 R_t 之和，即极化电阻 R_p。因此，极化电阻相当于在腐蚀电位测得的阻抗谱频率为 0 时的法拉第阻抗，如式(13-21)所示。

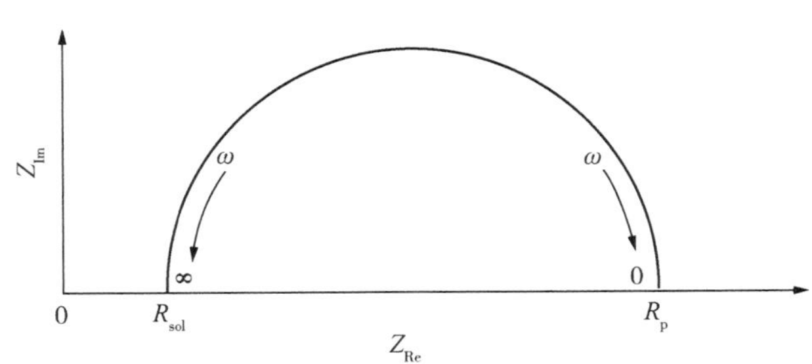

图 13-7　阻抗谱测极化电阻示意图

$$R_p = (Z_F)_{\omega=0} \tag{13-21}$$

式中 Z_F——阻抗，$\Omega \cdot cm^2$；

ω——阻抗频率，Hz。

(7) 电位法

由腐蚀电化学原理可知，极化曲线和布拜图(电位-pH 图)很好地描述了金属腐蚀电位与其腐蚀状态的关系。对于每种金属材料，无论是活化钝化转变电位，还是点蚀、缝隙腐蚀、应力腐蚀开裂、选择性腐蚀都存在各自的临界电位或者敏感电位区间。因此，对金属构件在工况环境中电位的监测可以快速判断设备的腐蚀状态和腐蚀类型。电位法通常采用电子电压表配合 Ag/AgCl 参比电极进行电位监测。与线性极化法类似，电位法也只适用于溶液介质。

(8) 电化学噪声法

电化学噪声是指电极表面在腐蚀过程中产生的一种电位或电流随机自发波动的现象。它包括电化学电位噪声(EPN)和电化学电流噪声(ECN)，反映了腐蚀过程中腐蚀电位和腐蚀电流的微幅波动。ECN 测试装置由两个同材质的工作电极和一个参比电极构成，通过零阻电流计监测两个同材质工作电极之间的电流噪声，并通过电压跟随器测量工作电极相对于参比电极的电位噪声，如图 13-8 所示。电化学噪声技术可以用于监测金属材料的腐蚀速率、鉴别腐蚀类型、评价材料或突出的耐蚀性能、缓蚀剂的筛选等领域。与传统的电化学监测技术相比较，电化学噪声技术是原位无损的监测技术，测量装置简单，不需要外加扰动，对被测体系没有干扰，可以监测到处于孕育期的局部腐蚀，可以对局部腐蚀进行早期诊断，逐渐成为腐蚀监测的重要手段之一。但是金属腐蚀电化学状态的随机波动，监测数据量较大且复杂，使得数据的解析变得十分困难。

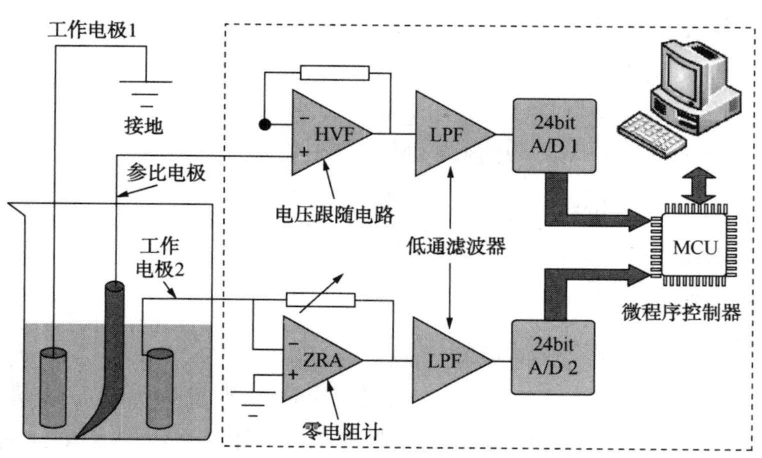

图 13-8 电化学噪声电路原理图

(9) 电偶法

当电偶序不同的两种金属相互电导通，且暴露与腐蚀介质中时，二者将形成腐蚀原电池，即腐蚀电偶。金属一旦浸入溶液，在金属/溶液界面立即形成双电层。如图 13-9 所示，由于铜和锌两种金属电极电位不同，腐蚀电偶形成后，产生从铜电极经外电路流向锌电极的电流。电偶电流 i_g 可以用式(13-22)表示为

$$i_g = \frac{\Delta \varepsilon_R}{\frac{P_c}{S_c} + \frac{P_a}{S_a} + R} \tag{13-22}$$

式中　i_g——电偶电流，$mA \cdot cm^{-2}$；

$\Delta\varepsilon_R$——电位差，mV；

P_a，P_c——阳极极化率和阴极极化率，Ω；

S_a，S_c——阳极、阴极与溶液介质的接触面积，cm^2；

R——溶液电阻和接触电阻，Ω。

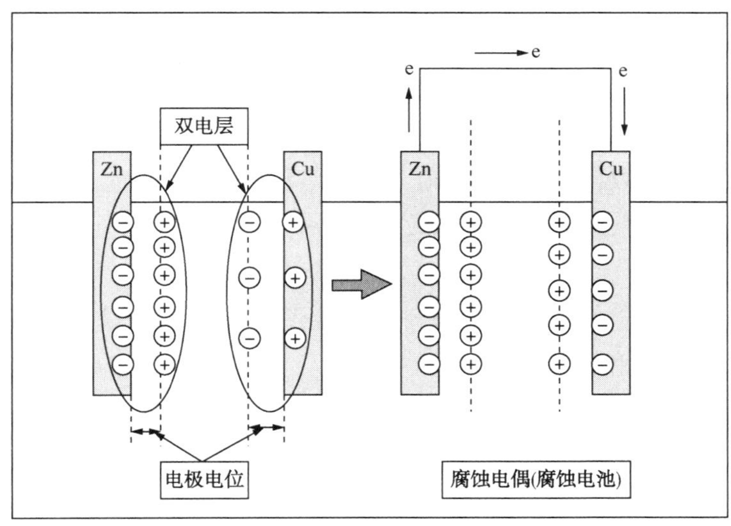

图 13-9　电偶腐蚀原理图

电偶探针就是利用电偶腐蚀的原理，通过零电阻电流计测量腐蚀电偶电流，并根据法拉第定律计算得到电位较负的金属的腐蚀速率。

(10) 石英晶体微天平

石英晶体微天平是基于压电谐振原理对石英晶体表面质量变化监测的一种手段。通常使用的石英晶体是用厚度切割模式 TSM 的 AT-切割而成。20 世纪 50 年代，Sauerbrey 发现石英晶体表面沉积物质量变化 Δm 与石英晶体谐振频率变化 Δf 之间的关系，即为著名的 Sauerbrey 方程：

$$\Delta f=-2.3\times10^{6}f_0^2\frac{\Delta m}{A} \tag{13-23}$$

式中 Δf——石英晶体谐振频率变化，Hz；

Δm——沉积在电极上的刚性沉积物质量的变化，g；

A——工作电极的表观面积，cm^2；

f_0——没有涂层时石英晶体的谐振频率，Hz。

该式中的负号表示质量增加引起频率下降，这也是压电质量传感(QCM)的理论基础。图 13-10 为石英晶体测试原理图，当石英晶体表面沉积了一层刚性薄膜，负载膜质量发生变化时，会引起晶体的谐振频率的变化。若在石英晶体的一个表面沉积所要测试的金属薄膜，并置于溶液中作为电化学测试系统中的工作电极，QCM 就变为 EQCM(图 13-11)，在电化学极化条件下，可以得到反应电荷量与频率变化的信息，如果频率变化是由于电化学反应所涉及的氧化还原过程导致的质量变化引起的，则结合法拉第定律和 Sauerbrey 方程可以得到：

$$\Delta f=10^{6}M\,C_{f}\frac{Q}{nF} \tag{13-24}$$

式中 M——沉积或溶解迁移粒子的表观摩尔质量，g/mol；

n——氧化还原反应所涉及的电子数；

F——法拉第常数，1.602176×10^{-19}C；

C_f——石英晶体微天平的质量灵敏度，$Hz\mu g^{-1}cm^{-2}$；

Q——电量，C。

上式表明通过 Δf 与 Q 作图可以得到反应粒子表观摩尔质量 M 和反应电子数的关系，进而确定反应机理和物质组成。

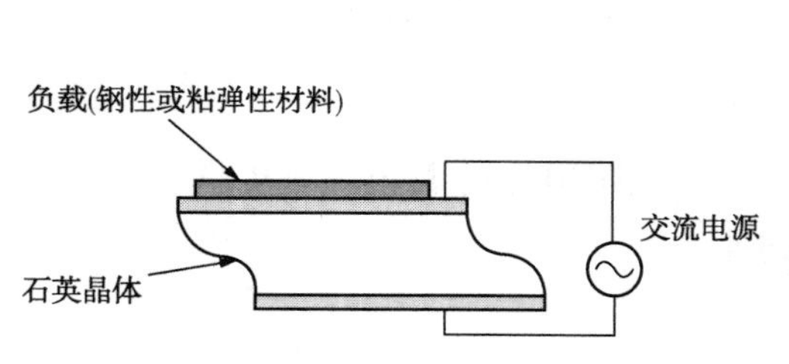

图 13-10 石英晶体测试原理示意图

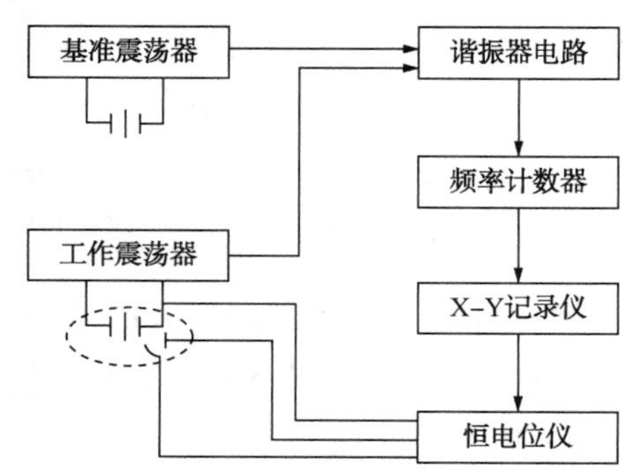

图 13-11 EQCM 系统示意图

(11) 电感探针

电感探针是基于电磁感应原理的腐蚀监测方法。探针探头内包括电磁感应线圈，金属试样置于线圈内部，如图 13-12 所示。当金属试样由于暴露在腐蚀环境中发生腐蚀时，线

圈内空气中磁力线长度增加，进而使得线圈的等效电感，即感抗发生变化，通过检测电感的变化量，进而测定金属试样的腐蚀速率。电感探针既可以用于常规的电解质环境，也可以应用于非电解质的环境、含水和不含水介质、油、气、水不连续的电解质等。与电阻探针相比，电感探针的监测周期可以由几天缩短到十几分钟至几十分钟，分辨率可以提高100~2500倍。

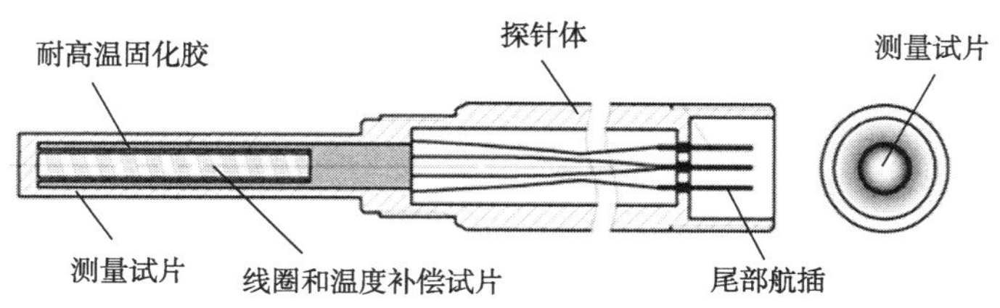

图 13-12　电感探针结构图

（12）电磁超声探针

电磁超声探针是通过在石化装置重点位置布设电磁超声传感器实现腐蚀在线监测的手段[图 13-13(a)]，越来越受到石化企业的青睐。该监测方法的主要特点包括：①属于非侵入式腐蚀监测，可应用的工况条件多；②可实现高精度厚度测量；③传感器可在高温环境中使用，最高耐温 300℃；④环境适应性强，使用温度从零下 40℃ 到零上 50℃；⑤电池运行时间长，每 3~5 年更换一次电池；⑥适用于高危易燃易爆环境，可将传感器按防爆标准设计[图 13-13(b)]。

(a) 传感器的布设实景

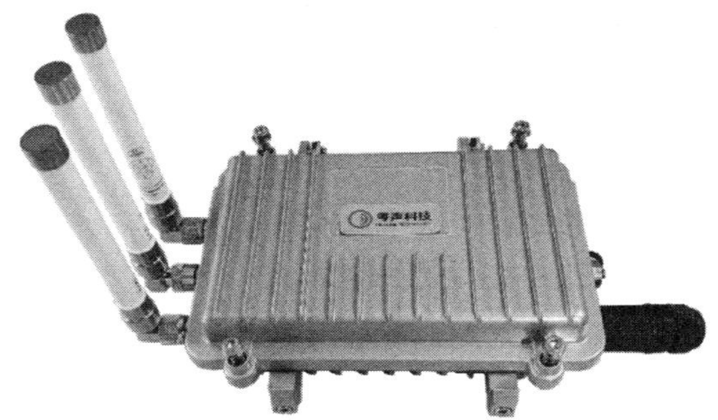

(b) 防爆式传感器

图 13-13　电磁超声传感器腐蚀监测

随着通信技术的飞速进步，发展出了基于物联网和大数据的工业设备智能腐蚀监测系统，可以实现对炼化装置的寿命预测、早期预警、原因分析、可靠性评估。现行的在线监测系统的通信方案主要包括以下三种：

方案一：传感器→LORA→网关→4G→服务器(图 13-14)。适用范围于传感器相对集中，不方便连接网线的场合，通常用于石化厂炼化装置的腐蚀在线监测。

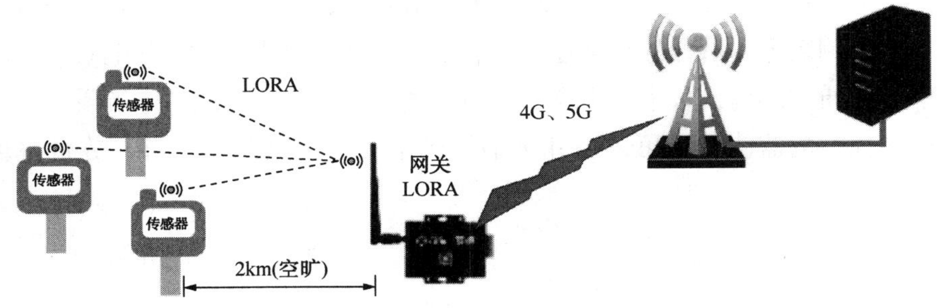

图 13-14 智能监测系统通信方案一

方案二：传感器→LORA→网关→服务器(图 13-15)。适用于传感器相对集中，本地私有服务器部署，通常用于石化厂炼化装置的腐蚀在线监测。

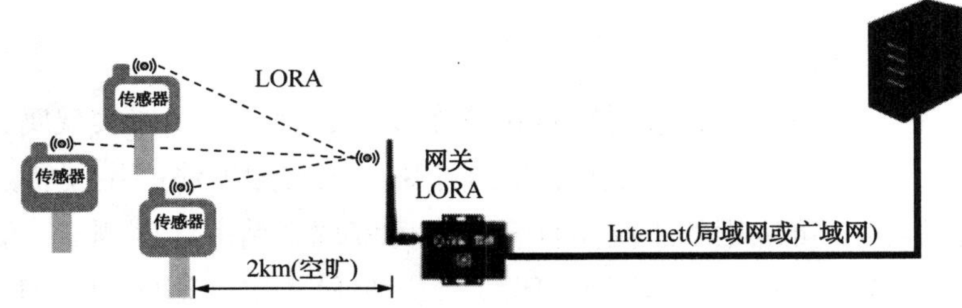

图 13-15 智能监测系统通信方案二

方案三：传感器→NBIOT→基站(移动、联通、电信)→服务器(图 13-16)。适用于传感器相对分散，不方便使用网关的场合，通常用于油田管道的腐蚀在线监测。

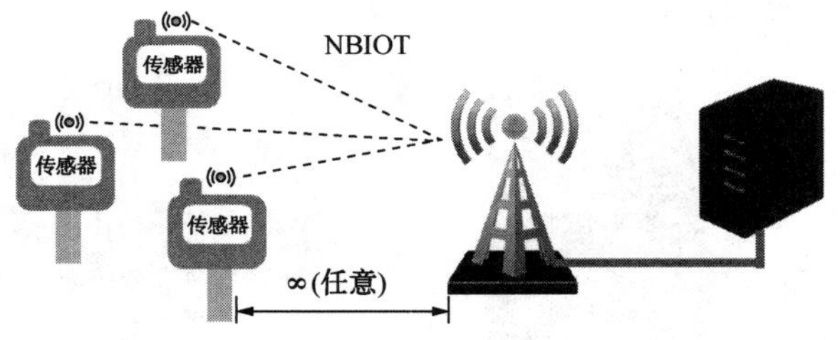

图 13-16 智能监测系统通信方案三

(13) 氢通量探针

氢通量法是一种通过检测渗透到金属材料内部的氢原子含量来进行腐蚀监测的方法。图 13-17 为氢通量探针现场监测实景图。在含有 H_2S 的非氧化性油、水、气环境中，金属构件将质子还原成原子氢，而其由于 HS^- 的存在不能形成氢气逸出，部分原子氢向金属内部扩散，引起金属构件的应力腐蚀或氢脆现象。构件腐蚀越严重，渗透到金属内部的原子氢含量就越大，也就是氢通量越大。在阳极极化的条件下，逸出的原子氢在构件外壁被氧化，从而传感器检测到氧化电流，进而反映构件的腐蚀情况。高灵敏度非插入式氢通量测量技术可用于高温环烷酸、硫化氢等腐蚀测量，氢致损伤的监测和控制，高温缓蚀剂的缓释效率的评价等，适用于不能开孔的高温高压管线进行快速检测。现场腐蚀监测中应用广泛的氢通量探针主要分为三类：压力型（pressure hydrogen probe）、真空型（vacuum hydrogen probe）和电化学型（electrochemical hydrogen probe）。

图 13-17 电化学氢通量探针现场检测场景

（14）电指纹法

电指纹法（FSM）也称电场图像技术，通过对设备或构件的重点监测部位施加直流电，通过在设备或构件周围布置的电极（图 13-18）测量各个监测区域表面形成的微小电位差，来检测电场的分布。当金属构件发生腐蚀时，电场分布发生变化，其可以反映出腐蚀缺陷的尺寸、形状、位置，可以通过在检测部位进行相应次数的电位测量对局部腐蚀进行定位和检测。FSM 腐蚀监测系统包括如下硬件：①监测探针或电极；②连接监测探针或电极的导线；③与管道材质相同、用于温度补偿的参考板；④测定管道周向温度分布的温度探头；⑤电流控制测量单元；⑥数据处理系统；⑦其他（如连接电缆，信号转化器等）。监测区域在两电极之间，两电极输送激发电流。工作时，选择任意两监测电极，将测量值同两参考电极相比较，并与相应的初始值比较，参考电极对要安装在参考板上。

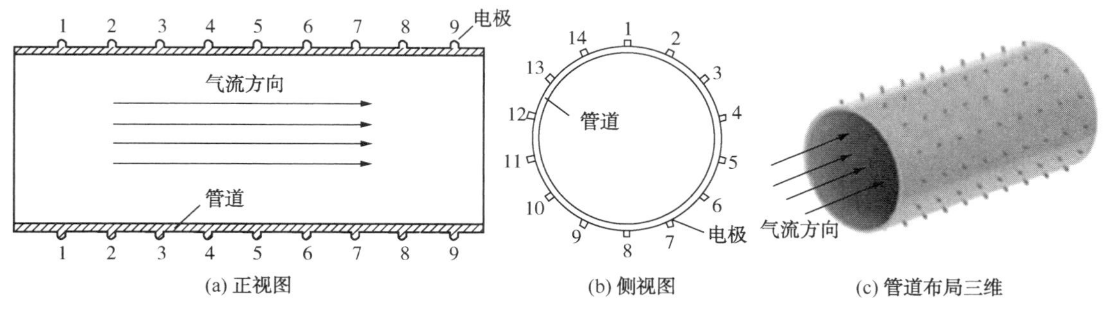

图 13-18 电极布置三维模型图

为了定量分析金属腐蚀情况，FSM 引入了电场指纹系数（FC），将位于两个监测电极之间的部分当作一个等效电阻，当所测部位由于腐蚀减薄引起电阻变化，将电极阵列中任意电极对的测量值和初始时刻的测量值进行比较，可以获得每对电极的电压偏差，即为 FC 值，可以表示为

$$FC_{Ai}=\left(\frac{B_{s}A_{i}}{A_{s}B_{i}}-1\right)\times1000(\mathrm{mg/kg}) \tag{13-25}$$

式中 FC_{Ai}——i 时刻电极 A 的指纹数；

A_s——启动电极时电极对 A 的电压；

B_s——启动参考电极对 B 的电压；

A_i——i 时刻的电极对 A 的电压；

B_i——i 时刻的电极对 B 的电压。

FC 可以直接反映被测设备或构件的壁厚减薄，检测开始时，FC 值为 0。FSM 技术被广泛应用于炼油厂高温加工环境和油气生产运行管道等的腐蚀监测中。其可获得壁厚减薄小于 0.05%的精确数据，比超声检测精度高 10 倍以上。

13.1.3 化学分析

在炼化装置腐蚀监测中，化学分析常用方法为残余浓度检测法。残余浓度检测法其实质就是通过化学分析或者一起分析对工艺物料或泄漏点的腐蚀性成分，进而确定进入物料的金属离子浓度和种类，也可以检测缓蚀剂的残余浓度。化学分析包括两相滴定法和电位滴定法，通过对化合物的特征化学反应来进行测量；而仪器分析方法主要是分光光度法、色谱法、荧光光度法、紫外-可见光谱法。残余浓度检测法具有操作简单、快速分析的特点。

13.1.4 无损监测

无损监测可以检测设备剩余壁厚，以及是否有裂纹或者蚀孔。无损检测技术主要是为了预防设备运行过程中潜在的、不易察觉的危险，预防危及人身财产事故的发生，确保生产安全平稳的进行。无损检测主要种类包括超声波法、涡流法、声发射法、漏磁法、渗透检测法等。

（1）超声波法

超声波法是通过分析超声波在被测工件内发生折射、反射、散射过程产生的超声波特征信号来检测设备孔蚀、裂纹、壁厚的方法。按照耦合的方式分为接触法和浸入法，按照激励方式可分为连续波、调频波和脉冲波检测法；按照波的类型能够分为表面波、板波、横波和纵波检测方法，按照传播方式可分为反射法和透射法，其中在超声无损检测中应用最广泛的是脉冲反射法和透射法。

① 脉冲反射法：根据一次回波与二次回波在时间轴上的位置关系，确定被测工件发生腐蚀的部位，如图 13-19 所示。根据波形可以分为以下几种：表面波探伤、纵波探伤、横波探伤。超声波产生的原因是换能器的压电晶片逆压电效应，使超声波换能器产生超声波，通过探头将超声波打入待测构件后，产生的回波信号有表面回波(T)、缺陷回波(F)、底面回波(B)。如果被测工件中没有缺陷，回波信号只包含 T 和 B。

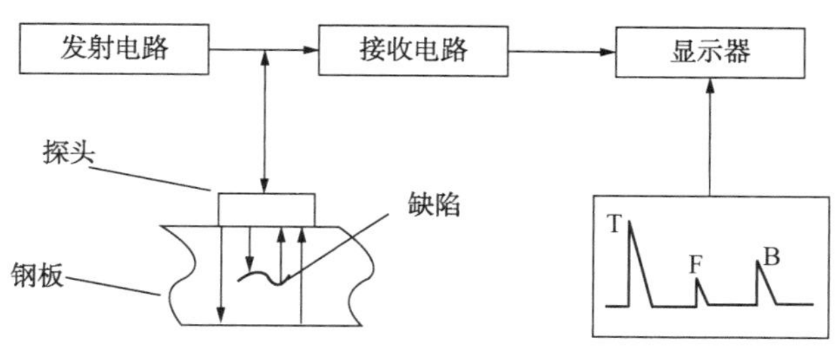

图 13-19 超声脉冲反射法的原理图

假定被测工件厚度为 L，缺陷的深度位置为 X 可以表示为

$$X = L\frac{t}{T} \tag{13-26}$$

式中 t——缺陷的发射波到反射波所用时间，s；

T——波从发射到底面回波所用时间，s。

如若被测工件厚度未知，可以采用时间差法，即对超声波在介质中的往返时间进行测量，前提是超声波在被测工件中的波速是已知的。缺陷位置 X 表示为

$$X = c\frac{t}{2} \tag{13-27}$$

式中 t——超声波在被测工件中往返所用的时间，s；

c——超声波在被测工件中的声速，m/s。

② 脉冲透射法：在被测工件的两端同一声轴线上分别布置超声波换能器，当有连续或间断的超声脉冲波穿透被测工件时，腐蚀和缺陷会以超声波回波信号的形式反映出来，如图 13-20 所示。如果被测工件中没有缺陷，回波信号只包括头波和底面回波；如果被测工件内有缺陷，回波信号的幅值能准确反映出来。

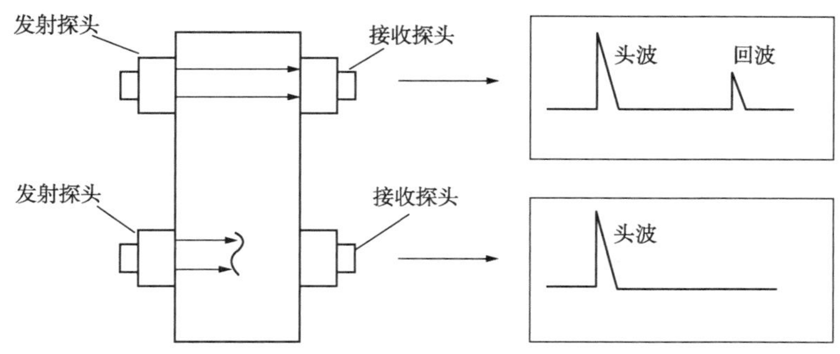

图 13-20 超声波脉冲透射法原理图

（2）电磁超声法

电磁超声检测法是利用电磁超声换能器直接在被测工件中产生超声波，通过对超声波的检测和测量达到非接触测量的手段，可实现高温测厚、脉冲涡流不拆保温测厚、导

波检测等需求，广泛应用于高温、高速和在线检测等领域，是无损检测的发展前沿技术之一。

电磁超声探头由提供静态偏置磁场的电磁铁或永磁铁、高频线圈、被测工件构成，如图 13-21(a)所示。在线圈中通入高频交变电流，金属试件中即产生涡流；涡流受静磁场作用产生洛伦兹力；交变的洛伦兹力作用于被测物体的晶格上，使晶格产生弹性形变和位移，从而使被测物体表面的晶格产生往复的机械振动，当机械振动的频率大于20kHz 时，就形成了超声波信号，如图 13-21(b)所示。

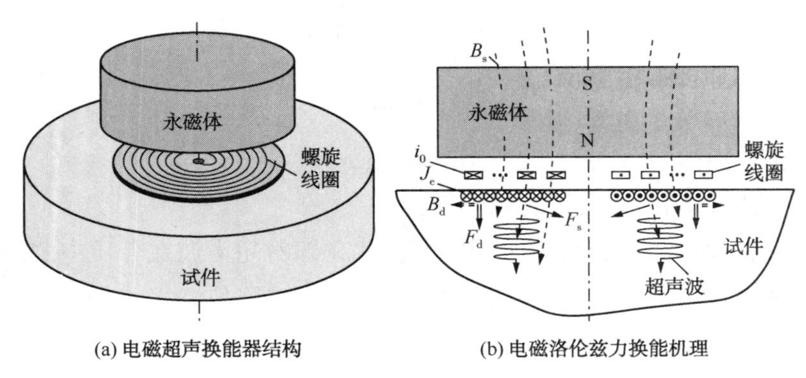

(a) 电磁超声换能器结构　　(b) 电磁洛伦兹力换能机理

图 13-21　电磁超声传感技术示意图

在铁磁性材料中，由于受到变化磁场的作用，被测物体除了会受到洛仑兹力的作用外还会受到磁致伸缩力的作用。铁磁性材料在被外磁场磁化时，它的长度和体积将会发生变化，这种现象被称为磁致伸缩效应，其同样可以激发超声波。在偏置磁场较弱、检测材料为高磁致伸缩材料、提离较大等情况下，以磁致伸缩效应为主导的电磁超声检测效果优于以洛伦兹力为主导的电磁超声检测；在传感器提离较小时，以洛伦兹力为主导的电磁超声检测效果通常优于磁致伸缩占主导的情况，且此时材料特性对检测效果影响较小，但通常难以适用于传感器提离较大的情况，如带有一定厚度覆盖层的铁磁性构件检测。因此，通过电磁超声探头在被测物体表面激发出超声波后，超声波会在被测工件中传播和反射，通过对接收到的超声波回波的信号进行分析和处理，就可以得到被测工件的厚度、缺陷等信息，如图 13-22 所示。

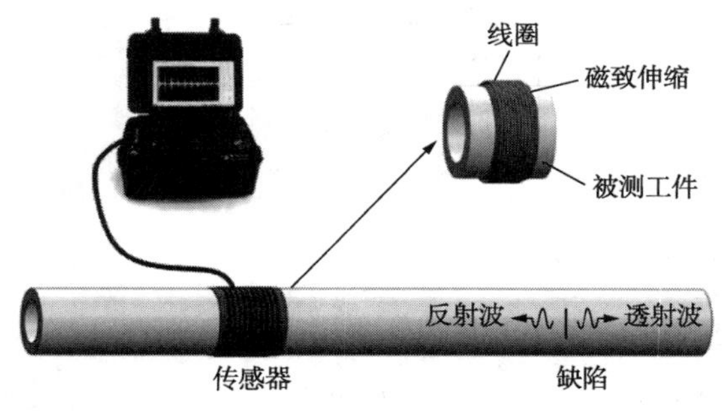

图 13-22　长距离磁致伸缩导波检测仪

传统的波导杆式超声波壁厚测量传感器(如格鲁森生产的探头)需要与被测工件接触，使用不稳定，管道振动等因素会造成耦合失效。相比之下，电磁超声无损检测技术的优势在于：①无须耦合剂，不用粘接，避免了粘接耦合失效，便于自动化集成没有耦合不好造成的影响，测量重复性高速度快(60m/min)适合于高温或低温环境(高达800℃在线测量)；②对表面状况要求不高，如果管道外壁已有腐蚀，不需要打磨处理，可以检测表面粗糙、带油或黏附氧化层的表面；③探头安置，非侵入式腐蚀监测，不用破坏管道，探头一致性好，直入射测量中，探头角度扰动不影响波形的传播方向；④可产生水平横波和适合薄板焊缝检测的水平横导波。此外，常规超声波检测只能逐点检测，而电磁超声导波可以长距离筛选，单点就能检测百米距离，且声场能量100%覆盖波导截面与相比，适用于各种复杂环境，如带保温层或者防腐层管道、埋地管道、不可达管道等。炼化装置腐蚀监测使用的电磁超声设备种类较多，从操作方式分为固定式和手持式两大类，如图13-23所示。

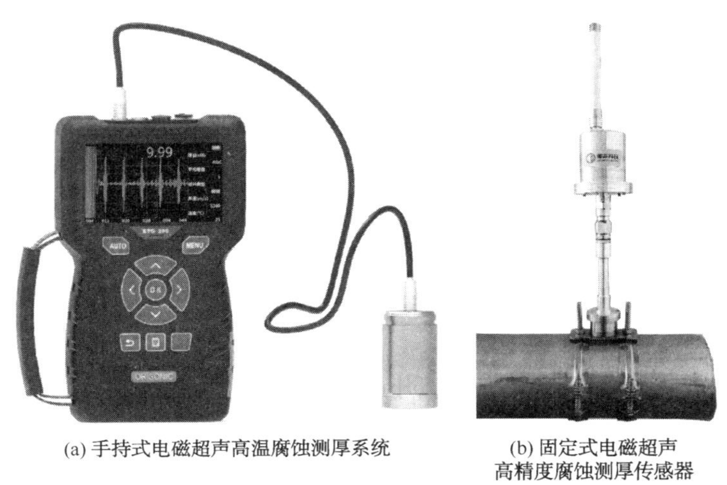

(a) 手持式电磁超声高温腐蚀测厚系统　　(b) 固定式电磁超声高精度腐蚀测厚传感器

图13-23　电磁超声腐蚀测厚装置

(3) 涡流法

涡流法是基于电磁感应原理将被测量转化为电感变化的检测技术。图13-24为涡流形成示意图，可以看到，当线圈中通交变电流 i_1 时，线圈会产生交变的磁场 H_1。当线圈靠近被测金属板时，金属表面会产生涡流，而涡流又会产生交变的磁场 H_2，该磁场会反作用于线圈，使线圈产生感应电流。因此，当涡流磁场在被测工件表面移动时，如果有裂纹，涡流磁场对线圈的反射作用就会不同，引起线圈电感量的变化，进而影响回路的谐振频率和幅频特性，对信号处理后就可以得到被测工件裂纹的情况。

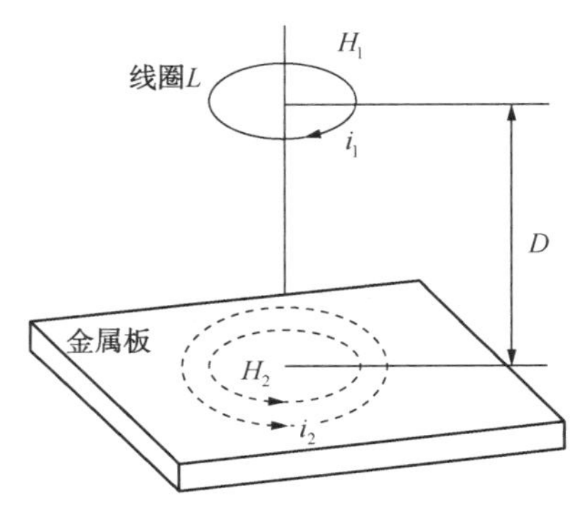

图13-24　电涡流原理图

炼化装置腐蚀监测常用的涡流监测采用非接触式腐蚀扫查，无须去除保温层、油漆、防腐层进行快速检测，保温范围可达 0~300mm。主要用于监测压力管线、储罐、塔器等带有包裹层设备设施腐蚀扫查，快速查找缺陷位置。涡流监测代表性的手持式涡流检测设备如图 13-25 所示。

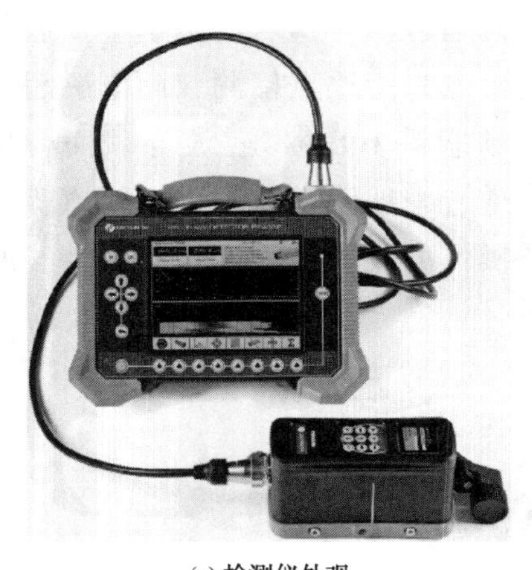

(a) 检测仪外观

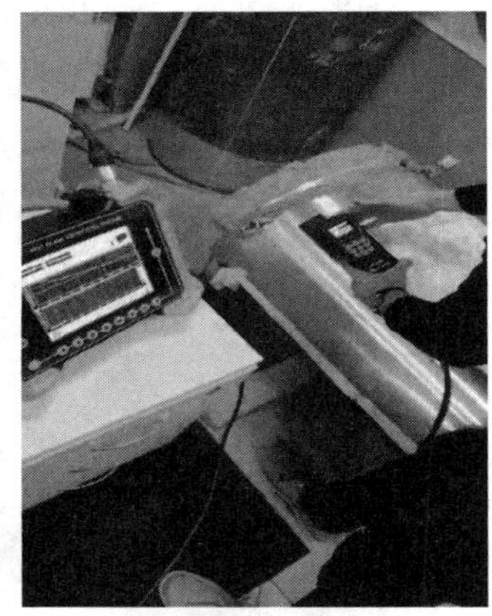

(b) 监测现场实景

图 13-25　脉冲涡流缺陷检测仪

（4）声发射法

材料在受力变形和破坏过程中，如金属的腐蚀(应力腐蚀破裂、晶间腐蚀开裂、氢致开裂、腐蚀疲劳、空泡腐蚀、摩擦腐蚀、微动腐蚀)、腐蚀裂纹生长扩展、疲劳断裂、表面摩擦和流体泄漏等都伴随有声发射信号发出，这是受力材料积聚能量的快速释放。因此，声发射作为一种动态的无损检测技术，可以对现场设备或部件进行实时监测和报警，评价整个材料结构的不连续性和腐蚀损伤程度，并进行定位，实现装置不停车的在线检测。图 13-26 为声发射传感器和储油罐罐底腐蚀发声检测示意图。通过安装在罐壁上的若干个声发射传感器，把接收到的罐底板腐蚀声发射信号转化成电信号，经过放大和处理后，利用声发射源定位技术来确定有意义的腐蚀源的位置，通过对采集到的声发射信号的分析来判断腐蚀源的活性，从而实现对储罐底板腐蚀程度的分级。

(a) 声发射传感器

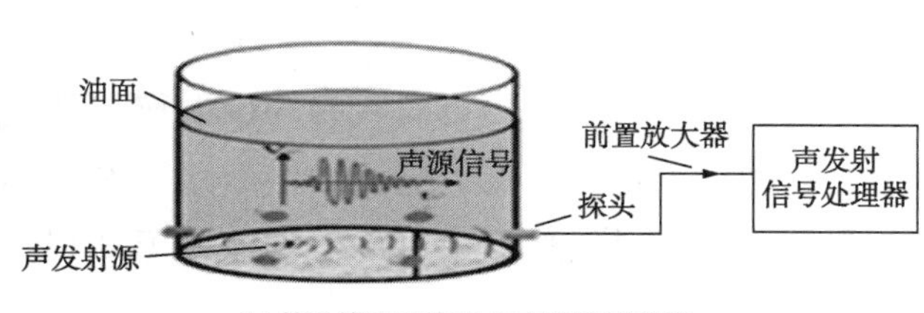

(b) 储油罐底板腐蚀发声检测示意图

图 13-26　声发射监测

（5）漏磁法

油气管道漏磁检测主要基于两个特性：一是，铁磁材料的高磁导率特性；二是，在磁饱和或者接近饱和的情况下，磁导率对材料缺陷敏感，如果材料是连续且均匀的，则磁力线被限制在材料内部，而当材料存在缺陷时，缺陷的磁导率小，磁阻大，磁通将优先从磁阻较小的位置通过。但是当材料内部的磁感应强度较大或者缺陷的尺寸较大时，部分磁通会在缺陷部位溢出工件，形成漏磁。

漏磁法是利用漏磁检测器的磁铁在管壁上产生一个纵向磁回路场，如图 13-27 所示。如果管壁没有缺陷，则磁力线封闭在管壁内部，且均匀分布；如果管壁内外有缺陷，磁通路变窄，磁阻增加，使得磁力线发生变形，部分磁力线将溢出到管壁外形成漏磁场。漏磁场的强度大小与缺陷的尺寸相关，经过处理漏磁信号进而获得缺陷的尺寸信息。

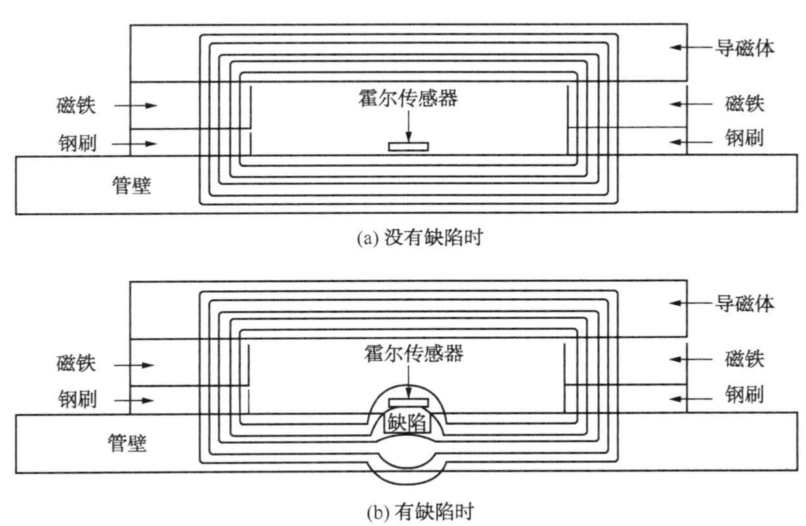

图 13-27　漏磁法检测管壁的原理图

漏磁检测对检测环境要求低，可靠性好，精度高，已经成为炼化装置中管道无损检测应用最广泛的手段之一。常见的储罐底板漏磁检测仪有英国 SilverWing 公司和美国 MFE 公司研制开发的储罐底板检测仪器，如图 13-28 所示。

（6）磁粉法

磁粉法是通过永磁体或电磁铁是磁场穿过被测工件，用在液体中分散良好的磁粉涂敷在被测工件表面，工件表面和近表面的磁力线会在有裂纹或局部畸变的部位产生漏磁场，漏磁场吸附表面的磁粉，使磁粉聚集形成一条线，在合适的光照下形成目视可见的磁痕，显示出裂纹的位置、大小、形状和严重程度。磁粉检测种类如下：

① 按喷洒磁粉的过程可以分为连续发和剩磁法；

(a) Floormap3Di扫查器

(b) MFE1212储罐底板检测仪器

图 13-28 储罐底板漏磁检测仪

② 按磁粉种类分为荧光磁粉和非荧光磁粉；

③ 按磁粉的分散介质分为干式法和湿式(磁悬液)法；

④ 按磁化电流种类分直流、脉动、交流和冲击电流；

⑤ 按磁化方法分周向磁化(轴向通电)、纵向磁化和复合磁化。

磁粉检测的要求包括被检部位表面质量符合要求；检测磁化方法选择正确；试片选择正确，灵敏度达到要求；磁悬液浓度及磁悬液或磁粉的施加时机、方法符合要求；磁化时间及磁化区域符合要求；磁痕观察环境符合标准要求；缺陷定位、定量、定性、评级准确；按要求进行了复验。检测标准采用 NB/T 47013. 4—2015《承压设备无损检测 第 4 部位：磁粉检测》，质量等级要求 I 级合格。磁粉检测必须在设备停车时进行。此外，被测工件表面要保持干净，去除腐蚀产物且干燥。

（7）渗透法

渗透法也称作渗透探伤，是利用毛细作用将着色剂渗透到损伤部位，根据显像剂作用而使裂缝变得明显。其探伤工艺包括预处理、施加渗透剂、去除多余渗透剂、干燥、施加显像剂、观察评定等过程。检测标准采用 NB/T 47013. 5—2015《承压设备无损检测 第 5 部位：渗透检测》，质量等级要求 I 级合格。渗透检测几乎不受设备或构件的形状、大小、缺陷方位等客观因素的限制，可以应用在铸锻件、焊缝等工艺的质量检测。由于渗透法设备简单，易操作，缺陷显示直观，检测灵敏度高且检测成本低，被广泛应用在炼化装置的检测中。

（8）红外热成像法

红外热成像法是利用红外热成像仪接收被测工件表面向外腐蚀的红外线，当被测工件内部或者表面存在缺陷或者材料不均匀现象时，物体各部位产生的红外发射就会有所差别，形成所谓的“热区”和“冷区”，并通过相关成像技术将其转变为热场分布云图，进而分析温度场异常来确定缺陷信息，如图 13-29 所示。

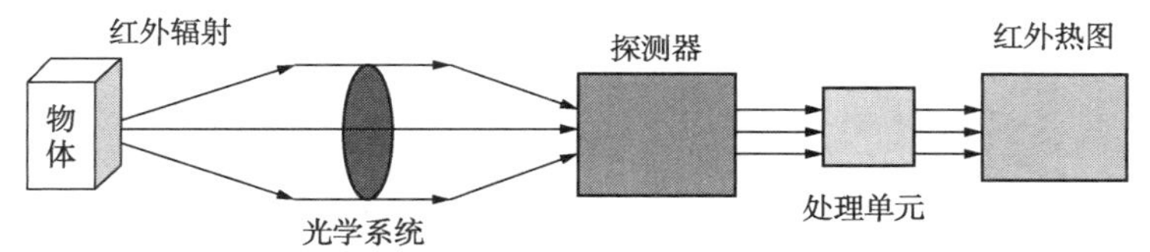

图 13-29　红外热成像原理图

根据是否需要外部热激励源，红外热成像技术可分为被动式红外热成像(无源红外检测技术)和主动式红外热成像(有源红外检测技术)。被动式红外热成像技术主要是根据任何物体在绝对零度以上都会不断地发射红外辐射的基本理论，获取载有物体特征信息的红外辐射，无须热激励源。而主动式红外热成像技术则通过对待测物体主动施加特定的外部热激励来获取其特征信息。当被检零件表面或亚表面存在缺陷时，由于材料的各向异性，热波在其内部的扩散率不同，引起局部温度异常，影响了零件表面温度场的分布，用红外热成像仪获取该表面温度场，即可实现对被检零件的非接触温度测量和热状态成像，通过分析评判零件表面或内部是否存在缺陷，从而达到无损检测的目的。在主动检测中根据激励源的不同可分为脉冲加热法、阶跃脉冲加热法、调制加热法和超声热波成像法。按热成像仪器与激励热源位置关系又可将探测方法分为透射式和反射式。然而，主动红外热成像技术为了得到满意的检测结果，对受热物体表面接受热量效果差异和温升效果要求较高。因此，实际当中采用电磁脉冲激励红外热成像技术较多，如图13-30 所示。该方法结合了涡流探伤和红外热成像技术的优点，通过涡流场使被测工件迅速产生热效应，当待测表面或亚表面存在缺陷时，涡流场分布发生改变导致缺陷处热传导异常，用红外成像设备获取表面温度场分布，即可以对被测工件实现非接触温度测量和热成像，并且获得近表面和内部的缺陷信息。

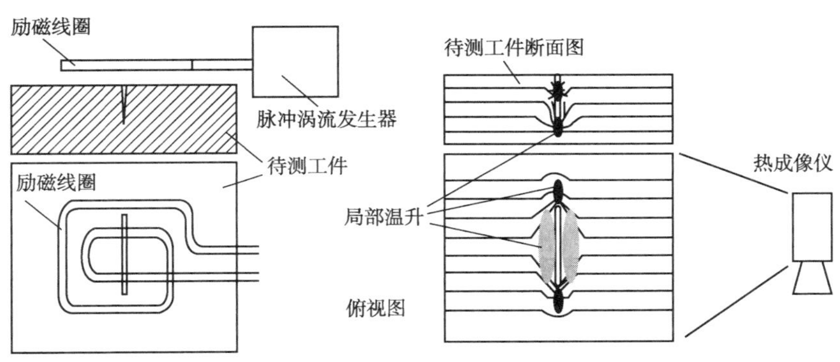

图 13-30　电磁激励红外热成像检测示意图

炼化装置腐蚀监测常用的在线监测红外热成像仪主要为手持式和固定式，如图 13-31 所示。可以监测储油罐、储气罐、炉管、管道等炼化装置的内部积垢程度、保温层脱落、管道腐蚀、破损等现象。及时发现温度异常区域，采取措施避免事故发生。

(a) 手持式　　(b) 固定式

图 13-31　红外热成像仪

(9) 射线照相法

射线检测是基于射线(主要是 X 射线和 γ 射线)透过物质时衰减规律:

$$N=N_0 e^{-\mu x} \tag{13-28}$$

式中　N_0——射线到达被测工件表面时的强度;

N——射线透过厚度为 x 的被测工件后的强度;

μ——射线透过厚度为 x 的被测工件后的强度;

x——被测工件后的厚度。

由于射线的波长较短,能量较高,具有很强的穿透性,射线在穿透物质的过程中,除部分发生散射和吸收外,大部分射线透过物质投射到另一侧的胶片上,由于不同物质和不同的内部结构对射线的吸收和散射不一致,因此胶片上呈现颜色不一致的图像,根据图像可以获得物质内部的缺陷信息。

但是 X 射线和 γ 射线对人体都有危害,使用受到限制,在实际使用中要确保人员健康安全,必须遵守国家关于放射性物质的安全规范。

13.2　炼化装置腐蚀控制

炼化装置的腐蚀易造成安全事故,引起设备损坏报废,污染环境,甚至危及人员生命安全,造成不可估量的经济损失。因此,石化企业在炼化装置生产运行和停车检修期间的腐蚀监测除外,必须做到防患于未然,做好炼化装置的腐蚀控制。

13.2.1　合理选材

材料的选用包括用于制造耐蚀设备的选用和用于隔离材料的选用。在设计阶段选材时,应充分收集各种材料的资料、数据和在特定介质中的腐蚀特性,并充分利用行之有效的工作经验和工作程序。由于材料性能随使用的工况条件不同而有很大的变化,因此首先要了解导致腐蚀的环境因素,包括化学因素:介质的成分(包括杂质)、pH 值、含氧量、可能发生的化学反应等;物理因素:介质的温度、流速、受热及散热条件、受力类型及大

小等；特别要注意高温、低温、高压、真空、冲击载荷、交变应力等环境条件。

（1）选材的顺序

① 初步选择。依据失效经验，查阅权威性材料手册，若有疑问，向腐蚀及防护专家咨询；确定可能发生的腐蚀类型，进行初步选材；再考虑实际设备的复杂程序和在加工性能方面的要求，如焊接性、成形性、铸造性、表面处理等，并在考虑成本后，选择几种可供选用的材料，以便进一步筛选。

② 腐蚀试验。若对工况没有成熟的经验，应进行腐蚀试验，获得必要的选材依据和可靠数据。这也是为进一步验证初选结果所必需的。腐蚀试验除了实验室试验外，有时还应补充在实际运转条件下的现场模拟试验，如现场挂片试验。

③ 正确选择材料及方法。在上述工作的基础上，综合考虑材料的耐蚀性能、力学性能、工艺性能及成本，即兼顾耐用性及经济性，从而正确选择材料及其制造加工工艺。

（2）设备预期寿命

设计设备时在使用年限的确定上一般应考虑：①满足整个生产装置要求的寿命；②希望整个设备各部分材料能尽可能均匀劣化；③材料费/施工费/维修费，综合最佳的经济考虑。

对于全面腐蚀而言，预期使用寿命可根据腐蚀率进行估算；对于各类局部腐蚀，则需要在深入了解其萌生与扩展机理，并在取得相应数据的基础上进行寿命预测和估算。相应的腐蚀设备寿命预测技术是防腐蚀设计技术中应该重要研究开发的内容之一。

13. 2. 2　隔离防腐

隔离防腐是指向腐蚀介质中添加缓蚀剂或者通过隔离层将被保护材料与外界的腐蚀性物质隔离开来的一种腐蚀防护措施，具体的分类如图 13-32 所示。

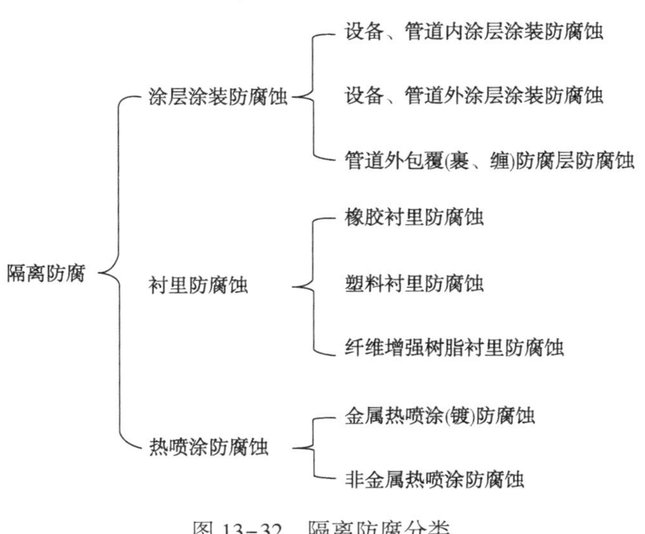

图 13-32　隔离防腐分类

13.2.2.1 管道内防腐

(1) 添加缓蚀剂

为了缓解或抑制金属的腐蚀，在腐蚀性介质中添加某些化学药品，即所谓缓蚀剂(腐蚀抑制剂)。这种防腐蚀的方法已得到广泛的应用，如向管道内添加咪唑啉类缓蚀剂，在管道上形成保护膜，减缓管道的内腐蚀。

缓蚀剂常见分类方法如下：

① 按缓蚀剂的化学组成分为无机缓蚀剂和有机缓蚀剂。无机缓蚀剂使金属表面发生化学变化，生成钝化膜或不溶物质，从而阻止金属的溶解过程。主要可分为：硝酸盐、亚硝酸盐、铬酸盐、重铬酸盐、钼酸盐、硅酸盐、硼酸盐等。有机缓烛剂主要是有机物在金属表面发生物理或化学吸附，再或者有机物与金属阳离子发生络合作用，从而阻止腐蚀性介质与金属表面直接接触。主要可分为：胺类、酸类、杂环类、季铵盐、炔醇类、咪唾琳类及含硫、磷化合物类。

② 按电化学腐蚀过程的影响分为阳极型缓蚀剂、阴极型缓蚀剂和混合型缓蚀剂。a. 一般是缓蚀剂的阴离子移向阳极表面使金属钝化，主要是抑制阳极过程的反应。阳极型缓蚀剂主要应用在中性介质中，可增加阳极极化，使腐蚀电位正移。b. 阴极型缓蚀剂又称阴极抑制型缓蚀剂，它们可使金属腐蚀电位负移，增大酸溶液中氢析出的过电位，使阴极过程减慢，腐蚀减弱；阴极型缓蚀剂通常是阳离子移向阴极表面，并形成化学或电化学的沉淀膜，保护金属基体免遭腐蚀。这类缓蚀剂在用量不足时不会加速腐蚀，故该类缓蚀剂又称为“安全缓蚀剂”。阴极型缓蚀剂常用的种类有：聚磷酸盐、硫酸锌、砷离子、锑离子等。c. 混合型缓蚀剂对阴极、阳极过程同时起抑制作用，主要是含氮、含硫以及既含氮又含硫的有机化合物、琼脂、生物碱等；它们既能在阳极成膜，也能在阴极成膜；阻止水中溶解氧向金属表面的扩散，从而起到抑制金属腐蚀的作用，胺类、咪唑啉类、季铵盐类、硫醇、硫醚、硫脲等化合物都属于此类缓蚀剂。

③ 按缓蚀剂在金属表面的成膜特征分为氧化膜型缓蚀剂、沉淀膜型缓蚀剂和吸附膜型缓蚀剂，如图 13-33 所示。氧化膜型缓蚀剂可使金属的表面发生氧化作用生成铁氧化物保护膜，从而起到抑制铁进一步腐蚀的作用。这类缓蚀剂主要有铬酸盐、重铬酸盐、硝酸盐和亚硝酸盐等。由于它们具有钝化作用，故又称为“钝化剂”。沉淀膜型缓蚀剂能与腐蚀介质中的相关离子或金属溶解反应生成的阳离子发生反应，并在金属表面形成具有耐腐蚀性能的防护膜。这类缓释剂主要有：碳酸氢钙、硫酸锌、聚磷酸钠等。沉淀膜的厚度一般都比钝化膜厚，但致密性与附着力较差，因此其缓释效果比氧化型缓蚀剂差一些。吸附型缓蚀剂是指在腐蚀介质中能够与金属发生物理或化学吸附作用，吸附在金属表面，改变金属表面物化性质，从而抑制金属的腐蚀。这类缓蚀剂主要是有机物，可分为物理吸附型缓蚀剂(胺类、硫醇和硫脲类)和化学吸附型缓蚀剂(咪唑啉类、吡啶衍生物、季铵盐类、杂环化合物等)两类。当吸附作用力是缓蚀剂分子与金属表面

之间的静电引力或范德华力时，吸附属物理吸附，这种吸附速度快且具有可逆性，缓蚀剂与金属之间没有特定的化学组合；若缓蚀剂分子中含 O、N、P、S 原子(具有孤对电子)的极性基团与过渡金属原子空的 d 轨道形成配位键，并在金属界面通过界面转化、聚合(缩聚)、螯合等作用形成保护膜而抑制金属腐蚀，此时的吸附属于化学吸附。

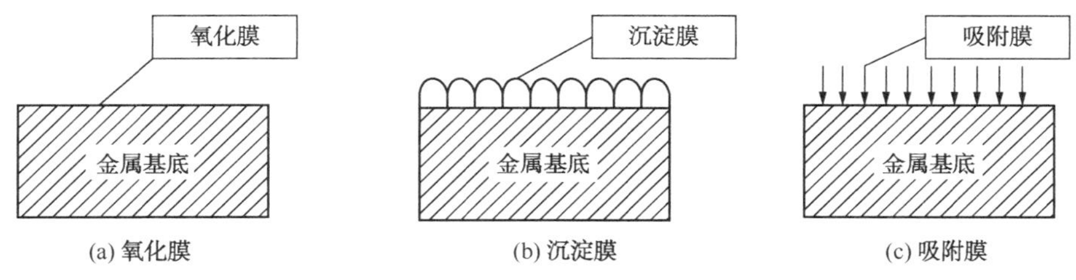

图 13-33　三类缓蚀剂保护膜示意图

缓蚀剂的防腐机理主要有四种：①吸附理论，缓蚀剂具有较强的活性，由于极性基的亲水疏油特性，其分子通常在金属表面定向排列，在金属和腐蚀介质之间形成一个隔离层，使得水分子和氢离子与金属表面隔绝，起到防腐蚀作用；②成膜机理，缓蚀剂可以与金属发生化学反应，在金属表面生成不溶解的膜层，使得金属与腐蚀离子隔离，从而对金属起到腐蚀防护的作用抑制金属电化学过程，③抑制金属电化学过程：缓蚀剂的加入抑制了金属在腐蚀介质中的电化学过程，减缓了电化学腐蚀速度，缓蚀剂的存在可能分别增大阴极极化或阳极极化，也可能同时增大阴极极化和阳极极化；④缓蚀剂的协同效应，两种或两种以上缓蚀剂混合使用(或者缓蚀剂与其他物质混合使用)而使缓蚀效果加强的现象，称为缓蚀剂的协同效应。在酸性腐蚀介质中，吸附膜型的缓蚀剂在吸附金属表面吸附了电荷的离子后，再吸附不同种类的电荷离子。从而扩大了缓蚀剂覆盖面积，增强了缓蚀剂的缓释效果。在中性腐蚀介质中，沉淀膜型的缓蚀剂因为不同的缓蚀剂分子或离子，产生溶度积更小的新沉淀物，导致阳极区和阴极区被更大面积覆盖，所以具有更好的缓蚀效果。在实际应用中，为了获得更好的协同效应，一般都选用复合型缓蚀剂，选用的原则是阴极型缓蚀剂和阳极型缓蚀剂配合使用。例如作为阴极型缓蚀剂的锌离子，总是与作为阳极型缓蚀剂的某些含氧酸根离子配合使用。

添加缓蚀剂的方法与其他防腐蚀方法相比有下列优点：①可以不改变金属构件或制品的本性和表面；②由于缓蚀剂用量很少，添加缓蚀剂后介质的性质基本不变；③使用缓蚀剂一般无须特殊的附加设施。所以，使用缓蚀剂是一种工艺简单、使用方便、成本低廉、适用性强的防腐蚀方法。但缓蚀剂只适用于腐蚀介质有限量的系统，而钻井平台、码头等防止海水腐蚀以及桥梁等防止大气腐蚀等场合就不适用了。影响缓蚀剂缓蚀效果的主要因素是缓蚀剂的浓度、介质的温度和介质的流速等。介质中的一些杂质等离子对缓蚀剂的缓蚀效率也有较大的影响。

(2) 内涂层防护

在金属表面涂覆上一层有机或无机的非金属材料进行保护是防腐蚀的重要手段之一，根据腐蚀环境的不同，可以涂覆不同种类、不同厚度的耐蚀非金属材料，以得到良好的防护效果。采用内涂层技术方法解决管道的腐蚀问题是最简便和广泛使用的方法，如：液体环氧涂层、环氧粉末涂层、聚乙烯粉末涂层等。涂层施工简便、适应性广，在一般情况下涂层的修理和重涂都比较容易，成本和施工费用相对也比较低。因此在防腐工程中应用广泛，是一种不可缺少的防腐措施。但涂层一般都比较薄，抗渗透性较差，较难形成无孔的涂膜，且力学性能一般也较差，因而在强腐蚀介质、冲刷、冲击、高温等场合，涂层易受破坏而脱落，故在苛刻的条件下应用受到一定的限制。因此主要用于设备、管道、建筑物等的外壁和一些静止设备内壁等方面的防护。一般认为涂层是通过隔离作用、缓蚀作用和电化学作用对金属起到保护作用的。

影响涂层质量的主要因素有附着力、厚度、耐蚀性、抗渗性等。涂层施工流程依次为：表面清理→涂底漆→刮涂腻子→涂中间涂层→涂刷面漆→养护。

(3) 内衬里层

内衬里层防腐也是表面覆盖层防腐的重要方法之一。常用的内衬里方法有砖板衬里、橡胶衬里、塑料衬里、玻璃钢衬里等。在管道防腐中一般采用橡胶衬里、塑料衬里和金属复合衬里。

① 橡胶衬里是把预先加工好的橡胶管，使用专门的工具粘贴在管道的内表面。橡胶衬里具有一定的弹性，而且一般韧性也较好，能抵抗机械冲击和热冲击，可用于受冲击或磨蚀的环境中，故在管道内防腐中应用较多。橡胶衬里的质量检查主要项目包括：外观检测、衬里层厚度检测、电火花检测、胶层硬度检测等。橡胶衬里施工流程依次为：基体表面处理→刷胶浆→修整缺陷→刷胶浆→衬贴→中间检查→硫化→检查及修补。

② 管道的塑料衬里通常是工厂化制作，一般有两种工艺：一种是将预制好的塑料管放到金属管道内，再通过专用的工装拉拔金属管道，使金属管道缩径贴合，达到衬贴的方法。内筋嵌入式衬塑钢管采用独特的机械拉拔复合工艺，通过对金属管的缩径压迫内层塑料管，使两种材料产生永久性合理过盈，加之焊管内表面独特设计的花纹内筋对塑料管外表面的嵌入作用，以及塑料管复合前的物理和化学改性，使得内筋嵌入式衬塑钢管具有不分层、不缩管，长期使用有保障的技术特点。另一种是将塑料粉末放到管道内，再通过专门的工装加热管道，使塑料粉末熔融或烧结，达到衬贴的方法。环氧树脂复合钢管是以钢管为基管，以塑料粉末为涂层材料，在其内表面熔融涂敷上一层塑料层，在其外表面熔融涂敷上一层塑料层或其他材料防腐层的钢塑复合产品。涂塑钢管根据内涂层材料的不同分为聚乙烯涂层钢管和环氧树脂涂层钢管。另外，按输送介质的要求也可以内衬塑乙烯(PE)、耐热聚乙烯(PE-RT)、交联聚乙烯(PE-X)、聚丙烯(PP-

R)、硬聚氯乙烯(PVC-U)、氯化聚氯乙烯(PVC-C)等热塑性塑料。影响塑料衬里质量的主要因素包括厚度、衬里层的致密性(密度)、衬里层缺陷等。

③ 金属复合衬里是将钢管(焊管、无缝钢管)和壁厚更薄的耐蚀金属(如不锈钢)管强力嵌合在一起的金属复合工艺。它保留了两种材料内在的优点，互补了内在的不足。外管负责承压和管道刚性支撑的作用，内管承担耐腐蚀的作用，降低了管道的建设成本。目前主要的成型方法有机械滚压法、爆炸复合法、拉拔复合法和液压复合法。

13.2.2.2　管道外防腐

(1) 外防腐层

除了选用耐蚀性较好的材料来降低埋地管道的外腐蚀损失外，还可采用防腐蚀保护层、阴极保护和排流保护，来减轻埋地管道的外腐蚀。在管道外壁上覆盖防腐层，使管道与土壤隔离。常用的外防腐层有：石油沥青(或改性的环氧石油沥青)玻璃钢防腐层、聚乙烯胶带防腐层、环氧粉末涂层、二层聚乙烯防腐层、三层聚乙烯防腐层等。

① 石油沥青玻璃钢防腐具有抗植物根茎穿入能力强、防水及抗老化性能成本低、可有效抵御细菌及碱类腐蚀等优点，但其抗土壤压力及热稳定性差、与阴极保护相容性差、环境污染大。因此，常用于水位高、植物根茎多、微生物活动多的沼泽或灌木地区。

② 埋地管道防腐胶带主要有聚乙烯防腐胶带、聚丙烯纤维防腐胶带、环氧煤沥青防腐冷缠带，其中聚乙烯防腐胶带和聚丙烯纤维防腐胶带的应用范围最大。防腐胶带具有黏结力强、与背材粘接性好、抗冲击性好和与阴极保护匹配性好等特点。

③ 熔结环氧粉末防腐层与金属结合力强，温度适用范围广，耐土壤应力和耐阴极剥离性好，但容易遭受冲击破坏，耐水性差，对涂装过程要求严格，成本高。适合于大部分土壤环境，但不能用于石方段、地下水位高和土壤含水量高处。

④ 二层聚乙烯结构防腐层电绝缘性能好，机械强度高，吸水率低，耐土壤应力好，但与金属黏结力较差，在阳光下易老化，适用于机械强度要求高、土壤压力破坏大的地区；

⑤ 三层聚乙烯结构是将FBE良好的防腐蚀性能、黏结性能、高抗阴极剥离性能和聚乙烯材料的高抗渗性、良好的机械性能和抗土壤应力等性能结合起来的防腐结构。三层PE的底层为环氧涂料，中间层为聚合物胶黏剂，面层为聚乙烯。胶黏剂可采用改性聚烯烃，它含有接枝到聚烯烃碳键主链上的极性基团，胶黏剂即可和表面未改性的聚烯烃相融，又可利用极性基团与环氧树脂固化反应。这种组合的特点，使三种涂层之间能达到最佳黏结强度，而各涂层的性能和特性使三层涂层得到互补。其缺点是造价高，工艺复杂。

⑥ 影响防腐层保护效果的因素：a. 环境因素，涂敷环境和使用环境；b. 材料因素，被涂敷管道的材质、表面状态、涂料性能及防腐层的配套性(如底漆和中间漆和面

漆的配套性等)；c. 施工因素，施工方法和施工质量。

(2) 防腐层补口/补伤

① 管道内防腐层补口/补伤技术包括：车载式补口技术、短管补口技术、记忆合金热胀套补口技术、真空负压式补口技术。

② 埋地管道外防腐层补口/补伤对管道防腐层的整体保护效果及施工质量均是极其重要的控制环节。无论在预制厂预制的管道防腐层质量有多么好，但只要补口材料、补口工艺及补口质量出了问题，不仅整个管道的防腐层保护功亏一篑，而且将会带来管道后期运行的其安全隐患，造成安全事故和巨大的经济损失。有很多由于补口问题造成的事故，证明了补口问题对于整个管线的重要性。特别是由于补口的现场施工，他对补口的材料、工艺、质量控制、施工人员的素质等要求，使其更具有特殊性和重要性。补口技术也是管道外防腐层保护技术中的一个关键点及难点，主要涉及以下两个方面：

补口技术的材料要求：补口材料应与管体防腐层、保温层一致或相容，其保护材料的性能等级和结构应不低于主体管线防腐层和保温层的要求。同时还要考虑其经济性。

补口技术的施工要求：a. 补口处钢管表面的处理，补口前应除掉补口处的泥土、油污、潮气和变质的防腐层、保温层以及铁锈等，焊缝处应无焊渣、棱角和毛刺等，表面处理的质量应符合有关埋地管道外防腐层、保温层应用技术的规定；b. 补口的施工环境要求，在雨、雪、雾及大风天气进行补口施工时，需采用有效的措施，否则不应进行补口作业，尤其是沥青类防腐层的补口，需注意其补口施工时的环境温度要求；c. 补口施工的一般要求，在补口材料的涂覆作业中，需要严格按照有关防腐、保温层的施工规定进行，如带底漆的补口材料必须待底漆表干后才能涂覆中间期或面漆，补口材料与管体防腐层材料的搭接要满足两者收缩性等要求；d. 补口的质量检测，外观检测、厚度检测、黏结力检测和漏点检测(电火花检测)(除保温管线外)，检测方法参见《埋地钢质管道聚乙烯防腐层》(GB/T 23257—2017)。

13.2.3 表面处理

基体表面处理的质量将直接影响到覆盖层的质量，关系到整改覆盖层防腐体系的成败。不论采用金属还是非金属覆盖层，也不论被保护的表面是金属还是非金属，在施工前均应进行表面处理，以保证覆盖层与被保护基地表面的良好结合。表面处理包括采用机械或化学、电化学方法清理金属表面的氧化皮、锈蚀、油污、灰尘等污染物，也包括防腐蚀施工前水泥混凝土设备的表面清理。

金属表面处理主要包括三个方面：一是，金属表面清理，包括清理灰尘、油脂、残留化工物料、陈旧的衬里及涂层等；二是，金属表面除锈，包括人工和动力工具处理、喷射处理、化学处理、其他处理方法；三是，为提高金属表面的防锈能力，还对金属表面进行氧化、磷化和钝化处理，也属于金属表面处理的内容。

金属表面的处理的等级根据 GB/T 8923《涂覆涂料前钢材表面处理表面清洁度的目视评定》确定。钢材表面锈蚀等级分为 A、B、C、D 四级；人工或动力工具表面处理质量等级分为 St2、St3 两级；喷射或抛射处理金属表面质量等级定为四级，即用 Sa1、Sa2、Sa2$^{1/2}$、Sa3 表示；火焰除锈方法的质量等级定为 FI；化学除锈方法的质量等级定为 Be（HG/T 20679《化工设备、管道外防腐设计规范》）。每个等级符号的具体表示意义如下：

Sa1——轻度的喷射或抛射除锈：钢材表面应无可见的油脂和污垢，并且没有附着不牢的氧化皮、铁锈和油漆层等附着物。

Sa2——彻底的喷射或抛射除锈：钢材表面应无可见的油脂和污垢，并且氧化皮、铁锈和油漆层等附着物已基本清除，其残留物应是牢固附着的。

Sa2$^{1/2}$——非常彻底的喷射或抛射除锈：钢材表面应无可见的油脂和污垢，氧化皮、铁锈和油漆层等附着物，任何残留的痕迹应仅是点状或条纹状的轻微色斑。

Sa3——钢材表面洁净的喷射或抛射除锈：钢材表面应无可见的油脂和污垢，氧化皮、铁锈和油漆层等附着物，该表面应显示均匀的金属色泽。

St2——彻底的手工和动力机械除锈：钢材表面应无可见的油脂和污垢，并且没有附着不牢的氧化皮、铁锈和油漆层等附着物。

St3——非常彻底的手工和动力机械除锈：钢材表面应无可见的油脂和污垢，并且没有附着不牢的氧化皮、铁锈和油漆层等附着物。除锈应比更彻底，底材显露部分的表面应具有金属光泽。

FI——火焰除锈：钢材表面应无氧化皮、铁锈和油漆层等附着物，任何残留的痕迹应仅为表面变色（不同颜色的暗影）。

Be——化学除锈：钢材表面应无可见的油脂和污垢，处理未尽的氧化皮、铁锈和油漆层的个别残留点允许用手工和动力机械方法除去，但最终该表面应显露金属原貌，无再度锈蚀。

13.2.4　电化学保护

电化学保护是利用外部电流使金属电位发生极化，进而防止腐蚀的一种技术手段。包括阴极保护和阳极保护两种。

13.2.4.1　阴极保护

（1）阴极保护原理

阴极保护是使被保护工件表面流入足够的阴极电流，使工件阴极极化，进而阳极溶解速度减小。阴极保护更适用于土壤或者海水环境的管线，通常与一些有机涂层结合使用，对涂层所不能保护的地方提供腐蚀控制，阴极保护的主要目的就是将腐蚀速率控制在可以接受的程度。通常可以通过外加电源和牺牲阳极实现阴极保护的效果，分别称作外加电流阴极保护和牺牲阳极保护。

外加电流阴极保护法：这种方法是利用外接直流电源向管道输出电流而改变管道中的电子流向，同时结合不溶性阳极的辅助作用，强制管道金属与土壤所构成回路中的电子流向被保护金属，使被保护金属处于电子过剩的状态，在回路作为阴极呈现出电位较高的状态，从而达到管道防腐的目的，外加电流阴极保护主要应用于淡水、海水、土壤、海泥、碱及盐等环境中金属设施的防腐蚀。它的适用性比较广，只要有便利的电源，邻近没有不受保护的金属构筑物的场合几乎都适合选用外加电流阴极保护。

牺牲阳极保护法：这种方法是将比受保护金属化学性质更为活泼或电位更负的金属作为保护极，与受保护金属连接形成腐蚀原电池，其中化学性质更活泼的金属在腐蚀原电池中作为阳极而发生氧化反应被消耗，受保护的金属作为阴极受到保牺牲阳极阴极保护。在淡水、海水、土壤、海泥、碱及盐等环境中金属设施的防腐蚀已被广泛应用。由于它具有不需要外部电源，对邻近金属构筑物干扰较小等特点，因此特别适用于缺乏外部电源和地下金属构筑物较复杂地区管道的防腐蚀。

外加电流阴极保护的阳极材料消耗较小。同时，外加电流阴极保护还有如下优点：a. 能从整流器/阳极地床装置得到很大的电流；b. 相比于牺牲阳极的阴极保护方法，外加电流阴极保护安装阳极的费用更低；c. 如果能够正确的安装和操作，在正确的电流密度范围内，外加电流阴极保护阳极的寿命会很长，整流器和相关设备通常能连续工作几十年之久，工作人员通常只需要日常的检修或更换阳极等工作。因此，在长远距离的能源运输管道防腐工作中，外加电流阴极保护法更为适用。

（2）阴极保护准则

① 最小保护电位是金属经阴极极化后达到完全保护所需要的、绝对值最小的负电位值。最小保护电位与金属的种类、腐蚀介质的组成等有关。在天然水和土壤中的金属管道，考虑 IR 降的情况下，最小保护电位为-0.85V（相对饱和 $CuSO_4$参比电极）；在水和土壤中含硫酸盐还原菌，硫酸根含量大于 0.5%的情况下，最小保护电位为-0.95V；在干燥或充气的高电阻（大于 5000Ω·m）土壤中，最小保护电位为-0.75V。

② 电位偏移指标：管道表面与同土壤接触的参比电极之间测得阴极极化电位差不得小于 100mV（可用于极化的建立过程中或衰减过程中）。

③ 最大保护电位：在阴极保护条件下，所允许施加的绝对值最大的负电位值称为最大保护电位。由于产生 SCC 等，需要比-0.85V 更负一些。应根据防腐层的材质和环境确定，防止覆盖层破坏和产生氢损坏，以不破坏防腐层为原则，一般取-1.5V，如更负则要有试验依据。

13.2.4.2 阳极保护

（1）阳极保护原理

阳极保护是利用外加阳极电流对可钝化的金属和合金进行阳极极化，电位不断正移，当电流密度达到致钝电流密度时，金属由活化转变为钝化状态，使得金属表面形成一层致密的钝化膜，之后只需要较小的维钝电流密度就可以使该金属维持在钝化状态。图 13-34 是金属的阳极钝化曲线，可以看到当金属表面的电位慢慢上升到一定值时，进入活化-钝化区，金属的特性曲线会发生反方向变化，即在此区间内，电流密度与电位的成反比例关系，钝化膜在此区间逐渐生成，即致钝；随着可钝化金属电位的继续增大，金属会进入一个稳定钝化区，由于钝化膜的生成并趋于稳定，在此电位区间内(钝化电位-过钝化电位)，可钝化金属会表现出高阻抗性，即电位小范围波动，电流密度几乎不发生变化，此时流经金属表面的电流密度叫作维钝电流；如果电位继续增加并超出过钝化电位，钝化膜就会溶解，此时又会表现为电位与电流密度的正比例关系。

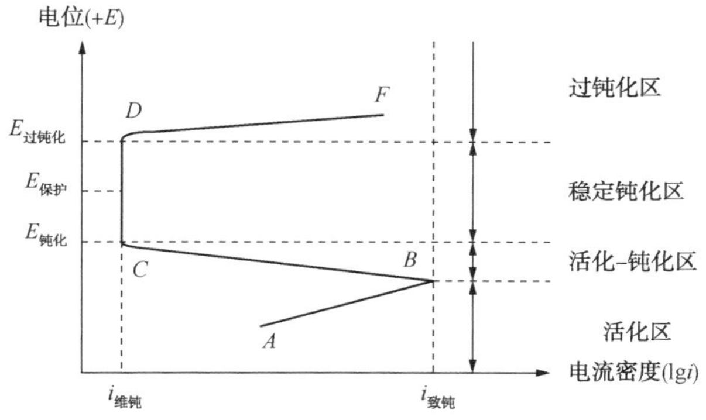

图 13-34　典型的阳极钝化曲线

通常，阳极保护主要是通过恒电位仪向被保护金属(要求该可钝化，并且钝化区间相对宽大)提供电位，使被保护金属表面慢慢生成钝化膜(致钝)，当钝化已完成时，向被保护物施加稳定的钝化区电位，即维钝。

(2) 阳极保护参数

致钝电流密度是金属在给定环境条件下，建立钝态所需的最小电流密度值。致钝电流值小，表示很小的阳极极化就可以发生钝化，而致钝电流密度值大则使得金属钝化变得困难。

维钝电流密度是金属在给定环境条件下，维持钝态所需的电流密度值。维钝电流密度值越小，表示金属在钝态下的溶解速度小，保护效果好，耗电少，成本低。维钝电流密度越大，金属的腐蚀速度越大，保护效果越差。

钝化区范围是阳极保护是所需要维持的安全电位范围。钝化区范围越宽，在阳极保护过程中，电位波动时越不容易发生活化或者过钝化现象。而当钝化区范围越窄，电位稍有波动，金属很容易重新活化，使得阳极保护的难度增加。

13.2.5 排流保护

（1）杂散电流

杂散电流是埋地管道常见的腐蚀形式。杂散电流是指在规定的电路或意图电路之外流动的电流。在规定电路中流动的电流，其中一部分自回路中流出，流入大地、水等环境中，形成了杂散电流。杂散电流由管道流向土壤对管体有很强的腐蚀性。例如 1A 直流杂散电流在一根钢管上流进流出，一年内将导致大约 10kg 金属的腐蚀。杂散电流来源主要分为三种情况：①直流杂散电流，源于直流电力输配系统、直流电气化铁路、直流电焊设备、阴极保护系统或其他直流干扰源；②交流杂散电流，源于交流电气化铁路、输配电线路及其系统，通过阻抗、感抗、容抗耦合而对相邻的埋地管道或金属体造成干扰，当管道埋设在高压交流电力系统接地体附近时，常由于瞬间高压电弧作用导致管道的交流电击腐蚀和穿孔；③大地电流，由于地球磁场的变化感应引起的存在于大地中的电流。

（2）杂散电流的防护

为了预防杂散电流对埋地管道的腐蚀，通常对埋地管道进行阴极保护或者排流保护。为了把管道中流动的杂散电流不经大地直接流回至电铁的回归线（铁轨等），将管道与电铁回归线（铁轨等）用导线连通，即为排流法。利用排列法保护管道不受腐蚀，即为排流保护。

排流法根据排流结线回路可以分为直接排流法、极性排流法、强制排流法和接地排流法，如图 13-35 所示。

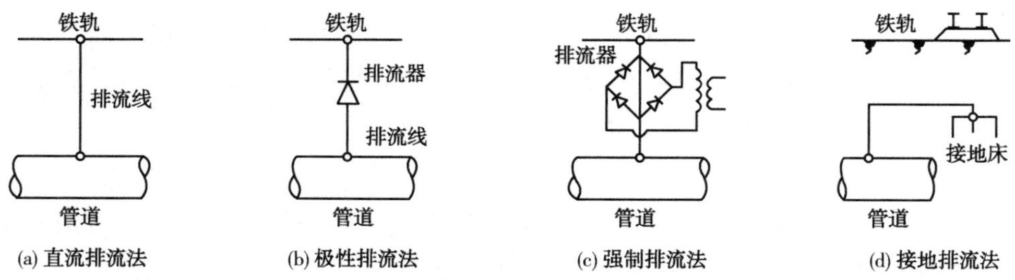

图 13-35 排流法示意图

（3）直流排流保护准则

根据《埋地钢质管道直流排流保护技术标准》（SY/T 0017—2006），当在管道任意点上管地电位较自然电位偏移 20mV 或管道附近土壤中的电位梯度大于 0.5mV/m 时，确定为存在直流杂散电流干扰。当在管道任意点上管地电位较自然电位正向偏移 100mV 或管道附近土壤中的电位梯度大于 2.5mV/m 时，管道应采取直流排流保护或其他防护措施。

（4）干扰源侧防护

因为在输油气化管道附近有杂散电流源，除了上述排流保护外，也可以从源头着手防止杂散电流的产生。主要包括以下几种措施：

增大牵引电压：理论研究表明，外加电流越大，管道内部杂散电流越大。因此牵引供电系统应尽可能采取较小的牵引电流。当功率一定时，电流与电压成反比关系，因此采取较大的供电电压能够降低牵引电流，从而有效减小杂散电流。

缩短牵引变电所间距：供电距离越长，轨道泄漏电流越大，轨道电位越高，杂散电流越大，对金属管道产生的腐蚀也就越大。因此，在布置牵引变电站所址时应适当考虑减小变电站距离，接触网上采用双边供电，尽量不采用单边供电。

增设辅助回流线和均流线：在供电区间内应该按照接触网分段情况设计牵引电流的回路，如图 13-36 所示。电气化铁路牵引变电站的回流线要与钢轨可靠焊接，且具备规定的导电横截面积，设置根数不少于 2 根，互为备用；为尽量减小回流轨上的电流，应在供电区间的股道间合适位置设置均流线。回流线和均流线与钢轨的连接必须符合通信系统要求，连接的位置和方式需由各专业人员协商解决。

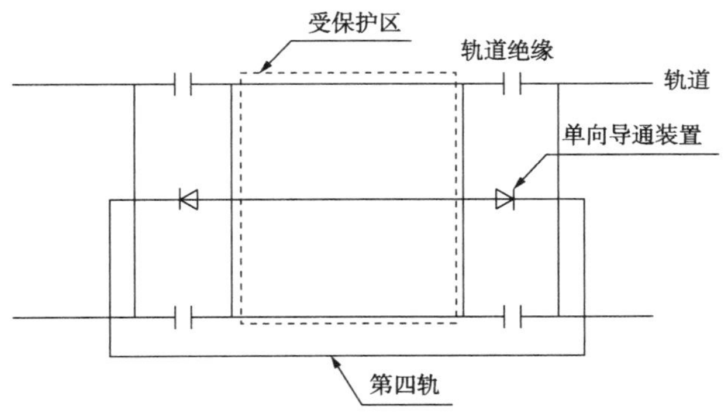

图 13-36　第四轨回流原理示意图

三木邦敏法：该方法是通过在电流泄漏处预置电极，并且对埋设的电极施加直流偏压，以达到吸收钢轨泄漏电流的作用。其工作原理如图 13-37 所示，在容易形成泄漏电流的地方埋设电极，在钢轨与电极间设置直流电源，通过调节电源的电压和极性，就能够使该处的泄漏电流全部被电极吸收或排除，进而减小流过埋地管道中的杂散电流。

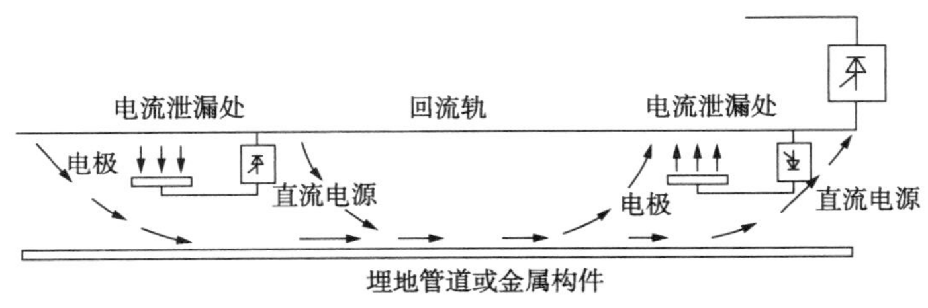

图 13-37　三木邦敏法工作示意图

13.2.6 改善腐蚀环境

除了前述的腐蚀控制方法之外，改善和控制腐蚀环境也是炼化装置腐蚀防护的一个重要手段。石化企业通常采用调整工艺和优化操作的方法来达到改善腐蚀环境的目的。对于改善腐蚀环境，可以从炼化装置和腐蚀类型两个方面进行分类。

（1）按炼化装置分类

在常减压装置中，改善腐蚀环境的措施如下：①低温部位防腐。要做好电脱盐系统深度脱盐工作。在选用有针对性的破乳剂后，脱后原油含盐量基本控制在3mg/L以内。要做好塔顶注水、注中和缓蚀剂工作。通过注水溶解塔顶管道中生成的氯化铵，防止氯化铵沉积在管道和冷凝器管壁上，产生垢下腐蚀；通过注中和缓蚀剂调节塔顶酸性水pH，确保塔顶系统pH处于6~9，同时在管道及设备表面形成一层保护膜，抑制腐蚀介质对设备及管道表面的侵蚀。②高温部位防腐。针对酸值较高的原油，应采取混合炼制的方式来降低其酸值，控制好加工混合原油比例，实现低酸值混合原油加工，减缓生产设备及管线遭受环烷酸腐蚀的加剧。③氯离子防腐。在做好电脱盐深度脱盐的前提下，同时加强塔顶系统的注水、注中和缓蚀剂手段，一方面中和系统产生的盐酸并稀释，另一方面起到延缓设备及管线腐蚀的目的。

在催化裂化装置中，要注意在操作过程中压力、温度大幅波动造成的设备损坏，甚至引发安全事故。在装置运行过程中应保证原料性质和操作各项参数在控制指标内。在原油性质变化大、硫氮含量高时，提前调配来料比例，尽量避免大幅冲击。加工常三线或高硫原料，应提前增加缓蚀剂加注量，调整注水点量，调整提升管底部预提升介质的比例，增加预提升蒸汽量，并适当提高分馏塔顶温度1~2℃，同时增加监测频次。在装置停工时，要避免低温腐蚀、硫化亚铁自燃、连多硫酸腐蚀，做好特殊时期的重点防护，减少开停工次数。对于硫酸露点腐蚀，主要应从工艺方面进行防腐：一是适当降低过剩空气系数，通过减少O_2含量来降低SO_3含量；二是适当降低烟气中H_2O(蒸汽)含量；三是在停工阶段加强保护，以减少局部积水。

对于NO_x腐蚀性气体造成的烟气露点腐蚀，可以通过适当提高壁温至再生烟气露点温度之上，使壳体内壁不存在液相腐蚀介质，防止应力腐蚀开裂。通常提高设备壁温的方法包括：①改进衬里。一方面减薄衬里厚度；另一方面通过提高衬里材料的导热系数，提高壁温，可提高衬里强度和密度，也使得衬里的质量显著提高，寿命增加，保证装置长周期运行。②设备外保温。对于正在运行的、不便于停工检修更换衬里的装置，可设置外保温，在提高设备壁温的同时也可避免由于提高设备温度带来的能耗增加。③外壁涂层。设备外壁加涂防锈涂料对设备壁温的提高有一定作用。在涂层厚度不大于0.5mm时，壁温的变化主要取决于涂层材料的性质和表面状况，而与涂层厚度无关。涂层表面材料发射率愈大，表面越粗糙，热辐射能力愈强，设备壁温愈低；反之，涂层的面漆发射率愈小，表面比较光滑，壁温就愈高，与无涂层的设备相比热损失却没有加大。

此外，可以通过消除残余应力来预防应力腐蚀开裂，通常使用的残余应力缓和方法包括热处理、低温应力松弛法、过变形法、喷丸强化法等。

在催化重整装置中，氯腐蚀是最严重的腐蚀形式。通常采用的改善腐蚀环境措施如下：①各催化重整装置应安装相应的脱氯设备并使用脱氯剂；②在发生腐蚀问题较为严重的换热设备附近建设相应的旁路，使相关工作人员可以较好地进行持续的维修检测；③对各种类高温脱氯剂的使用应根据实际情况制定计划，确定出与各企业催化重整装置运行最具契合度的高温脱氯剂；④在脱氯设备的氢气中氯化氢含量为1.1μg/g时，应在第一时间使用脱氯设备，或使用脱氯剂；⑤通过调查可以了解到，各油品中氯在125℃馏分中含量较大，同时，在HK~85℃馏分中氯含量占油品总含量的45%左右，所以在重整原料较为充足的基础上，可从催化重整装置预分馏设备中多甩拔头油，进一步降低预加氢反应设备中氯腐蚀现象的发生等。

在加氢装置中，通常采用的改善腐蚀环境的方法如下：

工艺设计：①全厂氢气系统优化，完善新氢提纯装置；②优化循环氢系统的脱液效率；③优化混氢流程，提高混氢点温度；④冷热交汇两相流问题防治。

工艺操作：①优化原料油质量；②优化新氢质量；③优化注水水质；④优化循环氢脱硫质量；⑤优化循环氢脱液效果。

在延迟焦化装置中，工艺防腐针对的主要区域是分馏塔顶及顶回流系统和焦化炉设备，需要从以下几个方面开展工艺防腐工作：首先，为避免物料中水以液态形式出现，应核算塔顶系统的水露点温度；其次，在炼制高硫渣油时，可通过自动注入设备以均匀注入的方式向分馏塔顶油气管线中注入缓蚀剂和水，来达到减缓油气中的腐蚀性物质对管道的腐蚀及控制塔顶冷凝水pH值的目的；最后，应严格控制焦化炉燃料气中的硫含量，通常情况下燃料气中的硫含量应小于100mg/cm^3。此外，延迟焦化装置加热炉的防腐措施还包括降低燃料中硫含量和控制炉管表面温度不超过规定值，1Cr5Mo材质炉管壁温度不宜超过650℃，1Cr9Mo材质炉管壁温度不宜超过705℃。

在乙烯装置中，可以采用压缩机防护剂使段间凝液的pH值控制稳定，使用防护剂后，凝液中的铁离子含量可下降10~30mg/L，有效地缓解了段间凝液的酸性腐蚀问题，对压缩机段间换热器起到了良好的保护作用，为装置的长周期运行提供了保障。

在乙二醇装置中，可通过采取及时更换反应系统催化剂、设置脱除设备或系统等工艺措施改善腐蚀环境，减少副反应，降低系统中二氧化碳、醛类物质含量，降低介质腐蚀性，有效控制腐蚀。

在芳烃装置中，改善腐蚀环境的方法主要有：①检测控制溶剂状况，主要是监测贫溶剂的pH值和酸值；②合理使用和连续添加中和剂单乙醇胺(MEA)；③降低系统的活性氧，抽提原料中氧含量严格控制在1μg/g以下；④防止真空系统空气泄漏；⑤正确处理湿溶剂；⑥保证溶剂再生塔正常运行并定期清理；⑦采用溶剂再生技术和劣化环丁砜溶剂树脂再生技术，以进一步改善溶剂质量。

在苯酚装置中，氯离子引起的设备腐蚀较为严重，由于脱烃塔通过水共沸的方式脱除杂质为成熟工艺，暂时无法用其他工艺替换，氯离子的出现不可避免。因此，工艺手段并不能控制氯离子的腐蚀问题。最常用的腐蚀防护措施是选用双相钢作为苯酚装置的材质，这是因为奥氏体-铁素体双相不锈钢中Cr、Mo、N的含量较高，因此其具有良好的抗点蚀性能和抗应力腐蚀性能。

在PTA装置中，改善环境控制腐蚀的方法如下：①通过提高温度避免凝液产生，并及时排放，或提高雾沫分离效果，尽量减少含溴离子醋酸液滴；②在同一设备中尽可能选择同一材质，避免产生电偶腐蚀；③经常清洗去除沉积的PTA垢，碱洗选用低氯的NaOH或用有机胺中和等；④设备检修严禁铁污染，避免使用钢制工件，一般采用硝酸和氢氟酸溶液酸洗或者阳极极化处理，再经铁离子污染检验，从而避免产生因电偶腐蚀而引发钛吸氢催化。

（2）按腐蚀类型分类

① 点蚀。炼油厂中常减压装置塔顶冷凝冷却系统，石油化工厂苯酚、丙酮装置中烃化塔、丁苯橡胶中聚合系统以及醋酸装置接触较多氯离子，高温氧化生产对苯二甲酸装置接触Br^-，不锈钢制造的设备往往有较严重的点蚀。炼油设备中许多塔、容器的碳钢内壁长期接触Cl^-，SO_4^{2-}中性或接近中性的介质也常产生点蚀坑。改善环境控制点蚀的方法：①降低溶液中的Cl^-含量，减少氧化剂（如除氧和Fe^{3+}、Cu^{2+}），降低温度，提高pH，使用缓蚀剂均可减少点蚀的发生；②选用耐点蚀的合金材料，很多含有高含量Cr、Mo，及含N、低C（<0.03%）的奥氏体不锈钢、双相钢和高纯铁素体不锈钢抗点蚀性能良好，钛及钛合金具有较好的耐点蚀性能；③对材料表面进行钝化处理，提高其钝态稳定性；④阴极保护，使电位低于点蚀击穿电位，最好低于点蚀保护电位，使不锈钢处于稳定钝化区，这称为钝化型阴极保护，应用时要特别注意严格控制电位。

② 缝隙腐蚀。缝隙腐蚀常发生在缝隙中有停滞溶液的地方，例如在螺栓头、垫片、垫圈的下面，以及在螺纹接头和搭接接缝中。在湿的盘根或保温层下方，在管子与管板的压接缝里，以及在腐蚀产物的下方，都会发生缝隙腐蚀。在热的海水环境中，不锈钢特别容易发生缝隙腐蚀。在炼厂中，在各种沉积物下方以及在垫片连接部位，可以发现缝隙腐蚀。改善环境控制缝隙腐蚀的方法：①设备设计时应在停工期间能够恰当排水；②频繁清洗设备，或者必要时加装旁路来保持装置连续运转，从而最大程度减少固体沉积；③采用焊接连接而不是用法兰或螺栓连接；④长时间停工期间，要清除掉关键设备里湿的盘根；⑤规定采用氯化物含量较低的保温材料，并要恰当包扎和嵌缝使之保持干燥；⑥密封焊前，将水压试验管的接缝压紧密封。

③ 烟气露点腐蚀。使用含硫燃料的加热炉或锅炉在省煤器和烟囱处都可能发生硫致烟气露点腐蚀；余热锅炉进水温度低于 HCl 露点温度时，奥氏体不锈钢制给水加热器可能在烟气侧发生氯致烟气露点腐蚀，即氯化物应力腐蚀；燃气轮机排放气含有氯化物时，其余热回收设备的奥氏体不锈钢制给水加热器可能发生氯致烟气露点腐蚀，即氯化物应力腐蚀；使用氯化物除菌剂的冷却塔飞溅物可能进入燃气轮机系统，导致余热回收设备给水加热器损伤。改善环境控制烟气露点腐蚀的方法：①保持锅炉和加热炉的金属壁温不低于硫酸露点温度；②介质含氯的余热锅炉，其给水加热器材质不选用奥氏体不锈钢；③燃油锅炉进行水洗除灰作业的最后一次水洗后可加入碳酸钠等对酸进行中和。

④ 土壤腐蚀。土壤腐蚀(氧化)是由浓差电池引起的，涉及土壤中氧、水和各种化学物质。对于地下管道和罐底板，土壤腐蚀是个大问题。管道和罐底板上不完整的轧制铁鳞、细菌作用、防腐层中的针孔，以及不同金属配接使用都能够促成土壤腐蚀。如果管道直接铺在地上，土壤腐蚀也能发生在管道底部。假如任由杂草在管道下面或管道周围生长，管道上会长时间保持水分，使管道发生腐蚀。改善环境控制土壤腐蚀的方法：土壤挖掘后，回填干净的、不导电的砂子能够减缓土壤腐蚀。但是，防止土壤腐蚀最好的做法是使管道高出地面，在罐底板下方用防水膜、沥青或浇注混凝土使罐底板与土壤隔离。防腐涂料和阴极保护也可以用于管道和罐底板的防腐。

⑤ 保温层下腐蚀。当保温层或保冷层变湿时，就会发生保温层下腐蚀。当管道和容器在低于 121℃ 的温度下操作时，保温层下金属表面的腐蚀就变成严重问题。因为在此温度下，金属没有热到足以能够使保温层在正常操作中保持干燥状态。制冷系统特别容易发生保冷层下腐蚀。改善环境控制保温层下腐蚀的方法有：①恰当的包扎和嵌缝，使保温层保持干燥；②在实施保温作业前，靠近法兰接头、阀门和泵的金属表面涂刷防腐涂料，因为这些部位容易发生泄漏而使保温层变湿；③对奥氏体不锈钢设备和管道，采用氯化物含量低的保温材料；④奥氏体不锈钢设备和管道采用闭孔的泡沫玻璃保温材料。

参 考 文 献

[1] 管廷江．浅谈石油炼化装置腐蚀分析及防护研究[J]．科学与信息化，2020，8：122-124.

[2] 吕光贤．石油炼化的工艺流程研究[J]．赤峰学院学报(自然版)，2016(9)：52-54.

[3] 郑李斌．炼厂生产计划与延迟焦化装置集成优化[D]．大连：大连理工大学，2014.

[4] 马永明．炼化设备不同材质对接部位的电偶腐蚀[J]．齐鲁石油化工，2019，47(1)：57-59.

[5] 马驳．大庆炼化公司循环水场运行方案优化[D]．大庆：大庆石油学院，2008.

[6] 周智君．某炼化公司循环水冷却器垢下腐蚀分析[J]．中国化工贸易，2019，11(22)：184.

[7] 白云开，羿仰桃，龚德胜．长岭分公司原油管线腐蚀穿孔原因分析[J]．湖南省腐蚀与防护学术讨论会，2004：124-130.

[8] 邝吉贵，申孝民，张乃昕．一种典型石脑油储罐的罐壁腐蚀分析[J]．生产质量，2020：47-50.

[9]寇佳迅，王瀚伦，林丰．磺酸盐输送泵故障处理及改进[J]．化工管理，2018，488(17)：146.

[10] 梁毅．硫酸法烷基化处理段冲蚀腐蚀分析及处理[J]．石油化工设备，2014，43(5)：104-107.

[11] 张锐．某炼油厂一台浮头式换热器氢致开裂的分析及预防措施[J]．工程技术研究，2017，(10)：132-133.

[12] 缪建成，郭中成，严庆雨，等．湖滩石油生产设施腐蚀检查[J]．腐蚀与防护，2004，25(7)：320-322.

[13] 王光雍．自然环境的腐蚀与防护[M]．北京：化学工业出版社，1997.

[14] 张典元．常减压蒸馏装置塔顶换热器腐蚀泄漏及预防措施[J]．石油化工腐蚀与防护，2020，37(3)：21-25.

[15] 王鹤翔．分析炼油常减压蒸馏装置中防腐问题的处理[J]．中国化工贸易，2020，12(18)：209，211.

[16] 代敏，雷兵，夏峰．连续催化重整装置结垢问题及解决措施[J]．石油炼制与化工，2019，50(8)：13-16.

[17] 蒋全荣，修鹏昊，徐超．基于加氢裂化装置的腐蚀分析和防腐对策[J]．中国化工贸易，2019，11(8)：214.

[18] 汪健．柴油加氢裂化装置湿硫化氢应力腐蚀风险分析及应对策略[J]．石化技术，2019，26(7)：316-317.

[19] 曹东学．催化重整技术的发展趋势及重要举措[J]．当代石油石化，2019，27(10)：1-8.

[20] 陈俊．掺炼高氯原油常减压蒸馏装置的腐蚀与防护[J]．石油化工腐蚀与防护，2019，36(6)：22-26.

[21] 何昌春，徐磊，陈伟，等．常顶系统流动腐蚀机理预测及防控措施优化[J]．化工学报，2019，70(3)：1027-1034.

[22] 梁佳，刘金才．高压加氢裂化装置高压热交换器腐蚀分析及防护[J]．石油化工设备，2018，47(3)：62-69.

[23] 余进，王刚，乔光谱．常减压蒸馏装置塔顶系统的腐蚀机理与防护措施[J]．腐蚀与防护，2019，40(9)：687-691.

[24] 谈萍，陈金妹，汤慧萍，等．Fe-Al 系合金抗高温硫化腐蚀性能研究进展[J]．稀有金属材料与工程，2012，41(S2)：817-821.

[25] 丁同银．炼厂湿硫化氢环境碳钢和低合金钢设备的腐蚀和防护[J]．广东化工，2016，43(13)：103-105.

[26] 张维，毛彩云，张兴田，等．亚硝酸盐环境下黄铜冷却盘管应力腐蚀开裂行为研究与治理措施[A]．中国核学会．中国核科学技术进展报告-中国核学会 2009 年学术年会论文集(第一卷·第 2 册)[C]．中国核学会：中国核学会，2009：13。

[27] 黄妍．盐、碱腐蚀下内嵌 FRP 筋加固混凝土界面粘结性能研究[D]．沈阳：沈阳建筑大学，2020.

[28] 闫成波．同轴式催化裂化装置汽提段磨损及对策[J]．炼油技术与工程，2014，44(5)：51-53.

[29] 杨朝合，山红红，张建芳，等．传统催化裂化提升管反应器的弊端与两段提升管催化裂化[J]．中国石油大学学报(自然科学版)，2007(1)：127-131，138.

[30] 曹东学．催化重整技术的发展趋势及重要举措[J]．当代石油石化，2019，27(10)：1-8.

[31] 孟成．催化重整汽提塔顶腐蚀的研究与防护[J]．中国化工贸易，2017，9(10)：200.

[32] 李强，代风姣．催化重整装置的氯化铵结盐与腐蚀问题研究[J]．中国石油石化，2016：135-135.

[33] 刘国辉．催化重整装置氯腐蚀及防护[J]．化工管理，2020，(30)：137-138.

[34] 高晗，王玉龙，金书含，等．催化重整装置预处理系统的腐蚀分析与防护措施[J]．化工技术与开发，2017，46(1)：48-49，43.

[35] 王志成，王一宁，王步美，等．某连续催[化重整装置加热炉炉管开裂原因分析[J]．材料保护，2021，54(3)：164-168.

[36] 刘楠．重油催化裂化装置设备腐蚀检查与应对措施分析[J]．中国化工贸易，2020，(10)：202-203.

[37] 黄贤滨，刘小辉，郭雷，等．加氢裂化装置腐蚀分析和防腐对策[J]．石油化工设备技术，2011，32(3)：1-6.

[38] 蒋全荣，修鹏昊，徐超．基于加氢裂化装置的腐蚀分析和防腐对策[J]．中国化工贸易，2019，11(8)：214.

[39] 李贵军，单广斌，刘小辉．加氢裂化装置的腐蚀风险分析及防范措施[J]．安全、健康和环境，2016，16(10)：10-12.

[40] 王庆峰，郭仕清．加氢裂化装置硫的腐蚀与防护[J]．安全、健康和环境，2005，5(5)：28-31.

[41] 梁佳，刘金才．高压加氢裂化装置高压热交换器腐蚀分析及防护[J]．石油化工设备，2018，47(3)：62-69.

[42] 王雪峰．加氢换热器管束泄漏原因分析及对策[J]．中国化工装备，2013，15(4)：35-37.

[43] 李贵军，单广斌，刘小辉．加氢裂化装置的腐蚀风险分析及防范措施[J]．安全、健康和环境，2016，16(10)：10-12.

[44] 陈学星，姚军．加氢裂化装置设备腐蚀原因分析与对策研究[J]．化工设计通讯，2016，42(1)：182-183.

[45] 瞿国华，黄大智，梁文杰．延迟焦化在我国石油加工中的地位和前景[J]．石油学报(石油加工)，2005，21(003)：47-53.

[46] 张伟勇．延尺焦化装置先进控制方法研究与应用[D]．北京：北京化工大学，2008.

[47] 张宁．延迟焦化掺炼不同种脱油沥青的规律研究[D]．北京：中国石油大学，2019.

[48] 单云峰．延迟焦化与渣油加氢加工路线技术分析及盈利能力比较[D]．北京：北京化工大学，2014.

[49] 杨跃进，王乐毅．延迟焦化装置腐蚀分析及探讨[J]．中外能源，2018，023(001)：80-84.

[50] 顾锦鸿．延迟焦化装置腐蚀机理分析及管道选材探讨[J]．化工设备与管道，2011，48(1)：67-70.

[51] 赵振新，陈泳健，丁书文．延迟焦化装置的主要腐蚀类型及防护措施[J]．石油化工腐蚀与防护，2020，37(1)：33-36.

[52] 陈浩，詹小燕，郭振宇．乙烯产业发展现状及趋势[J]．石化技术与应用，2020，194(6)：5-8.

[53] 王子宗．乙烯装置分离技术及国产化研究开发进展[J]．化工进展，2014，33：523-37.

[54] 张小锋．乙烯装置的节能研究[D]．北京：中国石油大学(北京).

[55] 凌泽济．蒸汽裂解原料优化技术应用综述[J]．炼油与化工，2011，22(006)：9-12.

[56] 彭志翔，周吟秋．乙烯装置碱洗系统的腐蚀以及预防措施[J]．石油和化工设备，2014，17(8)：94-95.

[57] 黄楠，蒋晓东，董雷云．乙烯裂解装置炉管焊缝腐蚀失效分析[J]．腐蚀与防护，2017，38(8)：646-9+56.

[58] 沈菊华．国内外乙二醇生产发展概况[J]．精细与专用化学品，2005，13(22)：23-25，30.

[59] 赵敏，康强利．乙二醇装置腐蚀与防护[J]．石油化工设备技术，2012，33(5)：51-53.

[60] 贾现伟，张洪刚．乙二醇装置柱塞泵轴封失效原因分析及改进措施[J]．水泵技术，2016，(4)：46-48.

[61] 马世成，温国亮．乙二醇装置 T530 零效蒸发器的失效分析[J]．压力容器，2018，35(9)：55-59.

[62] 陈良超，周俊波，杨剑锋．乙二醇装置低温水单元腐蚀泄漏原因分析[J]．热加工工艺，2019，48(20)：170-172，176.

[63] 高云起．芳烃装置设备腐蚀原因及防护措施[J]．中国化工贸易，2018，10(26)：188.

[64] 康强利，龚树鹏，越立新．油制芳烃装置抽提单元腐蚀分析与防护对策[J]．中国设备工程，2018，(21)：175-177.

[65] 李庆梅，赵敏，马红杰，等．芳烃抽提装置换热器腐蚀结垢原因分析与对策[J]．腐蚀与防护，2008，29(7)：418-420.

[66] 李卫东．重整装置脱戊烷塔顶腐蚀分析及措施[J]．石油化工腐蚀与防护，2016，33(3)：37-39.

[67] 刘小辉．胺处理再生塔底重沸器返塔管线腐蚀失效分析[J]．第九届全国压力容器学术会议论文集，2017：1187-1194.

[68] 米多．芳烃抽提装置中碳钢设备腐蚀原因分析与措施[J]．腐蚀与防护，2010，31(3)：239-241.

[69] 羊治达．芳烃抽提装置环丁砜溶剂对设备腐蚀的原因及措施[J]．中国化工贸易，2019，11(18)：200.

[70] 阮家峰，谢波．催化重整装置脱戊烷塔系统腐蚀原因分析及解决措施[J]．第十五届宁夏青年科学家论坛石化专题论坛论文集，2019：466-468.

[71] 何玉华，王冬梅，蒋学亮，等．苯酚装置脱丙烷塔冷却器管束腐蚀问题探究和处理[J]．石油和化工设备，2009，12(8)：54-56.

[72] 仲召龙．苯酚/丙酮装置工艺技术分析和比较[J]．安徽化工，2021，47(2)：81-85.

[73] 李龙，曾为民，马玉录．苯酚管道焊缝晶间腐蚀原因研究[J]．上海化工，2011，36(11)：21-24.

[74] 熊金平，左禹，郭超，等．苯酚生产装置的316L不锈钢塔开裂失效分析[J]．腐蚀科学与防护技术，2005，17(5)：363-365.

[75] 黄飞．苯酚装置冷凝器管程腐蚀原因分析与措施[J]．设备管理与维修，2012，(5)：47-48.

[76] 李佳．中国PTA产业现状及发展趋势研究[J]．海峡科技与产业，2017，3：144-145.

[77] 王铭松．精对苯二甲酸产业及新技术发展应用[J]．精细石油化工，2018，35(3)：71-75.

[78] 刘政权，张高峰．惠州石化抽提装置腐蚀原因分析及对策[J]．化工管理，2020(9)：156-157.

[79] 苗媛媛，孙亚娥．PTA装置腐蚀分析及对策探讨[J]．化工管理，2016(5)：193.

[80] 战永合，尹云华．PTA装置腐蚀分析及对策探讨[J]．聚酯工业，2013，26(6)：47-51.

[81] 荐保志．催化裂化装置腐蚀检查与分析[J]．硫酸工业，2020(7)：52-56.

[82] 侯保荣．中国腐蚀成本[M]．北京：科学出版社，2017.

[83] 龙媛媛，李强，李开源，等．油田钢质常压储罐内腐蚀挂片在线检测装置的研制[J]．油气储运，2019，38(4)：441-444，450.

[84] 敖曼，徐冬东，毕文军，等．利用电阻探针对石油设备及管道的腐蚀进行监测[J]．辽宁化工，2007(2)：126-127.

[85] 张德平，孙苗苗，曹祥康，等．油气工业缓蚀剂评价与腐蚀监测技术进展[J]．表面技术，2020，49(11)：10-21.

[86] 范璇，王建国，周蜜，等．接地材料腐蚀速度弱极化曲线评价方法[J]．中国电机工程学报，2012，32(28)：192-198.

[87] 曹楚南．腐蚀电化学原理[M]．第3版．北京：化学工业出版社，2008.

[88] 闫康平，王贵欣，罗春晖．过程装备腐蚀与防护[M]．第3版．北京：化学工业出版社，2016.

[89] 纪大伟．管道内壁腐蚀监测技术研究[D]．大连：大连理工大学，2010.

[90] 张向军，张晓昊，张松鹏，等．应用QCM研究润滑油添加剂边界吸附层的流变性质[J]．石油学报(石油加工)，2011，27(S1)：55-58.

[91] 王凤平，严川伟，张学元，等．石英晶体微天平(QCM)及其在大气腐蚀研究中的应用[J]．化学通报，2001，64(6)：382-387.

[92] 黄锦绣，王新凯，呼立红，等．片状电感探针研制及其在乙烯装置的应用[J]．石油化工腐蚀与防护，2008，(4)：52-54.

[93] 崔金喜．电感探针在常压蒸馏装置的应用[J]．石油化工腐蚀与防护，2009，26(B05)：143-144.

[94] 罗建成，莫烨强，郑丽群，等．局部腐蚀引起电感探针数据的失真[J]．腐蚀与防护，2014，35(10)：1044-1047.

[95] 张文亮，田烨瑞，刘二喜，等．电场指纹法腐蚀监测技术在普光气田的应用[J]．石油化工腐蚀与防护，2019，36(3)：27-31.

[96] 吴承昊，姚万鹏，王思权，等．电场指纹方法的国内外发展现状[J]．腐蚀科学与防护技术，2018，31(1)：101-108.

[97] 王健．管道在线超声波腐蚀监测技术的研究[D]．沈阳：沈阳工业大学，2013.

[98] 顾国华，张飞猛，李毅，等．基于涡流探伤的油(气)管裂纹检测研究与实现[J]．电子测量技术，2011，(4)：103-105.

[99] 毕海胜．基于声发射的常压储罐罐底腐蚀特征识别研究[D]．山东：中国石油大学(华东)，2015.

[100] 李芳明．油气管道漏磁检测的缺陷诊断及轮廓重构方法研究[D]．沈阳：东北大学，2017.

[101] 张亚卓．亚新公司乙烯工程项目检测质量管理研究[D]．吉林：吉林大学，2014.

[102] 范丽娟．基于传热学分析的金属零件缺陷电磁激励红外热成像检测方法[D]．南昌：华东交通大学，2013.

[103] 张军．咪唑啉类缓蚀剂缓蚀机理的理论研究[D]．北京：中国石油大学，2008.

[104] 陈宇．金属表面防护性涂层评价及缓蚀剂技术研究[D]．杭州：浙江大学，2013.

[105] 喻勇．红外热成像管道检测方法研究[D]．昆明：昆明理工大学，2015.

[106] 曾儒斯．一种新型阳极保护恒电位仪的设计[D]．大连：大连交通大学，2012.

[107] 许志龙，李军，舒丹．石化管道杂散电流腐蚀的防护措施研究[J]．广州化工，2014，16：109-110.

[108] 张超，闫家亮．常减压装置腐蚀与防护探究[J]．化工管理，2020，553(10)：109-110.

[109] 范森．常减压装置腐蚀分析及防护研究[J]．科学与信息化，2020，10：103，109.

[110] 张俊猛，肖扬，孟令栋，等．浅析渣油催化裂化装置腐蚀与防护[J]．装备环境工程，2020，17(11)：54-61.

[111] 张向阳．重油催化裂化装置的典型腐蚀及防护措施[J]．石油化工腐蚀与防护，2019，36(2)：16-21.

[112] 龚宏，张荣克．催化裂化再生系统设备应力腐蚀开裂成因分析及解决对策[J]．石油化工设备技术，2002，23(1)：1-5.

[113] 崔镖．催化重整装置氯腐蚀及防护[J]．中国化工贸易，2017，(12).

[114] 贾晓龙，杨剑锋，刘文彬．延迟焦化装置腐蚀与防护分析[J]．当代化工，2015，(4)：740-743.

[115] 杨跃进，王乐毅．延迟焦化装置腐蚀分析及探讨[J]．中外能源，2018，23(1)：80-84.

[116] 董少磊，周志强，姬宏峰．压缩机防护剂在乙烯装置上的应用与研究[J]．乙烯工业，2012，24(3)：62-64.

[117] 赵敏，康强利．乙二醇装置腐蚀与防护[J]．石油化工设备技术，2012，33(5)：51-53.

[118] 章炳华．芳烃抽提装置设备腐蚀及防护措施[J]．石油化工腐蚀与防护，2006，23(2)：12-12.

[119] 戴典．苯酚丙酮装置设备腐蚀分析及解决措施[J]．石油化工腐蚀与防护，2009，(S1)：101-104.

[120] 余存烨．PTA 装置腐蚀与防护分析[J]．化工设备与管道，2000，37(4)：54-58.

[121] 贵星卉，孙大翔，叶凌英，等．时效工艺对 2519A 铝合金力学性能及抗应力腐蚀开裂性能的影响[J]．材料热处理学报，2021，42(3)：73-79.

[122] 姜海君．EMAT 电磁超声无损检测系统设计[D]．辽宁：辽宁科技大学，2012.

[123] 孙鹏飞．电磁超声纵向模态导波管道检测机理与信号增强方法研究[D]．武汉：华中科技大学，2015.

[124] 余国民，李黎，杨钊．电磁超声检测技术在石油管行业板材和管材检测中的应用[J]．无损检测，2014，36(10)：78-83.